工业和信息化部"十四五"规划教材

测试原理与技术

主编　王文　杜正春

中国教育出版传媒集团
高等教育出版社·北京

内容提要

本书为工业和信息化部“十四五”规划教材，是面向新工科教学改革，针对新工科人才培养需求，在上海交通大学“测试原理与技术”课程讲义的基础上编写而成的。

本书兼顾高等学校本科机械类、能源动力类及自动化类专业要求，围绕工程测试原理和相关技术进行了阐述，对测试系统和数据处理基础理论知识、信号分析方法、传感器原理进行了介绍，还分别对机械工程和动力工程中的几种典型工程参数测量技术进行了介绍。另外，本书每章后面还设有一定的习题，有助于学生逐步掌握测试相关的概念、原理与技能。

本书可作为高等学校本科机械类、能源动力类及自动化类各专业的教材和教学参考书，也可为从事与测试、控制相关专业技术、科学研究的工作者提供参考。

图书在版编目(CIP)数据

测试原理与技术/王文，杜正春主编. --北京：高等教育出版社，2022.10(2024.5重印)

ISBN 978-7-04-058847-7

Ⅰ.①测… Ⅱ.①王… ②杜… Ⅲ.①测试技术-高等学校-教材 Ⅳ.①TB4

中国版本图书馆CIP数据核字(2022)第106043号

Ceshi Yuanli yu Jishu

策划编辑 薛立华　责任编辑 薛立华　封面设计 李卫青　版式设计 童 丹
责任绘图 黄云燕　责任校对 刘俊艳 胡美萍　责任印制 刁 毅

出版发行 高等教育出版社
社　　址 北京市西城区德外大街4号
邮政编码 100120
印　　刷 涿州市京南印刷厂
开　　本 787mm×1092mm 1/16
印　　张 16.25
字　　数 400千字
购书热线 010-58581118
咨询电话 400-810-0598
网　　址 http://www.hep.edu.cn
　　　　 http://www.hep.com.cn
网上订购 http://www.hepmall.com.cn
　　　　 http://www.hepmall.com
　　　　 http://www.hepmall.cn
版　　次 2022年10月第1版
印　　次 2024年5月第2次印刷
定　　价 32.60元

物 料 号 58847-00

前　言

“测试原理与技术”是高等学校本科机械类、能源动力类及自动化类等专业的一门专业基础课程。本书为工业和信息化部“十四五”规划教材，是面向新工科教学改革，针对机械类、能源动力类及自动化类等专业的新工科人才培养需求编写而成的。

本书不仅涵盖了测试类课程教学中重视的各种测量传感器和常见工厂参数的测量技术，还根据目前工程学科动态系统测量及其信号分析的需求，综合了测量误差分析、测试系统的静态和动态特性、动态信号的特征、信号的处理与分析基本原理，常见传感器原理与技术，以及机械与动力工程中常见的应力应变、振动、温度、流体流速和流量、噪声等测试技术。在介绍测试原理与相关技术的同时，注重工程实践与测试相关内容的关联。

本书是在上海交通大学的“测试原理与技术”课程讲义的基础上编写而成，并参考了“机械测试技术”课程讲义、“热工测试技术”课程教材《动力机械测试技术》和部分其他高校的测试与测量类教材及相关教学资料。

本书由上海交通大学机械与动力工程学院承担“测试原理与技术”相关课程的部分主讲教师共同编写而成，具体分工如下：王文（第1、5、9、11、12章）、周月桂（第2章）、杜正春（第3、6章）、范浩杰（第4章）、孙方宏（第7章）、李鸿光（第8章）、乔信起（第10章）。另外，杜正春和孙方宏对本书的结构和具体内容设置提出了很多建议，并组织了教材的编写工作，史熙、冯晓冰等分别针对部分章节提出了修改建议。本书由王文、杜正春担任主编，并负责统稿。

东南大学贾民平教授认真、细致地审阅了本书，并提出了许多宝贵的意见和建议，编者在此表示诚挚的谢意。

一些学生在使用讲义过程中提出了很多建设性的建议，并参与了本书的编写。另外，本书编写过程中还参考了部分测试与测量技术的相关文献。在此一并衷心感谢。

由于编者水平所限，书中难免有错误和不妥之处，恳请各位读者不吝赐教指正。

编　者

2022年3月

目 录

第1章　测试技术概述

1.1　测试的意义

“量”是表征物质(或物体)和现象的一种既可定性又可定量的属性,如质量、密度、温度、压力、电阻等,是含有量纲的数值。量的单位是约定选取的固定同类量,其数值为1,它有明确的定义和名称。为了满足不同的国家和地区间的交流需求,国际上建立有国际单位制。测量是一个变换、选择、放大、比较、运算、显示诸功能的综合作用,又是一个对比、示差、平衡、读数的比较过程。

测试技术是一门探求事物之间量、质关系的科学,是了解、分析和控制客观对象的基础。现代的测试技术是人类认识和改造客观世界的重要手段,是科学研究的基础方法,测试技术的不断创新和发展,同时也促进了科学技术研究的进步与发展。严格说来,测量与测试的概念有一定差异,测量是对非量化实物的量化过程,测试是具有试验性质的测量,即测量和试验的综合。工程实践中,检验中也包含大量测试,检验和测试总称为检测。

在自然界中的任何研究对象,对其研究时都要从数量方面进行分析,并从所获信息中提取感兴趣的部分,以达到探究和确定特定事物本质的目的。提供人们观察和分析的那部分信息的表达形式称为信号。测试是通过测试系统及测试设备得到被测对象特定信息的技术手段,例如要了解某发动机的性能,就必须准确地测量其转速、扭矩、温度、压力等。测试过程是在真实或模拟工况下对被测对象的特性、参数、功能、可靠性等进行测量和试验的过程。

试验和测量技术紧密相连,在各类试验中,通过测量获得定性和定量的数值,以确定试验结果,因此测试技术是测量技术和试验技术的总称。无论是在科学试验还是在生产过程中,都不能离开测量技术,只有通过可靠的测量,用误差理论正确判断测量结果的可靠性和有效性,确定对象的特性与关键特征,才能进一步解决工程技术上提出的问题。工程中面对的研究对象往往是机电一体的,系统比较复杂,很多问题还难以进行精确的理论分析;而且理论模型往往把系统中的边界条件、非线性效应、对象的固有参数等都做了一定简化,计算的结果更多是一种趋势性分析,而不是精确的结果。这就需要通过试验验证或试验与理论分析结合才能得出理想的结果。比如评价汽车悬挂系统质量指标的行驶平顺性和乘坐舒适性,汽车的碰撞特性,确定机械结构的疲劳寿命,机床在切削过程中的稳定性,复杂结构的动态特性等,都离不开测试。

测试技术应用广泛,涉及工业、农业、交通运输、航空航天、国防、能源、化工等各个领域,是工业和科学技术发展的一项重要基础技术,也是信息技术的重要支柱技术之一。测试技术水平的高低,将直接影响科学技术的发展,只有以测试技术的发展作支撑,才能有助于科学技术的发展,科学和相关工业技术的发展又推动测试技术的发展。

传统的制造过程中,制造和检测常常是分离的,测量环境和制造环境不一致,测量的目的是判断产品是否合格,测量信息对制造过程无直接影响。伴随着制造产业升级换代,信息化技术和信息化装备的发展应用已成为提升装备能力的关键途径。例如,机械加工过程已从单机自动化和自动生产线发展到柔性加工系统以及智能制造系统,仅对加工完的工件进行自动测量显然已不能满足生产的需要,必须进一步对生产流程的全过程进行检测,实现诸如自适应控制、在线测量、故障诊断、安全监控等技术措施;另外,对产品全生命周期的各种特征数据进行多种特征分析以实现设计、工艺、生产、售后的现代化和智能化产业管理。先进的测试技术已成为现代生产系统中必不可少的组成部分。

1.2 测试方法分类

测试方法是将被测量与单位(即标准量)进行比较的方法,有多种分类。

1. 按照获得测量结果的方法分类

可以分成直接测量和间接测量两大类。这种分类法有利于研究测量误差。

(1) 直接测量法

将被测量直接与测量单位进行比较,或用预先标定好的仪器进行测量,直接求得被测量数值的方法称为直接测量法。例如用液柱温度计测量温度、用压力表测量压力、用转速表测发动机转速等均属于直接测量。直接测量法又可分为直读法和比较法两种。

直读法即直接从测量仪表上读取结果。

比较法即不直接从测量仪表上读取结果,而是通过与某已知量或标准量具进行比较获得测量结果。比较法的测量过程相对复杂,但是测量仪表及测量过程的某些误差往往被削减或抵消,测量精度一般高于直读法。比较法又分为零示法、差值法和替代法三种。零示法即通过被测量对仪表的影响用同类的已知量的影响相抵消,使被测量等于已知量,如用天平测定物质的质量、用电位差计测热电势等。差值法是从仪表上直接读出两量之差值即为所求之量,如用 U 形液柱式压差计测量介质的压差。替代法是用已知量代替被测量,使二者对仪表的影响相等,从而用已知量确定被测量,如用光学高温计测量温度。

(2) 间接测量法

工程上许多测量往往不能用直接测量法得到结果,而是通过几个直接测量量间的函数关系计算获得所需的数量信息,这种测量方式称为间接测量法。如内燃机有效功率可通过测量内燃机输出扭矩与内燃机输出转速后计算获得。

2. 按照测量状态及条件分类

(1) 按等精度和非等精度分类

根据测量过程中条件是否改变,可以分成等精度测量和非等精度测量。在完全相同条件(测量者、仪器、测量方法、环境等)下进行一系列重复测量称为等精度测量。若在多次测量中测量条件明显不相同,则称为非等精度测量。

(2) 按动态和稳(静)态分类

如果被测量的值不随时间变化或随时间变化相对缓慢,则这些量可看作稳(静)态参数。例如环境温度、大气温度、大气压力和湿度,某机械系统在稳定工况时的转速、扭矩等均可看作稳态参数,相应的测量称为稳态测量。

若在测量过程中被测量随时间明显变化,则这种测量称为动态测量。例如,在测量时段内变化剧烈的燃气温度和压力、内燃机在过渡工况时的转速和扭矩等都是动态参数。动态参数与时间的关系,可表现出周期函数、非周期函数或随机函数等特征。

相对于稳态测量,动态测量往往较为复杂。因为动态参数本身的变化可能是复杂的,而且对测试系统的要求更高,不仅要考虑测试系统的静态特性,还要关注该测试系统的动态响应要求;另外,测量数据的处理与稳态测量在某些方面有不同的做法。

(3) 按测量点数量分类

在一些测量中用测量一个点参数表示某个平面或空间的状态特征称为点参数测量,如在房间固定位置的温度监测通常就是只测量一个点。有些测量则需考虑被测量在空间或平面的不均匀分布,需要在要求空间或平面进行多点测量。如气流在弯管内流动时,通道截面上的速度分布是不均匀的,要获得通道截面综合特征需要进行多点测量,这种多点测量也称场测量。

(4) 按接触和非接触被测物体分类

根据测量器具是否接触被测物体,分为接触测量和非接触测量。如测量转速有接触式转速表和非接触式转速表之分;点温计是通过接触被测物体表面测其温度的,而光学高温计不接触被测物体也可测量其温度。

以上各种测试方法都有各自的特点,测试方法的选择取决于测试工作的具体条件和要求。在满足测量精度的前提下,选择合适的测试方法和尽可能经济的测试系统,力求测量简便、高效,不苛求使用高精度的仪表。

1.3 测试系统的信息传递

图 1-1 所示为测试过程中的信息获取及处理过程。工程中的信息处理过程,是由传感器的敏感元件获得原始信息,再用一定的方法进行分析处理,以获得相关结果,包括信息的获取、传输、转换、分析、处理、显示、输出等过程。因为信息是以信号形式传输的,故信息处理又称为信号处理。工程中的被测参数一般为非电量,例如力、位移、速度、加速度、应力等,为了方便信息的传输、存储和处理,常常将各种非电量通过传感器(或中间变换器)转变为电信号。

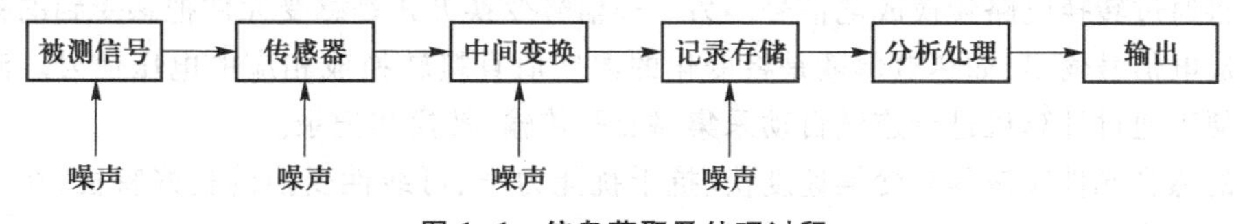

图 1-1 信息获取及处理过程

信息是客观对象所固有的,是客观存在的。要想从测量数据中提取有用信息,就需要对所获数据进行评估和多方面的分析和处理。

测量信息通常需要进行数据置信度分析,所有的测量都存在误差,测量误差通常以系统误差、随机误差、粗大误差的形式存在。对测量误差的分析不仅能合理评估测量结果的可信度,也有助于在测量设计和操作中,确定一些提高测量精度的途径。

信号指随时间变化的测量值,信号分析用于讨论信号的构成和特征,信号经过必要的加工变换以获得有用信息的过程称为信号处理。信号分析并不影响信号本身的信息结构,但信号处理后有可能改变其信息结构,甚至不能复原到原来的信息结构。

常用的信号分析方法有时域分析法和频域分析法。时域分析又称波形分析,是用信号的幅值随时间变化的图形或表达式来分析,可以得到任意时刻的瞬时值或最大值、最小值、均值、均方根值等;也可以通过信号的时域分解,研究其稳定分量与波动分量;对信号进行相关分析,即对信号作时延处理,进行信号本身或信号之间的相关性研究;在幅值域中,通过对信号幅值分布特征的分析,可以了解信号幅值取值的概率及概率分布情况。频域分析是把信号变换为幅值、相位或能量与频率间的函数关系,分析信号中各频率分量的结构分布及作用,频域分析又称为频谱分析。频谱分析中可以得到幅值谱、相位谱、功率谱密度、能量谱密度等,是信号分析的重要手段。

此外,测量信号中不仅携带着被测对象特征的信息,也含有大量无关的干扰噪声,这类干扰噪声可能来自各个测试相关环节。对被测信号的分析处理,如滤波、调制、变换、放大、增强、平均等,是对信号的加工变换,其目的是改变信号形式,滤除干扰信号,便于分析和识别有用的信号,对被测信号做出正确的估计。

1.4 测试系统组成

测试系统是根据某一测量精度要求,将若干测量仪表装置、元件及辅助设备等测量设备按照一定的方式连接形成的系统。

测试系统是根据一定的测量目的和要求而设计的,它可以是一台简单的仪器,也可由多个设备组成复杂的系统。就测试系统各部分的功能看,一般测试系统主要由感受元件、转换和处理、显示和记录、信号传输四个部分组成。

1. 感受元件部分

感受元件(敏感元件)中包含两个功能,即拾取信息以及把拾取到的信号进行变换。感受元件输出的信号一般是随被测信号变化的另一种物理量,如位移、压差、电压等。信号的变换有两种方式:一种是非电量信号的变换,如水银温度计的感受部分感受到被测介质温度的变化并传出与之相应的水银柱位移信号,热敏电阻把温度变化转换成电阻变化信号,水银柱位移或电阻变化信号也可再通过转换电路转换成电信号。另一种信号变换方式是感受元件把感受到的被测信号直接变换成电信号输出,如热电偶就是将变化的温度值直接转换成相应的电压信号。测量获得的电信号便于通过计算机进行连续自动采集、处理、传输、转换和记录。

理想的感受元件应该具有变换速度快、抗干扰能力强、可线性变换的良好特征,在允许的情况下尽量不干扰被测对象的状态。

2. 转换和处理部分

转换和处理部分的功能是将感受元件输出的信号转换成显示部分易于接收的信号。

对不同的测试系统,转换和处理一般有两种形式:一种是非电量的转换,如手持转速表中的飞块机构把转速信号转换成通过指针直接显示转速;另一种是电量的转换和处理。从信号调理到输出接口都属于测试系统的电量转换和处理部分。

从感受元件输出的信号往往很小，如毫伏级的电压、微欧级的电阻，需要放大、整形等处理，处理后的信号一般是模拟信号，可以直接送到显示部分，也可以通过 A/D 转换器（输入接口）变换成数字量，然后再传输到计算机或数字式仪表等进行记录、显示或分析处理。

3. 显示和记录部分

这部分的功能是把被测量的信息显示出来，显示可分模拟显示和数字显示。模拟显示器如指针式仪表、模拟示波器等；数字显示器如数字电压表、数字频率计、数字示波器等；而计算机既能显示模拟信号（如波形、图形等），也能显示数字信号和文字。

记录装置用于记录测量过程中信号随时间变化的关系，特别是动态测试中难以观察的瞬变过程。常用的记录装置有笔录仪、光线示波器、磁带记录仪、计算机内存和硬盘等；对于高瞬变过程，记录装置可用记忆示波器、瞬态记录仪、高速数据采集仪等。

4. 信号传输部分

信号传输部分负责在测试系统中把信号从感受部分传输到转换和处理部分，并根据需要传输到显示部分，从而形成一个完整的测试系统。

简单的测试系统其信号传输部分可以非常简单，也可以非常复杂。如 U 形管压力计的压力信号传输只是通过橡胶管或塑料管；大多的电信号传输一般采用模拟量或数字量两种形式。如果信号传输部分选择不当或安排不当，会造成信息能量损失、信号波形失真或引入干扰等，导致测量精度降低。

1.5 测试技术的发展

现代科学技术的发展为测试技术水平的提高创造了物质条件，测试技术的发展也促进了科学技术的创新，推动了科学技术的不断进步，两者相辅相成。近年来测试技术的发展引人瞩目，如测量精确度不断提高，测量范围不断扩大，测量所获得的信息应用越来越广泛和全面，大数据技术与通信技术的结合支撑起了多信息融合技术的快速发展。

测试技术是一门涉及物理、化学、材料、生物、微电子学、计算机等众多学科领域的综合技术，其在相关的传感器技术和计算机应用技术发展上体现得比较明显。

1. 传感器技术的发展

传感器直接获得被测信息，所获信息涉及各种物理量、化学量和生物量等，目前大部分传感器把被测量转换成电量，这样便于与成熟的信号处理技术和计算机技术配套。在某些领域，有些信息的测量和控制用光信号等非电量也比较方便和稳定。

传感器的种类繁多，所涉及的面非常广，几乎包括所有的学科，例如电容式传感器、电感式传感器、电磁式传感器、压电式传感器、光电式传感器等。但随着科学技术的发展，结构型传感器面临着新型传感器的挑战，如近年来快速发展的半导体类传感器、陶瓷类传感器、光纤类传感器、生物类传感器和其他新型材料制成的传感器，以及功能全面的智能传感器等。

传感器技术的发展主要依赖于新的研究领域拓展、传感器原理的开发、新的功能材料研发与应用以及新的制造技术的发展。例如：近年来快速发展的微型传感器、集成传感器不仅提高了工程中的测试水平，也在日常生活中改变了人们的行为方式和习惯；生物活性物质在传感器中的应用，形成了生物传感器研究方向，也有效地推动了生物芯片技术的发展。

2. 计算机测试技术的发展

计算机系统对信号的采集、分析和处理具有处理速度快、功能强大、存储方便等优点，随着计算机技术的飞速发展，以计算机为中心的自动测试系统得到迅速发展和应用，也促进了控制技术和数据分析与共享相关产业的发展。

虚拟仪器(Virtual Instrument)技术是计算机在技术测试领域的一项重要的集成创新技术。虚拟仪器将计算机与测试技术、仪器技术密切结合，以计算机作为统一仪器的硬件平台，利用计算机的运算、大容量存储、回放、调用、显示以及文件管理等功能，把传统仪器的专业化功能和面板控件软件化，使之与计算机结合起来，构成一台外观与传统仪器类似，功能得到显著加强，且充分智能化的全新仪器系统。

从 20 世纪 80 年代美国推出虚拟仪器概念以来，至今已出现了多个商业虚拟仪器开发平台，虚拟测试系统突破了传统仪器在数据处理、显示、传输、存储等方面的限制，使用者可方便地对测试系统进行维护、扩展和升级。虚拟仪器以 PC 机为平台，具有功能强大的处理器和数据传输接口，所以数据在高速导入的同时就能进行数据分析；而且具有灵活、方便的互联能力，也可以远程操作仪器设备，根据需要形成分布式测控网络，以实现系统资源高效共享，降低测试成本。

1.6 课程的基本要求

“测试原理与技术”课程是高等学校机械类、能源动力类及自动化类等工程学科的一门专业基础课程，它综合了数学、物理学、电工学、电子学、力学、控制工程及计算机技术等课程的内容，讨论的对象是工程领域中常用几何量、物理量的测量。

本课程主要讨论测试系统的静、动态特性的分析方法，信号传输的工作原理，信号分析与处理的基本原理，工程中常用的传感器、相关电路，以及典型的应力、应变、温度、流速和流量、振动、噪声等物理量的测量技术等。

本课程具有较强的实践性背景，在学习过程中，需要理论与实践结合以加深对概念的理解，只有通过试验操作，才能初步具备处理实际测试工作的能力，为进一步学习、研究和处理工程实际问题打下良好的基础。

第 2 章　测量误差分析与数据处理

研究自然界和工程领域中各种物理量的变化，常常需要借助于各种各样的试验和测量来完成。受到主观和客观因素的影响，任何测量都不可避免地存在误差。因此，有必要认识测量误差的规律性，通过误差分析找出减小或者消除误差对测量结果影响的方法。

试验数据处理是对测量数据进行分析和加工的过程，包括对各种数据的计算、整理、编辑、分析等，还包括测量结果的误差和不确定度分析以及测量结果的合理表达等。

本章主要介绍测量误差的基本概念，利用概率和统计知识分析随机误差分布规律及处理方法，以及测量过程中存在的系统误差和粗大误差。只有妥善分析和处理这些误差，才能保证测量的合理性和准确性。

2.1　测量误差的基本概念

在测量过程中即使采用先进的测量工具和方法，测量误差也不可能完全消除。任何测量结果都具有误差，误差始终存在于一切科学试验和测量过程中。因此，需要认识测量误差的规律性，并通过误差分析找出误差的规律，以确定减小或者消除测量误差的途径和方法，获得尽可能接近真值的测量结果。

2.1.1　测量的真值和测量误差

采用测试系统对被测量进行测量时，从测量仪器上得到的数值称为测量值，记作 x；而被测量在一定条件下客观真实存在的数值称为被测量的真值，记作 x_0。因为误差存在的绝对性，任何情况下被测量的测量值 x 都不能确定等于其真值 x_0，测量值 x 只能是对真值 x_0的近似。被测量的测量值与真值之间的差异，称为测量误差。

被测量的真值客观存在，却是一个理论上的概念，一般未知。在分析测量误差时，一般用的是约定真值。实际测量中若不计系统误差，其数学期望值，即足够多次测量值的算术平均值，作为约定真值，或者用更高等级的标准器具对被测量所测得的相对真值来代替。

测量误差一般有绝对误差和相对误差两种表达形式。

测量的绝对误差是指被测量的测量值与真值之差，即

$$\Delta x = x - x_0 \tag{2-1}$$

测量的相对误差是指被测量的绝对误差与被测量的真值之比，用百分比表示，即

$$\delta = \frac{\Delta x}{x_0} \times 100\% \tag{2-2}$$

一般来说，用绝对误差可以评价相同被测量测量精度的高低，相对误差可用于评价不同被测量测量精度的高低。例如，有两个温度差的测量值分别为(15±1) ℃和(50±1) ℃，尽管它们的绝对误差均为±1 ℃，显然后者的相对误差明显低于前者。

测量中常用绝对误差与测量仪表的满量程值之比来表示相对误差，称为测量仪表的引用误差。测量仪表使用最大引用误差表示其准确度，它反映了测量仪表综合误差的大小。工业仪表准确度等级国家标准系列有0.1、0.2、0.5、1.0、1.5、2.5和5.0七个等级。当测量仪表的准确度等级确定以后，示值越接近量程，其相对误差越小。所以，测量时要合理选择测量仪表的量程，尽量使测量仪表指示在满刻度值的2/3左右区域，这样在获得较小的相对误差的同时，也给测试仪表留出一定的安全裕量。

2.1.2 测量误差的分类

在测量过程中产生误差的因素是多种多样的，按照这些因素的出现规律以及它们对测量结果的影响程度来区分，可将测量误差分为系统误差、随机误差和粗大误差三类。

1. 系统误差

在相同的测量条件下，对某一个被测量进行多次重复测量时，误差的绝对值和符号均保持恒定，或者在条件改变时按一定的规律变化，这类测量误差可作为系统误差，前者称为定值系统误差，后者称为变值系统误差。

1）定值系统误差。误差的大小和符号固定不变的测量误差。例如，顺序加工一批工件时，加工原理误差和机床、夹具、刀具的制造误差等，都是定值系统误差。此外，机床、夹具和量具的磨损速度较慢，在一定时间内也可看作是定值系统误差。

2）变值系统误差。误差的大小和符号按确定规律变化的测量误差。例如，指示表的表盘安装偏心所引起的示值误差是按正弦规律作周期变化的。又如机床、夹具和刀具等在热平衡前的热变形误差和刀具的磨损等，会表现出变值系统误差特征。

系统误差可通过仔细检查、校验而发现其成因。采取相应的校正措施后，系统误差可以得到一定程度的消减。

2. 随机误差

在相同的测量条件下，多次重复测量同一被测量时，误差的大小和符号以不可预计的方式变化的测量误差，这类测量误差称为随机误差。所谓“不可预计”，是指在单次测量中随机误差的大小和符号无确定性规律可循。但是，在相同测量条件下，多次重复测量同一被测量时，随机误差的分布服从统计规律。随机误差是由于测量过程中许多独立的、微小的、偶然的因素构成的综合结果。

对于随机误差，可采用概率论和数理统计方法对测量数据进行分析处理，估算其误差范围，确定其对测量结果的影响。

3. 粗大误差

在相同的测量条件下，多次重复测量同一被测量时，明显偏离测量结果的误差，称为粗大误差。就其数值大小而言，它通常明显地超过正常条件下的系统误差和随机误差。例如读数错误、记录错误以及测量时发生未察觉的异常情况等。

含有粗大误差的测量值为坏值或异常值。正常的测量结果中若含有粗大误差的坏值，应予以剔除,必须根据统计检验方法的某些准则来判断哪些测量值是坏值,然后合理地舍弃。粗大误差往往是由于测量者的疏忽或者偶然的测量环境变化所造成的,因此消除粗大误差的关键,在于测量人员必须养成专心、细致的良好工作习惯,不断提高理论水平和操作技能。

2.2 系统误差的分析

系统误差属于正确度的分析范畴,它的出现具有一定的规律性。对系统误差只能采用具体问题具体分析的方法,通过仔细的检验和特定的试验分析能确定和消减系统误差。

2.2.1 系统误差的判定

定值系统误差可以用实验对比的方法发现并予以消除,如天平调零时就会发现定值系统误差。

变值系统误差可通过对其误差特征的随机分布规律来检查。常用残差观察法,若残差大体正负相间无显著变化规律,可认为系统误差影响具有随机性;若残差呈周期性或线性分布规律,则系统误差影响不可忽略。

2.2.2 系统误差的消除

消除系统误差常有下面几种方法:

1)在测量结果中进行修正。对于已知的定值系统误差,可以用修正值对测量结果进行修正,如交换抵消法、替代消除法、预检法;对于变值系统误差,设法找出误差的变化规律,用修正公式或修正曲线对测量结果进行修正;对于未知系统误差,则按随机误差进行处理。

2)消除系统误差的根源。在测量之前,仔细检查仪表,正确调整和安装;防止外部因素干扰;选好观测位置,消除视差;在环境条件和测试状态比较稳定时进行数据采集;等等。

3)在测试系统中采用补偿措施。找出系统误差规律,在测量过程中通过补偿技术自动消除系统误差。

4)实时反馈修正。应用自动化技术,通过实时反馈修正来消除复杂变化的系统误差。在测量过程中用传感器将这些误差因素的变化转换成某种物理量形式(一般为电量),及时按照一定的函数关系,通过计算机得出影响测量结果的误差值,并对测量结果作实时的自动补偿和修正。

2.3 随机误差的分析

随机误差是指在对同一物理量进行多次重复测量过程中,每次测量误差的绝对值和符号随机变化的测量误差。随机误差就其个体而言是不确定的,但其总体却有一定的统计规律可循。

本章在作随机误差分析时,假定所涉及的测量样本都是已经剔除了系统误差和粗大误差影响的测量值。

2.3.1 随机误差的概率分布

大量试验统计表明,较大数量样本的随机误差服从正态分布规律,并有如下特性:

1）单峰性。绝对值小的误差出现的概率较大，绝对值很大的误差出现的概率接近于零。测量值等于其算术平均值时出现的概率为最大。

2）对称性。绝对值相等但符号相反的随机误差出现的概率是相同的，图形呈对称分布，对称轴是数据散布的中心。

3）有界性。在一定的测量条件下，随机误差的绝对值不会超过一定的界限。

4）抵偿性。随着测量次数的无限增加，误差的算术平均值趋近于零，该特性是对称性的必然反映。抵偿性是随机误差最本质的特性，凡具有抵偿性的误差，原则上都可以按随机误差处理。

2.3.2 测量数据数学期望和标准误差的估计

大多数的测量值及其误差都服从正态分布，而且正态分布的特征参数，即真值 x_0 和标准误差 σ，是当测量次数趋于无穷大时的理论值。按照概率论原理，正态分布曲线的数学表达式为

$$p(x)=\frac{1}{\sigma\sqrt{2\pi}}\mathrm{e}^{-\frac{\delta^2}{2\sigma^2}}=\frac{1}{\sigma\sqrt{2\pi}}\mathrm{e}^{-\frac{(x-x_0)^2}{2\sigma^2}} \tag{2-3}$$

式中：$p(x)$ 为概率密度函数；σ 为均方根误差，也称标准误差；δ 为随机误差，是指在没有系统误差条件下的测量值与真值之差，即 $\delta=x-x_0$。

1. 算术平均值

上述随机误差的分布中心是被测量的真值，一般是不知道的。在随机误差分析和处理中，常用多次重复性测量值的算术平均值代替真值。

设被测量的真值为 x_0，各测量值与真值之差即为测量误差，以 $\delta_1,\delta_2,\cdots,\delta_n$ 表示，则

$$\left.\begin{aligned}\delta_1&=x_1-x_0\\\delta_2&=x_2-x_0\\&\cdots\cdots\cdots\cdots\\\delta_n&=x_n-x_0\end{aligned}\right\} \tag{2-4}$$

各式相加得

$$\sum_{i=1}^{n}\delta_i=\sum_{i=1}^{n}x_i-nx_0 \tag{2-5}$$

两边同时除以 n 并取极限，由随机误差的抵偿性可知，当 $n\to\infty$ 时，$\frac{\sum_{i=1}^{n}\delta_i}{n}\to 0$。则

$$x_0=\bar{x}=\lim_{n\to\infty}\frac{1}{n}\sum_{i=1}^{n}x_i \tag{2-6}$$

即当测量次数无限多时，所有测量值的算术平均值趋近于真值。用算术平均值代替真值产生的误差，称为残差 ν_i，即

$$\nu_i=x_i-\bar{x} \tag{2-7}$$

2. 标准误差 σ

表征一系列测量值在其真值周围的散布程度。

由式(2-3)可知,概率密度函数 $p(x)$ 与随机误差 δ 及标准误差 σ 有关。当 $\delta=0$ 时,$p_{\max}=\frac{1}{\sigma\sqrt{2\pi}}$。不同的 σ 值,对应于不同形状的正态分布曲线。若 $\sigma_1<\sigma_2<\sigma_3$,则 $p_{1\max}>p_{2\max}>p_{3\max}$。

由图 2-1 可见,σ 愈小,曲线愈陡,随机误差分布愈集中,测量的精密度愈高。反之,σ 愈大,曲线愈平坦,随机误差分布愈分散,测量的精密度愈低。因此,标准误差 σ 可以作为随机误差分布特性的评定指标。

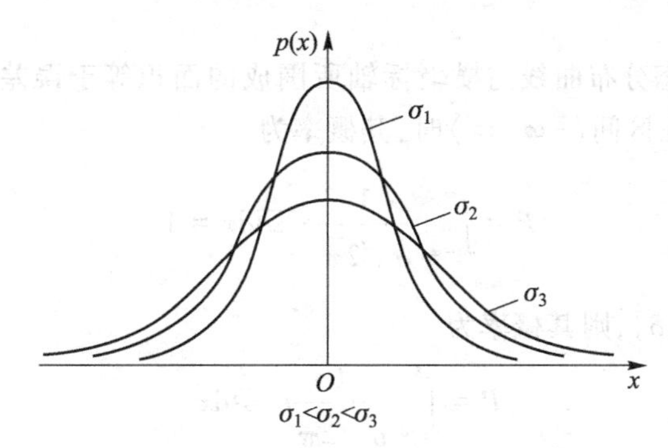

图 2-1　不同形状的正态分布曲线

等精度测量列中单次测量的标准误差(记为$\hat{\sigma}$)可按下式计算:

$$\hat{\sigma}=\sqrt{\frac{\delta_1^2+\delta_2^2+\cdots+\delta_n^2}{n}}=\sqrt{\frac{1}{n}\sum_{i=1}^{n}\delta_i^2}=\sqrt{\frac{1}{n}\sum_{i=1}^{n}(x_i-x_0)^2} \tag{2-8}$$

式中:$\delta_1,\delta_2,\cdots,\delta_n$分别为测量列中各测量值相应的随机误差,$n$ 为测量次数。

单次测量的标准误差$\hat{\sigma}$是表征同一被测量 n 次测量的测量值分散性的参数,可作为测量列中单次测量不可靠性的评定标准。

当被测量的真值未知时,标准误差无法按式(2-8)计算。但标准误差可以通过其最优估计值进行分析,在有限次测量的情况下,用算术平均值 $\bar{x}$ 代替真值 x_0,用残差 ν_i代替 δ_i,标准误差估计值$\hat{\sigma}$为

$$\hat{\sigma}=\sqrt{\frac{\nu_1^2+\nu_2^2+\cdots+\nu_n^2}{n-1}}=\sqrt{\frac{1}{n-1}\sum_{i=1}^{n}\nu_i^2}=\sqrt{\frac{1}{n-1}\sum_{i=1}^{n}(x_i-\bar{x})^2} \tag{2-9}$$

3. 算术平均值的标准误差 $\sigma_{\bar{x}}$

$\hat{\sigma}$仅反映一组等精度测量列中各个单次测量所反映出的误差分布情况,$\sigma_{\bar{x}}$则反映一组等精度测量列中各个单次测量综合得到的算术平均值的误差范围。在同样条件下,若对同一被测量进行 k 组 n 次等精度测量,则对应于每组 n 次测量都有一个算术平均值 $\bar{x}_i$,其大小不完全相同,从而可得一列算术平均值,它们同样具有随机误差特征,并服从正态分布,但分布范围一定比单次测得值的分布范围要小得多。

由误差理论,测量列算术平均值 $\bar{x}_i$的标准误差 $\sigma_{\bar{x}}$与单次测量的标准误差$\hat{\sigma}$有下列关系:

$$\sigma_{\bar{x}}=\frac{\hat{\sigma}}{\sqrt{n}}=\sqrt{\frac{1}{n(n-1)}\sum_{i=1}^{n}(x_i-\bar{x})^2} \tag{2-10}$$

即在 n 次测量的等精度测量列中,算术平均值的标准误差为单次测量标准误差的 $1/\sqrt{n}$,其误差分布更集中。测量次数 n 越大,算术平均值越接近被测量的真值,标准误差范围越小,测量精度也越高。因此,通过多次测量取平均值是提高测量精度的主要措施之一。

2.3.3 极限误差 $\delta_{\lim}$ 的确定

由随机误差的有界性可知,满足正态分布的随机误差不会超过某一个范围,测量极限误差是指测量误差的极限范围。

由概率计算方法,正态分布曲线与横坐标轴所围成的面积等于误差落在对应区间时确定的概率 P。例如,当误差落在区间$(-\infty,\infty)$时,其概率为

$$P=\int_{-\infty}^{\infty}\frac{1}{\sigma\sqrt{2\pi}}e^{-\frac{x^2}{2\sigma^2}}dx=1 \tag{2-11}$$

若误差落在区间$[-\delta,\delta]$,则其概率为

$$P=\int_{-\delta}^{\delta}\frac{1}{\sigma\sqrt{2\pi}}e^{-\frac{x^2}{2\sigma^2}}dx \tag{2-12}$$

令 $z=\dfrac{x}{\sigma}$,且 $Z=\dfrac{\delta}{\sigma}$,则 $dz=\dfrac{dx}{\sigma}$,代入上式得

$$P=\frac{1}{\sqrt{2\pi}}\int_{-Z}^{Z}e^{-\frac{z^2}{2}}dz=\frac{2}{\sqrt{2\pi}}\int_{0}^{Z}e^{-\frac{z^2}{2}}dz \tag{2-13}$$

设

$$\phi(Z)=\frac{1}{\sqrt{2\pi}}\int_{0}^{Z}e^{-\frac{z^2}{2}}dz \tag{2-14}$$

式(2-14)称为拉普拉斯函数。

若已知 Z 值,便可求出 $\phi(Z)$。为了方便使用,工程上将不同的 Z 值所对应的 $\phi(Z)$ 值列成表以备查用。针对正态分布函数,常有制成工具表的标准正态分布函数表 $P(Z)$:

$$P(Z)=\int_{-\infty}^{Z}\frac{1}{\sqrt{2\pi}}e^{-\frac{z^2}{2}}dz=0.5+\phi(Z) \tag{2-15}$$

误差落在区间$[-\delta,\delta]$的置信概率(又称置信度)$P=2\phi(Z)=2P(Z)-1$,落在这个区域之外的概率 α 称为危险率。当 $\delta=\pm3\sigma$ 时,置信概率为 99.73%,仅有 0.27%的随机误差超出其范围,即危险率为 0.27%。可见,超出$\pm3\sigma$ 范围的随机误差出现的可能性极小,所以$\pm3\sigma$ 也作为随机误差的一个极限,即

$$\delta_{\lim}=\pm3\sigma \tag{2-16}$$

一般认为,任意一次测量的测量值与真值的偏差极少会超过此极限。同理,一组等精度测量列算术平均值的测量极限误差为

$$\delta_{\lim}(\bar{x})=\pm3\sigma_{\bar{x}} \tag{2-17}$$

多次测量的测量结果 x_0 可表示为

$$x_0=\bar{x}\pm3\sigma_{\bar{x}}\,(P=99.73\%) \tag{2-18}$$

例 2-1 对某机械轴直径进行 8 次等精度测量，给定置信度 $1-\alpha=0.997$（其中 α 为危险率），测得值 $x_i=802.40,802.50,802.33,802.48,802.42,802.46,802.45,802.43$（单位为 mm），写出其测量结果。

解：测量的算术平均值 $\bar{x}=\frac{1}{8}\sum_{i=1}^{8}x_i=802.43\ \text{mm}$

$$\hat{\sigma}=\sqrt{\frac{1}{n-1}\sum_{i=1}^{n}(x_i-\bar{x})^2}=0.04\ \text{mm}$$

因为

$$P\left(-Z\leqslant\frac{\bar{x}-x_0}{\hat{\sigma}/\sqrt{n}}\leqslant Z\right)=0.997=2P\left(\frac{\bar{x}-x_0}{\hat{\sigma}/\sqrt{n}}\leqslant Z\right)-1$$

所以

$$P\left(\frac{\bar{x}-x_0}{\hat{\sigma}/\sqrt{n}}\leqslant Z\right)=\frac{1+0.997}{2}=0.998\ 5$$

查正态分布表，得 $Z=2.96$。所以

$$x_0=\bar{x}\pm Z\frac{\hat{\sigma}}{\sqrt{n}}=\left(802.43\pm2.96\times\frac{0.04}{\sqrt{8}}\right)\ \text{mm}=(802.43\pm0.04)\ \text{mm}\ (P=99.7\%)$$

2.4 粗大误差的分析

粗大误差大多是由于疏忽或偶然意外所引起的，比如测量试验人员的不正确行为（读数看错、偶然碰动仪表等），或者因外界因素突然发生测量环境变动（如电源电压突然大幅度波动）等。粗大误差与随机误差的性质不同，只要试验安排合理，试验人员操作专业，造成粗大误差的行为和因素是可以避免的。然而，偶然因素和疏忽总有可能发生，测量值中混有因疏忽引起的错误数据在所难免，对于这类数据必须剔除。

下面介绍两种常用的粗大误差判别准则：拉依达准则和格罗布斯准则。

2.4.1 拉依达准则

常用的简便准则为拉依达准则，即 3σ 准则。当等精度测量值呈正态分布时，如果残差的绝对值超出 3σ，则被视为粗大误差，应予以剔除。操作时每次剔除一个残差，然后重新确定粗大误差界限，再检验是否剔除下一个残差，直至将所有坏值全部剔除为止。

此准则适用于正态分布且测量次数较多的等精度测量。由于一般工程试验的测量数据较少，按正态分布理论为基础的拉依达准则不太准确，而且由于所取界限太宽，容易混入应该被剔除的数据。这时可考虑采用以 t 分布为基础的格罗布斯准则。

2.4.2 格罗布斯准则

格罗布斯准则按照数理统计理论计算出按危险率及样本容量求得的格罗布斯准则用表。对等精度测量列按其残差大小排列，同时构造一个统计限定量，通过查表求得。若在危险率一定的

条件下,统计量大于对应的限定表值,则认为此测量结果应该被剔除,否则就应该保留。

判定异常数据的步骤如下:

1) 将试验数据按其大小重新排列,求得其子样平均值 $\bar{x}$ 与子样标准误差 $\hat{\sigma}$,并计算

$$T_{x_i}=\frac{|x_i-\bar{x}|}{\hat{\sigma}} \tag{2-19}$$

2) 选定危险率 α。危险率一般不应太大,可取 5.0%、2.5%或 1.0%。危险率 α 是一种犯错误(即误剔除)的概率。

3) 根据 n 和 α,可在表 2-1 中查出相应的 $T(n,\alpha)$ 值。

表 2-1　格罗布斯准则 $T(n,\alpha)$ 数值表

n	α			n	α		
	5.0%	2.5%	1.0%		5.0%	2.5%	1.0%
3	1.15	1.15	1.15	20	2.56	2.71	2.88
4	1.46	1.48	1.49	21	2.58	2.73	2.91
5	1.67	1.71	1.75	22	2.60	2.76	2.94
6	1.82	1.89	1.94	23	2.62	2.78	2.96
7	1.94	2.02	2.10	24	2.64	2.80	2.99
8	2.03	2.13	2.22	25	2.66	2.82	3.01
9	2.11	2.21	2.32	30	2.75	2.91	
10	2.18	2.29	2.41	35	2.82	2.98	
11	2.23	2.36	2.48	40	2.87	3.04	
12	2.29	2.41	2.55	45	2.92	3.09	
13	2.33	2.46	2.61	50	2.96	3.13	
14	2.37	2.51	2.66	60	3.03	3.20	
15	2.41	2.55	2.71	70	3.09	3.26	
16	2.44	2.59	2.75	80	3.14	3.31	
17	2.47	2.62	2.79	90	3.18	3.35	
18	2.50	2.65	2.82	100	3.21	3.38	
19	2.53	2.68	2.85				

4) 若 $T_{x_i}>T(n,\alpha)$,则认为所怀疑的数据 $x_i=x_d$ 是异常的,即属于粗大误差,应予剔除;若 $T_{x_i}\leqslant T(n,\alpha)$,则所怀疑的数据还不能以此危险率 α 剔除,应予保留。

5) 应该注意的是,如果 x_d 是粗大误差造成的数据,剔除该数据后再检查其他数据时,子样的容量 n 变化了,子样的 $\bar{x}$ 和 $\hat{\sigma}$ 也要变化,$T(n,\alpha)$ 也有所变动,应重新按步骤 2) ~ 步骤 4) 进行检查,直至所有数据达到 $T_{x_i}\leqslant T(n,\alpha)$ 为止。

6）最后得到测量结果：$x_0=\overline{x}\pm T(n,\alpha)\dfrac{\hat{\sigma}}{\sqrt{n}}$。

2.5 测量结果误差的估计

测量结果的误差是衡量测量准确度高低的重要参数，也是评价测量结果可信程度的主要依据。表征测量结果可信程度的指标主要有精密度、正确度、准确度和不确定度。

2.5.1 精密度、正确度、准确度

通常为了区分系统误差或随机误差或两者共同引起的误差，引入精密度、正确度、准确度的概念作为测量数据的精度，以说明测量误差源于哪一类误差，并进一步表示测量结果与被测量真值的接近程度。

（1）精密度

在等精度测量条件下，对同一被测量进行多次测量，测量值重复一致的程度称为测量的精密度。从测量误差的角度来说，精密度所反映的是测量的随机误差。精密度高，测量的随机误差小，但不一定正确度高。

精密度描述测量数据的分散程度。精密度是准确度的一个重要组成部分。精密度是在规定的条件下独立测量结果间的一致程度。对于不同的规定条件，有不同的精密度的度量。反映精密度的重要特征是复现性。

（2）正确度

正确度是在等精度测量条件下，对同一被测量进行多次重复测量，得到的被测量值与其真值的接近程度。从测量误差的角度来说，正确度更多反映的是测量的系统误差。但正确度高，不一定精密度就高。

（3）准确度

准确度是指在一定测量条件下，被测量的测量值与其真值之间的一致程度。准确度是精密度和正确度的综合反映。从测量误差的角度来说，准确度是测量的随机误差和系统误差的综合反映。

以上三者之间的关系可由图 2-2 所示的打靶图例形象地说明。靶心为被测量的真值 x_0，小黑点表示每次的测量值。图 2-2a 的弹着点都向一侧偏离靶心，但比较集中，这反映了随机误差较小而系统误差较大的情况，即精密度高而正确度低。图 2-2b 的弹着点比较分散，但平均值比较接近靶心，这反映了随机误差较大而系统误差较小的情况，即正确度高而精密度低。图 2-2c 的弹着点比较集中，又都聚集在靶心附近，这反映了系统误差和随机误差都比较小的情况，即准确度高。

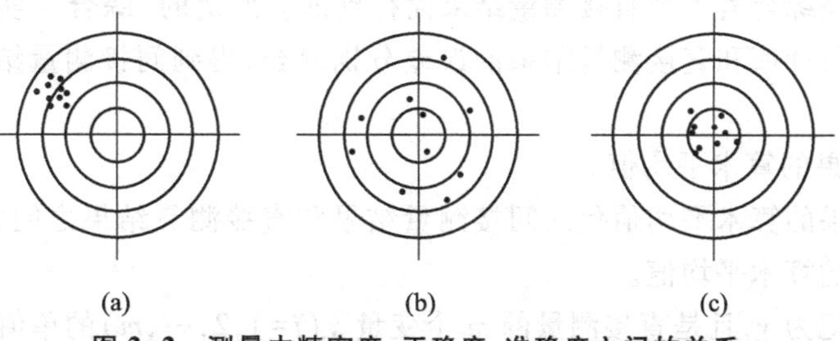

图 2-2 测量中精密度、正确度、准确度之间的关系

只有正确度和精密度都高,准确度才高。

2.5.2 不确定度

测量不确定度表示对被测量真值所处量值范围的评定,或者说是对被测量真值不能肯定的误差范围的一种评定。不确定度是测量误差量值分散性的指标,它表示对测量值不能肯定的程度。不确定度小,表示测量数据集中,测量结果的可信程度高;不确定度大,表示测量数据分散,测量结果的可信程度低。

一个完整的测量结果,不仅要给出测量值的大小,而且要给出测量不确定度,以表明测量结果的可信程度。

测量误差和测量不确定度是误差理论中的两个重要概念,它们都可用作测量结果准确度评定的参数,是评价测量结果质量高低的重要指标。不确定度与测量误差有区别也有联系,误差是不确定度的基础,研究不确定度首先需要研究误差,只有对误差的性质、分布规律、相互联系及测量结果的误差传递关系等有了充分的了解和认识,才能更好地估计各不确定度分量。正确得到测量结果的不确定度,用测量不确定度表示测量结果,易于理解,便于评定,具有合理性和实用性。不确定度是现代误差理论的内容之一,是对经典误差理论的一个补充。

测量不确定度表示由于测量误差的存在而对被测量值不能肯定的程度。它包含多种分量,按其数值的评定方法可以将它们归入两类:A 类不确定度和 B 类不确定度。

(1) A 类不确定度的评定

用统计方法评定标准不确定度称为不确定度的 A 类评定,所得出的标准不确定度称为 A 类不确定度。当它作为一个分量时,无例外地用标准误差表征。

标准不确定度 A 类评定的基本方法是采用贝塞尔公式计算标准误差$\hat{\sigma}$,其标准不确定度等同于由系列测量值获得的标准误差,其计算方法已在前面作了详细介绍。

(2) B 类不确定度的评定

用不同于对测量样本进行统计分析的其他方法进行标准不确定度的评定,所得到的相应的标准不确定度称为 B 类不确定度。由于 B 类评定方法不是按统计方法进行的,一般不需要对被测量在统计控制状态下(或者重复性条件下)进行重复测量,而是根据经验或者现有信息加以评定,并可用近似的、假设的“标准偏差”来表征。

2.5.3 间接测量误差分析

任何测量总是有误差的,间接测量误差大小不仅与有关的各直接测量量的误差有关,还与两者之间的函数关系有关。显然,直接测量结果的准确度将决定间接测量结果的准确度。

间接测量结果是综合若干个直接测量结果而得到的。所谓的“综合”,实际上是将若干个直接测量结果的最佳估计值和直接测量结果的误差分别综合,得到间接测量结果的估计值和间接测量的误差。

1. 间接测量结果的算术平均值

将直接测量结果的算术平均值代入间接测量结果和直接测量结果之间的函数关系式,便可求得间接测量结果的算术平均值。

设间接测量量记为 y,且是直接测量的 m 个变量 $x_j(j=1,2,\cdots,m)$ 的单值函数。即

$$y=f(x_1,x_2,\cdots,x_j,\cdots,x_m) \tag{2-20}$$

将 $x_j=\bar{x}_j(j=1,2,\cdots,m)$ 代入式(2-20)，可求得间接测量量的算术平均值 $\bar{y}$(即为间接测量量的最佳估计值)为

$$\bar{y}=f(\bar{x}_1,\bar{x}_2,\cdots,\bar{x}_j,\cdots,\bar{x}_m) \tag{2-21}$$

式中：$\bar{x}_j(j=1,2,\cdots,m)$ 是直接测量量 $x_j(j=1,2,\cdots,m)$ 的算术平均值。

由式(2-21)可得出结论：间接测量量的最佳估计值 $\bar{y}$ 可以由与其有关的各直接测量量的算术平均值 $\bar{x}_j(j=1,2,\cdots,m)$ 代入函数关系式求得。

2. 误差传递规律

由于直接测量结果总带有误差，因此间接测量结果的误差也不可避免，即用直接测量结果进行运算的过程中，误差会发生传递和累积。在不同的数学运算中，误差的传递和累积规律不同。系统误差和随机误差在这方面的表现也不一样。

在式(2-20)中，y 为间接测量量，$x_j(j=1,2,\cdots,m)$ 为直接测量量。由于直接测量值含有误差，因而

$$x_j=\mu_j+\delta_j \tag{2-22}$$

式中：x_j 是第 j 个直接测量量的测量结果，μ_j 是 x_j 的真值，δ_j 是 x_j 的误差。

考虑到 δ_j 远小于测量结果 x_j，将函数 y 在点$(\mu_1,\mu_2,\cdots\mu_m)$上展开成泰勒级数，略去误差的高次项，取一阶近似式

$$y=\mu_y+\delta_y=f(\mu_j)+\sum_{j=1}^{m}\frac{\partial y}{\partial x_j}(x_j-\mu_j)=f(\mu_j)+\sum_{j=1}^{m}\frac{\partial y}{\partial x_j}\delta_j \tag{2-23}$$

式中：μ_y 是 y 的真值，准确地说是当 x_j 均取各自真值时的 y 值。

$$\mu_y=f(\mu_j)(j=1,2,\cdots,m) \tag{2-24}$$

δ_y 是由于 $x_j\neq\mu_j$ 所造成的 y 值的误差；$\frac{\partial y}{\partial x_j}$ 是当除该 x_j 为变量外，其他 $x_j(x_j\neq\mu_j)$ 均为真值(常量)时 y 对 x_j 的偏导数在 $x_j=\mu_j$ 处的值。故有

$$\delta_y=\sum_{j=1}^{m}\frac{\partial y}{\partial x_j}\delta_j \tag{2-25}$$

可见，若自变量的误差足够小，函数的误差可用自变量误差的线性组合计算，而且在点$(\mu_1,\mu_2,\cdots\mu_m)$附近 $\frac{\partial y}{\partial x_j}$ 为常量。$\frac{\partial y}{\partial x_j}$ 可看作误差分量 δ_j 对函数误差 δ_y 影响程度的表征，或对 δ_y 所作贡献的权重。

以上讨论的误差是绝对误差。对于随机变量的标准误差，当直接测量量 $x_j(j=1,2,\cdots,m)$ 与间接测量量 y 成线性组合关系时，即

$$y=\sum_{j=1}^{m}a_jx_j \tag{2-26}$$

间接测量量 y 也具有随机变量特征。间接测量量 y 的方差 σ_y 为

$$\sigma_y^2 = E[(y-\mu_y)^2] = E\left[\left(\sum_{j=1}^{m} a_j x_j - \sum_{j=1}^{m} a_j \mu_j\right)^2\right]$$

$$= \sum_{j=1}^{m} a_j^2 \sigma_{x_j}^2 + 2\sum_{1 \leqslant i \leqslant j}^{m} a_j a_i E[(x_j - \mu_{x_j})(x_i - \mu_{x_i})] \tag{2-27}$$

$$= \sum_{j=1}^{m} a_j^2 \sigma_{x_j}^2 + 2\sum_{1 \leqslant i \leqslant j}^{m} a_j a_i \mathrm{cov}(x_j, x_i)$$

式中：$\mathrm{cov}(x_j,x_i)$是x_j和x_i的协方差，$\mathrm{cov}(x_j,x_i)=E[(x_j-\mu_{x_j})(x_i-\mu_{x_i})]$；$a_j=\frac{\partial y}{\partial x_j}$，为误差传递系数。

式(2-27)是m个随机变量线性组合的方差表达式。如果y是m个随机变量的其他类型组合，而不是线性组合，只要将函数展开成泰勒级数，并只取一次项，则该级数就成为线性组合表达式。因此，对于随机变量线性组合，这是一个精确表达式。对于随机变量非线性组合，这是一个近似表达式。式(2-27)为方差合成的基本公式，也称为方差传递公式。

如果所有的直接测量量都是互不相关的，即$\mathrm{cov}(x_j,x_i)=0$，则有

$$\sigma_y^2 = \sum_{j=1}^{m} \left(\frac{\partial y}{\partial x_j}\right)^2 \sigma_{x_j}^2 \tag{2-28}$$

$$\sigma_y = \sqrt{\sum_{j=1}^{m} \left(\frac{\partial y}{\partial x_j}\right)^2 \sigma_{x_j}^2} \tag{2-29}$$

由式(2-29)可以得出结论：间接测量量的标准误差是各独立直接测量量的标准误差和函数对该直接测量量偏导数乘积的平方和的平方根。按式(2-28)或式(2-29)合成方差的方法被称为方和根法。

3. 不确定度的综合

一般情况下，不确定度的合成指当测量结果是由若干个其他量的值求得时，按其他各量的方差和协方差算得的不确定度，这种合成需按照合成方差的方法进行综合。如果合成不确定度时可以认为不确定度的各分量都具有同等作用且互不相关，则各个误差传递系数均可取为1和$E[(x_j-\mu_{x_j})(x_i-\mu_{x_i})]=0$。因此，不确定度的综合变得简单，实际上就是使用方和根的办法来综合。

设现有$n+m$项的不确定度要合成综合不确定度，其中n项为A类不确定度，m项为B类不确定度，它们的不确定度分别为s_i和u_j，则综合不确定度为

$$\sigma_{\mathrm{unc}} = \sqrt{\sum_{i=1}^{n} s_i^2 + \sum_{j=1}^{m} u_j^2} \tag{2-30}$$

2.6 测量结果的表达

最终测量结果通常可以有以下三种表达方式：

(1)
$$x_0 = \bar{x} \pm \delta_{\lim} \tag{2-31}$$

式中：$\delta_{\lim}$为极限误差，其意义为误差不超过此界限。

(2)
$$x_0 = \bar{x} \pm t_\beta \hat{\sigma}_{\bar{x}} \tag{2-32}$$

根据各种工程需要，给定各种置信概率 β，确定其 t_β 值。具体 t_β 值可以从随机变量 x 的 t 分布表中查得。

(3) 测量结果＝样本平均值±不确定度 (2-33)

在直接测量的情况下，不确定度可以用样本平均值 $\bar{x}$ 的标准误差 $\sigma_{\bar{x}}$ 来表征。

由于随机变量 $\bar{x}$ 的标准误差 $\sigma_{\bar{x}}=\dfrac{\hat{\sigma}}{\sqrt{n}}$，其中 $\hat{\sigma}$ 为随机变量的总体标准误差。考虑到测量样本标准差 s 为总体标准误差的无偏估计值，因而如果 $\hat{\sigma}$ 用其测量样本标准差估计值 s 来计算，则测量结果可以表达为

$$x=\bar{x}\pm\sigma_{\bar{x}}=\bar{x}\pm\frac{s}{\sqrt{n}}=\bar{x}\pm\sqrt{\frac{1}{n(n-1)}\sum_{i=1}^{n}(x_i-\bar{x})^2} \tag{2-34}$$

采用测量平均值及其不确定度的表达方式只与实验样本标准差 s 和测量次数 n 有关，而且对于所有的变量分布都是适用的。

例 2-2 圆柱体积 $V=\pi r^2 h$，其中 r 为底面半径，h 为圆柱高。若实际测得的圆柱半径、高参数如下：

$$r=(10.00\pm0.035)\ \text{mm}$$
$$h=(50.00\pm0.035)\ \text{mm}$$

求圆柱体积 V、标准误差 σ_V 及相对误差 ρ_V。

解： 圆柱体积 V 的估计值

$$V=\pi r^2 h=15\ 710\ \text{mm}^3$$

圆柱体积 V 的标准误差

$$\frac{\partial V}{\partial h}=\pi r^2=314.2\ \text{mm}^2$$
$$\frac{\partial V}{\partial r}=2\pi rh=3\ 142\ \text{mm}^2$$

所以

$$\sigma_V=\sqrt{\left(\frac{\partial V}{\partial h}\right)^2\sigma_h^2+\left(\frac{\partial V}{\partial r}\right)^2\sigma_r^2}=110.5\ \text{mm}^3$$

圆柱体积 V 的相对误差

$$\rho_V=\frac{110.5}{1\ 571\times10}=7.0\times10^{-3}$$

圆柱体积

$$V=(1\ 571\times10\pm11\times10)\ \text{mm}^3\text{（正态分布概率 }P=68.3\%\text{）}$$

2.7 测量结果的数据处理

工程实验中测量得到的许多数据，都需要处理后才能表示测量的最终结果，即用简明而严格的方法把实验数据所代表的事物内在规律性提炼出来。数据处理包括数据的记录、整理、计算、分析、拟合等多种处理方法。测量结果的数据处理方法主要有列表法、作图法和图解法等。

1. 列表法

列表法是记录数据的基本方法。为了使实验结果一目了然,避免数据整理混乱和丢失数据,便于数据查对,列表法是记录的最好方法。将数据中的自变量、因变量的各个数值一一对应排列出来,简单明了地表示出有关物理量之间的关系;检查测量结果是否合理,及时发现问题;有助于找出有关各变量之间的联系和建立经验公式。

2. 作图法

用作图法处理实验数据是数据处理的常用方法之一,它能直观地显示各物理量之间的对应关系,揭示各物理量之间的内在联系。作图法是在现有的坐标纸上用图形描述各物理量之间的关系,将实验数据用几何图形表示出来。作图法的优点是直观、形象,便于比较实验结果,求出某些物理量,建立各物理量的关系式等,能够清楚地反映物理现象的变化规律,并能比较准确地确定有关物理量的量值或求出有关常数。

3. 图解法

通过测试获得实验数据,作出实验图线以后,可以由图线求出经验公式。图解法是根据实验数据作好的图线,用解析法找出相应的函数关系。实验中经常遇到的图线有直线、抛物线、双曲线、指数曲线、对数曲线等。特别是当图线是直线时,采用此方法更为方便。

在现代实验技术中,计算机在实验数据处理中的应用越来越多,应用计算机进行数据处理的优点是速度快、精度高,直观性强。例如,在一些平均值、相对误差、绝对误差、标准误差、线性回归、数据统计等方面的计算中,在常用函数计算、定积分计算、拟合曲线、作图等方面都可用现有的软件或开发一些实用性强的程序来满足实验数据处理的需要。

实验获得的数据往往需要通过拟合以确定各个参数间的函数关系,在这一过程中,最小二乘法是拟合经验公式的一种常用方法。

2.7.1　最小二乘法线性回归分析

最小二乘法是一种数学优化方法,即通过各个对应数据点最小化误差的平方和来寻找数据的最佳匹配函数,使得这些求得的数据与实际数据之间误差的平方和为最小。最小二乘法还可用于曲线拟合,利用最小二乘法获得的拟合关联式可以简便地求得未知的数据。

利用最小二乘法拟合关联式过程中,常常需要先选定函数曲线的形态(如直线、抛物线、对数曲线、双曲线、幂函数曲线等),并将非线性方程转换成线性方程求得各待定系数。

如果因变量与自变量之间是线性关系,例如,通常铜轴的长度与温度有关:

$$l_t = l_0(1+\alpha t) = l_0 + \alpha l_0 t \tag{2-35}$$

式中:l_0为 0 ℃时的长度;l_t为在给定温度 t(单位为℃)时的长度;α 为线胀系数。

按上述公式,只要给定温度 t,就能计算出该温度下的铜轴长度。实际测量时,温度 t 虽能严格控制,但测量出来的结果与按式(2-35)的计算有差别。如果多次测量,则每次测量的结果也不同。其原因在于实测时轴长 l_t与温度 t 之间的关系不是单一的关系。

在实测轴长时,如果控制影响轴长的主要因素只有温度并且无其他系统误差,就有可能根据一组测试数据找出排除或减小随机因素影响的经验公式,即

$$y = a_0 + a_1 x \tag{2-36}$$

式(2-36)称为回归直线。可用一元线性回归获得针对测试数据的拟合方程和参数,如图 2-3

所示。

对于 x 的某一固定值 x_i，变量 y 的测量值 y_i 是随机变量，各数据点 (x_i, y_i) 在 y 方向上对于拟合曲线的偏差值（与真值之间的误差）为

$$d_i = y_i - (a_0 + a_1 x_i) \quad (i = 1, 2, \cdots, n) \tag{2-37}$$

也是随机变量，通常随机变量 d_i 服从正态分布，其数学期望值为零，均方根误差为 σ_i。

各偏差之平方和：

$$\sum_{i=1}^{n} d_i^2 = [y_1 - (a_0 + a_1 x_1)]^2 + \cdots + [y_n - (a_0 + a_1 x_n)]^2 \tag{2-38}$$

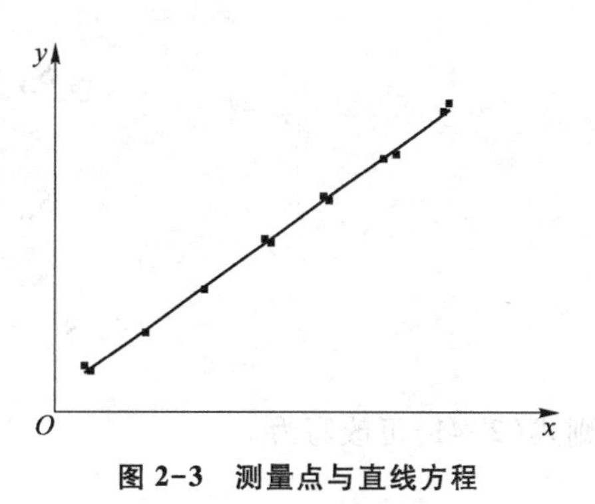

图 2-3　测量点与直线方程

若令 $\sum_{i=1}^{n} d_i^2 = Q$，则最小二乘法在数学上即寻找 Q 的最小值。

而 Q 具有最小值的条件为

$$\begin{cases} \dfrac{\partial Q}{\partial a_0} = 0 \\ \dfrac{\partial Q}{\partial a_1} = 0 \end{cases}$$

即

$$\begin{cases} \sum_{i=1}^{n} y_i - n a_0 - a_1 \sum_{i=1}^{n} x_i = 0 \\ \sum_{i=1}^{n} x_i y_i - a_0 \sum_{i=1}^{n} x_i - a_1 \sum_{i=1}^{n} x_i^2 = 0 \end{cases} \tag{2-39}$$

式(2-39)通常称为正规方程。解此方程即可得到系数 a_0 和 a_1：

$$\begin{cases} a_0 = \dfrac{\sum_{i=1}^{n} y_i \sum_{i=1}^{n} x_i^2 - \sum_{i=1}^{n} x_i \sum_{i=1}^{n} x_i y_i}{n \sum_{i=1}^{n} x_i^2 - \left(\sum_{i=1}^{n} x_i\right)^2} \\ a_1 = \dfrac{n \sum_{i=1}^{n} x_i y_i - \sum_{i=1}^{n} x_i \sum_{i=1}^{n} y_i}{n \sum_{i=1}^{n} x_i^2 - \left(\sum_{i=1}^{n} x_i\right)^2} \end{cases} \tag{2-40}$$

或者也可写成

$$\begin{cases} a_0 = \bar{y} - a_1 \bar{x} \\ a_1 = \dfrac{n \sum_{i=1}^{n} x_i y_i - \sum_{i=1}^{n} x_i \sum_{i=1}^{n} y_i}{n \sum_{i=1}^{n} x_i^2 - \left(\sum_{i=1}^{n} x_i\right)^2} = \dfrac{\sum_{i=1}^{n} (x_i - \bar{x})(y_i - \bar{y})}{\sum_{i=1}^{n} (x_i - \bar{x})^2} \end{cases} \tag{2-41}$$

若令

$$S_{xx}=\sum_{i=1}^{n}x_i^2-\frac{1}{n}\Big(\sum_{i=1}^{n}x_i\Big)^2$$

$$S_{yy}=\sum_{i=1}^{n}y_i^2-\frac{1}{n}\Big(\sum_{i=1}^{n}y_i\Big)^2$$

$$S_{xy}=\sum_{i=1}^{n}x_iy_i-\frac{1}{n}\sum_{i=1}^{n}x_i\sum_{i=1}^{n}y_i$$

则式(2-41)可改写为

$$\begin{cases}a_0=\bar{y}-a_1\bar{x}\\ a_1=\dfrac{S_{xy}}{S_{xx}}\end{cases}\tag{2-42}$$

2.7.2 经验公式拟合程度的检验

采用最小二乘法对实验数据进行处理,可以确定曲线方程 $y=a_0+a_1x^k$,以这条曲线来表示变量 x、y 的函数关系是近似的。回归的关联式曲线不可能通过每个回归数据点($x_1,y_1;x_2,y_2;\cdots;x_n,y_n$)。因此,有必要对它的拟合程度即曲线方程(或经验公式)与实测数据的近似程度进行检验。描述两个变量线性关系的拟合程度的数量性指标常用相关系数来评价,相关系数可由下式计算:

$$\rho=\frac{\sum_{i=1}^{n}(x_i-\bar{x})(y_i-\bar{y})}{\sqrt{\sum_{i=1}^{n}(x_i-\bar{x})^2\sum_{i=1}^{n}(y_i-\bar{y})^2}}\tag{2-43}$$

将上式展开,还可以转换成以下形式:

$$\rho=\frac{S_{xy}}{\sqrt{S_{xx}S_{yy}}}\tag{2-44}$$

相关系数 ρ 的数值在-1 和 1 之间,即 $-1\leqslant\rho\leqslant1$。$\rho$ 的绝对值越接近于 1,则拟合关系与实测数据点拟合得越好,当 $\rho=\pm1$ 时,所有的实验数据点均落在拟合曲线上。当 $\rho>0$ 时,称作正相关,即随 x 值增大,y 值增大。当 $\rho\approx0$ 时,实验数据点(x_i,y_i)太离散,所确定的拟合关系不可信,基本不能代表实测数据。

在实际测量中,由于真实误差 $\delta_i=x_i-x_0$ 未知,y 的均方根误差只能用残差 $d_i=y_i-\bar{y}$ 来估计。可以证明,自变量均方根误差 σ 的无偏估计值可用下式计算:

$$\hat{\sigma}=\sqrt{\frac{1}{n-(m+1)}\sum_{i=1}^{n}d_i^2}\tag{2-45}$$

式中:n 为测量次数;m 为多项式的阶数。

例 2-3 设有一组测量数据如下表所示,要求用简单式表示其关系,并求其均方根误差。

i	1	2	3	4	5
x_i	2	4	5	8	9
y_i	2.01	2.98	3.50	5.02	5.47

解：用直线关系表示，即

$$y=a_0+a_1x^k\text{，取 }k=1$$

$$\bar{x}=\frac{1}{n}\sum_{i=1}^{n}x_i=\frac{1}{5}\times(2+4+5+8+9)=5.6$$

$$\bar{y}=\frac{1}{n}\sum_{i=1}^{n}y_i=\frac{1}{5}\times(2.01+2.98+3.50+5.02+5.47)=3.796$$

按下表处理数据：

i	$x_i-\bar{x}$	$(x_i-\bar{x})^2$	$d_i=y_i-\bar{y}$	$(x_i-\bar{x})(y_i-\bar{y})$
1	−3.6	12.960	−1.786	6.429 6
2	−1.6	2.560	−0.816	1.305 6
3	−0.6	0.360	−0.296	0.177 6
4	2.4	5.760	1.224	2.937 6
5	3.4	11.560	1.674	5.691 6
Σ		33.20		16.542

$$a_1=\frac{\sum_{i=1}^{n}(x_i-\bar{x})(y_i-\bar{y})}{\sum_{i=1}^{n}(x_i-\bar{x})^2}=\frac{16.542}{33.20}=0.498\ 3$$

$$a_0=\bar{y}-a_1\bar{x}=3.796-0.498\ 3\times5.6=1.005\ 5$$

回归直线方程为

$$y=1.005\ 5+0.498\ 3x$$

均方根误差 σ 的无偏估计值：

$$\hat{\sigma}=\sqrt{\frac{1}{n-(m+1)}\sum_{i=1}^{n}d_i^2}=\sqrt{\frac{1}{3}\times8.24}=1.66$$

思考题与练习题

2-1 什么是测量准确度？什么是测量正确度？它们的作用如何？

2-2 测量不确定度指的是什么？它与测量误差有什么区别？

2-3 对某长度测量，结果如下表所示：

n	1	2	3	4	5	6	7
L/cm	25.1	24.7	24.9	25.0	25.3	25.2	24.8

求长度测量结果及误差(假定置信概率为95%)。

2-4 说明随机误差与系统误差的性质及其对测量结果的影响。

2-5 量程为10 A的0.5级电流表经检定在示值5 A外的示值误差最大,其值为15 mA,问该表是否合格?

2-6 对约为70 V的电压进行测量,现有两只电压表可供选择;一只电压表的量程为100 V,级别为1.0级;另一只电压表的量程为200 V,级别为0.5级。问用哪一只电压表测量合适?

2-7 对某被测量进行了8次测量,测量值分别为802.40 mm、802.50 mm、802.38 mm、802.48 mm、802.42 mm、802.46 mm、802.45 mm、802.43 mm,求被测量的最佳估计值和测量不确定度。

2-8 按公式$V=\pi r^2 h$计算圆柱体积,若已知$r=2$ cm,$h=20$ cm,要使圆柱体积的相对误差等于1%,试问r和h测量时误差应为多少?

2-9 测量某电路的电流$I=22.5$ mA,电压$U=12.6$ V,I和U的标准误差分别为$\sigma_I=0.5$ mA,$\sigma_U=0.1$ V,求所消耗的功率及其标准不确定度。(I和U互不相关)

2-10 设间接测量量$z=2x+y$,在测量时x和y同时获得,如下表所示。试求z及其标准不确定度。

序号	1	2	3	4	5	6	7	8	9	10
x	100	104	102	98	103	101	99	101	105	102
y	51	51	54	50	51	52	50	50	53	52

2-11 某电子测量设备的技术说明书指出:当输入信号的频率在200 kHz时,其误差不大于±2.5%;环境温度在(20±10)℃范围变化时,温度附加误差不大于±1% ℃$^{-1}$;电源电压变化±10%时,附加误差不大于±2%;更换晶体管时附加误差不大于±1%。假设在环境温度为25 ℃时使用该设备,使用前更换了一个晶体管,电源电压为220 V,被测信号为0.5 V、220 kHz的交流信号,量程为1 V,试估算测量不确定度。

2-12 某实验者对同一气体流速进行测量,重复测量数据如下:25.6 m/s、25.2 m/s、25.9 m/s、25.3 m/s、25.7 m/s、26.8 m/s、25.5 m/s、25.4 m/s、25.5 m/s、25.6 m/s。试判断该组数据中是否含有粗大误差,并给出测量结果的表达式。

第3章 动态信号特征分析

在生产实践和科学试验中，需要观测客观现象，记录相关参量随时间的变化。通过测量得到的相关量或信号包含着反映被测系统状态和特征的某些信息，是人们认识客观事物内在规律，预测后续发展趋势的依据。通过对动态信号的多特征域分析，可以深入、全面了解被测对象的变化特征。

3.1 信号及其分类

被测量往往通过测试装置被转变成电信号并加以记录，信号分析就是从记录的信号中提取各种有用信息。

3.1.1 信号的基础知识

测试中得到的表征系统物理现象的信号，包含着反映被测系统状态及特性的大量信息。但是直接测量得到的信号往往包含多种复杂信息，直观上不易识别有用信息。为了深入揭示信号内所包含的信息，必须对原动态信号特征参数进行多特征域分析，才能更加全面认识系统的动态变化与动态特征。

信号一般分为模拟信号和数字信号，处理数字信号与分析模拟信号有所不同，它将已判定为平稳的连续信号通过采样使之变为等时间间隔的离散序列，再经数字化（量化）处理后进行各域的计算：幅值域、时间域、频域以及倒频域等的计算，在此基础上，进行系统的动态特性及参数分析或判断系统的状态与故障等。

信号在处理前必须进行必要的数据准备与信号预处理。数据准备是在动态信号分析计算之前进行的整理。信号中在测试过程中带来的噪声、信号漂移，以及其他故障造成的过高、过低或接近工频的干扰信号，可通过观察和分析原始信号的变化规律，或通过专用仪器与一定算法分析后取舍。信号的预处理可以提高信号的信噪比。

动态信号类型是多样的：周期的、准周期的、瞬变的以及随机的信号等。为了使计算分析准确、正确地反映系统特性，首先需要对不同工况及同工况不同时间的信号样本进行平稳性、周期性以及正态性的检验，以判断信号的类型，然后再采取一定的方法进行分析。

3.1.2 信号的分类

在实际工程测试中，可以遇到多种类型不同的物理量。为了准确地进行信号分析与处理，得到可靠的测量结果，必须对不同类型的信号及其特征有所了解。动态信号可根据表征其特性的参量按图 3-1 所示进行分类。

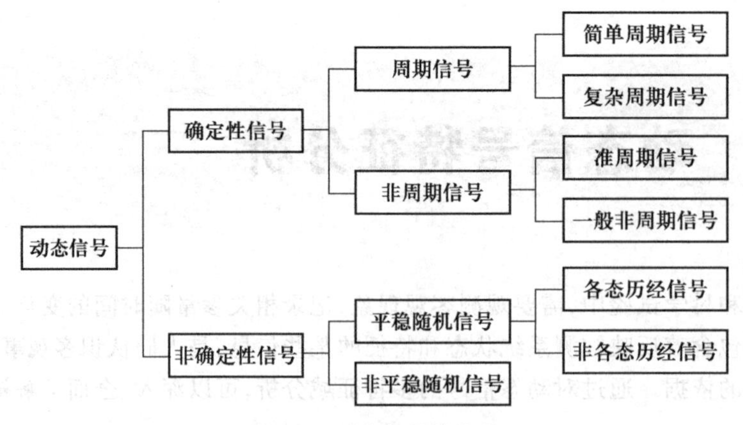

图 3-1 动态信号的分类

确定性信号可用确定的时间函数进行表述。确定性信号包含周期信号和非周期信号,周期信号是按一定时间间隔周而复始出现的信号,非周期信号是不具有周期重复性的确定性信号,例如两种以上周期函数组合成一个无公共周期的时间函数,或者信号随着时间出现衰减等。

非确定性信号也称随机信号,无法用数学关系式准确描述,也无法准确预测某个时刻的信号特征,但非确定性信号可用概率统计方法确定某些特征值。非确定性信号中的平稳随机过程是指在固定时间和位置的概率分布与所有时间和位置的概率分布相同的随机过程,即随机过程的统计特性不随时间的推移而变化,因此数学期望和方差这些参数不随时间和空间位置变化。对于一个平稳随机过程,如果统计平均值等于时间平均值,统计自相关函数等于时间自相关函数,则称之为各态历经性的平稳随机过程。

根据信号在其变量函数的定义域内是否有数值,信号可分为连续信号和离散信号,若其在整个连续时间范围内都有定义是连续时间信号,简称连续信号。离散信号是对连续信号采样得到的信号,连续信号的自变量是连续的,离散信号是一个序列,其自变量是“离散”的。以时间为自变量的离散信号为离散时间信号。

按照能量是否有限,可把信号分为功率信号和能量信号。信号的能量 E 和信号的功率 P 可分别计算如下:

$$E=\lim_{T\to\infty}\int_{-T}^{T}|x(t)|^2\mathrm{d}t \tag{3-1}$$

$$P=\frac{1}{2T}\int_{-T}^{T}|x(t)|^2\mathrm{d}t \tag{3-2}$$

实际测量中能量信号通常是能量有限信号,即在所有时间上总能量不为零且有限的信号,如衰减的指数信号、矩形脉冲信号等。若能量信号无限大,但在有限时间内的平均功率有限,则其为有限功率信号。信号的能量及功率对信号传输系统有直接影响。

信号的时域特征和频域特征都是信号特性的重要表征方式。

直接测量获得的信号往往是随时间变化的,一般也称其为信号的时域特征,对时域信号可以分析其随时间的演化历程。如果要分析信号的频率结构以及信号变化的相对快慢关系等,则需对信号进行频谱分析，将时域信号转换为频率变量的信号，以确定信号在不同频率下对应的幅值和相位关系。

一般情况下，周期性的时变信号可以转换为由多个谐波成分组成的傅里叶级数，在离散的谐波上，其幅值和相位变化反映了周期性信号的频域特征。

非周期信号包括准周期信号和一般非周期信号，经频谱分析准周期信号的频率也是离散的，但是与周期信号不同的是其各组成离散频率间是非有理数的关系，所以其合成信号没有周期关系；一般非周期信号通常是瞬变非周期信号，当其能量有限时，可以通过傅里叶变换将其在频率范围内的特征展示出来，瞬变非周期信号的幅值随着频率通常是连续变化的。

3.2 周期信号与离散频谱特征

3.2.1 周期信号的分解与频谱

1. 可逐项积分的三角级数形式

在有限区间上，周期性信号若满足狄利克雷(Dirichlet)条件：① 在一个周期内，连续或间断点有限；② 在一个周期内，存在有限个极大值和极小值；③ 在一个周期内，信号满足绝对可积。根据傅里叶级数展开定理：如果以 2π 为周期的函数 $x(t)$ 在区间 $[-\pi,\pi]$ 上满足狄利克雷条件，该函数就能够展开为可逐项积分的三角级数：

$$x(t)=\frac{a_0}{2}+\sum_{n=1}^{\infty}(a_n\cos nt+b_n\sin nt) \tag{3-3}$$

其中，

$$\begin{cases} a_0=\dfrac{1}{\pi}\displaystyle\int_{-\pi}^{\pi}x(t)\mathrm{d}t \\ a_n=\dfrac{1}{\pi}\displaystyle\int_{-\pi}^{\pi}x(t)\cos nt\mathrm{d}t \quad (n=1,2,3,\cdots) \\ b_n=\dfrac{1}{\pi}\displaystyle\int_{-\pi}^{\pi}x(t)\sin nt\mathrm{d}t \end{cases}$$

2. 傅里叶级数的三角函数形式

若一个连续时间信号 $x(t)$ 是以 T 为周期的，则它可以表示为

$$x(t)=x(t+nT)\quad (n=0,\pm1,\pm2,\cdots) \tag{3-4}$$

当 $x(t)$ 满足狄利克雷条件时，它能展开成傅里叶级数。电子、通信、控制等工程技术中的实际周期信号一般都能满足这一条件。则

$$\begin{aligned} x(t)&=\frac{a_0}{2}+a_1\cos\omega_0t+b_1\sin\omega_0t+a_2\cos2\omega_0t+b_2\sin2\omega_0t+\cdots+a_n\cos n\omega_0t+b_n\sin n\omega_0t+\cdots \\ &=\frac{a_0}{2}+\sum_{n=1}^{\infty}(a_n\cos n\omega_0t+b_n\sin n\omega_0t) \end{aligned} \tag{3-5}$$

式中：n 为正整数；系数 a_0、a_n、b_n 称为傅里叶系数。三角函数集是一组完备的正交函数集，一个周期$(0,T)$的傅里叶系数：

$$\begin{cases} a_0 = \dfrac{2}{T}\int_0^T x(t)\,\mathrm{d}t \\ a_n = \dfrac{2}{T}\int_0^T x(t)\cos n\omega_0 t\mathrm{d}t \\ b_n = \dfrac{2}{T}\int_0^T x(t)\sin n\omega_0 t\mathrm{d}t \end{cases}$$

若将同频率项合并，又可写成傅里叶级数的另外一种形式：

$$x(t) = \frac{a_0}{2} + \sum_{n=1}^{\infty} A_n \cos(n\omega_0 t + \varphi_n) \tag{3-6}$$

式中：$A_n=\sqrt{a_n^2+b_n^2}$，为 n 次谐波振幅，是 n 的偶函数；$\varphi_n=\arctan\dfrac{a_n}{b_n}$，为 n 次谐波的初相角，是 n 的奇函数。各个频率成分都是 ω_0 的整数倍，相邻频率的间隔 $\Delta\omega=\omega_0=2\pi/T$，通常 ω_0 称为基频。

方波函数是一个典型的周期函数，其傅里叶级数展开式可充分说明其各个谐波函数的构成。图 3-2 是一个周期性方波示意图，其时域的描述为

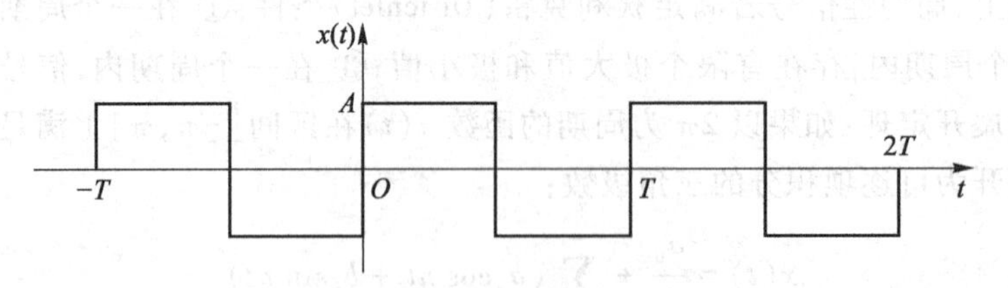

图 3-2　方波函数

$$x(t)=\begin{cases} A & nT<t<\dfrac{T}{2}+nT \\ -A & -\dfrac{T}{2}+nT<t<nT \end{cases} \quad (n=0,\pm1,\pm2,\pm3,\cdots) \tag{3-7}$$

展开成傅里叶级数形式，即可得到

$$x(t)=\frac{4A}{\pi}\left(\sin\omega_0 t+\frac{1}{3}\sin 3\omega_0 t+\frac{1}{5}\sin 5\omega_0 t+\cdots\right) \tag{3-8}$$

其中，

$$\begin{cases} a_0 = \dfrac{2}{T}\int_{-\frac{T}{2}}^{\frac{T}{2}} x(t) = 0 \\ a_n = \dfrac{2}{T}\int_{-\frac{T}{2}}^{\frac{T}{2}} x(t)\cos n\omega_0 t\mathrm{d}t = 0 \\ b_n = \dfrac{2}{T}\int_{-\frac{T}{2}}^{\frac{T}{2}} x(t)\sin n\omega_0 t\mathrm{d}t = \dfrac{4A}{n\pi} \quad (n=1,3,5,7,\cdots) \end{cases}$$

3. 傅里叶级数的指数函数形式

三角函数形式的傅里叶级数含义比较明确，为了运算方便，也常采用其指数形式。根据欧拉

公式：

$$\begin{cases}\cos n\omega_0 t=\dfrac{1}{2}(\mathrm{e}^{\mathrm{j}n\omega_0 t}+\mathrm{e}^{-\mathrm{j}n\omega_0 t})\\ \sin n\omega_0 t=\dfrac{1}{2\mathrm{j}}(\mathrm{e}^{\mathrm{j}n\omega_0 t}-\mathrm{e}^{-\mathrm{j}n\omega_0 t})\end{cases}\tag{3-9}$$

式中：$\mathrm{j}=\sqrt{-1}$。

将其代入式(3-5)，如果 $c_0=\dfrac{a_0}{2}, c_n=\dfrac{a_n-\mathrm{j}b_n}{2}=\dfrac{1}{T}\int_{-\frac{T}{2}}^{\frac{T}{2}}x(t)\mathrm{e}^{-\mathrm{j}n\omega_0 t}\mathrm{d}t, c_{-n}=\dfrac{a_n+\mathrm{j}b_n}{2}=\dfrac{1}{T}\int_{-\frac{T}{2}}^{\frac{T}{2}}x(t)\mathrm{e}^{\mathrm{j}n\omega_0 t}\mathrm{d}t$，则有

$$x(t)=\frac{a_0}{2}+\sum_{n=1}^{\infty}\left(\frac{a_n-\mathrm{j}b_n}{2}\mathrm{e}^{\mathrm{j}n\omega_0 t}+\frac{a_n+\mathrm{j}b_n}{2}\mathrm{e}^{-\mathrm{j}n\omega_0 t}\right)=c_0+\sum_{n=1}^{\infty}c_n\mathrm{e}^{\mathrm{j}n\omega_0 t}+\sum_{n=1}^{\infty}c_{-n}\mathrm{e}^{-\mathrm{j}n\omega_0 t}=\sum_{n=-\infty}^{\infty}c_n\mathrm{e}^{\mathrm{j}n\omega_0 t}\tag{3-10}$$

当周期信号分解为傅里叶级数后，得到的是直流分量和无穷多正弦分量的和，为了直观表示周期信号中各频率分量的分布，可将其各频率分量的振幅和相位随频率的变化关系用“频谱图”表示出来。频谱图包括幅值频谱和相位频谱，幅值频谱表示谐波分量的振幅或虚指数函数的幅值随频率变化的关系，如图 3-3a、b 所示；相位频谱表示谐波分量的相位随频率变化的关系，如图 3-3c、d 所示。在幅值频谱图中每条竖线代表该频率分量的幅值，称为谱线；连接各谱线顶点的曲线（图中虚线）称为包络线，它反映了各分量幅值随频率的变化。习惯上常将幅值频谱简称为频谱。

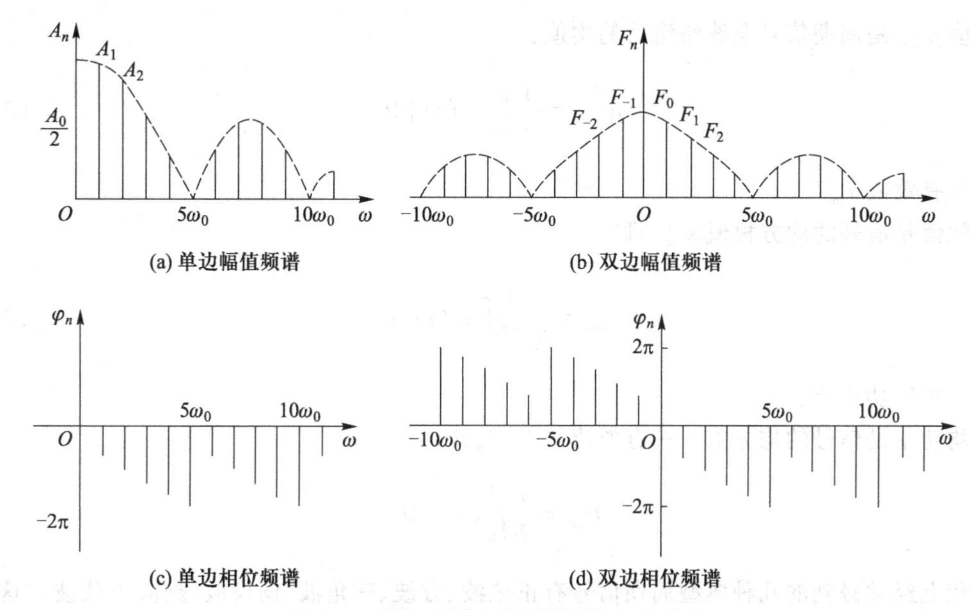

图 3-3 周期信号的幅值频谱和相位频谱

周期信号值频谱具有下列特点：

1）频谱图由频率离散的谱线组成，每根谱线代表一个谐波分量，即周期信号的频谱是离散谱。

2）频谱中的谱线只能在基波频率的整数倍频率上出现，即具有谐波性。

3）频谱中各谱线的高度，随谐波次数的增加而逐渐减小；当谐波次数无限增加时，谐波分量的振幅趋于无穷小，即具有收敛性。

3.2.2 周期信号的强度

周期信号的强度可以用峰值、峰-峰值、绝对均值、有效值和平均功率等来表述。

（1）峰值 x_p

峰值是信号在一个周期内的瞬时最大幅值，即

$$x_p = |x(t)|_{max} \tag{3-11}$$

峰-峰值 x_{p-p} 是在一个周期内最大瞬时值与最小瞬时值之差。

对信号的峰值和峰-峰值应有足够的估计，以便确定测试系统的动态范围。一般希望信号的峰-峰值在测试系统的线性范围内，以保证足够小的非线性误差，并使信号不致产生大的畸变。

（2）均值 μ_x

均值是信号的常值分量（直流分量），即一个周期内的平均值：

$$\mu_x = \frac{1}{T}\int_0^T x(t)\,dt \tag{3-12}$$

绝对均值 $\mu_{|x|}$ 是周期信号全波整流后的均值：

$$\mu_{|x|} = \frac{1}{T}\int_0^T |x(t)|\,dt \tag{3-13}$$

（3）有效值 x_{rms}

有效值是信号的均方根值 x_{rms}，即

$$x_{rms} = \sqrt{\frac{1}{T}\int_0^T x^2(t)\,dt} \tag{3-14}$$

（4）平均功率 P_{av}

平均功率是信号的均方值——有效值的平方，即

$$P_{av} = \frac{1}{T}\int_0^T x^2(t)\,dt \tag{3-15}$$

工程上经常碰到的几种典型周期信号有正弦波、方波、三角波、锯齿波、整流正弦波。这几种典型周期信号的强度列于表 3-1 中。虽然表中各信号的峰值相同，但信号的均值、绝对均值和有效值随波形不同而异。

表 3-1　几种典型周期信号的傅里叶级数展开式及其强度表示

名称	波形图	傅里叶级数展开式	x_p	μ_x	$\mu_{\|x\|}$	x_{rms}
正弦波	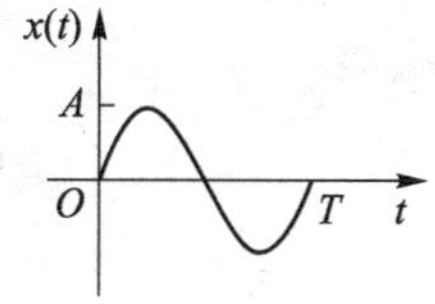	$x_p = A\sin\omega_0 t$	A	0	$\frac{2A}{\pi}$	$\frac{A}{\sqrt{2}}$
方波	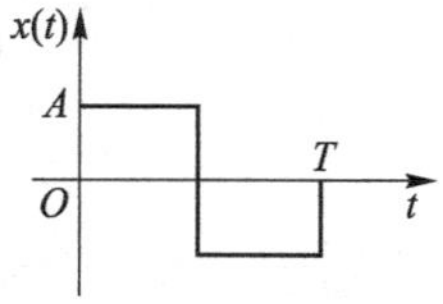	$x(t)=\frac{4A}{\pi}\left(\sin\omega_0 t+\frac{1}{3}\sin 3\omega_0 t+\frac{1}{5}\sin 5\omega_0 t+\cdots\right)$	A	0	A	A
三角波	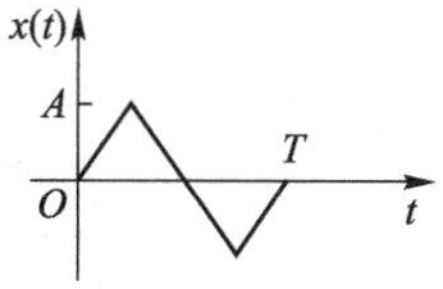	$x(t)=\frac{8A}{\pi^2}\left(\sin\omega_0 t-\frac{1}{3^2}\sin 3\omega_0 t+\frac{1}{5^2}\sin 5\omega_0 t+\cdots\right)$	A	0	$\frac{A}{2}$	$\frac{A}{\sqrt{3}}$
锯齿波	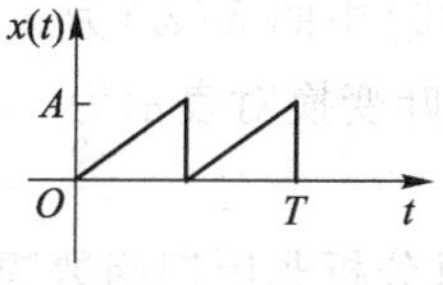	$x(t)=\frac{A}{2}-\frac{4}{\pi}\left(\sin\omega_0 t+\frac{1}{2}\sin 2\omega_0 t+\frac{1}{3}\sin 3\omega_0 t+\cdots\right)$	A	$\frac{A}{2}$	$\frac{A}{2}$	$\frac{A}{\sqrt{3}}$
整流正弦波	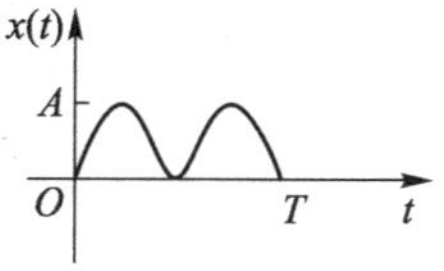	$x(t)=\frac{2A}{\pi}\left(1-\frac{2}{3}\cos 2\omega_0 t-\frac{2}{15}\cos 4\omega_0 t-\cdots\right)$	A	$\frac{2A}{\pi}$	$\frac{2A}{\pi}$	$\frac{A}{\sqrt{2}}$

3.3　非周期信号的特征与描述

能用数学解析式描述而又不属于周期信号的瞬态信号称为非周期信号,包括准周期信号和瞬变非周期信号。准周期信号的频谱具有周期信号离散频谱的特点,而瞬变非周期信号的频谱不能用离散频谱表示。一般情况下,瞬变非周期信号可通过傅里叶变换分析其频谱。

3.3.1 瞬变信号的傅里叶变换

设周期信号 $x(t)$ 的周期为 T_0，在 $(-T_0/2, T_0/2)$ 区间上可展成傅里叶级数，基波频率为 ω_0，$T_0 = 2\pi/\omega_0$。则

$$x(t) = \sum_{n=-\infty}^{\infty} C_n e^{jn\omega_0 t} \tag{3-16}$$

式中：$C_n = \dfrac{1}{T_0}\int_{-\frac{T_0}{2}}^{\frac{T_0}{2}} x(t) e^{-jn\omega_0 t} dt$。则有

$$x(t) = \sum_{n=-\infty}^{\infty} \left[\frac{1}{T_0}\int_{-\frac{T_0}{2}}^{\frac{T_0}{2}} x(t) e^{-jn\omega_0 t} dt\right] e^{jn\omega_0 t} \tag{3-17}$$

即

$$x(t) = \sum_{n=-\infty}^{\infty} e^{jn\omega_0 t}\left[\frac{1}{2\pi}\int_{-\frac{T_0}{2}}^{\frac{T_0}{2}} x(t) e^{-jn\omega_0 t} dt\right] \omega_0 \tag{3-18}$$

非周期函数可看作周期无穷大的函数，即当 $T_0 \to \infty$，$\omega_0 \to 0$ 时的函数，非周期函数 $x(t)$ 即为

$$x(t) = \int_{-\infty}^{\infty} e^{j\omega t}\left[\frac{1}{2\pi}\int_{-\infty}^{\infty} x(t) e^{-j\omega t} dt\right] d\omega \tag{3-19}$$

如果

$$X(\omega) = \int_{-\infty}^{\infty} x(t) e^{-j\omega t} dt \tag{3-20}$$

则

$$x(t) = \frac{1}{2\pi}\int_{-\infty}^{\infty} X(\omega) e^{j\omega t} d\omega \tag{3-21}$$

在数学上这种函数之间一一对应的关系互为傅里叶变换，式(3-20)中的 $X(\omega)$ 为 $x(t)$ 傅里叶正变换，式(3-21)中的 $x(t)$ 为 $X(\omega)$ 傅里叶逆变换。习惯上将傅里叶变换对表示为

$$x(t) \Leftrightarrow X(\omega) \tag{3-22}$$

以图 3-4 所示窗宽为 T 的单位矩形窗函数 $w(t)$ 的频谱为例，可以分析非周期函数频谱的一些特征。图 3-4a 为典型的矩形窗函数 $w(t)$，其时域函数为

$$w(t) = \begin{cases} 1 & |t| < \dfrac{T_0}{2} \\ 0 & |t| \geqslant \dfrac{T_0}{2} \end{cases} \tag{3-23}$$

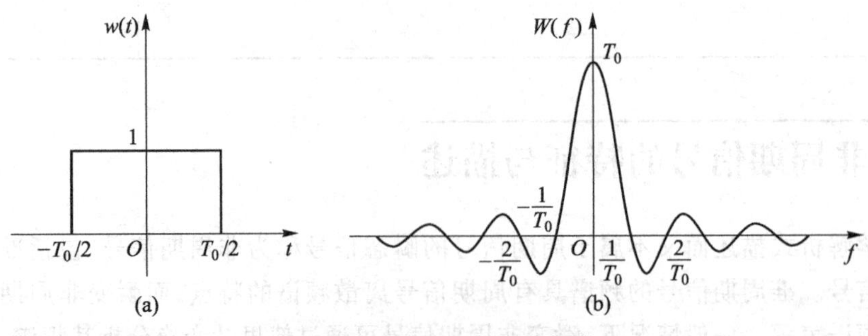

图 3-4 矩形窗函数及其频谱

矩形窗函数的频谱为

$$W(\omega)=\int_{-\infty}^{\infty} w(t)\mathrm{e}^{-\mathrm{j}\omega t}\mathrm{d}t=\frac{-1}{\mathrm{j}\omega}\left(\mathrm{e}^{-\mathrm{j}\omega\frac{T_0}{2}}-\mathrm{e}^{\mathrm{j}\omega\frac{T_0}{2}}\right) \tag{3-24}$$

如图 3-4b 所示，将 $\omega=\frac{2\pi}{T}=2\pi f$，$\sin\pi fT_0=-\frac{1}{2\mathrm{j}}(\mathrm{e}^{-\mathrm{j}\pi fT_0}-\mathrm{e}^{\mathrm{j}\pi fT_0})$ 代入式(3-24)得

$$W(f)=T_0\frac{\sin\pi fT_0}{\pi fT_0}=T_0\operatorname{sinc}\pi fT_0 \tag{3-25}$$

式中：$\operatorname{sinc}(\theta)=\frac{\sin\theta}{\theta}$，该函数在信号分析中经常用到，其函数值也有专门的数学表可查。$W(f)$ 函数只有实部，没有虚部。其幅值与相位频谱分别为

$$|W(f)|=T_0|\operatorname{sinc}\pi fT_0| \tag{3-26}$$

$$\varphi(f)=\begin{cases}0, & \operatorname{sinc}\pi fT_0>0\\ \pi, & \operatorname{sinc}\pi fT_0<0\end{cases} \tag{3-27}$$

3.3.2 傅里叶变换的主要性质

傅里叶变换为线性变换，根据线性系统的叠加性等基本理论和傅里叶变换定义可得到傅里叶变换的主要性质，见表 3-2。

表 3-2 傅里叶变换的主要性质

性质	时域	频域	性质	时域	频域
线性叠加性	$ax(t)+by(t)$	$aX(f)+bY(f)$	时域微分	$\frac{\mathrm{d}^n x(t)}{\mathrm{d}t^n}$	$(\mathrm{j}2\pi f)^n X(f)$
对称	$x(t)$	$X(-f)$	频域微分	$(-\mathrm{j}2\pi t)^n x(t)$	$\frac{\mathrm{d}^n X(f)}{\mathrm{d}f^n}$
时移	$x(t\pm t_0)$	$X(f)\mathrm{e}^{\pm \mathrm{j}2\pi f t_0}$	积分	$\int_{-\infty}^{t} x(t)\mathrm{d}t$	$\frac{1}{\mathrm{j}2\pi f}X(f)$
频移	$x(t)\mathrm{e}^{\mp \mathrm{j}2\pi f t_0}$	$X(f\pm f_0)$	尺度改变	$x(kt)$	$\frac{1}{k}X\left(\frac{f}{k}\right)$
翻转	$x(-t)$	$-X(-f)$	函数的奇偶虚实性	实偶函数	实偶函数
共轭	$x^*(t)$	$X^*(-f)$		实奇函数	虚奇函数
时域卷积	$x_1(t)*x_2(t)$	$X_1(f)X_2(f)$		虚偶函数	虚偶函数
频域卷积	$x_1(t)x_2(t)$	$X_1(f)*X_2(f)$		虚奇函数	实奇函数

3.4 典型激励信号的频谱特征与描述

图 3-4 中的矩形窗函数信号就是一种常用的激励信号，其时域函数为式(3-23)，频域函数为式(3-25)，单位幅度矩形窗函数频谱特征见图 3-4b。

此外，还有很多典型的激励信号。

3.4.1 脉冲函数(δ 函数)及其频谱

若图 3-4 中时域内矩形脉冲 $w(t)$ 的窗宽内幅值为 $1/\tau$，其面积为 1，当 $\tau\to 0$ 时，$w(t)$ 的极限称为 δ 函数，也称单位脉冲函数。

δ 函数用标有 1 的箭头表示，如图 3-5 所示。δ 函数值和面积为

$$\delta(t)=\lim_{\tau\to 0}w(t)=\begin{cases}\infty & t=0\\ 0 & t\neq 0\end{cases} \tag{3-28}$$

$$\int_{-\infty}^{\infty}\delta(t)\,\mathrm{d}t=\lim_{\tau\to 0}\int_{-\infty}^{\infty}w(t)\,\mathrm{d}t=1 \tag{3-29}$$

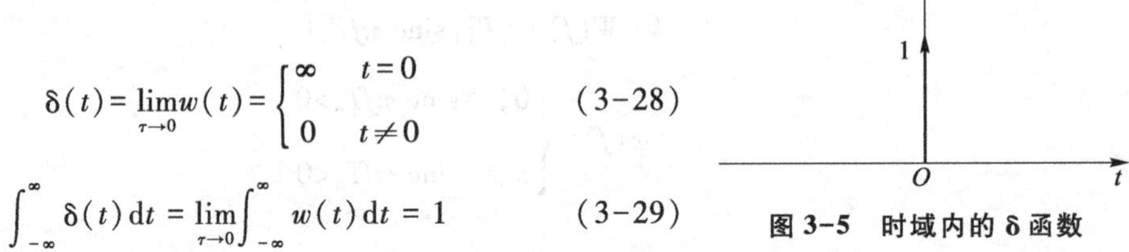

图 3-5　时域内的 δ 函数

1. $\delta(t)$ 采样性

若 $f(t)$ 为连续信号，则有

$$\delta(t)f(t)=\delta(t)f(0) \tag{3-30}$$

$\delta(t)f(0)$ 的函数值无穷大，强度为 $f(0)$。在 $(-\infty,+\infty)$ 上积分，有

$$\int_{-\infty}^{\infty}\delta(t)f(t)\,\mathrm{d}t=\int_{-\infty}^{\infty}\delta(t)f(0)\,\mathrm{d}t=f(0)\int_{-\infty}^{\infty}\delta(t)\,\mathrm{d}t=f(0) \tag{3-31}$$

对于有延时 t_0 的 δ 函数 $\delta(t-t_0)$，有

$$\int_{-\infty}^{\infty}\delta(t-t_0)f(t)\,\mathrm{d}t=\int_{-\infty}^{\infty}\delta(t-t_0)f(t_0)\,\mathrm{d}t=f(t_0) \tag{3-32}$$

2. $\delta(t)$ 与其他函数的卷积

如图 3-6 所示，δ 函数与其他函数的卷积如下：

$$x(t)*\delta(t)=\int_{-\infty}^{\infty}x(\tau)\delta(t-\tau)\,\mathrm{d}\tau=\int_{-\infty}^{\infty}x(\tau)\delta(\tau-t)\,\mathrm{d}\tau=x(t) \tag{3-33}$$

$$x(t)*\delta(t\pm t_0)=\int_{-\infty}^{\infty}x(\tau)\delta[(t\pm t_0)-\tau]\,\mathrm{d}\tau=x(t\pm t_0) \tag{3-34}$$

3. $\delta(t)$ 频谱

对 $\delta(t)$ 取傅里叶变换：

$$\Delta(f)=\int_{-\infty}^{\infty}\delta(t)\mathrm{e}^{-\mathrm{j}2\pi ft}\mathrm{d}t=\mathrm{e}^{-\mathrm{j}2\pi f\cdot 0}=1 \tag{3-35}$$

$$\delta(t)=\int_{-\infty}^{\infty}1\cdot\mathrm{e}^{\mathrm{j}2\pi ft}\mathrm{d}f \tag{3-36}$$

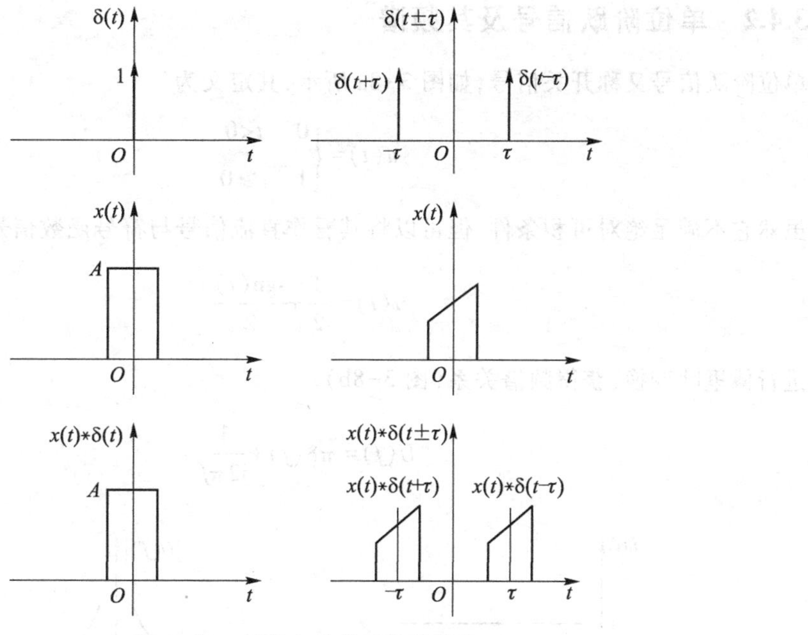

图 3-6　δ 函数与其他函数的卷积

可见 δ 函数具有等强度、无限宽广的频谱，这种频谱通常称为“均匀谱”，如图 3-7 所示。

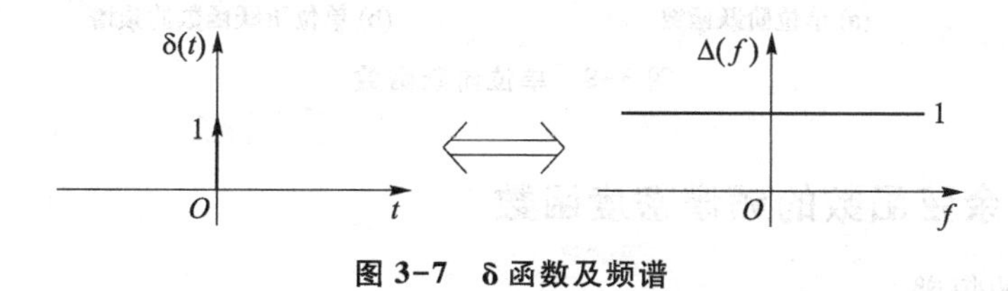

图 3-7　δ 函数及频谱

利用对称、时移、频移性质，还可以得到表 3-3 所示的傅里叶变换对。

表 3-3　δ 函数时域和频域关系

时域		频域
$\delta(t)$ （单位瞬时脉冲）	⇔	1 （均匀频谱密度函数）
1 （幅值为 1 的直流量）	⇔	$\delta(f)$ （在 $f=0$ 处有脉冲谱线）
$\delta(t-t_0)$ （δ 函数时移 t_0）	⇔	$e^{-j2\pi f t_0}$ （各频率成分分别相移 $2\pi f t_0$ 角）
$e^{j2\pi f_0 t}$ （复数指数函数）	⇔	$\delta(f-f_0)$ [将 $\delta(f)$ 频移到 f_0]

3.4.2 单位阶跃信号及其频谱

单位阶跃信号又称开关信号，如图 3-8a 所示，其定义为

$$u(t)=\begin{cases}0 & t<0\\1 & t\geqslant 0\end{cases}\tag{3-37}$$

虽然它不满足绝对可积条件，但可以将其看作直流信号与符号函数信号的叠加：

$$u(t)=\frac{1}{2}+\frac{\operatorname{sgn}(t)}{2}\tag{3-38}$$

对其进行傅里叶变换，获得频谱关系（图 3-8b）：

$$U(f)=\pi\delta(f)+\frac{1}{\mathrm{j}2\pi f}\tag{3-39}$$

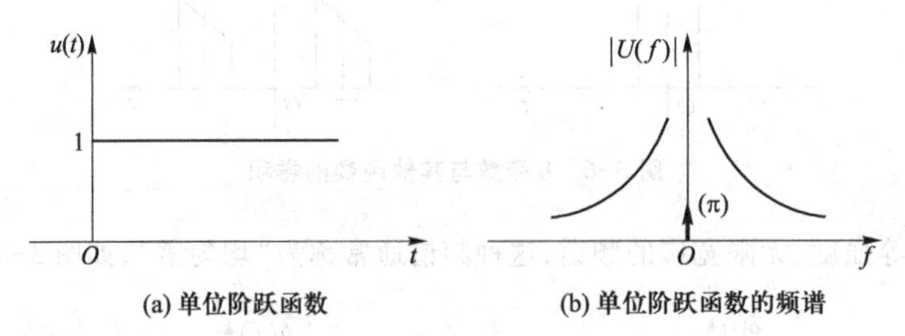

(a) 单位阶跃函数　　(b) 单位阶跃函数的频谱

图 3-8　单位阶跃函数

3.4.3 正、余弦函数的频谱密度函数

1. 余弦函数的频谱

根据欧拉公式，余弦函数可以展开成两个三角函数之和：

$$x(t)=\cos 2\pi f_0 t=\frac{1}{2}(\mathrm{e}^{-\mathrm{j}2\pi f_0 t}+\mathrm{e}^{\mathrm{j}2\pi f_0 t})\tag{3-40}$$

利用 δ 函数傅里叶变换对的频移性质，余弦函数的傅里叶变换为

$$X(f)=\frac{1}{2}[\delta(f+f_0)+\delta(f-f_0)]\tag{3-41}$$

2. 正弦函数的频谱

同理，利用欧拉公式和 δ 函数傅里叶变换对的频移性质，可以得到正弦函数的频谱密度函数为

$$\begin{cases}x(t)=\sin 2\pi f_0 t=\dfrac{\mathrm{j}}{2}(\mathrm{e}^{-\mathrm{j}2\pi f_0 t}-\mathrm{e}^{\mathrm{j}2\pi f_0 t})\\[2ex] X(f)=\dfrac{\mathrm{j}}{2}[\delta(f+f_0)-\delta(f-f_0)]\end{cases}\tag{3-42}$$

正弦函数和余弦函数及其傅里叶频谱如图 3-9 所示。

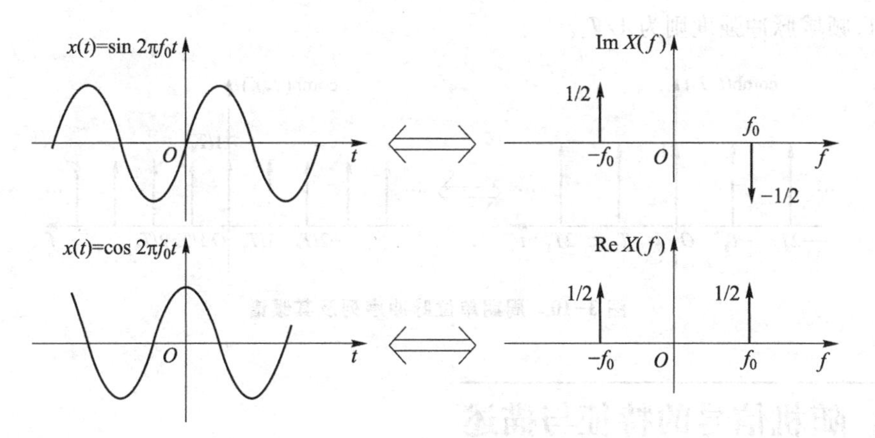

图 3-9　正、余弦函数及其傅里叶频谱

3.4.4　周期单位脉冲序列的频谱

等间隔的周期单位脉冲序列函数称为梳状函数，即

$$\mathrm{comb}(t,T_s) \stackrel{\mathrm{def}}{=\!=} \sum_{n=-\infty}^{\infty} \delta(t-nT_s) \tag{3-43}$$

式中：T_s为周期；n 为整数，$n=0,\pm1,\pm2,\pm3,\cdots$。

因为周期脉冲序列函数为周期函数，所以周期单位脉冲序列函数可以写成傅里叶级数的复指数形式：

$$\mathrm{comb}(t,T_s) = \sum_{k=-\infty}^{\infty} c_k \mathrm{e}^{\mathrm{j}2\pi f_s t} \tag{3-44}$$

式中：$f_s=1/T_s$；系数 c_k 为

$$\begin{aligned} c_k &= \frac{1}{T_s}\int_{-\frac{T_s}{2}}^{\frac{T_s}{2}} \mathrm{comb}(t,T_s)\mathrm{e}^{-\mathrm{j}2\pi f_s t}\mathrm{d}t \\ &= \frac{1}{T_s}\int_{-\frac{T_s}{2}}^{\frac{T_s}{2}} \delta(t)\mathrm{e}^{-\mathrm{j}2\pi f_s t}\mathrm{d}t \\ &= \frac{1}{T_s} \end{aligned}$$

因此，有周期单位脉冲序列函数的傅里叶级数的复数表达式：

$$\mathrm{comb}(t,T_s) = \frac{1}{T_s}\sum_{n=-\infty}^{\infty} \mathrm{e}^{\mathrm{j}2\pi n f_s t} \tag{3-45}$$

因为 $\mathrm{e}^{\mathrm{j}2\pi k f_s t} \Leftrightarrow \delta(f-kf_s)$，可得周期单位脉冲序列函数的频谱（图 3-10）：

$$\mathrm{comb}(f,f_s) = \frac{1}{T_s}\sum_{n=-\infty}^{\infty} \delta(f-kf_s) = \frac{1}{T_s}\sum_{n=-\infty}^{\infty} \delta\left(f-\frac{k}{T_s}\right) \tag{3-46}$$

周期单位脉冲序列的频谱仍是周期脉冲序列。时域周期为 T_s，频域周期则为 $1/T_s$；时域脉冲强度为 1,频域脉冲强度则为 $1/T_s$。

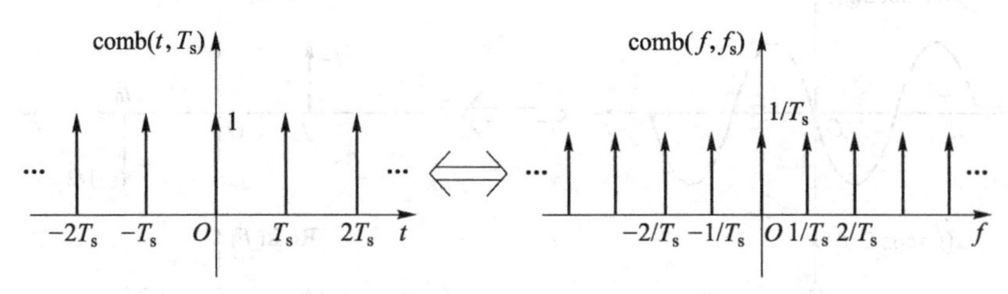

图 3-10　周期单位脉冲序列及其频谱

3.5 随机信号的特征与描述

3.5.1 随机过程及其分类

随机过程的特点如下:

1) 不能用精确的数学关系式描述;

2) 不能预测它在未来任何时刻的准确值;

3) 对这种信号的每次观测结果都不同,但大量的重复试验可以分析其统计规律,可用概率统计方法来描述其特征。

如果用 $x_i(t)$ 表示随机信号的单个时间历程,作为样本函数,某随机现象可能产生的全部样本函数的集合称为随机过程。

$$\{x(t)\}=\{x_1(t),x_2(t),\cdots,x_i(t),\cdots,x_n(t)\} \tag{3-47}$$

随机过程可分为非平稳随机过程和平稳随机过程两类。平稳随机过程又分为各态历经随机过程和非各态历经随机过程两类。

3.5.2 平稳随机过程

平稳随机过程的特点在于:过程的统计特征参数不随时间的平移而变化。

对于一个平稳随机过程,若它的任一单个样本函数的时间平均统计特征等于该过程的集合平均统计特征,则该过程称为各态历经随机过程,本章仅限于讨论各态历经随机过程的范围。工程研究的对象常有以下特点:

1) 工程中遇到的过程都可认为是平稳的,其中的许多过程都具有各态历经性;有的虽不是严格的各态历经随机过程,但也可当作各态历经随机过程处理。

2) 测试工作中常以一个或几个有限长度的样本记录来推断整个随机过程,以其时间平均来估计集合平均。

3.5.3 随机信号常用统计特征参数

随机信号常用统计特征参数包括均值、方差、均方值、概率密度函数、概率分布函数和功率谱密度函数等。

（1）均值

各态历经随机信号 $x(t)$ 的平均值 μ_x 反映信号的静态分量，即常值分量：

$$\mu_x = \lim_{T\to\infty}\frac{1}{T}\int_0^T x(t)\,\mathrm{d}t \tag{3-48}$$

式中：T 为样本长度，即观测时间。

（2）方差

各态历经随机信号方差 σ_x^2 描述随机信号的动态分量，反映 $x(t)$ 偏离均值波动情况，即

$$\sigma_x^2 = \lim_{T\to\infty}\frac{1}{T}\int_0^T [x(t) - \mu_x]^2\mathrm{d}t = \psi_x^2 - \mu_x^2 \tag{3-49}$$

（3）均方值

各态历经随机信号的均方值 ψ_x^2 反映信号的能量或强度，即

$$\psi_x^2 = \lim_{T\to\infty}\frac{1}{T}\int_0^T x^2(t)\,\mathrm{d}t \tag{3-50}$$

（4）均方根值

各态历经随机信号的均方根值为 ψ_x^2 的正的平方根，即

$$x_{\mathrm{rms}} = \sqrt{\psi_x^2} \tag{3-51}$$

（5）概率密度函数

概率密度函数是指一个随机信号的瞬时值落在指定区间 $(x, x+\Delta x)$ 内的概率对 Δx 比值的极限值。如图 3-11 所示，$x(t)$ 落在区间 $(x, x+\Delta x)$ 内的时间为 T_x：

$$T_x = \Delta t_1 + \Delta t_2 + \cdots + \Delta t_n = \sum_{i=1}^{n}\Delta t_i \tag{3-52}$$

当 T 趋于无穷大时，T_x/T 的比值就是幅值落在区间 $(x, x+\Delta x)$ 的概率，即

$$P_r[x<x(t)<x+\Delta x] = \lim_{T\to\infty}\frac{T_x}{T} \tag{3-53}$$

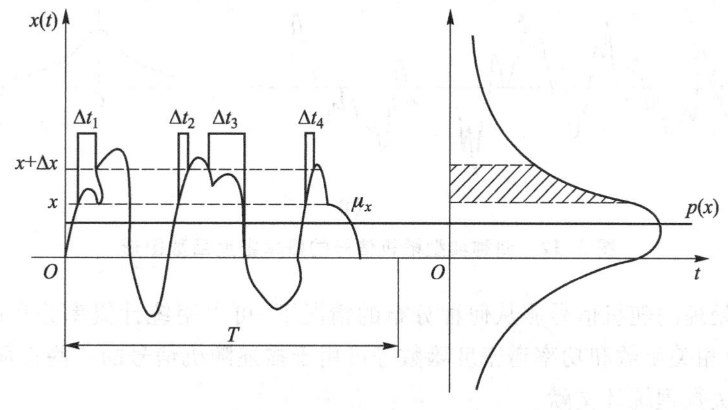

图 3-11　概率密度函数

定义幅值概率密度函数 $p(x)$ 为

$$p(x)=\lim_{\Delta x\to 0}\frac{P_{\mathrm{r}}[x<x(t)<x+\Delta x]}{\Delta x} \tag{3-54}$$

概率密度函数提供了随机信号幅值分布信息，是随机信号的主要特征参数之一。不同的随机信号具有不同的概率密度函数图形，可以借此来识别信号的性质。

图 3-12 所示为四种典型随机信号的概率密度函数图形。图 3-12a 为正弦信号（初始相位角为随机量）；图 3-12b 为正弦信号加随机噪声；图 3-12c 为窄带随机信号；图 3-12d 为宽带随机信号。可见四种典型的随机信号的概率密度分布都有各自的独特规律。

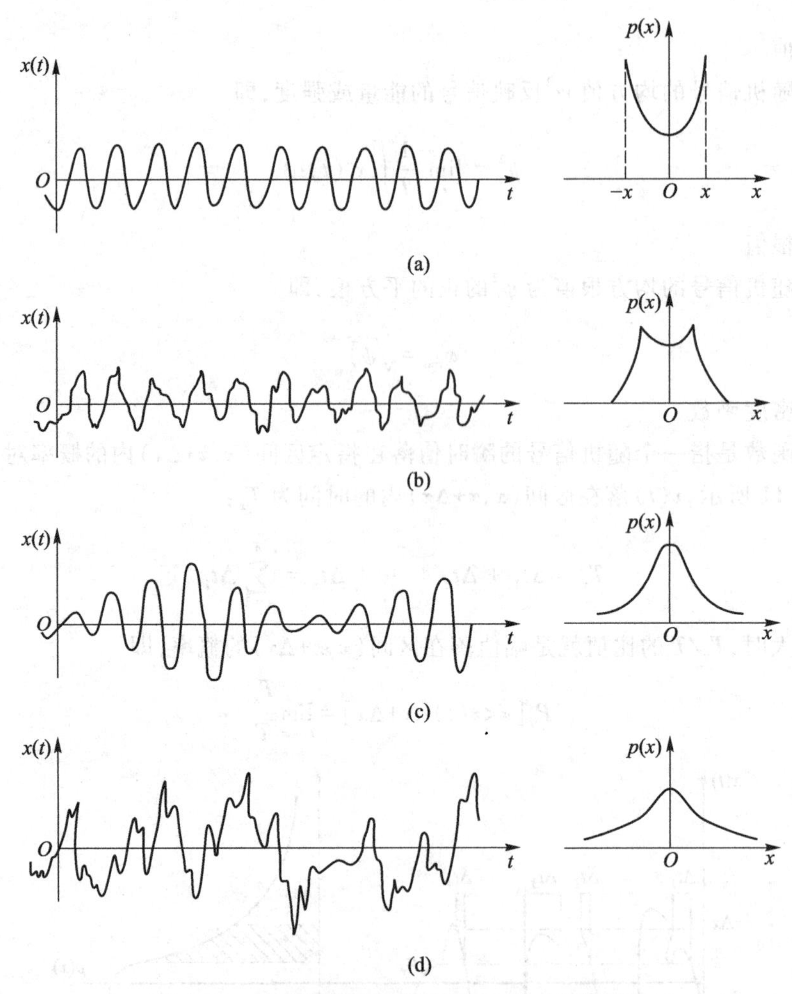

图 3-12 四种典型随机信号的概率密度函数图形

在不知道所处理的随机信号服从何种分布的情况下，可以用统计概率分布图和直方图法来估计概率密度，自相关函数和功率谱密度函数等可用于描述随机信号的一些特征，更多的相关估计方法可参阅有关数理统计文献。

思考题与练习题

3-1 信号一般有哪几种分类方法？各分为哪几类？写出周期信号两种展开式的数学表达式，并说明其中系数的物理意义。

3-2 周期信号和非周期信号的频谱图各有什么特点？它们的物理意义有何异同？

3-3 求周期性方波(图 3-13)的傅里叶级数(复指数函数形式)，画出 $|c_n|-\omega$ 和 $\varphi_n-\omega$ 图。

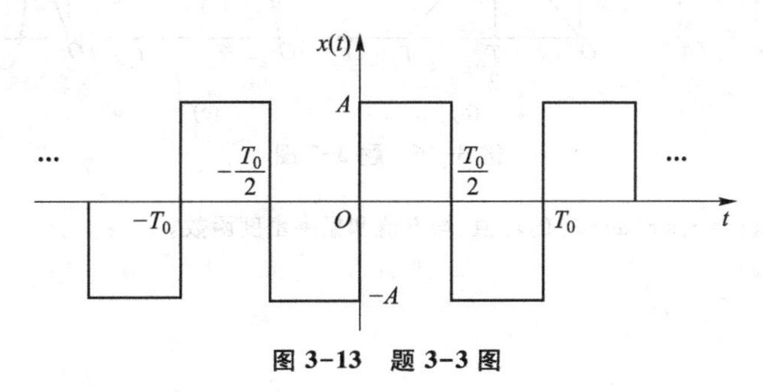

图 3-13　题 3-3 图

3-4 求指数函数 $x(t)=Ae^{-at}(a>0,t\geqslant0)$ 的频谱。

3-5 求出图 3-14 所示的周期性锯齿波、半波整流波形、全波整流波形的傅里叶级数展开式，并画出其频谱图。

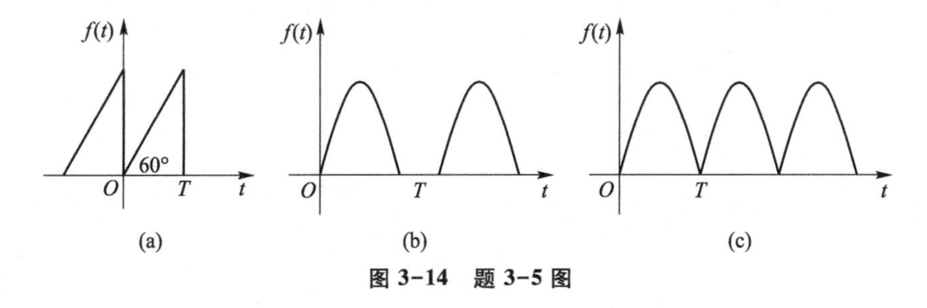

图 3-14　题 3-5 图

3-6 求图 3-15 所示的符号函数和单位阶跃函数的频谱，并画出其频谱图。

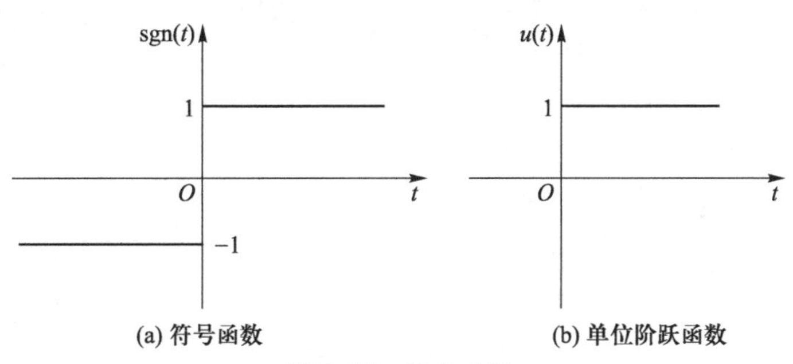

图 3-15　题 3-6 图

3-7 求出下列非周期信号的频谱图(图 3-16)：

(1) 被截断的余弦信号 $x(t)=\begin{cases}\cos\omega_0 t & |t|<T\\ 0 & |t|\geqslant T\end{cases}$；

（2）单一三角波信号；

（3）单一半个正弦波信号；

（4）衰减的正弦振荡信号，$f(t)=Ae^{-at}\sin\omega t(a>0,t\geqslant 0)$。

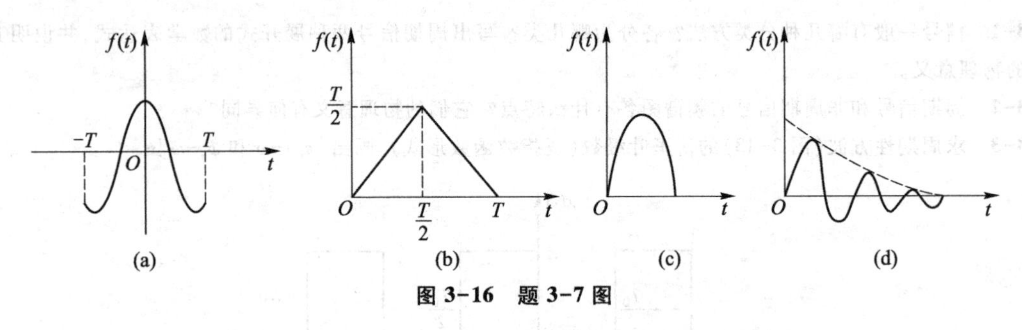

图 3-16　题 3-7 图

3-8　求正弦函数 $x(t)=x_0\sin(\omega t+\varphi)$ 的均值、均方值和概率密度函数。

第 4 章　测试系统的基本特性

4.1　测试系统的组成

测试装置一般可作为一个系统来看待，测试系统是指为完成某种物理量的测量而由具有某一种或多种变换特性的物理装置构成的总体。测试的目的、要求不同时，测试装置会有很大差别。简单的测试系统如图 4-1 所示的温度测试装置，只由一个玻璃管液柱式温度计组成。而图 4-2 是一个较完整的轴承振动测试系统，仪器多且复杂，测试系统的振动加速度计将振动信号转变为电信号，中间变换装置由带通滤波（用于滤除信号中高、低频干扰信号和放大信号）、A/D变换（用于对放大信号进行采样以及数字信号转换）和计算机的 FFT 变换（用于对转换后的数字信号频谱进行分析）三部分组成，最后输出振动信号频谱。本章所指的测试系统可以指传感器，也可以指整个测试装置。

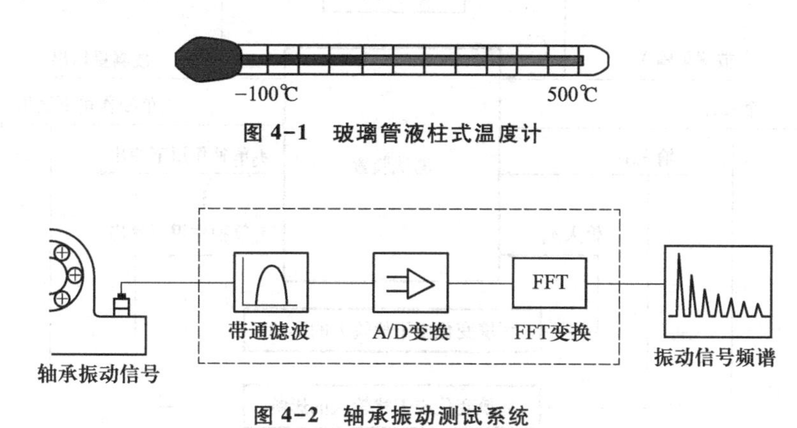

图 4-1　玻璃管液柱式温度计

图 4-2　轴承振动测试系统

测试系统的构成不同，会具有不同的特性。例如，弹簧秤难以称量快速变化的质量，而动态电阻应变仪可以检测相对快速变化的物理量。这种由测试装置自身的物理结构所决定的测试系统对信号传递变换的影响特性称为测试系统的传输（传递）特性，简称系统传输特性或系统传递特性。了解测试系统特性，才能从测试结果中正确评价被测对象的状态。

在测量工作中，一般把测试系统简化为处理输入量 $x(t)$、系统传递特性 $h(t)$ 和输出量 $y(t)$ 三者之间的关系，如图 4-3 所示。

1）当输入、输出可以测量或者已知时，可以通过它们推断系统的传递特性；

2）当系统传递特性已知，输出可测量时，可以通过它们推断导致该输出的输入量；

3）当输入和系统传递特性已知时，可以推断和估计系统的输出量。

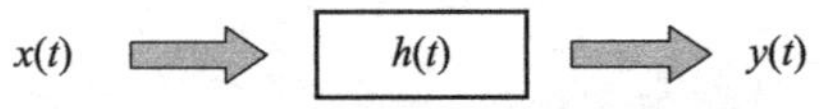

$x(t)$ → $h(t)$ → $y(t)$

图 4-3　测试系统与输入/输出的关系

为了获得准确的测量结果，需首先确定测试系统的多方面特性要求，包括静态特性、动态特性、负载效应和抗干扰特性等。

4.2　测试系统的静态特性

如果测试装置的输入、输出信号不随时间而变化，这一测量则称为静态测量或稳态测量。静态测量时，测试系统表现出的响应特性称为静态特性。静态特性描述了实际测试系统与理想无时变线性系统的接近程度，可以用数学关系式、曲线或数据表格等形式来表示。

测试系统的静态特性可通过静态标定确定。静态标定试验中，只改变测试系统的一个输入量，而其他所有输入量保持不变，测量对应的输出量，得到测试系统输入与输出间的关系作为静态特性。为了研究测试系统的原理和结构细节，要确定其他各种可能输入与输出间的关系，以得到所有被关注的输入与输出间的关系。此外，其他所有的输入与输出的关系可用以评估环境条件的变化与干扰输入对测量过程的影响，如图 4-4 所示。

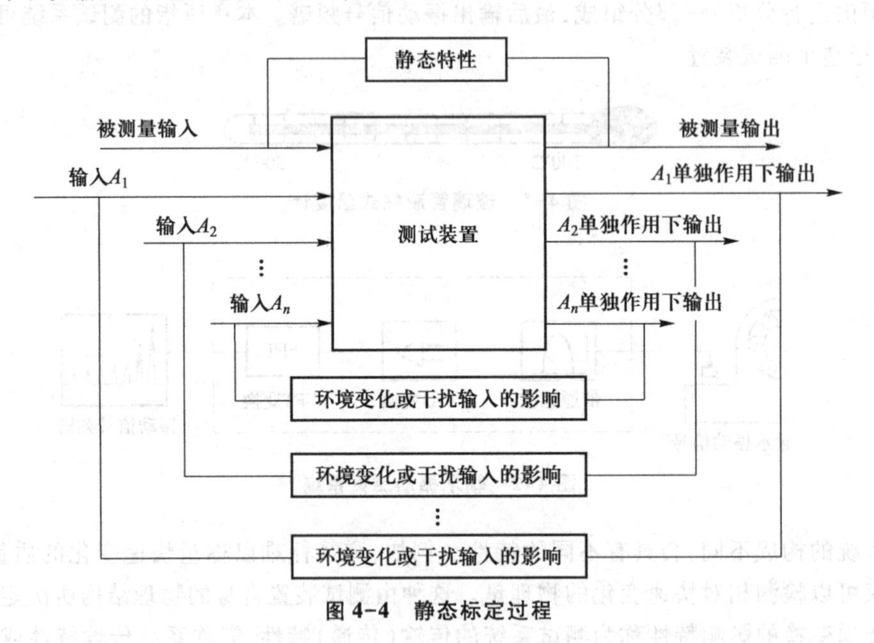

图 4-4　静态标定过程

在静态标定过程中只改变一个被标定的量，而其他量只能近似保持不变，严格保持不变实际上往往难以实现。因此，实际标定过程中除了用精密仪器测量输入量（被测量）和被标定测试系统的输出量外，还要用精密仪器测量若干环境变量或干扰变量的输入和输出，如图 4-5 所示。一个设计、制造良好的测试系统对环境变化与干扰的响应（输出）应该很小。

评定测试系统的静态特性常采用静态测量的方法获取输入与输出关系曲线，作为该系统的

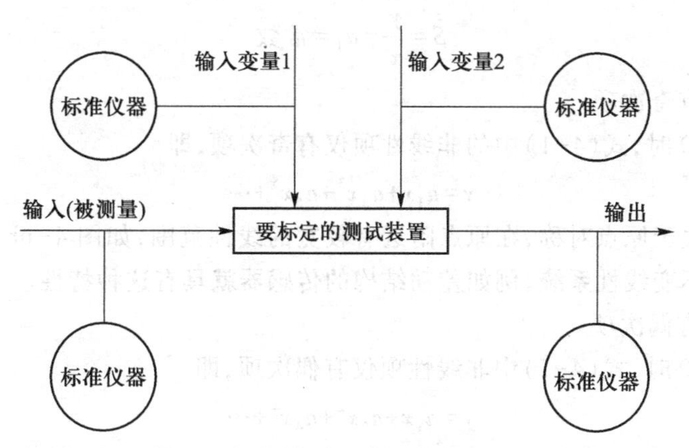

图 4-5　测试系统的静态特性

标定曲线。线性系统的理想标定曲线是直线，但由于各种原因，实际测试系统的标定曲线并非如此，在一定范围内往往按最小二乘法原理拟合标定曲线。

4.2.1　测试系统的静态数学模型

当输入量 x 和输出量 y 都不随时间变化或变化极其缓慢时，测试系统的静态数学模型一般可用多项式来表示，即

$$y=a_0+a_1x+a_2x^2+a_3x^3+\cdots+a_nx^n \tag{4-1}$$

式中：a_0为零位输出量；a_1为线性项的待定系数，即线性灵敏度；$a_2,a_3,\cdots,a_n$是非线性项的待定系数。各项系数决定了测试系统静态特性曲线的具体形式。

在研究测试系统的线性特性时，若不考虑零位输入量，即取 $a_0=0$，则式(4-1)由线性项和非线性项叠加而成，静态特性曲线过原点，一般可分为四种情况，如图 4-6 所示。

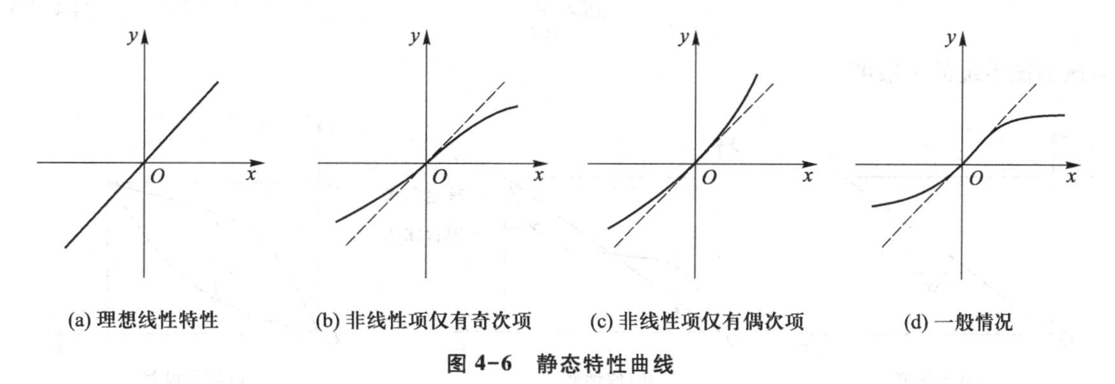

图 4-6　静态特性曲线

1. 理想线性特性

不考虑零位输入，且式(4-1)中的非线性项为零，静态特性曲线为理想的线性特性，如图 4-6a 所示。描述的测试系统为理想的时不变线性系统，则

$$y=a_1x \tag{4-2}$$

静态特性曲线是一条过原点的直线，直线上所有点的斜率相等，线性系统的灵敏度为

$$S=\frac{y}{x}=a_1=\text{常数} \tag{4-3}$$

2. 非线性项仅有奇次项

当 $a_2=a_4=\cdots=0$ 时，式(4-1)中的非线性项仅有奇次项，即

$$y=a_1x+a_3x^3+a_5x^5+\cdots \tag{4-4}$$

静态特性曲线关于原点对称，在原点附近有较宽的线性范围，如图 4-6b 所示。这种特性比较接近于理想的时不变线性系统，例如差动结构的传感器就具有这种特性。

3. 非线性项仅有偶次项

当 $a_3=a_5=\cdots=0$ 时，式(4-1)中非线性项仅有偶次项，即

$$y=a_1x+a_2x^2+a_4x^4+\cdots \tag{4-5}$$

静态特性曲线过原点，但不具有原点对称性，线性范围较窄，如图 4-6c 所示。

4. 一般情况

式(4-1)中的非线性项既有奇次项，又有偶次项，即

$$y=a_1x+a_2x^2+a_3x^3+\cdots+a_nx^n \tag{4-6}$$

静态特性曲线过原点，也不具有对称性，线性范围更窄，如图 4-6d 所示。

测试系统的静态数学模型究竟取几阶多项式，这是一个数学处理问题。通过理论分析建立静态数学模型常常比较复杂，甚至难以实现。在实际应用中，可利用静态标定的方法来建立静态数学模型或绘制静态特性曲线。

4.2.2 灵敏度

灵敏度是测试系统对被测量变化的反应能力，是反映系统特性的一个基本参数。当测试系统的输入 x 有一增量 Δx，引起输出 y 发生相应的变化 Δy 时(图 4-7a)，定义 S 为

$$S=\frac{\Delta y}{\Delta x} \tag{4-7}$$

为该测试系统的灵敏度。

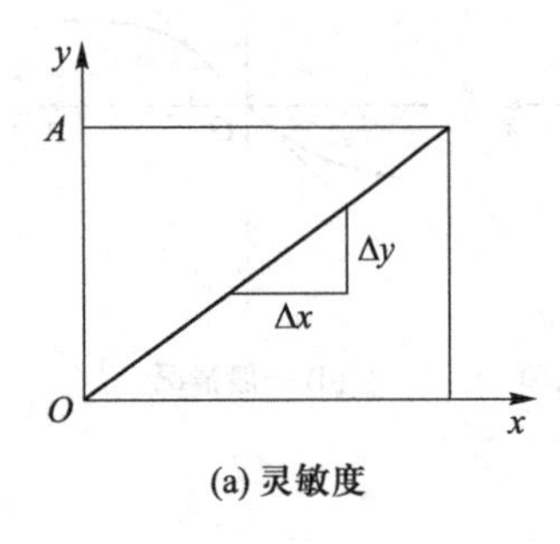

(a) 灵敏度

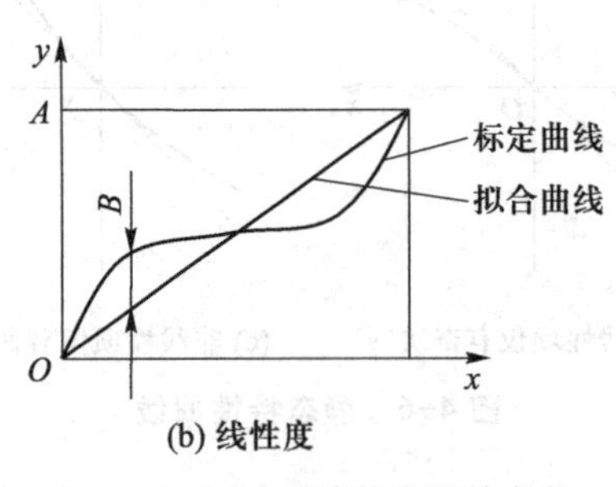

(b) 线性度

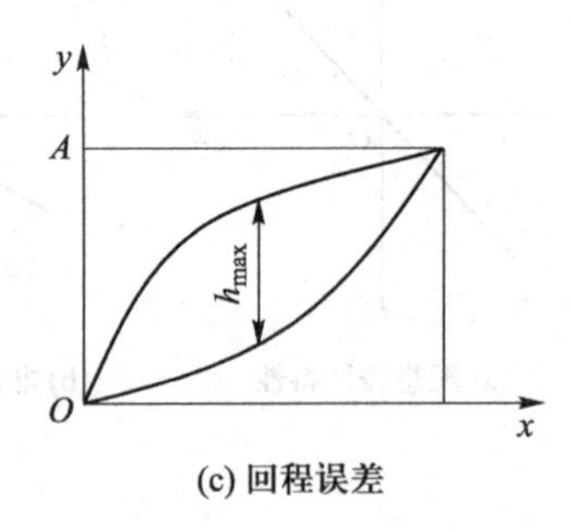

(c) 回程误差

图 4-7　测试系统静态特性参数

线性系统的灵敏度 S 为常数，是输入输出关系的斜率，斜率越大，其灵敏度就越高。非线性系统的灵敏度 S 是一个变量，通常用拟合直线的斜率表示系统的平均灵敏度，灵敏度的量纲由输入和输出的量纲决定。系统的灵敏度越高，也就越容易受外界干扰的影响，系统的稳定性越差。

4.2.3 线性度

线性度是在量程范围内静态标定曲线与拟合直线的偏离程度，表示数据的非线性误差。如图4-7b所示，若在标称（全量程）输出范围A内，标定曲线偏离拟合直线的最大偏差为B，则线性度为

$$线性度=\frac{B}{A}\times 100\% \tag{4-8}$$

设拟合直线为$\hat{y}=a_0+a_1x$，确定拟合直线的原则是获得尽可能小的非线性误差，同时考虑使用方便和计算简单。需要指出，即使是同一种测试系统，用不同的方法得到的拟合直线也不同，得到的线性度也不同。

4.2.4 回程误差

回程误差又称迟滞误差，或滞回误差。测试过程中，输入量逐渐由小增大或者由大减小，对应于同一个输入量往往有不同的输出量。若在全量程输出范围内，对于同一个输入量所得到的两个数值不同的输出量之间最大差值为h_{max}，如图4-7c所示，回程误差为正、反行程输出量之间最大差值h_{max}与满量程输出值A的百分比，即

$$回程误差=\frac{h_{max}}{A}\times 100\% \tag{4-9}$$

回程误差主要是由敏感元件材料的物理性质和机械零部件的缺陷或装配公差，以及仪器的非工作区等造成的。例如，磁性材料磁畴变化时形成的磁滞回线、压电材料的迟滞现象、弹性材料的弹性滞后、运动部件的摩擦、传动部件的间隙、紧固件的松动、放大器的零点漂移等都可能影响回程误差。

4.2.5 精度

精度（精确度）是指由测试系统的输出所反映的测量结果和被测量的真值相符合的程度，综合反映系统误差和随机误差。有些仪器常用精度等级来表示精度大小：

$$精度等级=\frac{\Delta_{max}}{A}\times 100\% \tag{4-10}$$

式中：Δ_{max}为满量程内的最大可能误差；A为量程。

对确定了精度等级的仪表，测量值绝对误差最大值与该仪表的量程有关，因此应尽量避免使被测量的值在1/3被选仪表量程以下工作，以避免测量值产生较大的测量相对误差，也避免测量值接近仪表的满量程，以及测量值偶尔超过仪表量程造成仪表的损伤。

4.2.6 分辨力

分辨力表示测试系统能够检测到最小输入量变化的能力。当输入量缓慢变化，且超过某一增量时，测试系统才能够检测到输入量的变化，这个输入量的增量称为分辨力。例如电感式位移传感器的分辨力为1 μm，即能够检测到的最小位移量是1 μm，当被测位移变化为0.1~0.9 μm时，传感器难以分辨。

4.2.7 量程

量程是指测试系统能正常测量最小输入量和最大输入量之间的范围。

测试系统所能给出的测量值的集合称为测量范围,其能测量的最大输入量和最小输入量分别称为测量上限和测量下限。测量上限和测量下限代数差的模则称为测试系统(仪表)的量程。

测试系统的测量结果的绝对误差大小与量程有关。一般来说,量程越大,引起的绝对误差越大。所以在选用测试系统时,不但要考虑它的精度,也要考虑它的量程。

4.2.8 重复性

重复性是指在条件(测量仪器、测量方法、使用条件、观测者等)相同时,对同一被测量进行多次重复测量所得结果之间的相互符合程度。

在相同的测量条件下,对应同一个输入量进行多次重复测量,其输出量不一致,其差值称为重复差值。重复性误差是在全部正、反行程中用全量程的最大重复差值 Δy_{Rmax} 与满量程输出值 A 之比的百分数表示,即

$$\gamma_{\mathrm{R}}=\frac{\Delta y_{\mathrm{Rmax}}}{A}\times 100\% \tag{4-11}$$

重复性误差的大小表示了测量值的离散程度,它是衡量随机误差(精密度)的指标。所以,常用标准误差来代替 Δy_{Rmax} 计算:

$$\gamma_{\mathrm{R}}=\frac{(2\sim3)\sigma_{\max}}{A}\times 100\% \tag{4-12}$$

当误差服从正态分布,式中置信系数取 2 时,其置信概率为 95.45%;置信系数取 3 时,其置信概率为 99.73%。

4.2.9 零点漂移和灵敏度漂移

零点漂移是指测试系统的输入零点偏离原始零点的差值,如图 4-8 所示,它也可以随时间缓慢变化。灵敏度漂移则是由于材料性质的变化等所引起的输入与输出关系(斜率)的变化。因此,总误差是零点漂移与灵敏度漂移之和。在一般情况下,零点漂移相对更明显。

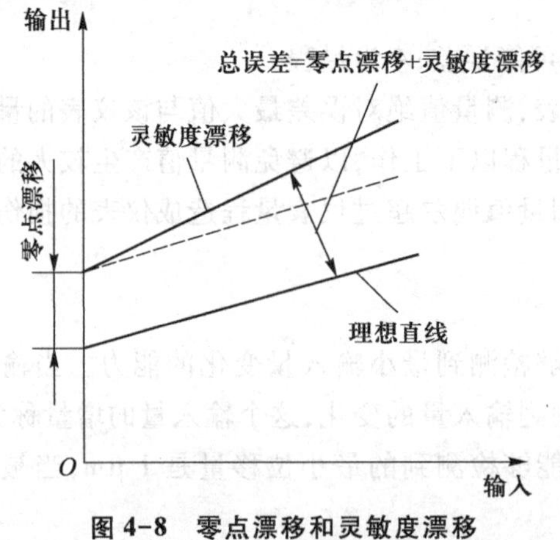

图 4-8 零点漂移和灵敏度漂移

例 4-1 对某骨外固定力测试系统(图 4-9)进行静态标定,用三等标定砝码的重力作为输入量,等间隔 20 N 进行加载和卸载,在超载 20%全量程范围内的静态标定实验数据如表 4-1 所示。求该系统的灵敏度、线性度和回程误差。

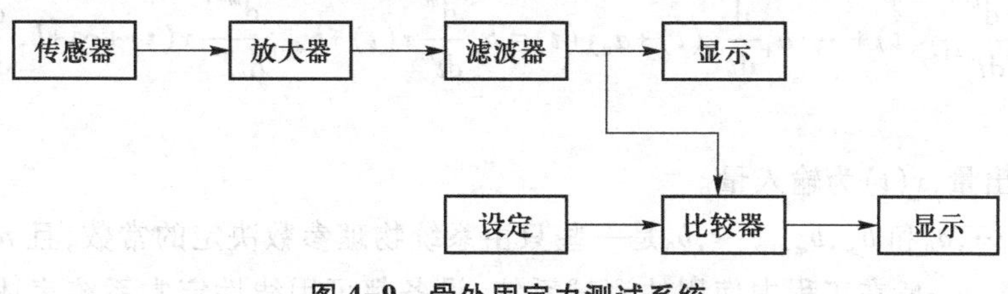

图 4-9 骨外固定力测试系统

表 4-1 骨外固定力测试系统的静态标定实验数据

F/N	20	40	60	80	100	120	100	80	60	40	20	0
u_0/mV	19.5	39.5	59.0	79.0	98.5	120.0	100.5	81.0	61.5	41.0	20.5	0.5
$\hat{u}_0$/mV	20.24	40.14	60.04	79.94	99.84	119.74	99.84	79.94	60.04	40.14	20.24	0.34
Δu/mV	-0.74	-0.64	-1.04	-0.94	-1.84	0.26	0.66	1.06	1.46	0.86	0.26	0.16

解: 经最小二乘法计算,获得表中数据的拟合直线方程:

$$u_0=a_0+a_1F=0.34+0.995F$$

骨外固定力测试系统的灵敏度、线性度和回程误差分别为

$$\text{灵敏度}\ S=\frac{\Delta y}{\Delta x}=a_1\approx 0.995\ \text{mV/N}$$

$$\text{线性度}=\frac{B}{A}\times 100\%=\frac{1.84}{120}\times 100\%\approx 1.53\%$$

$$\text{回程误差}=\frac{h_{\max}}{A}\times 100\%=\frac{61.5-59.0}{120}\times 100\%\approx 2.08\%$$

数据表明,该系统的线性度和回程误差都较小。在临床实际应用中,可根据静态灵敏度 S 的显示电压值 u_0来确定施加力 F 的大小。

4.3 测试系统的动态特性

4.3.1 线性定常系统及其主要性质

理想的测试系统应该具有单值的、确定的输入输出关系。对于每一输入量都应该只有单一的输出量与之对应,由其中一个量就可以确定另一个量,并且输出与输入成线性关系。在静态测量中,虽然希望测试系统的这种关系是线性的,但不是必须。因为用曲线校正或用输出补偿技术作为非线性校正并不困难。在动态测量中,测试系统更希望是线性系统,因为在动态测量中作非线性校正比较困难。相当多的实际测试系统,由于不可能在较大的工作范围内完全保持线性,而只能在一定的工作范围和一定的误差允许范围内,近似地作为线性系统处理。

线性系统的输入 $x(t)$ 和输出 $y(t)$ 均为随时间变化的信号时,它们之间的关系可以用常系数线性微分方程来描述:

$$a_n\frac{\mathrm{d}^n}{\mathrm{d}t^n}y(t)+a_{n-1}\frac{\mathrm{d}^{n-1}}{\mathrm{d}t^{n-1}}y(t)+\cdots+a_1\frac{\mathrm{d}}{\mathrm{d}t}y(t)+a_0y(t)=b_m\frac{\mathrm{d}^m}{\mathrm{d}t^m}x(t)+b_{m-1}\frac{\mathrm{d}^{m-1}}{\mathrm{d}t^{m-1}}x(t)+\cdots+b_1\frac{\mathrm{d}}{\mathrm{d}t}x(t)+b_0x(t) \tag{4-13}$$

式中:$y(t)$ 为输出量,$x(t)$ 为输入量。

若 $a_n,a_{n-1},\cdots,a_0$ 和 $b_m,b_{m-1},\cdots,b_0$ 是一些只由系统物理参数决定的常数,且 $n\geqslant m$,则该系统为线性定常系统。一般在工程中使用的测试系统、设备都可用线性定常系统表述。线性定常系统有下面的一些重要性质:

(1) 叠加性

系统对各输入之和的输出等于各单个输入所得的输出之和,即若 $x_1(t)\to y_1(t)$,$x_2(t)\to y_2(t)$,则 $x_1(t)\pm x_2(t)\to y_1(t)\pm y_2(t)$。

(2) 比例性

常数倍输入所导致的输出等于原输入所导致输出的常数倍,即若 $x(t)\to y(t)$,则 $kx(t)\to ky(t)$。

(3) 微分性

系统对原输入信号的微分等于原输出信号的微分,即若 $x(t)\to y(t)$,则 $x'(t)\to y'(t)$。

(4) 积分性

当初始条件为零时,系统对原输入信号的积分等于原输出信号的积分,即若 $x(t)\to y(t)$,则 $\int x(t)\,\mathrm{d}t\to\int y(t)\,\mathrm{d}t$。

(5) 频率保持性

若系统的输入为某一频率的谐波信号,则系统的稳态输出将为同一频率的谐波信号,即若 $x(t)=A\cos(\omega t+\varphi_x)$,则 $y(t)=B\cos(\omega t+\varphi_y)$。

线性系统的这些主要特性,特别是叠加性和频率保持性,在测试实践中经常碰到。例如,在进行稳态正弦激振试验时,因为有频率保持性,响应信号中只有与激励信号频率相同的成分才是由该激励引起的振动,而其他频率成分皆为干扰噪声。

4.3.2 线性定常系统动态特征的数学描述

若测试系统为线性定常系统,通常可以用常系数线性微分方程式(4-13)来描述系统输出 $y(t)$ 和输入 $x(t)$ 之间的关系。通过拉普拉斯变换可建立其相应的"传递函数",通过傅里叶变换可把变量间的时域关系变成频域中的相互关系,建立其相应的"频率特性函数",就可以更简便、更深入地描述系统的特性以及输出与输入间的关系。

1. 传递函数

对式(4-13)两边进行拉普拉斯变换,并定义该系统的传递函数 $H(s)$ 为输出 $y(t)$ 的拉氏变换 $Y(s)$ 与输入 $x(t)$ 的拉氏变换 $X(s)$ 之比,则有

$$Y(s)=H(s)X(s)+G_{\mathrm{h}}(s) \tag{4-14}$$

在初始条件为零,即输入 $x(t)$、输出 $y(t)$ 及它们的各阶时间导数在 $t=0$ 时的值均为零时,

$G_h(s)=0$,则有

$$H(s)=\frac{Y(s)}{X(s)}=\frac{b_m s^m+b_{m-1}s^{m-1}+\cdots+b_1 s+b_0}{a_n s^n+a_{n-1}s^{n-1}+\cdots+a_1 s+a_0} \tag{4-15}$$

式中,s 为复数变量。

传递函数是一种对系统特性的解析描述。它包含了瞬态、稳态时间响应和频率响应的全部信息。传递函数有以下几个特点:

1) $H(s)$描述了系统本身的动态特性,仅与测试系统的动态参数有关,而与输入量 $x(t)$及系统的初始状态无关,只反映系统输出量和输入量的关系,对任意输入量 $x(t)$都能确定地给出相应的输出量 $y(t)$。

2) $H(s)$是对物理系统特性的一种数学描述,而不拘泥于系统的具体物理结构。$H(s)$是通过对实际的物理系统抽象成数学模型后,经过拉普拉斯变换后所得出的,所以同一传递函数可以表征具有相同传输特性的不同物理系统。

3) 对于实际的物理系统,$x(t)$和 $y(t)$都有各自的量纲。用传递函数描述系统传输、转换特性理应反映量纲的这种变换关系,这种关系是通过系数 $a_n,a_{n-1},\cdots,a_0$ 和 $b_m,b_{m-1},\cdots,b_0$ 来反映的。

4) $H(s)$的分母中 s 的幂次 n 代表系统微分方程的阶数,一般测试系统都是稳定系统,其分母中 s 的幂次总是高于分子中 s 的幂次($n>m$)。当 $n=1$ 或 $n=2$ 时,分别称为一阶系统或二阶系统。

2. 频率响应函数

频率响应函数是在频率域中描述系统特性,而传递函数是在复数域中用来描述系统的特性,相比时域中用微分方程来描述系统特性也有很多优点。许多工程系统的微分方程及其传递函数极难建立;与传递函数相比,频率响应函数的物理概念明确,可通过试验来建立,也可由它与传递函数关联。

(1) 幅频特性、相频特性和频率响应函数

线性定常系统具有频率保持性,系统在简谐信号 $x(t)=X_0\sin\omega t$ 的激励下,产生的稳态输出也是简谐信号,$y(t)=Y_0\sin(\omega t+\varphi)$。输入和输出为同频率的简谐信号,但两者幅值不同,其幅值比 $A=Y_0/X_0$ 和相位差 φ 都随信号频率 ω 而变化,是 ω 的函数。

线性定常系统在简谐信号的激励下,其稳态输出信号和输入信号的幅值比为该系统的幅频特性,记为 $A(\omega)$;稳态输出与输入的相位差被定义为该系统的相频特性,记为 $\varphi(\omega)$。两者统称为系统的频率特性。

用 $A(\omega)$为模、$\varphi(\omega)$为幅角构成复数 $H(\omega)$:

$$H(\omega)=A(\omega)\mathrm{e}^{\mathrm{j}\varphi(\omega)} \tag{4-16}$$

$H(\omega)$表示系统的频率特性,也称为系统的频率响应函数,它是激励信号频率 ω 的函数。

(2) 频率响应函数的计算

若系统传递函数可用式(4-15)表示,令 $s=\mathrm{j}\omega$,则可得到其频率响应函数:

$$H(\mathrm{j}\omega)=\frac{Y(\mathrm{j}\omega)}{X(\mathrm{j}\omega)}=\frac{b_m(\mathrm{j}\omega)^m+b_{m-1}(\mathrm{j}\omega)^{m-1}+\cdots+b_1(\mathrm{j}\omega)+b_0}{a_n(\mathrm{j}\omega)^n+a_{n-1}(\mathrm{j}\omega)^{n-1}+\cdots+a_1(\mathrm{j}\omega)+a_0} \tag{4-17}$$

这里频率响应函数记为 $H(\mathrm{j}\omega)$,用以表示其源于 $H(s)\big|_{s=\mathrm{j}\omega}$。令 $s=\mathrm{j}\omega$,代入普拉斯变换(简

称拉氏变换)中,实际上就是将拉氏变换变成傅氏变换。考虑到系统在初始条件均为零时 $H(s)$ 等于 $Y(s)$ 和 $X(s)$ 之比的关系,因而系统的频率响应函数 $H(\omega)$ 就成为输出 $y(t)$ 的傅氏变换 $Y(\omega)$ 和输入 $x(t)$ 的傅氏变换 $X(\omega)$ 之比,即

$$H(\omega)=Y(\omega)/X(\omega) \tag{4-18}$$

确定系统的频率响应函数,可通过实验依次用不同频率的简谐信号去激励被测系统,测出激励和系统的稳态输出幅值和相位差。这样对于某个频率,便有一组输出与输入幅值比和相位差,它们与频率变量的关系便可表达系统的频率响应函数。

也可在初始条件全为零的情况下,同时测得输入 $x(t)$ 和输出 $y(t)$,由其傅氏变换 $Y(\omega)$ 和 $X(\omega)$ 求得频率响应函数 $H(\omega)=Y(\omega)/X(\omega)$。

尽管上述频率响应函数是对简谐激励而言的,但任何信号都可以分解成简谐信号的叠加,在任何复杂信号输入下,系统频率特性也是适用的。

频率响应函数是描述系统的简谐输入和相应的稳态输出的关系,因此在测试系统频率响应函数时,应当对系统响应达到稳态阶段时的数据进行分析整理。

(3) 幅频、相频特性及其图像描述

将 $A(\omega)-\omega$ 和 $\varphi(\omega)-\omega$ 分别作图,即得幅频特性曲线和相频特性曲线。常对自变量 ω 或 $f=\omega/2\pi$ 取对数标尺,幅值比 $A(\omega)$ 的坐标取分贝(dB)数标尺,相角取实数标尺,由此所作的曲线分别称为对数幅频特性曲线和对数相频特性曲线,统称为波特(Bode)图。

当然也可作出 $H(\omega)$ 的虚部 $Q(\omega)$、实部 $P(\omega)$ 与频率 ω 的关系曲线,即所谓的虚、实频特性曲线;以及用 $A(\omega)$ 和 $\varphi(\omega)$ 来作极坐标图,即奈奎斯特(Nyquist)图,图中的矢径长度和矢径与横坐标轴的夹角分别为 $A(\omega)$ 和 $\varphi(\omega)$。

3. 脉冲响应函数

若输入为单位脉冲,即 $x(t)=\delta(t)$,则 $X(s)=1$。因此,有

$$H(s)=Y(s) \tag{4-19}$$

经拉普拉斯逆变换,有

$$y(t)=h(t) \tag{4-20}$$

式中:$h(t)$ 常称为系统的脉冲响应函数或权函数,可作为系统特性的时域描述。

系统特性在时域可以用脉冲响应函数 $h(t)$ 来描述,在频域可用频率响应函数 $H(\omega)$ 来描述,在复数域可用传递函数 $H(s)$ 来描述。三者间的关系一一对应。$h(t)$ 和传递函数 $H(s)$ 是一对拉普拉斯变换对;$h(t)$ 和频率响应函数 $H(\omega)$ 又是一对傅里叶变换对,如图 4-10 所示。

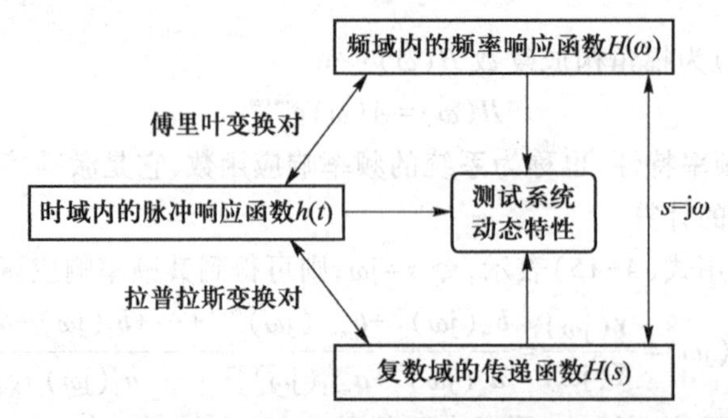

图 4-10 线性定常系统动态特征数学描述之间的转换关系

4.3.3 环节的串联与并联

一个测试系统通常是由若干个环节组成,系统的传递函数与各环节的传递函数之间的关系取决于各环节之间的结构形式。

图 4-11a 所示为由两个传递函数分别为 $H_1(s)$ 和 $H_2(s)$ 的环节经串联后组成的测试系统 $H(s)$,其传递函数为

$$H(s)=\frac{Y(s)}{X(s)}=\frac{Z(s)}{X(s)}\frac{Y(s)}{Z(s)}=H_1(s)H_2(s) \tag{4-21}$$

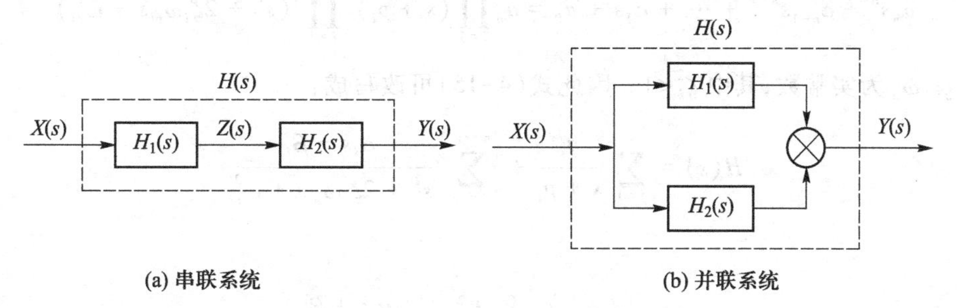

(a) 串联系统　　(b) 并联系统

图 4-11　测试系统的串、并联关系

从传递函数和频率响应函数的关系,可得到 n 个环节串联系统的频率响应函数为

$$H(\omega)=\prod_{i=1}^{n}H_i(\omega) \tag{4-22}$$

其幅频、相频特性分别为

$$A(\omega)=\prod_{i=1}^{n}A_i(\omega) \tag{4-23}$$

$$\varphi(\omega)=\sum_{i=1}^{n}\varphi_i(\omega) \tag{4-24}$$

图 4-11b 所示为由两个传递函数分别为 $H_1(s)$ 和 $H_2(s)$ 的环节经并联后组成的测试系统 $H(s)$,其传递函数为

$$H(s)=\frac{Y(s)}{X(s)}=\frac{Y_1(s)+Y_2(s)}{X(s)}=\frac{Y_1(s)}{X(s)}+\frac{Y_2(s)}{X(s)}=H_1(s)+H_2(s) \tag{4-25}$$

由 n 个环节经并联组成的系统的传递函数为

$$H(s)=\sum_{i=1}^{n}H_i(s) \tag{4-26}$$

频率响应函数为

$$H(\omega)=\sum_{i=1}^{n}H_i(\omega) \tag{4-27}$$

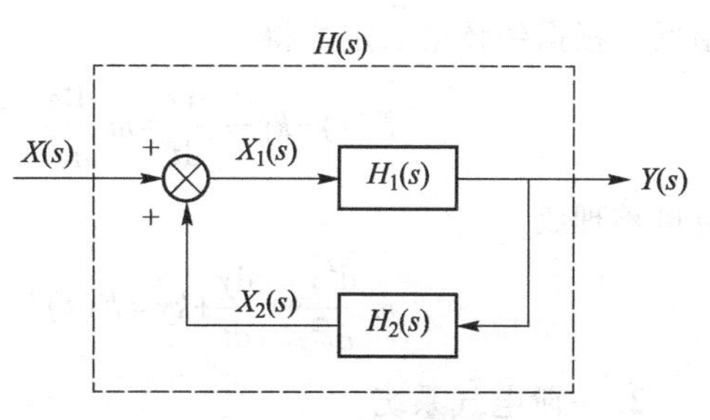

图 4-12　闭环系统

例 4-2　求图 4-12 中闭环系统的传递函数。

解: 由图 4-12 可知,$Y(s)=X_1(s)H_1(s)$,$X_2(s)=X_1(s)H_1(s)H_2(s)$,$X_1(s)=X(s)+X_2(s)$,所

以有

$$H(s)=\frac{Y(s)}{X(s)}=\frac{H_1(s)}{1-H_1(s)H_2(s)}$$

4.3.4 高阶系统的传递函数

对于稳定的测试系统，在式(4-15)中，$n>m$，其分母可以分解为 s 的一次和二次实系数因子式，即

$$a_n s^n + a_{n-1}s^{n-1} + \cdots + a_1 s + a_0 = a_n \prod_{i=1}^{r}(s+p_i)\prod_{i=1}^{(n-r)/2}(s^2+2\zeta_i\omega_{ni}s+\omega_{ni}^2) \tag{4-28}$$

式中：p_i、ζ_i、ω_{ni}为实常数，其中 $\zeta_i^2<1$。因此式(4-15)可改写成：

$$H(s)=\sum_{i=1}^{r}\frac{q_i}{s+p_i}+\sum_{i=1}^{(n-r)/2}\frac{\alpha_i s+\beta_i}{s^2+2\zeta_i\omega_{ni}s+\omega_{ni}^2} \tag{4-29}$$

或

$$H(s)=\prod_{i=1}^{r}\frac{q_i}{s+q_i}\prod_{i=1}^{(n-r)/2}\frac{\alpha_i s+\beta_i}{s^2+2\zeta_i\omega_{ni}s+\omega_{ni}^2} \tag{4-30}$$

式中：α_i、β_i和 q_i均为实常数。

可见，任何分母中 s 高于三次($n>3$)的高阶系统都可以看作是由若干个一阶环节和二阶环节的串、并联结构。因此，一阶和二阶环节的传输特性是分析并研究高阶、复杂系统传输特性的基础。

4.3.5 常用简化物理系统

1. 单自由度机械系统

通过一些模型的简化和假设，可将大多数测试系统的动态性能分成几种典型类型。最基本的假设是系统的储能元件(如弹簧)是线性的，系统的阻尼属于黏滞阻尼，系统被近似为单自由度系统。

图 4-13 是一个简单的单自由度机械系统，若对系统施加一个一般形式的激励 $F(t)$，质量块将受到弹簧力、阻尼力和外力 $F(t)$的作用。其中，弹簧力的方向始终与位移相反，阻尼力的大小与速度成正比，但方向相反。根据牛顿第二定律得

$$F(t)-ky-c\frac{\mathrm{d}y}{\mathrm{d}t}=m\frac{\mathrm{d}^2y}{\mathrm{d}t^2} \tag{4-31}$$

也可整理成

$$m\frac{\mathrm{d}^2y}{\mathrm{d}t^2}+c\frac{\mathrm{d}y}{\mathrm{d}t}+ky=F(t) \tag{4-32}$$

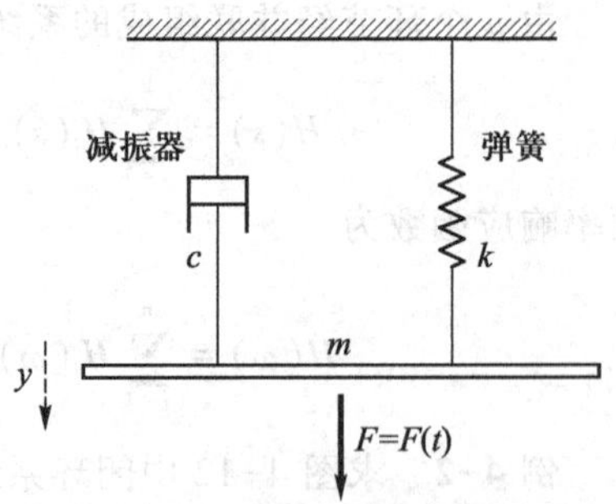

图 4-13 单自由度机械系统在外力激励下的力学模型

2. 一阶电气系统

大部分测试系统都是由机械元件和电气元件组成的，即

使某些传感器最基本的探测元件是机械的，其输入信号常常会被二次元件转化为电信号，后续再进行电信号的信号调理。

图 4-14 所示的电路中，假设电容的初始电量为零，调整单刀双掷开关到 A 点，将电源接入电路中，电容开始充电。根据电容两端的电压变化可得到电路的响应。由基尔霍夫电压定律可得

$$IR+\frac{Q}{C}-E=0 \tag{4-33}$$

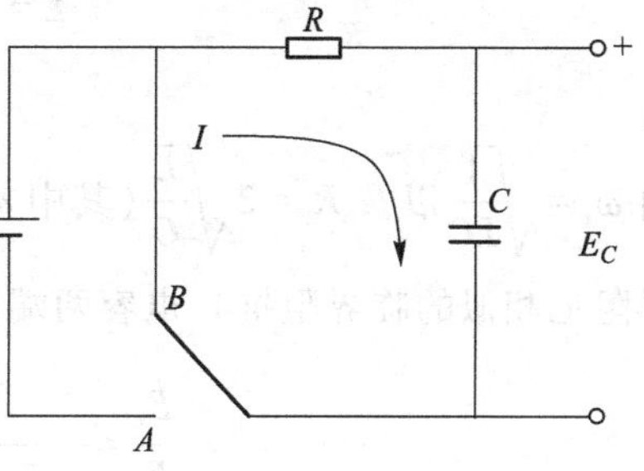

由于 $I=\frac{\mathrm{d}Q}{\mathrm{d}t}$，则

$$\frac{\mathrm{d}Q}{\mathrm{d}t}+\frac{Q}{RC}-\frac{E}{R}=0 \tag{4-34}$$

解方程可得

$$Q=CE(1-\mathrm{e}^{-t/RC}) \tag{4-35}$$

图 4-14　*RC* 串联电路

RC 电路的时间常数 $\tau=RC$，电容上的压降为 $E_C=Q/C$，因此

$$E_C=E(1-\mathrm{e}^{-t/\tau}) \tag{4-36}$$

类似地，在电容充电后，将开关由 A 点移到 B 点，得到

$$IR+\frac{Q}{C}=0 \tag{4-37}$$

于是有

$$E_C=E\mathrm{e}^{-t/\tau} \tag{4-38}$$

由一个电阻和一个电感也可以组成一阶系统。可以得到相似的结果，其中主要的不同是时间常数 $\tau=L/R$。

3. 简单二阶电气系统

图 4-15 所示为一个由电阻、电感、电容和电源串联组成的电路。根据每个元件上的压降，并应用基尔霍夫电压定律，可以得到

$$L\frac{\mathrm{d}^2Q}{\mathrm{d}t^2}+R\frac{\mathrm{d}Q}{\mathrm{d}t}+\frac{Q}{C}=E_o\cos\Omega t \tag{4-39}$$

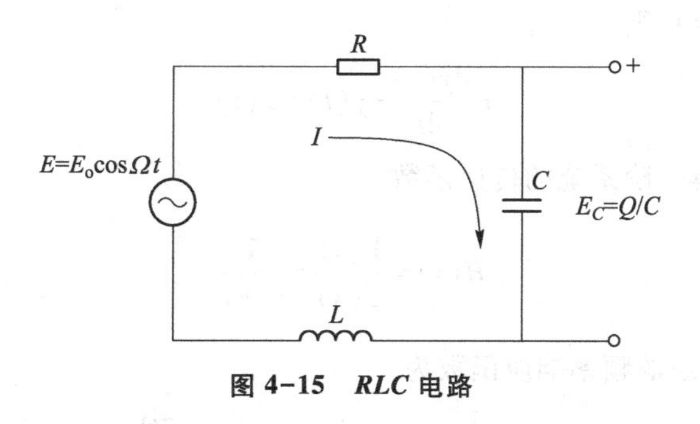

图 4-15　*RLC* 电路

此方程的解为

$$Q=e^{-t/\tau}[A\cos\omega_{nd}+B\sin\omega_{nd}t]+\frac{E_o\cos(\Omega t-\varphi)}{\sqrt{[1/C-L\Omega^2]^2+(R\Omega)^2}} \tag{4-40}$$

如果考虑电容两端稳态电压幅值,可以得到

$$E=\frac{Q}{C}=\frac{E_o}{C\sqrt{[1/C-L\Omega^2]^2+(R\Omega)^2}} \tag{4-41}$$

由 $\omega_n=\sqrt{\frac{1}{LC}}$ 以及 $R_c=2\sqrt{\frac{L}{C}}$(其中 ω_n对应于机械系统无阻尼固有频率的谐振频率,R_c对应于临界阻尼相似的临界阻抗),电容两端电压 E_C的动态幅值比为

$$\frac{E_C}{E_o}=\frac{1}{\sqrt{[1-(\Omega/\omega_n)^2]^2+[2(R/R_c)(\Omega/\omega_n)]^2}} \tag{4-42}$$

$$\tan\varphi=\frac{2(R/R_c)(\Omega/\omega_n)}{1-(\Omega/\omega_n)^2} \tag{4-43}$$

4.3.6 典型系统的传递函数和频率响应

1. 零阶系统

如果将图 4-13 中的弹簧和阻尼去掉,则得到一种近乎稳定的输出。分压式电位计就属于这种情况,其最简单的形式是一根可滑动的金属丝,除滑块自身以及与之相连的一些附件质量外,没有其他阻碍运动的部分,不存在恢复平衡的力,因此输出与时间无关,即:输出=常数×输入。

2. 一阶系统

典型的一阶微分方程 $a_1\frac{dy(t)}{dt}+a_0y(t)=b_0x(t)$,可以改写为

$$\tau\frac{dy(t)}{dt}+y(t)=S_0x(t) \tag{4-44}$$

式中:$\tau=a_1/a_0$,为系统的时间常数;$S_0=b_0/a_0$,为系统的灵敏度。

为分析方便,令 $S_0=1$,则

$$\tau\frac{dy(t)}{dt}+y(t)=x(t) \tag{4-45}$$

进行拉普拉斯变换,可得一阶系统的传递函数:

$$H(s)=\frac{Y(s)}{X(s)}=\frac{1}{\tau s+1} \tag{4-46}$$

当 $s=j\omega$ 时,一阶系统的频率响应函数为

$$H(\omega)=\frac{1}{j\tau\omega+1}=\frac{1}{1+(\tau\omega)^2}-j\frac{\tau\omega}{[1+(\tau\omega)^2]} \tag{4-47}$$

其幅频和相频特性分别为

$$A(\omega)=\frac{1}{\sqrt{1+(\tau\omega)^2}} \tag{4-48}$$

$$\varphi(\omega)=-\arctan \tau\omega \tag{4-49}$$

式中：相频特性中的负号表示输出信号滞后于输入信号。

一阶系统波特图和奈奎斯特图分别如图 4-16、图 4-17 所示，幅频、相频特性曲线如图 4-18 所示。

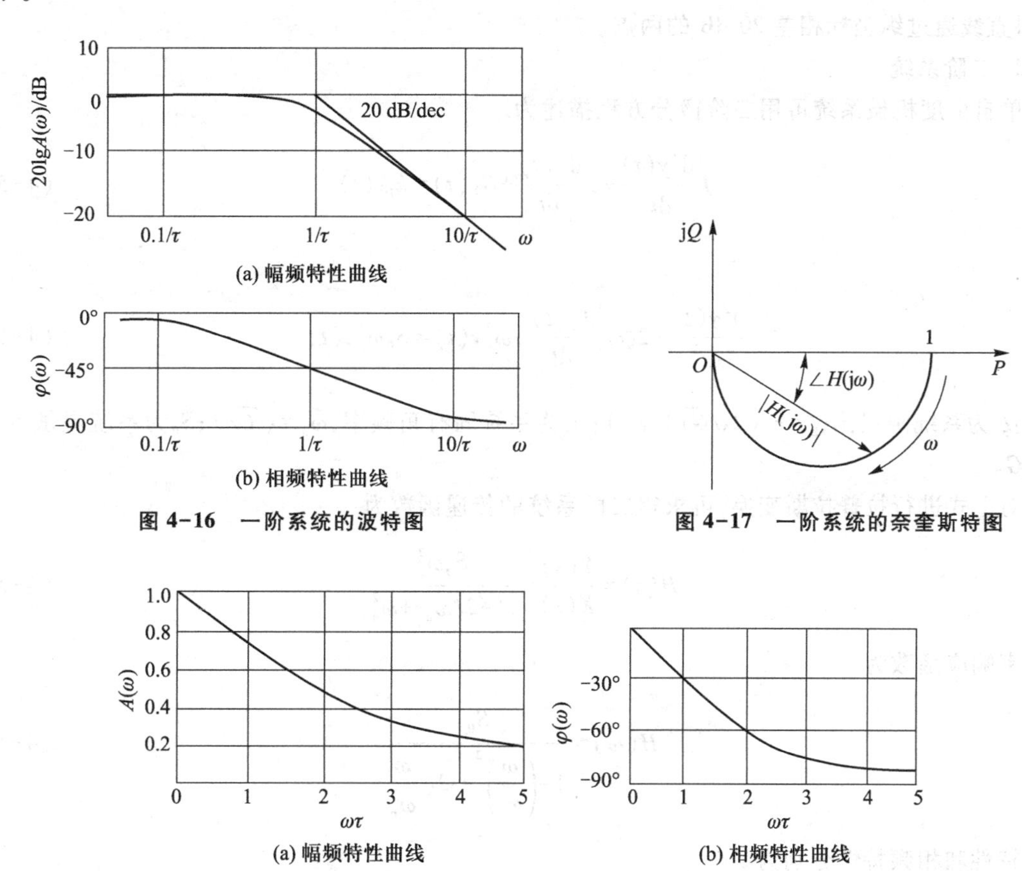

图 4-16　一阶系统的波特图

图 4-17　一阶系统的奈奎斯特图

图 4-18　一阶系统的幅频、相频特性曲线

一阶系统的脉冲响应图形如图 4-19 所示，脉冲响应函数为

$$h(t)=\frac{1}{\tau}e^{-t/\tau} \tag{4-50}$$

在一阶系统特性中，有以下特点：

1) 当激励频率 ω 远小于 $1/\tau$ 时(约 $\omega<\tau/5$)，输出、输入幅值几乎相等，$A(\omega)$ 值接近于 1(误差不超过 2%)。当 $\omega>(2\sim3)/\tau$，即 $\tau\omega\gg1$ 时，$H(\omega)\approx1/(j\tau\omega)$，有

$$y(t)=\frac{1}{\tau}\int_0^t x(t)\,dt \tag{4-51}$$

即输出与输入的积分成正比，系统相当于一个积分器。$A(\omega)$ 几

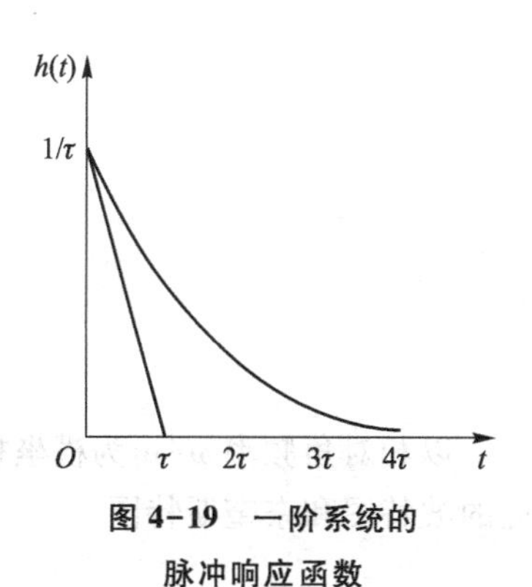

图 4-19　一阶系统的脉冲响应函数

乎与激励频率成反比,相位滞后近 90°。故一阶测试系统适用于测量缓变或低频的被测量。

2) 时间常数 τ 是反映一阶系统特性的重要参数。在 $\omega=1/\tau$ 处,$A(\omega)=0.707$(误差为 -3 dB),相位角滞后 45°。

3) 一阶系统的波特图可以用一条折线来近似描述。这条折线在 $\omega<1/\tau$ 段为 $A(\omega)=1$ 的水平线,在 $\omega>1/\tau$ 段近似为一斜线,且频率每增长 10 倍,$A(\omega)$ 下降 20 dB。$1/\tau$ 点称为转折频率点,在该点折线偏离实际曲线的误差最大(为 -3 dB)。图 4-16 中,在 $\omega=(1/\tau)\sim(10/\tau)$ 的范围内,斜直线通过纵坐标相差 20 dB 的两点。

3. 二阶系统

单自由度机械系统可用二阶微分方程描述为

$$J\frac{\mathrm{d}^2y(t)}{\mathrm{d}t^2}+c\frac{\mathrm{d}y(t)}{\mathrm{d}t}+Gy(t)=k_ix(t) \tag{4-52}$$

或

$$\frac{\mathrm{d}^2y(t)}{\mathrm{d}t^2}+2\zeta\omega_n\frac{\mathrm{d}y(t)}{\mathrm{d}t}+\omega_n^2y(t)=S_0\omega_n^2x(t) \tag{4-53}$$

式中:ζ 为系统阻尼比,$\zeta=c/(2\sqrt{GJ})$,$\zeta<1$;ω_n为系统固有角频率,$\omega_n=\sqrt{G/J}$;S_0为系统灵敏度,$S_0=k_i/G$。

对上式进行拉普拉斯变换,可求得二阶系统的传递函数为

$$H(s)=\frac{Y(s)}{X(s)}=\frac{S_0\omega_n^2}{s^2+2\zeta\omega_n s+\omega_n^2} \tag{4-54}$$

其频率响应函数为

$$H(\omega)=\frac{S_0}{1-\left(\frac{\omega}{\omega_n}\right)^2+\mathrm{j}2\zeta\frac{\omega}{\omega_n}} \tag{4-55}$$

幅频特性和相频特性分别为

$$A(\omega)=\frac{S_0}{\sqrt{\left[1-\left(\frac{\omega}{\omega_n}\right)^2\right]^2+4\zeta^2\left(\frac{\omega}{\omega_n}\right)^2}} \tag{4-56}$$

$$\varphi(\omega)=-\arctan\frac{2\zeta\frac{\omega}{\omega_n}}{1-\left(\frac{\omega}{\omega_n}\right)^2} \tag{4-57}$$

以相对角频率 ω/ω_n 为横坐标,相应的幅频、相频特性曲线见图 4-20。图 4-21、图 4-22 为相应的波特图和奈奎斯特图。

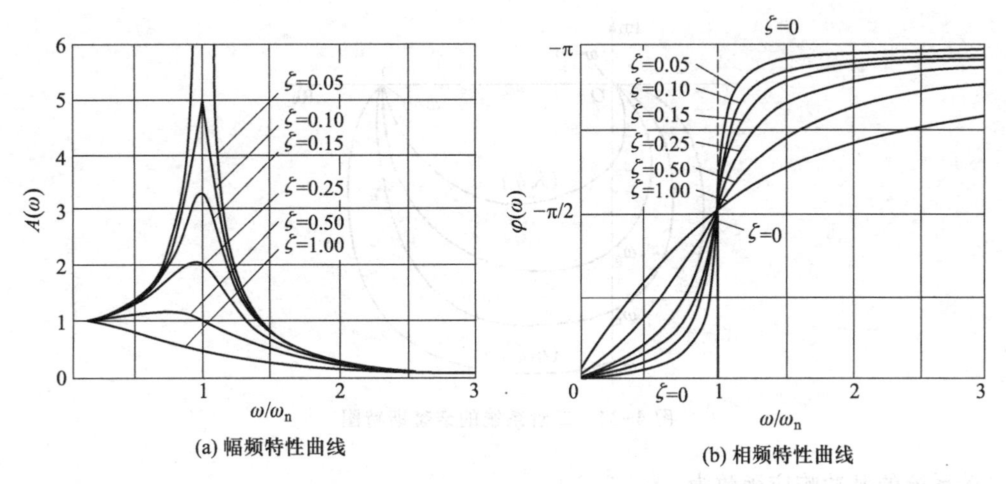

图 4-20　二阶系统的幅频、相频特性曲线

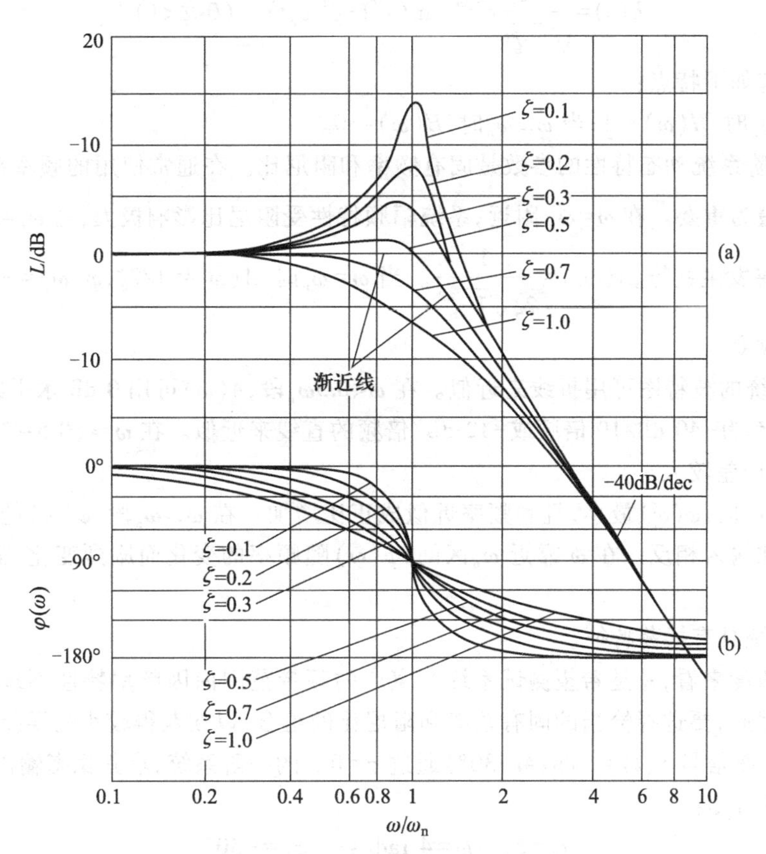

图 4-21　二阶系统的波特图

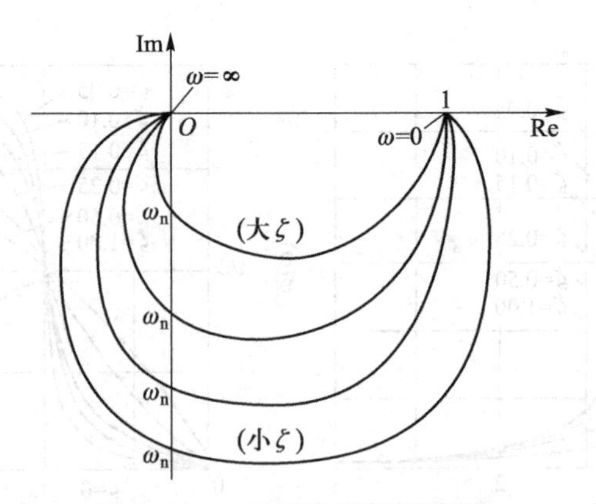

图 4-22　二阶系统的奈奎斯特图

二阶系统的脉冲响应函数为

$$h(t)=\frac{\omega_{n}}{\sqrt{1-\zeta^{2}}}e^{-\zeta\omega_{n}t}\sin(\sqrt{1-\zeta^{2}}\,\omega_{n}t)\quad(0<\zeta<1)\tag{4-58}$$

二阶系统有如下特点：

1）当 $\omega\ll\omega_n$ 时，$H(\omega)\approx1$；当 $\omega\gg\omega_n$ 时，$H(\omega)\to0$。

2）确定二阶系统动态特性的参数是固有频率和阻尼比。在通常使用的频率范围中，又以固有频率的影响最为重要。在 $\omega=\omega_n$ 附近，系统幅频特性受阻尼比影响极大，当 $\omega_r=\omega_n\sqrt{1-2\zeta^2}$（$\omega_n$ 附近）时，系统将发生共振，$A(\omega_r)=\dfrac{1}{2\zeta\sqrt{1-\zeta^2}}$。当 $\omega=\omega_n$ 时，$A(\omega)=1/2\zeta$，$\varphi(\omega)=-90°$，且不因阻尼比之不同而改变。

3）二阶系统的波特图可用折线来近似。在 $\omega<0.5\omega_n$ 段，$A(\omega)$ 可用 0 dB 水平线近似。在 $\omega>2\omega_n$ 段，可用斜率为−40 dB/10 倍频或−12 dB/倍频的直线来近似。在 $\omega\approx(0.5\sim2)\omega_n$ 段，因共振现象，近似折线偏差较大。

4）在 $\omega\ll\omega_n$ 段，$\varphi(\omega)$ 最小，且和频率近似成正比增加。在 $\omega\gg\omega_n$ 段，$\varphi(\omega)$ 趋近于−180°，即输出信号几乎和输入相反。在 ω 靠近 ω_n 区间，$\varphi(\omega)$ 随频率的变化而剧烈变化，而且 ζ 越小，这种变化越剧烈。

5）二阶系统具有振荡特征。

从测量的角度来看，总是希望测试系统在宽广的频带范围内因频率特性不理想所引起的误差尽可能小。因此，要选择恰当的固有频率和阻尼比的组合，以便获得较小的误差。

例 4-3　正弦信号 $x(t)=5\sin(4t-30°)$ 通过 $\tau=0.5$ 的一阶系统，求其稳态输出。

解：由题意可知：

$$x_0=5,\quad \omega=4\ \text{rad/s},\quad \varphi_0=-30°$$

由 $A(\omega)=\dfrac{1}{\sqrt{1+(\omega\tau)^2}}$，可得 $A(4)=\dfrac{1}{\sqrt{1+(4\times0.5)^2}}=0.447$

由 $\varphi(\omega)=-\arctan\tau\omega$，可得 $\varphi(4)=-\arctan(0.5\times4)=-63.43°$

$$y(t)=x_0A(4)\sin[\omega t+\varphi_0+\varphi(4)]$$

$$=5\times0.447\sin(4t-30°-63.43°)$$

$$=2.235\sin(4t-93.43°)$$

例 4-4 某振动仪的固有频率为 10 Hz,阻尼比为 0.4。求测试频率分别为 8 Hz 和 20 Hz 的幅频和相频特性。

解: 由题意可知

$$f_n=10\ \text{Hz},\quad \zeta=0.4$$

(1) 由 $f_1=8$ Hz,可得 $\eta=\dfrac{f_1}{f_n}=0.8$。

由
$$A(\omega)=\frac{1}{\sqrt{(1-\eta^2)^2+4\zeta^2\eta^2}},\quad \varphi(\omega)=-\arctan\frac{2\zeta\eta}{1-\eta^2}$$

有
$$A(8)=\frac{1}{\sqrt{(1-0.8^2)^2+4\times0.4^2\times0.8^2}}=1.362$$

$$\varphi(8)=-\arctan\frac{2\times0.4\times0.8}{1-0.8^2}=-60.64°$$

(2) 由 $f_2=20$ Hz,可得 $\eta=\dfrac{f_2}{f_n}=2$。

$$A(20)=\frac{1}{\sqrt{(1-2^2)^2+4\times0.4^2\times2^2}}=0.294$$

$$\varphi(20)=-\arctan\frac{2\times0.4\times2}{1-2^2}=-151.94°$$

例 4-5 用信号发生器、功率放大器和激振器对悬臂梁进行激振,通过压电式加速度传感器、电荷放大器、数据采集卡和计算机及信号处理软件等组成的测试系统测量悬臂梁的频率特性。当振幅为 1 V 的信号在激振频率为 8 Hz 时发生共振,测量振幅为 1.5 V,求悬臂梁的阻尼比和固有频率。

解: 悬臂梁可以看作二阶系统,根据 $A(\omega_r)=\dfrac{1}{2\zeta\sqrt{1-\zeta^2}}=1.5$,求得 $\zeta=0.36$。将其代入 $\omega_r=\omega_n\sqrt{1-2\zeta^2}$,得到 $f_n=9.3$ Hz。

4.4 测试系统不失真测试的条件

设有一个测试系统,其输出信号 $y(t)$ 与输入信号 $x(t)$ 满足以下关系:

$$y(t)=A_0x(t-t_0)\tag{4-59}$$

式中:A_0、t_0 均为常数。

这一关系表明该测试系统的输出波形与输入信号的波形特征一致,只是幅值是原来的 A_0 倍,在时间上延迟了 t_0 而已,如图 4-23 所示。这样的测试系统具有不失真的特性。对式(4-59)作傅里叶变换:

$$Y(\omega)=A_0\mathrm{e}^{-\mathrm{j}t_0\omega}X(\omega)\tag{4-60}$$

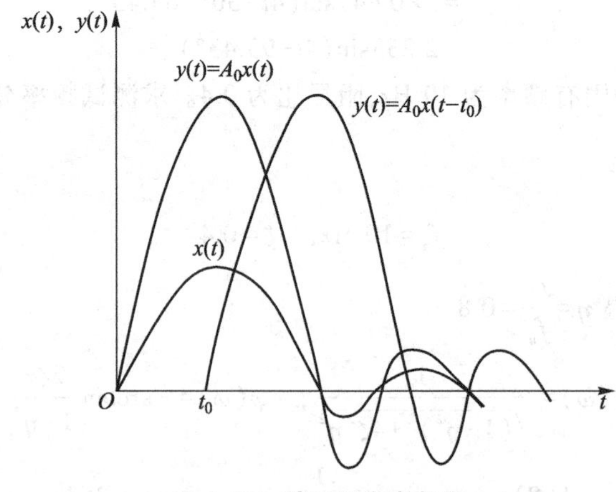

图 4-23　波形不失真复现

考虑到测试系统的实际情况,当 $t \leqslant 0$ 时,$x(t)=0$,$y(t)=0$,于是有

$$H(\omega)=A(\omega)\mathrm{e}^{\mathrm{j}\varphi(\omega)}=\frac{Y(\omega)}{X(\omega)}=A_0\mathrm{e}^{-\mathrm{j}t_0\omega} \tag{4-61}$$

可见,若要测试系统的输出波形不失真,则其幅频特性和相频特性应分别满足:

$$A(\omega)=A_0=\text{常数} \tag{4-62}$$

$$\varphi(\omega)=-t_0\omega\propto\omega \tag{4-63}$$

幅频特性不失真条件 $A(\omega)=A_0=$ 常数,反映在幅频特性曲线上应是一条平坦的直线,即在一定频率范围内是一常数。相频特性不失真条件 $\varphi(\omega)=-t_0\omega\propto\omega$,反映在相频特性曲线上应是一条过原点的斜线,即滞后时间 $t=\varphi(\omega)/\omega=t_0=$ 常数。如果测量结果用来作为反馈控制信号,那么滞后会破坏系统的稳定性,这时希望 $\varphi(\omega)=0$。

$A(\omega)$不等于常数时所引起的失真称为幅值失真,$\varphi(\omega)$与 ω 之间的非线性关系所引起的失真称为相位失真。

满足式(4-62)和式(4-63)的波形不失真的条件后,系统的输出仍一定程度滞后于输入。如果测量的目的只是精确地测出输入波形,那么上述条件可满足不失真测量的要求。如果测量的结果要用来作为反馈控制信号,应注意输出对输入的时间滞后的影响。

实际测试系统不可能在非常宽广的频率范围内都满足不失真测量条件,所以通常测试系统既会产生幅值失真,也会产生相位失真,且频率越高失真越大。图 4-24 表示四个不同频率的信号通过一个具有图中 $A(\omega)$和 $\varphi(\omega)$特性的装置后的输出信号。四个输入信号都是正弦信号(包括直流信号),在某参考时刻 $t=0$,初始相位角均为零,可见各输出信号相对输入信号有不同的幅值增益和相位角滞后。对于单一频率成分的信号,因为通常线性系统具有频率保持性,只要其幅值未进入非线性区,输出信号的频率也是单一的;对于含有多种频率成分的信号,既会引起幅值失真,又会引起相位失真。对实际测试系统,即使在某一频率范围内工作,也难以实现不失真测量,只能努力把波形失真限制在一定的误差范围内。为此,首先要选用合适的测试装置,在测量频率范围内,其幅频、相频特性接近不失真测试条件;其次,对输入信号做必要的前置处理,及时滤除非信号频带内的噪声。

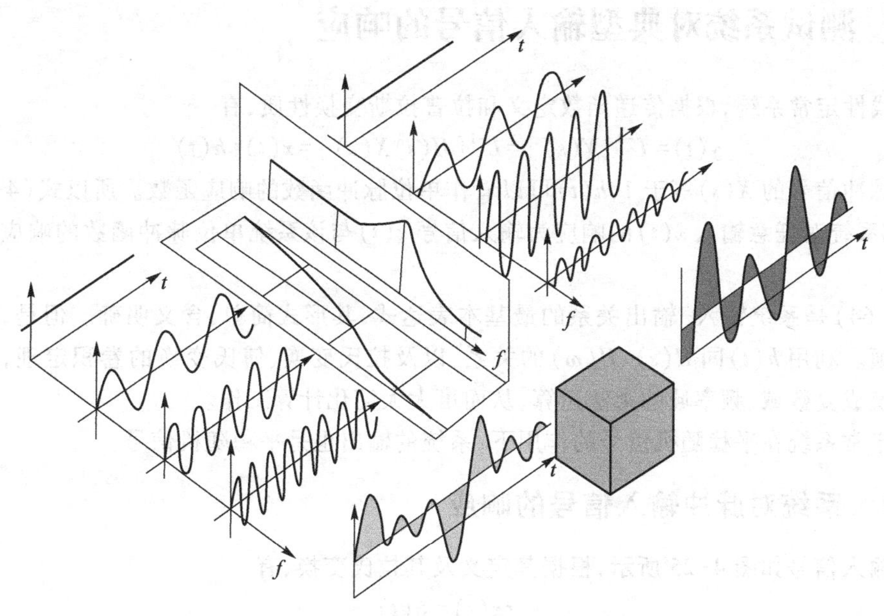

图 4-24　信号中不同频率成分通过测试系统后的输出

在选择系统特性时也应分析并权衡幅值失真、相位失真对测量的影响。例如在振动测量中，有时只要求了解振动中的频率成分及其强度，并不关心其确切的波形变化。而某些测量要求测得特定波形的延迟时间，这时对测试装置的相频特性就应有严格的要求。

从测量不失真条件和其他工作性能综合来看，对一阶系统而言，如果时间常数 τ 越小，则系统的响应越快，近于满足测试不失真条件的频带也越宽。所以，一阶系统的时间常数 τ，原则上越小越好。当 $\omega\tau<0.2$ 时，幅值误差不超过 2%，相位滞后不超过 27°。

二阶系统特性曲线上有两个频段值得注意。在 $\omega<0.3\omega_n$ 范围内，相频特性 $\varphi(\omega)$ 的数值较小，且 $\varphi(\omega)-\omega$ 特性曲线接近直线；幅频特性 $A(\omega)$ 在该频率范围内的变化不超过 10%，若用于测量，则波形输出失真很小。在 $\omega>(2.5\sim3)\omega_n$ 的频率范围内，$\varphi(\omega)$ 接近 180°，且随 ω 的变化很小；此时如在实际测量电路或数据处理中减去固定相位差或把测量信号反相 180°，则其相频特性基本上满足不失真测量条件；但是此时从幅频特性上看，$A(\omega)$ 在该频率范围内太小，输出波形失真太大。

若二阶系统输入信号的频率 ω 在 $(0.3\omega_n, 2.5\omega_n)$ 区间内，装置的频率特性受阻尼比 ζ 的影响很大，需作具体分析。

一般来说，阻尼比 ζ 越小，系统对输入扰动越容易发生共振，对使用不利。在 $\zeta=0.6\sim0.8$ 时，可以获得较为合适的综合特性。计算表明，对二阶系统，当 $\zeta=0.707$ 时，在 $0\sim0.58\omega_n$ 的频率范围内，幅频特性 $A(\omega)$ 的变化不超过 5%，同时相频特性 $\varphi(\omega)$ 也接近于直线，因而所产生的相位失真也相对很小。

测试系统中，任何一个环节产生的波形失真，必然会引起整个系统最终输出波形失真。虽然各环节失真对最后波形的失真影响程度不一样，但是原则上在信号频带内都应使每个环节基本上满足不失真测量的要求。

4.5 测试系统对典型输入信号的响应

对于线性定常系统，根据传递函数定义和拉普拉斯变换性质，有

$$y(t)=L^{-1}[Y(s)]=L^{-1}[H(s)X(s)]=x(t)*h(t) \tag{4-64}$$

由于脉冲信号的 $X(s)$ 等于 1，$h(t)$ 可以看作单位脉冲函数的响应函数。所以式(4-64)的意义为：测试系统对任意输入 $x(t)$ 的响应为输入信号 $x(t)$ 与该系统单位脉冲函数的响应函数 $h(t)$ 的卷积。

式(4-64)是系统输入-输出关系的最基本表达式，其形式简单，含义明确。但是，卷积计算却相对麻烦。利用 $h(t)$ 同 $H(s)$、$H(\omega)$ 的关系，以及拉氏变换、傅氏变换的卷积定理，可以将卷积运算变换成复数域、频率域的乘法运算，从而可大大简化计算工作。

线性定常系统在平稳随机信号的作用下，系统的输出也是平稳随机信号。

4.5.1 系统对脉冲输入信号的响应

脉冲输入信号如图 4-25 所示，根据其定义及其拉氏变换，有

$$\begin{cases} x(t)=\delta(t) \\ X(s)=1 \end{cases} \tag{4-65}$$

在其作用下一阶系统的冲击响应见图 4-26，二阶系统的冲击响应见图 4-27。

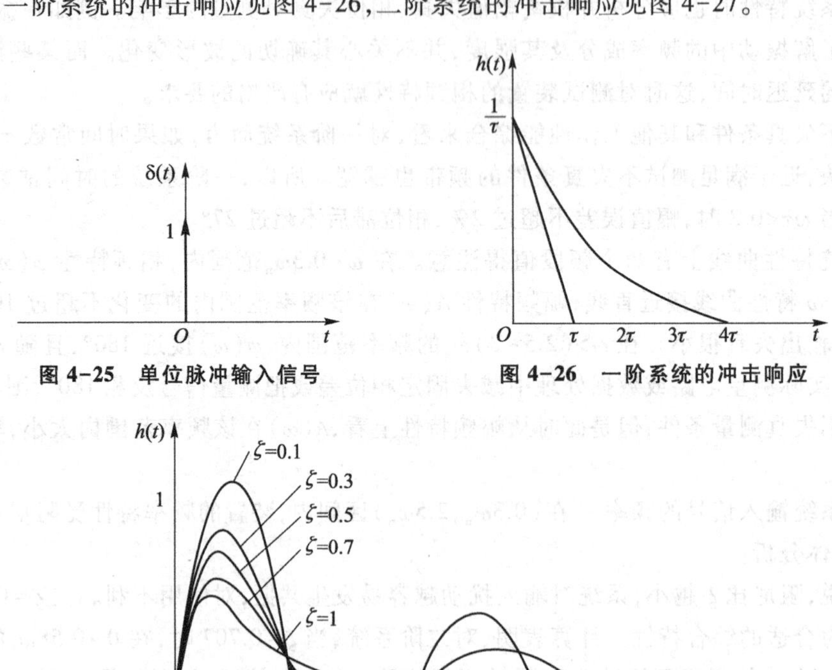

图 4-25 单位脉冲输入信号

图 4-26 一阶系统的冲击响应

图 4-27 二阶系统的冲击响应

一阶系统：

$$\begin{cases}y(t)=h(t)=\dfrac{1}{\tau}\mathrm{e}^{-t/\tau}\\ Y(s)=\dfrac{1}{\tau s+1}\end{cases}\tag{4-66}$$

二阶系统：

$$\begin{cases}y(t)=h(t)=\dfrac{\omega_{\mathrm{n}}}{\sqrt{1-\zeta^2}}\mathrm{e}^{-\zeta\omega_{\mathrm{n}}t}\sin\sqrt{1-\zeta^2}\,\omega_{\mathrm{n}}t\\ Y(s)=\dfrac{\omega_{\mathrm{n}}^2}{s^2+2\zeta\omega_{\mathrm{n}}s+\omega_{\mathrm{n}}^2}\end{cases}\tag{4-67}$$

4.5.2 系统对单位阶跃激励的响应

单位阶跃激励(图 4-28)的定义及拉氏变换为

$$x(t)=\begin{cases}0, & t<0\\ 1, & t\geqslant 0\end{cases},\quad X(s)=\frac{1}{s}\tag{4-68}$$

在其作用下,一阶系统和二阶系统的单位阶跃响应分别见图 4-29 和图 4-30。

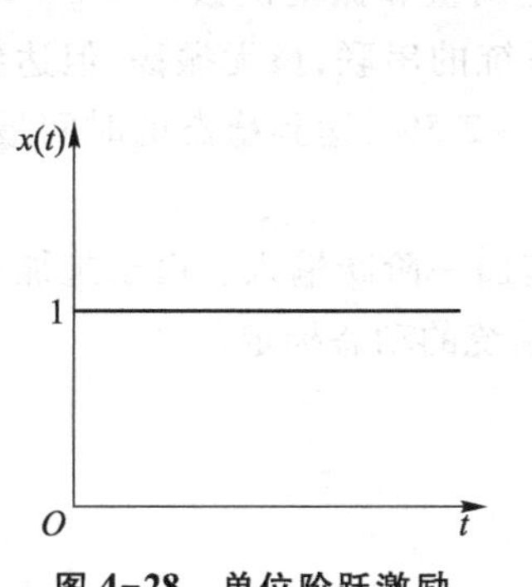

图 4-28 单位阶跃激励

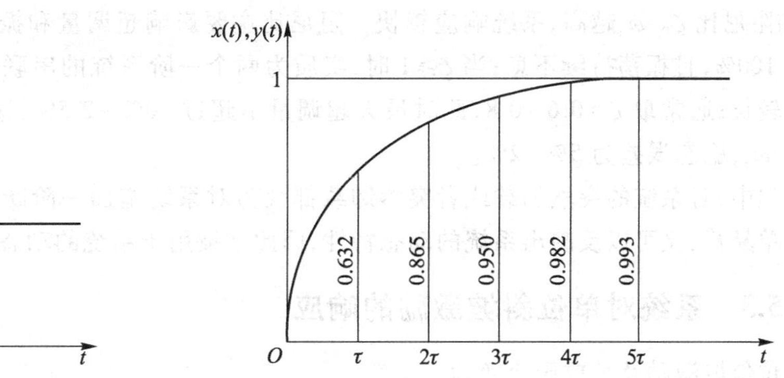

图 4-29 一阶系统的单位阶跃响应

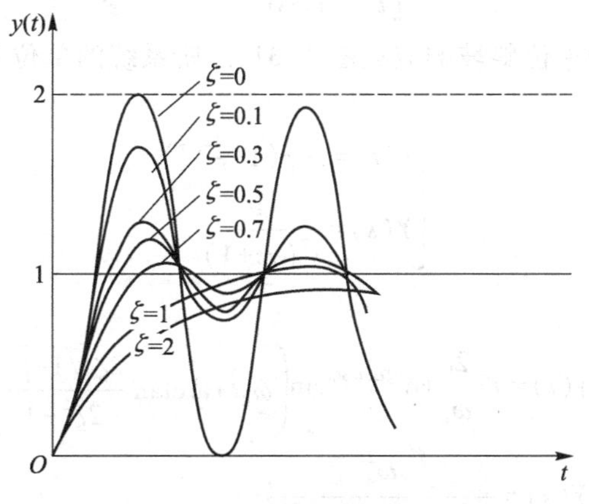

图 4-30 二阶系统的单位阶跃响应

一阶系统：

$$\begin{cases} y(t)=1-e^{-t/\tau} \\ Y(s)=\dfrac{1}{s(\tau s+1)} \end{cases} \tag{4-69}$$

二阶系统：

$$\begin{cases} y(t)=1-\dfrac{e^{-\zeta\omega_n t}}{\sqrt{1-\zeta^2}}\sin(\omega_d t+\varphi_2) \\ Y(s)=\dfrac{\omega_n^2}{s(s^2+2\zeta\omega_n s+\omega_n^2)} \end{cases} \tag{4-70}$$

式中：$\omega_d=\omega_n\sqrt{1-\zeta^2}$，$\varphi_2=\arctan\dfrac{\sqrt{1-\zeta^2}}{\zeta}(\zeta<1)$。

由图 4-29 可见，一阶系统在单位阶跃激励下的稳态输出误差为零，并且进入稳态的时间 $t\to\infty$。但是，当 $t=4\tau$ 时，$y(4\tau)=0.982$，误差小于 2%；当 $t=5\tau$ 时，$y(5\tau)=0.993$，误差小于 1%。所以对于一阶系统来说，时间常数 τ 越小越好。

二阶系统在单位阶跃激励下的稳态输出误差也为零。进入稳态的时间取决于系统的固有频率 ω_n和阻尼比 ζ。ω_n越高，系统响应越快。阻尼比主要影响超调量和振荡次数。当 $\zeta=0$ 时，超调量为 100%，且振荡持续不息；当 $\zeta\geqslant1$ 时，实质为两个一阶系统的串联，虽无振荡，但达到稳态的时间较长；通常取 $\zeta=0.6\sim0.8$，此时最大超调量不超过 10%～2.5%，达到稳态的时间最短，为 $(5\sim7)/\omega_n$，稳态误差为 5%～2%。

工程中，对系统的突然加载或者突然卸载都视为对系统施加一阶跃输入。由于施加这种输入既简单易行，又可以反映出系统的动态特性，因此常被用于系统的动态标定。

4.5.3 系统对单位斜坡激励的响应

单位斜坡激励及其拉氏变换为

$$x(t)=\begin{cases} 0, & t<0 \\ t, & t\geqslant0 \end{cases},\quad X(s)=\frac{1}{s^2} \tag{4-71}$$

在其作用下，其一阶系统的单位斜坡响应见图 4-31，二阶系统的单位斜坡响应见图 4-32。

一阶系统：

$$\begin{cases} y(t)=t-\tau(1-e^{-t/\tau}) \\ Y(s)=\dfrac{1}{s^2(\tau s+1)} \end{cases} \tag{4-72}$$

二阶系统：

$$\begin{cases} y(t)=t-\dfrac{2\zeta}{\omega_n}+e^{-\zeta\omega_n t/\omega_d}\sin\left(\omega_d t+\arctan\dfrac{2\zeta\sqrt{1-\zeta^2}}{2\zeta^2-1}\right) \\ Y(s)=\dfrac{\omega_n^2}{s^2(s^2+2\zeta\omega_n s+\omega_n^2)} \end{cases} \tag{4-73}$$

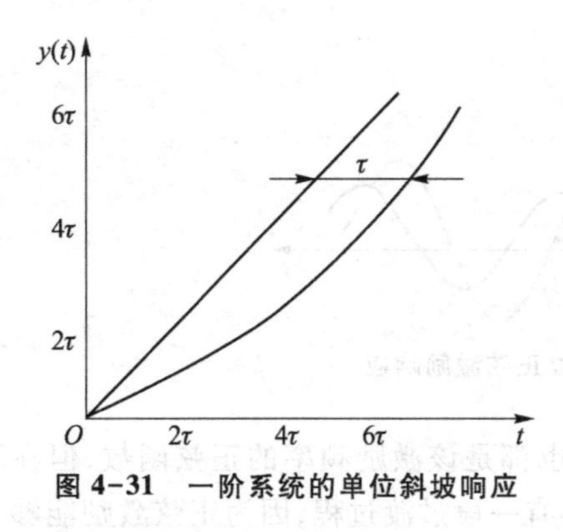

图 4-31 一阶系统的单位斜坡响应

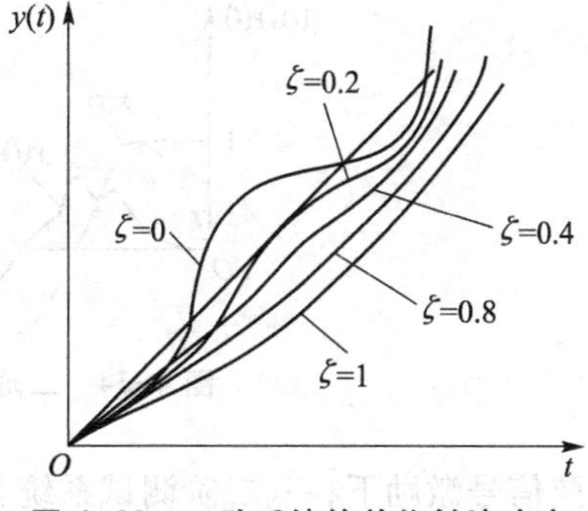

图 4-32 二阶系统的单位斜坡响应

斜坡输入函数是阶跃函数的积分。由于输入量不断增大，一、二阶测试系统的相应输出也不断增大，但总是“滞后”于输入一段时间。所以，不管是一阶系统还是二阶系统，都有一定的“稳态误差”，并且稳态误差随 τ 的增大或 ω_n 的减小和 ζ 的增大而增大。

4.5.4 系统对单位正弦激励的响应

正弦输入信号 $x(t)=\sin \omega t(t>0)$，其拉氏变换为

$$X(s)=\frac{\omega}{s^2+\omega^2} \tag{4-74}$$

对于一般的一阶系统，单位正弦激励响应（图 4-33）为

$$\begin{cases} y(t)=\dfrac{1}{\sqrt{1+(\omega\tau)^2}}\left[\sin(\omega t+\varphi_1)-\mathrm{e}^{-t/\tau}\cos\varphi_1\right], \varphi_1=-\arctan\omega\tau \\ Y(s)=\dfrac{\omega}{(s^2+\omega^2)(\tau s+1)} \end{cases} \tag{4-75}$$

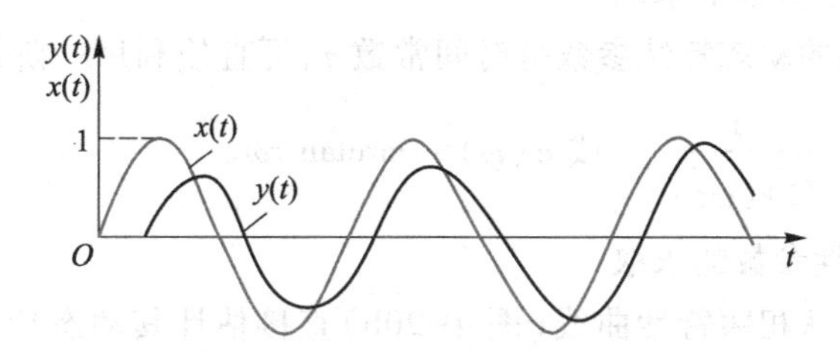

图 4-33 一阶系统的单位正弦激励响应

二阶系统的单位正弦激励响应（图 4-34）为

$$\begin{cases} y(t)=A(\omega)\sin[\omega t+\varphi(\omega)]-\mathrm{e}^{-\zeta\omega_n t}(K_1\cos\omega_d t+K_2\sin\omega_d t) \\ Y(s)=\dfrac{\omega\omega_n}{(s^2+\omega^2)(s^2+2\zeta\omega_n s+\omega_n^2)} \end{cases} \tag{4-76}$$

式中：K_1 和 K_2 分别为与 ω_n 和 ζ 有关的系数；$A(\omega)$ 和 $\varphi(\omega)$ 分别为二阶系统的幅频和相频特性。

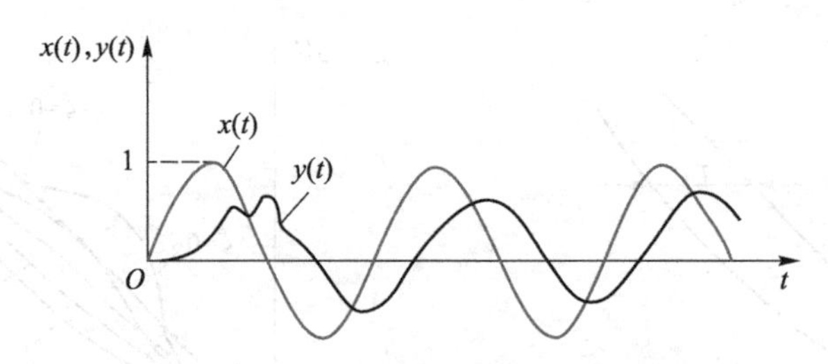

图 4-34　二阶系统的单位正弦激励响应

在正弦信号激励下，一、二阶测试系统稳态输出也都是该激励频率的正弦函数，但在不同频率下有不同的幅值和相位滞后。在正弦激励之初，还有一段过渡过程，因为正弦激励能够长时间维持，短暂的过渡过程对后续稳定过程影响不大。用不同频率的正弦信号去激励测试系统，观察稳态时的响应幅值和相位滞后，就可以了解测试系统准确的动态特性。

4.6　测试系统动态特性参数的获得方法

测试系统的动态特性是其内在的一种属性，在系统受到激励之后可以在系统的响应之中显现出来。因此，要对测试系统动态特性进行标定，首先需要讨论采用何种输入信号作为系统的激励，其次研究如何从系统的输出响应中提取出系统的动态特性参数。

常用的动态标定方法有频率响应法和阶跃响应法。

4.6.1　频率响应法

频率响应法是以一组频率可调的标准正弦信号作为系统的输入，通过对系统输出幅值和相位的测试，获得系统的动态特性参数。这种方法实质上是一种稳态响应法，即通过输出的稳态响应来标定系统的动态特性。

1. 一阶系统动态特性参数的求取

对于一阶系统，主要的动态特性参数是时间常数 τ，可直接利用一阶系统的频率响应特性求取时间常数 τ，即 $A(\omega)=\dfrac{1}{\sqrt{1+(\omega\tau)^2}}$　或 $\varphi(\omega)=-\arctan\tau\omega$。

2. 二阶系统动态特性参数的求取

对于二阶系统，可以从相频特性曲线（图 4-20b）直接估计其动态特性参数：固有频率 ω_n 和阻尼比 ζ。在相频特性曲线 $\varphi(\omega)-\omega/\omega_n$ 上，当 $\omega=\omega_n$ 时，$\varphi(\omega_n)=-90°$，该点斜率直接反映阻尼比的大小。

这种方法简单易行，但是精度不高，只适用于对固有频率 ω_n 和阻尼比 ζ 的估算。较为精确的求解方法如图 4-35 所示，具体如下：

1）求出 $A(\omega)$ 的最大值及所对应的频率 ω_r；

2）由 $\dfrac{A(\omega_r)}{A(0)}=\dfrac{1}{2\zeta\sqrt{1-\zeta^2}}$，求出阻尼比 ζ；

3）根据 $\omega_n=\dfrac{\omega_r}{\sqrt{1-\zeta^2}}$，求出固有频率 ω_n。

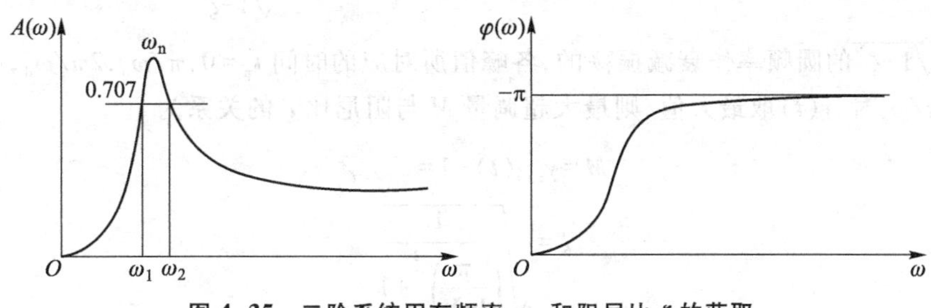

图 4-35 二阶系统固有频率 ω_n 和阻尼比 ζ 的获取

当 ζ 很小时，令 $\omega_1=\omega_n(1-\zeta)$，$\omega_2=\omega_n(1+\zeta)$。代入式(4-56)，可得到

$$A(\omega_1)\approx\frac{S_0}{2\sqrt{2}\zeta}\approx A(\omega_2) \tag{4-77}$$

因为 $A(\omega_n)=S_0/(2\zeta)$，所以在峰值 $1/\sqrt{2}$ 处，作一水平线，交于两点 ω_1、ω_2，可得

$$\zeta=\frac{\omega_2-\omega_1}{2\omega_n} \tag{4-78}$$

由于这种方法中 $A(\omega_1)$ 和 ω_1 的测量可以达到一定的精度，所以由此求解出的固有频率 ω_n 和阻尼比 ζ 具有较高的精度。

4.6.2 阶跃响应法

阶跃响应法是以阶跃信号作为测试系统的输入，通过对系统输出响应的测试，从中计算出系统的动态特性参数。这种方法实质上是一种瞬态响应法，即通过对输出响应的过渡过程来标定系统的动态特性。

1. 一阶系统动态特性参数的求取

对于一阶系统来说，时间常数 τ 是唯一表征系统动态特性的参数，当输出响应达到稳态值的63.2%时，所需要的时间就是一阶系统的时间常数。显然，这种方法很难做到精确测试。同时，又没涉及测试的全过程，所以求解的结果精度较低。如改用下述方法确定时间常数，可获得较可靠的结果。式(4-69)是一阶系统的阶跃响应表达式，可改写为

$$1-y_u(t)=e^{-t/\tau}$$

两边取对数，有

$$-\frac{t}{\tau}=\ln[1-y_u(t)] \tag{4-79}$$

上式表明，$\ln[1-y_u(t)]$ 和 t 成线性关系。因此，可根据测得的 $y_u(t)$ 作出 $\ln[1-y_u(t)]$ 和 t 的关系曲线，并根据其斜率确定时间常数 τ。显然，这种方法运用了全部测量数据，即考虑了瞬态响应的全过程。

2. 二阶系统动态特性参数的求取

由典型的二阶系统的单位阶跃响应式(4-70)，有 $y(t)=1-\frac{e^{-\zeta\omega_n t}}{\sqrt{1-\zeta^2}}\sin(\omega_d t+\varphi_2)$，其瞬态响应是以 $\omega_d=\omega_n\sqrt{1-\zeta^2}$ 的圆频率作衰减振荡的，各峰值所对应的时间 $t_p=0,\pi/\omega_d,2\pi/\omega_d,\cdots$。

当 $t_p=\pi/\omega_d$ 时，$y(t)$ 取最大值，则最大超调量 M 与阻尼比 ζ 的关系为

$$M=y_{max}(t)-1=e^{-\frac{\zeta\pi}{\sqrt{1-\zeta^2}}} \tag{4-80}$$

$$\zeta=\sqrt{\frac{1}{\left(\frac{\pi}{\ln M}\right)^2+1}} \tag{4-81}$$

因此，从图 4-36 上的曲线得到 M 后，即可求出阻尼比 ζ，或根据式(4-80)绘制曲线查取结果。

如果测得响应的较长瞬变过程，则可以利用任意两个相隔 n 个周期数的超调量 M_i 和 M_{i+n} 来求取阻尼比 ζ。设 M_i 和 M_{i+n} 所对应的时间分别为 t_i 和 t_{i+n}，则

$$t_{i+n}=t_i+\frac{2n\pi}{\omega_n\sqrt{1-\zeta^2}} \tag{4-82}$$

将其代入二阶系统的阶跃响应 $y(t)$ 的表达式(4-70)，经整理后可得

$$\ln\frac{M_i}{M_{i+n}}=\frac{2n\pi\zeta}{\sqrt{1-\zeta^2}} \tag{4-83}$$

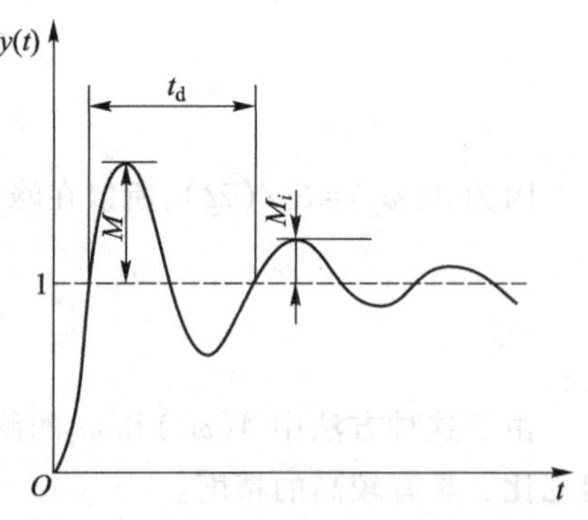

图 4-36 欠阻尼二阶系统的阶跃响应

$$\zeta=\sqrt{\frac{\delta_n^2}{\delta_n^2+4\pi^2n^2}} \tag{4-84}$$

式中：$\delta_n=\ln\frac{M_i}{M_{i+n}}$。根据以上两式，即按照实测得到的 M_i 和 M_{i+n} 经 δ_n 求 ζ。考虑到 $\zeta<0.3$ 时可以 1 代替 $\sqrt{1-\zeta^2}$ 进行近似计算，上式可简化为

$$\zeta=\frac{\ln\frac{M_i}{M_{i+n}}}{2n\pi} \tag{4-85}$$

例 4-6 在桥梁上悬挂重物，突然剪断绳索产生阶跃激励，然后通过应变式传感器、动态电阻应变仪、数据采集卡和计算机及信号处理软件等组成的测试系统，测得阶跃响应曲线如图 4-36 所示，其中 $M_1=16$ mm，$M_3=4$ mm，$t_d=0.003$ s，求桥梁的阻尼比和固有频率。

解：为求阻尼比，先求 $\delta_n=\ln\frac{M_1}{M_3}=\ln\frac{16}{4}=1.386$。

阻尼比：$\zeta=\frac{\delta_n}{\sqrt{\delta_n^2+4\pi^2n^2}}=\frac{1.386}{\sqrt{1.386^2+4\pi^2\times2^2}}\approx0.110$

固有频率：

$$\omega_n=\frac{2\pi}{t_d\sqrt{1-\zeta^2}}=\frac{2\pi}{0.003\times\sqrt{1-0.110^2}}\ \text{rad/s}\approx 2\ 107\ \text{rad/s}$$

$$f_n=\frac{\omega_n}{2\pi}=\frac{2\ 107}{2\pi}\ \text{Hz}=335\ \text{Hz}$$

4.7 负载效应

当一个装置连接到另一装置上并发生能量交换时，就会发生两种现象：① 前一装置的连接处甚至整个装置的状态和输出都将发生变化；② 两个装置共同形成一个新的整体，该整体虽然保留两组成装置的某些主要特征，但其传递函数已不能用原来的表达式表达。某装置由于后接另一装置导致其一些参数产生明显变化的现象，称为负载效应。负载效应产生的后果，有的可以忽略，有的却很明显，不能对其掉以轻心。

以一个简单的电阻传感器测量直流电路为例，如图4-37所示，R_2是阻值随被测物理量变化的电阻传感器，通过测量直流电路将电阻变化转化为电压变化，通过电压表进行显示。

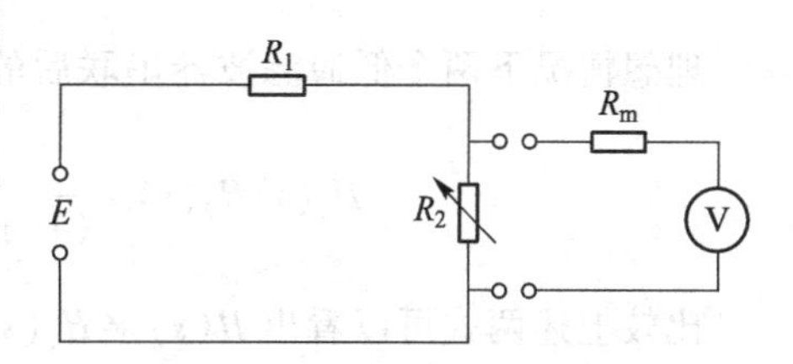

图 4-37　电阻传感器测量直流电路

未接入电压表测量电路时，电阻 R_2上的电压降为

$$U_0=E\frac{R_2}{R_1+R_2} \tag{4-86}$$

接入电压表测量电路时，电阻 R_2上的电压降为

$$U_1=E\frac{R_2R_m}{R_1(R_m+R_2)+R_mR_2} \tag{4-87}$$

为了定量说明这种负载效应的影响程度，令 $R_1=100\ \text{k}\Omega$、$R_2=150\ \text{k}\Omega$、$R_m=150\ \text{k}\Omega$，$E=150\ \text{V}$，将其代入上式可以计算得到 $U_0=90\ \text{V}$、$U_1=64.3\ \text{V}$，误差达到28.6%。若将电压表测量电路负载电阻加大到1 MΩ，则 $U_1=84.9\ \text{V}$，误差减小为5.76%。此例充分说明了负载效应对测量结果的影响是很大的。

事实上，当测试系统连接到被测对象上时，将会出现两种现象：一是连接点的状态发生改变，即连接点的物理参数发生变化；二是两个环节之间将发生能量交换，都不再简单地保持原来的传递函数，而是共同形成一个整体系统的新传递函数，故整个测试系统的传输特性将会变化。因此，在选用测试系统时必须考虑这类负载效应，分析接上测试系统后对被测对象的影响。

减小负载效应误差的措施：

1）提高后续环节（负载）的输入阻抗。

2）在原来两个相连接的环节中，插入高输入阻抗、低输出阻抗的放大器，以便一方面减小从前一环节吸取的能量，另一方面在承受后一环节（负载）后能减小电压输出的变化，从而减轻总的负载效应。

3）使用反馈或零点测量原理,使后面环节几乎不从前面环节吸取能量。

总之,在组成测试系统时,要充分考虑各组成环节之间连接时的负载效应,尽可能地减小负载效应的影响。

图 4-38 所示为两个 *RC* 低通滤波器串联前、后的电路。图 4-38a 和图 4-38b 的传递函数分别为

$$H_1(s)=\frac{Y_1(s)}{X_1(s)}=\frac{1}{1+R_1C_1s}=\frac{1}{1+\tau_1 s} \tag{4-88}$$

$$H_2(s)=\frac{Y_2(s)}{X_2(s)}=\frac{1}{1+R_2C_2s}=\frac{1}{1+\tau_2 s} \tag{4-89}$$

若未加任何隔离措施将两个低通滤波器串联,如图 4-38c 所示,则传递函数为

$$H(s)=\frac{Y_2(s)}{X_1(s)}=\frac{Y_2(s)Y_1'(s)}{Y_1'(s)X_1(s)}=\frac{1}{1+(\tau_1+\tau_2+R_1C_2)s+\tau_1\tau_2 s^2} \tag{4-90}$$

理想情况下两个低通滤波器串联后的传递函数为

$$H_1(s)H_2(s)=\frac{1}{(1+\tau_1 s)(1+\tau_2 s)}=\frac{1}{1+(\tau_1+\tau_2)s+\tau_1\tau_2 s^2} \tag{4-91}$$

比较上述两式可以看出 $H(s)\neq H_1(s)H_2(s)$,这是由于两个环节串联后它们之间有能量交换。若要避免互相影响,最简单的方法就是采取隔离措施,即在两个环节之间插入高输入阻抗、低输出阻抗的运算放大器。运算放大器既不从前面环节吸取能量,又不因后接环节的负载效应而减小输出电压。

在这一案例中,图 4-38a 相当于被测对象,图 4-38b 相当于测试系统。为了使测量结果尽可能准确地反映被测对象的动态特性,而排除测试系统的负载效应,应使 $H(s)\approx H_1(s)$。因此,在选择测试系统时应选用 $\tau_1\gg\tau_2$,即一阶系统的时间常数远小于被测对象的时间常数,另外测试系统的储能元件 C_2 也尽量小。

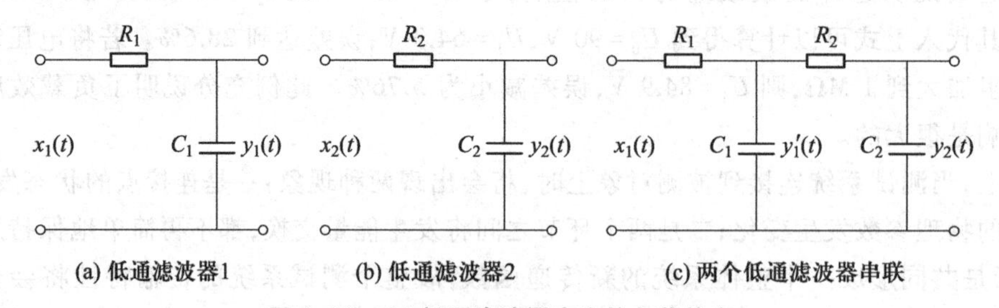

(a) 低通滤波器1　(b) 低通滤波器2　(c) 两个低通滤波器串联

图 4-38　*RC* 低通滤波器产生的负载效应

思考题与练习题

4-1　现有电流计 4 个,其精度等级和量程分别是 2.5 级 100 μA、2.5 级 200 μA、1.5 级 100 μA、1.5 级 1 mA。

被测电流为 90 μA 时，用上述 4 个电流计测量，分别求出可能的最大相对误差，说明为什么精度等级高的仪表误差不一定小，以及仪表的量程应如何选择。

4-2 求周期信号 $x(t)=0.5\cos 10t+0.2\cos(100t+45°)$ 通过传递函数为 $H(s)=1/(0.005s+1)$ 的装置后得到的稳态响应。

4-3 用一个具有一阶动态特性的测量仪表（$\tau=0.35$ s）测量阶跃信号，输入由 25 单位跳变到 240 单位，求当 $t=0.35$ s、0.7 s、2 s 时的仪表输出值分别为多少。

4-4 试求传递函数分别为 $1.5/(3.2s+0.5)$ 和 $41\omega_n^2/(s^2+1.4\omega_n s+\omega_n^2)$ 的两个环节串联后组成的系统的总灵敏度（不考虑负载效应）。

4-5 图 4-39 所示的 *RC* 电路中，已知 $C=0.01$ μF。若 e_x 的幅值为 100 V，频率为 10 kHz，并且输出端 e_g 的相位比 e_x 滞后 30°。此时的 *R* 应为何值？输出电压幅值为多少？

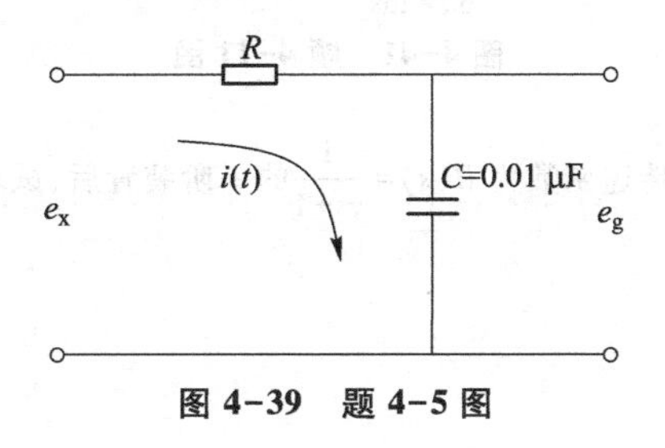

图 4-39 题 4-5 图

4-6 用图 4-40 所示的装置去测量周期为 1 s、2 s、5 s 的正弦信号，问幅值误差是多少？（$R=350$ kΩ，$C=1$ μF。）

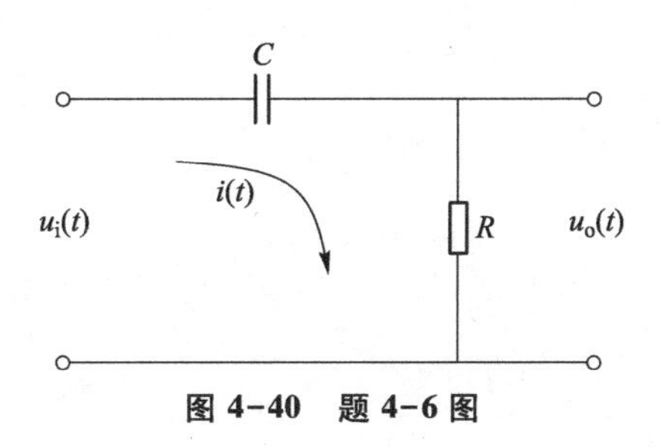

图 4-40 题 4-6 图

4-7 气象气球携带一种时间常数 $\tau=15$ s 的一阶温度计，以 5 m/s 的上升速度通过大气层。设温度按每升高 30 m 下降 0.15 ℃的规律变化，气球将温度和高度数据用无线电送回地面，在 3 000 m 处所记录的温度为 −1 ℃，试问实际出现 −1 ℃的真实高度是多少？在 3 000 m 处的真实温度是多少？

4-8 想用一个一阶系统做 100 Hz 正弦信号的测量，如要限制振幅误差在 5% 以内，那么时间常数应取多少？若用该系统测量 50 Hz 的正弦信号，问此时的振幅误差和相位误差是多少？

4-9 设某力传感器可作为二阶振荡系统处理。已知传感器的固有频率 $f_n=800$ Hz，阻尼比 $\zeta=0.14$，问使用该传感器做频率 $f=400$ Hz 的正弦测试时，其幅频特性 $A(\omega)$ 和相频特性 $\varphi(\omega)$ 各为多少？若该装置的阻尼比改为 $\zeta=0.7$，问 $A(\omega)$ 和 $\varphi(\omega)$ 又将如何变化？

4-10 求频率响应函数为 $3\ 155\ 072/[(1+0.01j\omega)(1\ 577\ 536+176j\omega-\omega^2)]$ 的系统对正弦输入 $x(t)=10\sin 62.8t$ 的稳态响应的均值显示。

4-11 如图 4-41 所示，一个可视为二阶系统的装置输入一单位阶跃函数后，测得其响应的第一个超调量峰值为 0.15，振荡周期为 6.28 m。设已知该装置的静态增益为 3，求该装置的传递函数和在固有频率处的频率响应。

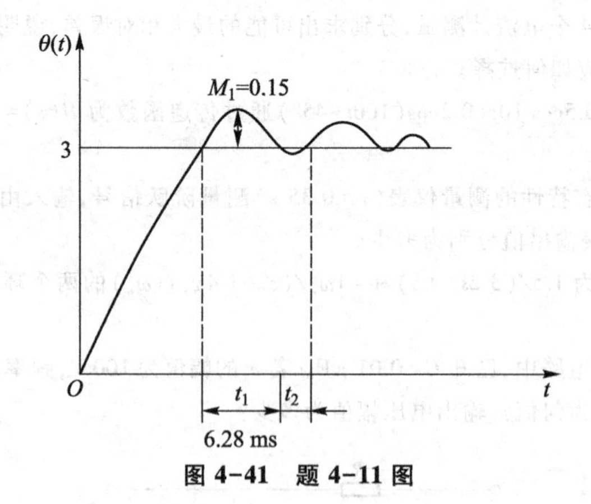

图 4-41　题 4-11 图

4-12　将信号 $\cos\omega t$ 输入一个传递函数为 $H(s)=\dfrac{1}{\tau s+1}$ 的一阶装置后，试求其包括瞬态过程在内的输出 $y(t)$ 的表达式。

第5章　传感器技术

传感器的定义为:能感受(或响应)规定的被测量,并按照一定的规律转换成可用输出信号的器件或装置,通常由敏感元件和转换元件组成。组成传感器的敏感元件是传感器中能直接感受被测量的部分,而转换元件是传感器中将敏感元件的输出转换成为易于传输和测量的电信号的部分。

传感器可把被测量转换为相应的可检测、传输或处理的信号,是测试系统或仪表中的信号感受与变换部件。传感器在自动检测与自动控制领域大量使用,通常是将温度、压力、加速度、应变、流量等非电量转换为电量进行测量和控制。传感器直接和被测对象接触,是获取信息的第一环节,传感器的性能影响整个测试系统的信号输出。

传感器的种类很多,按测量对象来分,传感器可分为应变、速度、加速度、压力、温度、扭矩、转速、流速等传感器;按工作原理来分,有机械式、电阻式、电感式、电容式、热电式、光电式等传感器;从能量传递方式来分,传感器可分为有源传感器和无源传感器两大类。有源传感器如同微型发电器件,将外界机械能转换成电能,变换后的信号可直接测量,这类传感器有磁电式、压电式、热电式或光电式等;无源传感器没有换能作用,它只能改变电路中的某些电参量,必须进一步将其转换成为电压或电流信号后才能测量,所以必须有辅助电源。电阻式、电容式、电感式等传感器均属无源传感器。

按传感器信号变换特征,传感器可分为物性型与结构型两大类。物性型传感器是依靠固定的敏感元件材料本身物理性质的变化来实现信号变换的,例如热电偶温度计就是利用两种连接在一起的不同金属,随其节点处温度变化电路产生温差电动势这一热电效应来实现信号变换;结构型传感器则是依靠传感器内部可动结构的参数变化而实现信号转变的,例如电容式传感器可依靠极板间距离变化引起电容量变化来实现信号变换。

根据传感器的输出信号性质,传感器可分为模拟式与数字式两大类。模拟式传感器输出的是模拟信号,需通过 A/D 转换才能应用计算机进行信号的分析处理;数字式传感器直接将被测非电量信号转变为数字信号输出,其抗干扰能力强,适合信号的远距离传输。

根据传感器测试时是否与被测物体接触,传感器可分为接触式测试传感器与非接触式测试传感器两大类。接触式测试传感器工作时需与被测物体相接触,从而感受被测的非电量信号;非接触式测试传感器工作时不与被测物体相接触,也能够感知被测的非电量信号。

表 5-1 列出了工程中常用传感器的类型及其被测量、性能指标等参数。

表 5-1　工程中常用传感器的类型及其被测量、性能指标等

类型	名称	变换量	被测量	应用举例	部分性能指标(参考)
机械式	波纹膜片	压力-位移	压力	压力表	测量范围<500 Pa
	波纹管	压力-位移	压力	压力表	测量范围为 500 Pa~0.5 MPa
	波登管	压力-位移	压力、温度	压力表	测量范围为 0.5 Pa~300 MPa
				温度表	测量范围为 0~300 ℃
	电触式传感器	力、位移-电气通、断	物体规定尺寸或形状、位置	行程开关、限位开关、磁性开关	位置准确度可达数微米
电气式	电阻应变片	应变-电阻	应力、力	应变式传感器	最小应变为 1 με
				测力传感器	最小测力为 0.1 N
	自感型可变磁阻式传感器	位移-电感	位移、位置、物体有无	位移传感器 接近开关	测量范围为±2 mm,分辨率为 0.5 μm
	自感型涡流式传感器	位移-电感	位移、厚度、振动、位置、物体有无	位移传感器 振动测量传感器、接近开关	测量范围为±10 mm,分辨率为 0.1 μm
	互感型差动变压器式传感器	位移-电压	位移	位移传感器	测量范围为±100 mm,分辨率为 0.1 μm
	电容式传感器	位移-电容	位移、声、位置	位移传感器 电容式液位计、接近开关	测量范围为 0.01 μm~1 mm
	压电式传感器	力-电荷	加速度、力	加速度传感器	频率范围为 0.1~20 kHz,测量范围为 10^{-2}~10^{5} m/s^{2}
				测力传感器	量程为 10 kN,精度为 1%
	动圈、磁阻磁电式传感器	速度-电压	速度(转速)、振动、位置、物体有无	速度传感器 接近开关	频率响应范围为 2~500 Hz,振幅为±1 mm
光学式	激光传感器	光波干涉	位移、速度、振动	激光测长仪 测速仪、测振仪	测长 10 m 时,误差为 0.5 μm
	光栅	光-电	长度、位移、角位移	长光栅 圆光栅	测量范围为 3 m,分辨率为 1 μm
	光学编码器	光-电	角位移、转速	光电编码器、光电转速传感器	
半导体式	霍尔元件	位移-电压	位移、转速、位置、物体有无	转速传感器、接近开关	频率响应范围为 10~500 Hz
	磁阻元件	位移-电阻	位移	位移传感器	

续表

类型	名称	变换量	被测量	应用举例	部分性能指标(参考)
半导体式	固态压阻式传感器	应变-电阻	压力、加速度	压力传感器 压阻加速度计	测量范围为 0~100 Pa
	光敏电阻 光电池 光敏晶体管	光-电阻 光-电压 光-电流	位置、物体有无、角位移、转速(同上)	光电开关、编码器、光电转速传感器	
	热敏电阻	温度-电阻	温度	半导体温度计	测量范围为 -50~350 ℃
	气敏电阻	气体-电阻	可燃气体	气体检测传感器	
	湿敏电阻	湿度-电阻	湿度	湿度检测传感器	
	固体图像传感器	光-电荷、电压	图像识别、图形尺寸检测	CCD 图像传感器	
射线式	红外线式传感器	热-电	温度	红外测温仪 红外热像仪	测量范围为-10~1 300 ℃,分辨率为 0.1 ℃
	γ 射线传感器	物质穿透	厚度、探伤	γ 射线测厚仪	
	超声波传感器	超声反射、物质穿透	位移、厚度、探伤	超声测厚仪、超声物位传感器	
	β 射线传感器	物质穿透	厚度、成分分析	β 射线测厚仪	

通常,传感器的输出信号比较弱,需要有信号调节和转换电路将其放大或转换成为容易传输、记录和显示的形式。随着半导体与集成技术在传感器中的应用,传感器的信号调节电路可安装在传感器单元中,或与敏感元件一起集成在同一芯片上。因此,信号调节与转换电路以及所需要的电源都属于传感器组成的一部分(图 5-1)。

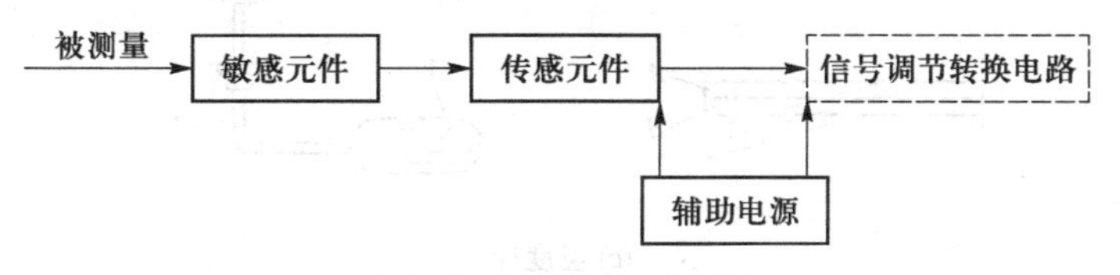

图 5-1　传感器组成框图

常见的信号调节与转换电路有放大器、电桥、振荡器、电荷放大器等,它们分别与一定的传感器相匹配。

本章将根据信号传感与变换工作原理,分别介绍典型的机械式、电气式、光学式、半导体式传感器及超声传感器的原理。

5.1 机械式传感器

5.1.1 机械式敏感元件

机械式敏感元件可以直接作为传感器。通常用金属材料制作易于弹性变形的元件作为敏感元件，其输入量可以是力、压力、温度、磁力等物理量，传感器输出为弹性敏感元件的弹性变形或位移。通过机械式敏感元件输出的机械弹性变形和位移，可经由后续的其他机构放大为仪表指针的偏转，在仪表盘上显示被测量，也可以通过一定的转换元件，将这种弹性变形或位移变换为电量输出。

图 5-2 是以机械式敏感元件为主体构成的测量力、压力和温度的传感器，其中测量压力的传感器中，弹性敏感元件分别为波纹膜片、波纹(形)管、波登管(C 形薄壁空心弹簧管)。图 5-3 为内部由机械式敏感元件制作的弹簧管压力表，广泛用于测量液体或气体的压力。

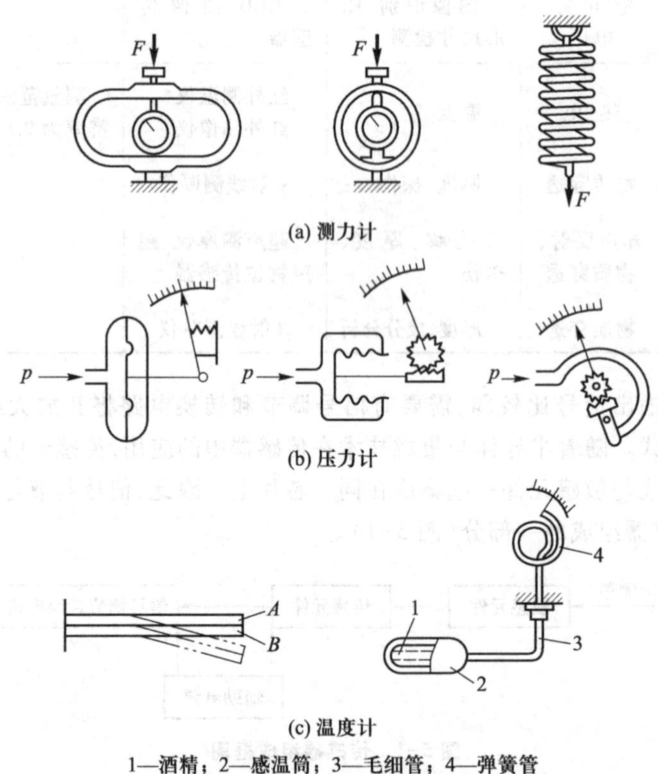

1—酒精；2—感温筒；3—毛细管；4—弹簧管

图 5-2 典型机械式敏感元件传感器

机械式敏感元件结构简单、可靠性高、价格低廉。但机械式敏感元件伴有材料蠕变、弹性滞后等现象，而且机械惯性相对较大，动态响应较慢，这些特性会影响输出与输入的线性关系。因此，机械式敏感元件的弹性变形范围不宜太大，并且所用弹性敏感元件在结构设计、材料选择和热处理工艺等方面也需要采取一定的应对措施。

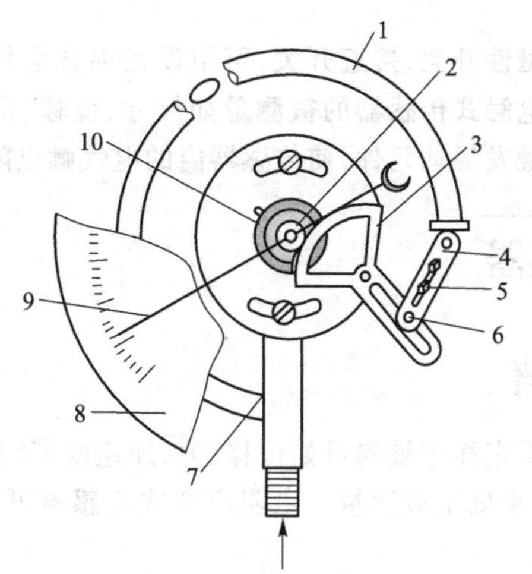

1—弹簧管；2—小齿轮；3—扇形齿轮；4—拉杆；5—连杆调节螺钉；
6—放大调节螺钉；7—接头；8—刻度盘；9—指针；10—游丝

图 5-3　单圈弹簧管压力计

5.1.2　电触式传感器

电触式传感器是一种有触点的机械-电气式开关，也称为机械行程开关或限位开关，其工作原理如同常用的电气开关(图 5-4)。电触式传感器是将开关外部触动元件在受机械力、被碰触下的位移，转换为该触动元件在开关内部电气触点部分的接通或断开；非接触式测量的磁性电触式传感器通过外部另设置的磁铁磁力，使开关内部的铁磁体弹性敏感元件变形吸合，导致电气触点部分接通或断开，相应输出开关量的电信号。电触式传感器的特点是抗干扰能力强，但不能测试连续变化的位移量值，只能输出“通”“断”两个状态的信号，因此常用于被测物体规定尺寸、形状的检测，位置检测，以及物体“有”“无”的检测与判别。图 5-5 是电触式传感器的典型产品形式，其外部的触动元件可根据使用要求制作成滚子、半球形或弧形的结构，以减小触动阻力和自身碰触磨损，方便与被测物体或机械部件频繁地滑移碰触。

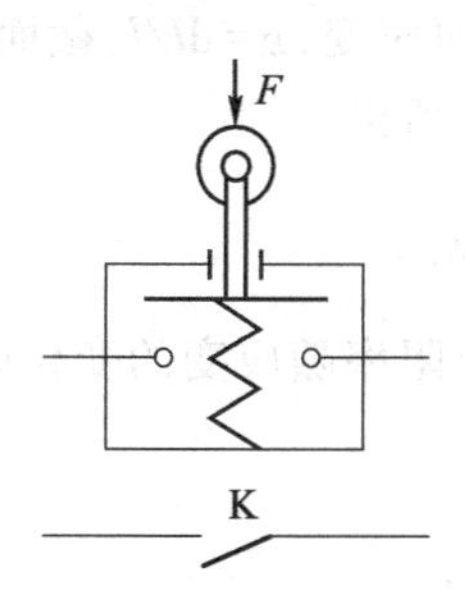

图 5-4　电触式传感器原理图

图 5-5　接触式机械行程开关和限位开关

具有电触式传感器的各种行程开关和限位开关广泛应用在工业自动化设备、交通工具和家用电器中，如在自动机床、数控机床上用于感知运动部件、工作台的行程终端位置，以实现移动位置的限位控制；在飞机、火车、汽车、微波炉、洗衣机上用于检测机舱门、车门或机盖门等是否关闭。

磁性电触式传感器也称磁性开关、接近开关,可附设在铝合金材料的气缸筒上,用于气缸的行程位置检测及控制。一些电触式传感器的被测量如尺寸、位移、位置可以在一定范围内调整,当被测量达到设定的量值时触发触动元件,使传感器内的电气触点闭合(接通)或断开。

5.2 电气式传感器

5.2.1 电阻式传感器

电阻式传感器是利用电阻定律把被测量如位移、力、加速度等物理量的变化转换成为电阻值的变化,通过测量电阻的变化来确定被测量。电阻应变式传感器可用于电阻微小变化的测量场合,灵敏度较高。

根据导体或半导体阻值变化的方式,电阻式传感器可分为以下几类:

1) 变阻式,即导体的长度改变导致的电阻变化;

2) 压阻式,即因半导体的内部晶格受应力变形而导致载流子迁移率变化,从而引起的半导体晶体电导率发生变化;

3) 电阻应变式,即导体内部应力使导电体几何尺度变化而引起的电阻变化;

4) 热敏电阻式,即由温度变化引起导体电阻变化。热敏电阻原理将在温度测量章节中展开介绍。

1. 工作原理

金属导体的结构尺寸发生变化时,根据电阻定律,有

$$R=\rho\frac{l}{A} \tag{5-1}$$

式中:ρ 为金属导体的电阻率;l 为其长度;A 为导体截面积。

受均匀应力时,有

$$\frac{\mathrm{d}R}{R}=\frac{\mathrm{d}\rho}{\rho}+\frac{\mathrm{d}l}{l}-\frac{\mathrm{d}A}{A} \tag{5-2}$$

对于弹性材料,其轴向受拉伸长时,其径向则缩短,若轴向应变,$\varepsilon=\mathrm{d}l/l$,截面上径向应变为 ε',若 μ 为材料的泊松系数,则轴向和径向应变间有 $\varepsilon'=-\mu\varepsilon$。所以

$$\frac{\mathrm{d}R}{R}=\frac{\mathrm{d}\rho}{\rho}+(1+2\mu)\frac{\mathrm{d}l}{l}=\frac{\mathrm{d}\rho}{\rho}+(1+2\mu)\varepsilon \tag{5-3}$$

其中金属材料的电阻率随应变的变化很小,而半导体材料的电阻率随应变的变化则相对显著,

$$\frac{\mathrm{d}\rho}{\rho}=\lambda E\varepsilon \tag{5-4}$$

式中:λ 为半导体材料的压阻系数,E 为半导体材料的弹性模量。

导体或半导体制成的电阻丝在机械变形时,其电阻变化率与其应变成正比,其比例系数称为灵敏系数:

$$k_0=\frac{\mathrm{d}R/R}{\varepsilon}=\lambda E+(1+2\mu) \tag{5-5}$$

金属导体的灵敏系数主要与$(1+2\mu)$有关。对于镍铬合金、康铜合金等导体材料而言，电阻变化的灵敏系数通常在 1.8～3.6 范围内；对于半导体制成的电阻传感器而言，λE 数量上比$(1+2\mu)$大近百倍，其灵敏系数可达 100 以上，适用于微小信号的测量。

2. 电阻应变片结构

电阻应变式传感器通常做成电阻应变片的形式，电阻应变片由敏感元件（应变电阻丝、金属箔片）、基片及引出线构成（图 5-6、图 5-7）。

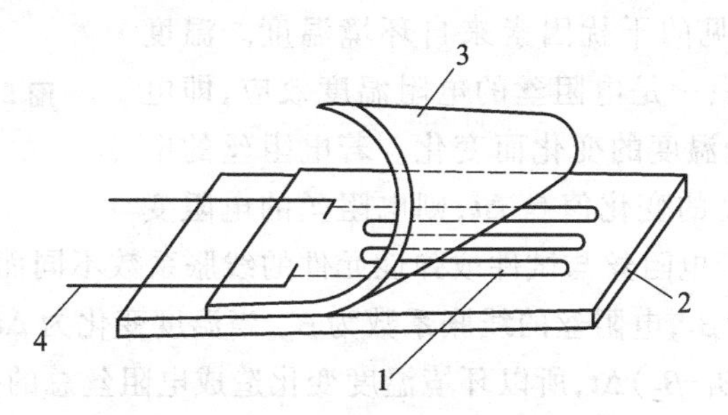

1—电阻丝；2—基片；3—覆盖层；4—引出线

图 5-6　电阻应变片的结构（丝式电阻应变片）

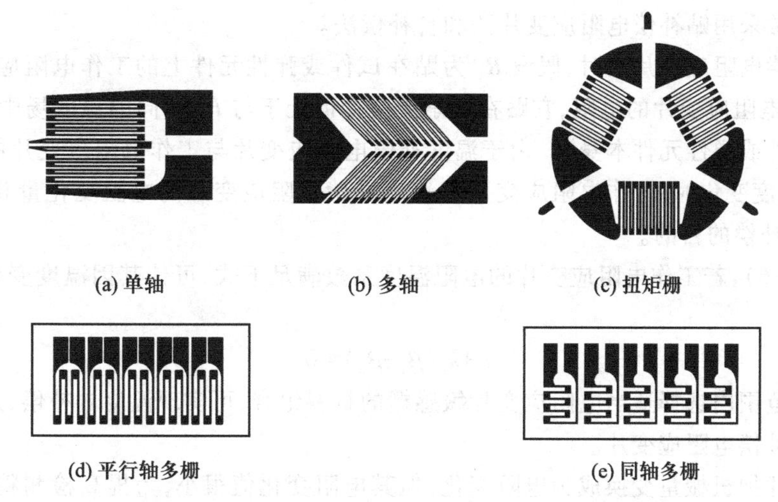

图 5-7　电阻应变片的结构（箔式电阻应变片）

电阻应变片根据敏感元件——敏感栅的材料可分成金属电阻应变片和半导体电阻应变片两大类：

金属电阻应变片按敏感栅的结构大多为丝式与箔式两种，常用康铜（铜镍合金）、镍铬合金等材料，一些典型的金属电阻应变片电阻值为 120 Ω。其中，箔式电阻应变片制造尺寸比丝式电阻应变片小，传递应变好，散热性能好，允许通过较大的工作电流，疲劳寿命长，应用较多。

半导体电阻应变片的灵敏度高，便于微小信号的测量；体积小，可制成小型和超小型电阻应变片；频率响应高，机械滞后和横向效应小。但它对环境温度敏感，不宜在较高温度场合使用，测量大应变时，灵敏度的非线性严重。采用图 5-8 所示的温度自补偿半导体电阻应变片，可缓解温度产生的影响。它由正灵敏系数的 P 型硅条和负灵敏系数的 N 型硅条并列布置而成。使用时将这两条灵敏度相对的硅条作为测量电桥的相邻两臂，当温度变化时，两个电阻元件的电阻变化大小相等、符号相同，电桥输出为零，达到温度补偿的目的。而在应变测量时，两个电阻元件的电阻变化符号相反，电桥有较大的输出信号，还可提高灵敏度。

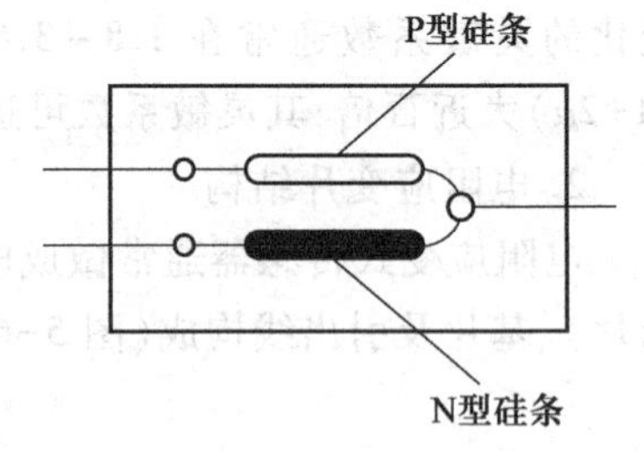

图 5-8 温度自补偿半导体电阻应变片

3. 电阻应变片的温度误差及补偿

由于电阻应变片引起的电阻变化值通常很小，因此必须排除其他因素的干扰，常见的干扰因素来自环境温度。温度影响主要表现在两个方面：一是电阻丝的电阻温度效应，即电阻丝的电阻值随使用环境温度的变化而变化。若电阻丝的电阻温度系数是 α，环境温度的变化值是 Δt，则电阻丝的电阻变化量 $\Delta R'=R\alpha\Delta t$；二是由于电阻丝与试件或弹性元件的线胀系数不同而引起的电阻差异，若试件或弹性元件的线胀系数为 β_1，电阻丝的线胀系数为 β_2，当温度变化为 Δt 时，因线胀系数不同造成的电阻差异值 $\Delta R''=Rk_0(\beta_1-\beta_2)\Delta t$，所以环境温度变化造成电阻丝总的变化值为

$$\Delta R=\Delta R'+\Delta R''=R[\alpha+k_0(\beta_1-\beta_2)]\Delta t \tag{5-6}$$

实际上，温度造成的干扰并不仅限于上述两方面，连接导线的长度、基底材料、黏合剂等都会随温度变化而引起测量误差。为了消除温度的影响，提高测量的精度，必须考虑温度补偿。温度补偿的方法通常采用贴补偿电阻应变片法和自补偿法。

采用贴补偿电阻应变片法时，假设 R_1 为贴在试件或弹性元件上的工作电阻应变片的电阻，R_2 为温度补偿电阻应变片的电阻，它贴在不承受应变但处于与 R_1 相同的温度场中的区域（可以是或者不是试件或弹性元件本身）。由于温度补偿电阻应变片与工作电阻应变片的材料和电阻值相同，所以温度变化时，工作电阻应变片与温度补偿电阻应变片的电阻变化量相同，即 $\Delta R_1=\Delta R_2$，达到温度补偿的目的。

由公式(5-6)，若工作电阻应变片的电阻温度系数满足下式，可使其因温度变化而产生的电阻变化被抵消：

$$\alpha+k_0(\beta_1-\beta_2)=0 \tag{5-7}$$

即在一定温度范围内选择适当电阻应变片敏感栅的材料组合，可实现温度自补偿，这种电阻应变片称为温度自补偿电阻应变片。

电阻应变片把机械量变换成为电阻变化，但其电阻变化值很小，为提高检测精度，测量时通常将其转换成电压量，常用的测量电路是直流电桥电路（惠斯通电桥）。直流电桥的优点：工作所需要的高稳定直流电源较容易获得；当测量静态或准静态物理量时，其输出可直接用直流电表进行高精度测量；对连接导线要求低；实现预调平衡的电路简单，仅需对纯电阻加以调整即可；在应变电阻发生等比增大和减小时，采用半桥双臂、全桥接法，相比 1/4 桥单臂接法可放大信号的灵敏度。

电阻传感器在动态测量过程中也常采用电桥电路，以实现信号的调制和可靠传输。

5.2.2 电感式传感器

电感式传感器是把被测量转换成为自感或互感变化的一种器件，它能对位移、压力及振动等物理量进行稳态或动态测量，具有结构简单、灵敏度高、输出功率大、测量精密度高等优点，在测

量和控制中得到广泛应用。电感式传感器使用时需要关注环境温度和磁场等对信号的影响。

1. 自感式电感传感器

(1) 可变磁阻式自感传感器

线圈式电感传感器是一种自感式电感传感器,其结构如图 5-9 所示,主要由线圈 1、铁心 2、衔铁 3 组成,在线圈两端加交流电压,铁心和衔铁之间有气隙。线圈电感 L 为

$$L=\frac{W^2}{R_m}\approx\frac{W^2\mu_0 A}{2\delta} \tag{5-8}$$

式中:W 为线圈匝数;R_m 为磁路磁阻;μ_0 为空气的磁导率;δ 为气隙厚度;A 为气隙的截面积。

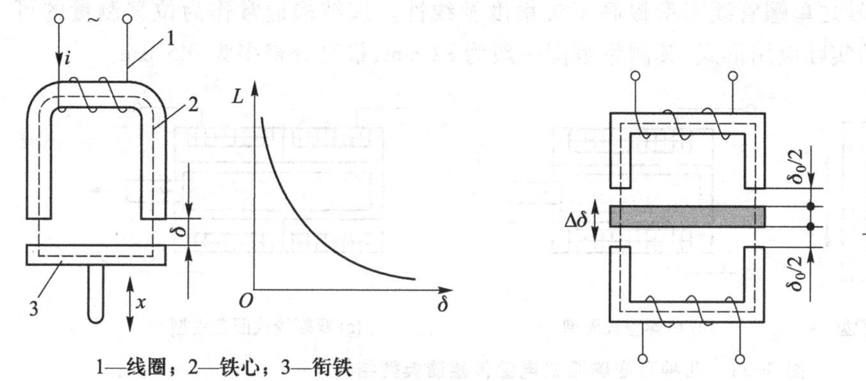

1—线圈;2—铁心;3—衔铁

图 5-9 自感式电感传感器结构示意图

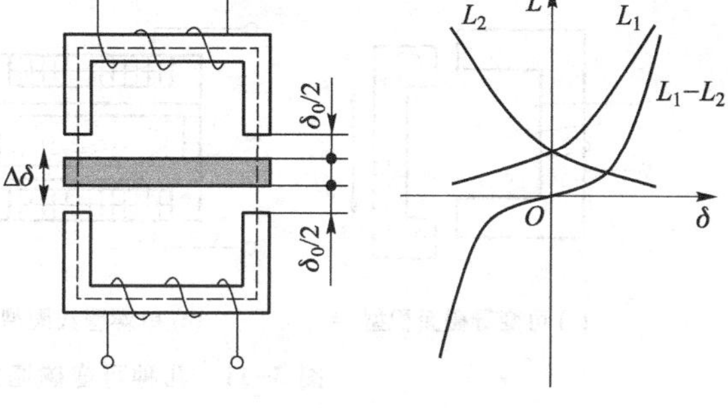

图 5-10 差动式电感传感器

当线圈匝数确定,气隙面积 A 固定后,线圈的电感值 L 与气隙厚度呈双曲线关系。线圈的电感变化值为

$$\Delta L=\frac{L_0\Delta\delta}{\delta_0-\Delta\delta} \tag{5-9}$$

为获得较高的灵敏度,气隙厚度的初始值 δ_0 通常为 0.1~0.5 mm,为保证传感器工作在近似直线段,一般测量范围取 $\Delta\delta=(0.15\sim0.2)\delta_0$。

单线圈自感传感器在工作时,线圈中有电流流过,衔铁始终受电磁力的作用,易受环境温度的影响,且不能反映极性,所以在实际应用中较少使用,一般均采用差动形式,如图 5-10 所示。差动式电感传感器由两个完全相同的单线圈电感式传感器组成,衔铁偏离中间位置时,两边的空气间隙发生变化,导致一个线圈的电感增加,另一个线圈的电感减小。若衔铁偏离中间位置,则线圈 1 的电感由 L_0 增大至 $L_0+\Delta L_1$,线圈 2 的电感由 L_0 减小至 $L_0-\Delta L_2$,两个线圈完全对称时,$\Delta L_1=\Delta L_2$。差动式电感传感器的输出为

$$\Delta L=L_1-L_2=\frac{2L_0\Delta\delta}{\delta_0-(\Delta\delta)^2/\delta_0} \tag{5-10}$$

由式(5-10)可见,差动结构传感器信号灵敏度近似提高了一倍,非线性度得以改善,工作段可扩大到$(0.3\sim0.4)\delta_0$;另外,温度的影响有所降低,作用在衔铁上的电磁力减小,使测量的准确性得以提高。

测量电感式传感器的输出通常是采用信号调制与解调电路，将电感的变化值转换为电压或电流信号进行传输和测量，信号的调制既可用调幅处理又可用调频处理。

图 5-11 列出了几种常用可变磁阻式电感传感器的典型结构。图 5-11a 是可变导磁面积型结构，固定 δ，自感 L 与导磁面积成线性关系，但这种结构形式传感器的灵敏度较低。图 5-11b 是单螺管线圈型结构，当铁心在线圈中轴向移动时将改变磁阻，使线圈的自感发生变化。这种传感器结构简单，但灵敏度同样不高，适用于毫米级的位移测量。图 5-11c 是双螺管线圈差动型结构，当铁心在两个结构参数相同的螺管线圈内移动时，铁心长度在一个线圈中的增加量与在另一个线圈中的减少量相等，因而两个线圈的电感变化量相等、符号相反。两个线圈也作为阻抗型桥臂接入交流电桥电路中的相邻位置，因此总输出也提高一倍，还可以部分地消除磁场强度不均匀所造成的非线性影响，较之单螺管线圈型提高了灵敏度及线性。该结构通常作为位移测量的可变磁阻式电感传感器的实际应用形式，其测量范围一般为±2 mm，最高分辨率为 0.5 μm。

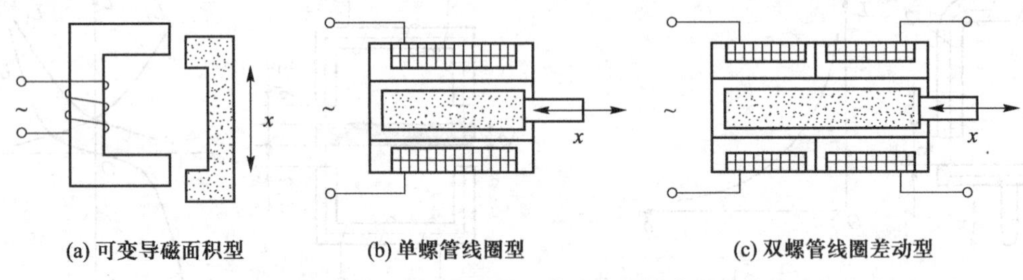

图 5-11　几种可变磁阻式电感传感器典型结构

（2）涡流式电感传感器

涡流式电感传感器利用金属导体在交流磁场中的涡电流效应进行工作。如图 5-12 所示，一块金属板置于一个线圈附近，之间距离为 δ（线圈轴线垂直于板面），当线圈通以高频交变电流 i 时便产生磁通 Φ，此交变磁通通过相邻的金属板，金属板表层上便产生感应涡电流 i_1，这种涡电流 i_1 也会产生交变磁通 Φ_1。根据楞次定律，涡电流的交变磁场与线圈的磁场变化方向相反，Φ_1 总是抵抗 Φ 的变化，涡电流磁场的作用也使原线圈的等效阻抗 z 发生变化，这个变化与距离 δ 有关。

此外，金属板的电阻率 ρ、磁导率 μ、线圈激磁圆频率 ω 等，都会改变线圈阻抗 z。因此，当改变其中某因素时，即可达到变换测试目的。例如，变化 δ，可作为位移、振动测量；变化 ρ 或 μ 值，可作为位置（以及感知金属物体的有无）测量、金属材质鉴别或金属构件材料探伤。

涡流式电感传感器结构简单，使用方便，可用于动态非接触式测量，测量范围视传感器结构尺寸、传感器线圈匝数和激磁频率而定，位移测量范围一般为±（1～10）mm，最高分辨率可达 0.1 μm。涡流式位移传感器、测厚仪、振动测量传感器、接近开关、无损探伤仪在机械工业和冶金工业等领域得到广泛应用。

2. 互感式电感传感器

变压器式传感器是一种典型的互感式电感传感器，它将被测量转换成为线圈的互感变化进行测量，通常采用差动式结构（图 5-13），它由两个铁心和一个公用衔铁组成，初始时衔铁处于两个铁心中间，每个铁心上绕有一个一次线圈和一个二次线圈，其本身是一个变压器，一次线圈输入交流电压，二次线圈产生感应电信号，由于反向串接，当互感受外界影响变化时，感应电压也随

之起相应的变化。输出电压为

$$U_o = U_1 - U_2 = (M_1 - M_2) I_m \bar{\omega} \cos \bar{\omega} t = 2U_{s0} \frac{\Delta M}{M} \tag{5-11}$$

式中：U_{s0}为衔铁偏离中间位置时单个二次线圈的感应电压；M 为衔铁处于中间位置时单个二次线圈的互感系数（H）；ΔM 为衔铁偏离中间位置时二次线圈的互感变化量。

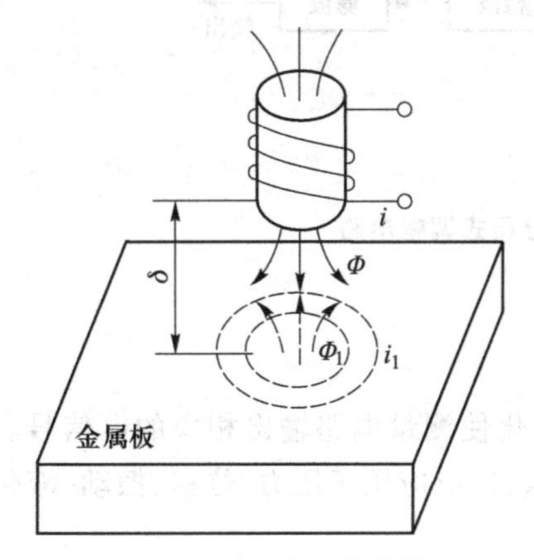

图 5-12　涡流式电感传感器原理

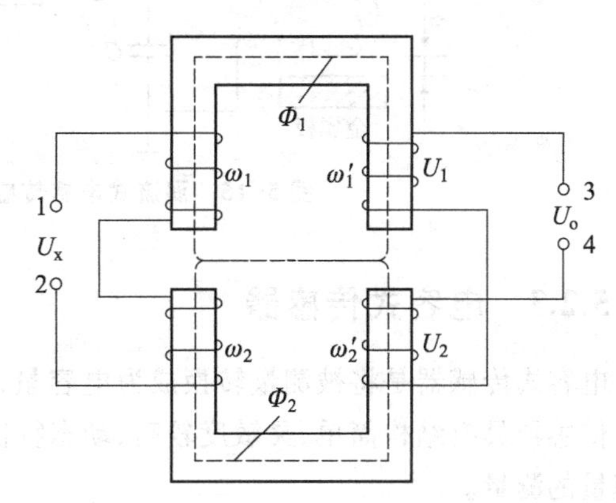

图 5-13　差动变压器式传感器结构示意图

3. 典型测量电路

自感型涡流式电感传感器常选择调频电路作为一种后续测量电路，如图 5-14 所示，来自涡流式传感器线圈的输出信号接入 LC 振荡器回路，则调频电路的振荡频率受到涡流式传感器信号的影响。取 LC 回路的谐振频率作为输出量，当传感器线圈与金属板之间的距离 δ 发生变化时引起线圈电感 L 变化，从而使 LC 振荡器的振荡频率 f 发生变化，再经过鉴频器电路进行频率-电压转换，即得到与 δ 变化成比例的输出电压。

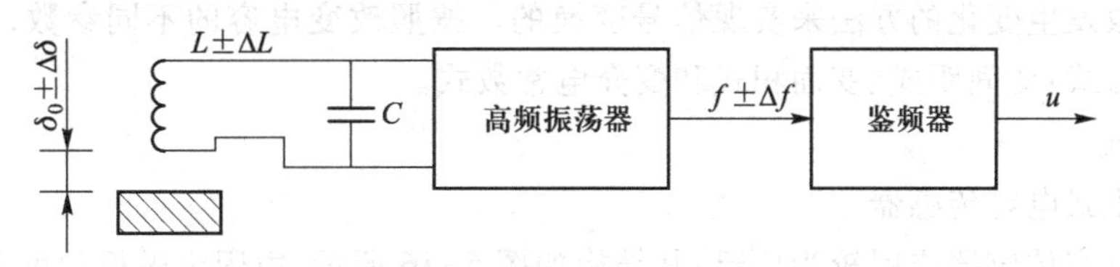

图 5-14　涡流式电感传感器的调频电路工作原理

差动变压器式传感器常用的测量电路是差动整流电路，通过该电路可不用考虑二次电压的相位与零点残余电压对测量的影响。

图 5-15 所示是阻抗分压式调幅电路的工作原理图，阻抗分压式调幅电路作为自感型涡流式电感传感器的一种典型的后续测量电路，涡流式传感器线圈的输出接入电路，线圈电感 L 和电路中的电容 C 并联组成谐振回路。振荡器提供稳定的高频信号电源，当谐振频率与该电源频率相同时，输出电压最大。测量时传感器线圈的电感量 L 随距离 δ 而改变，LC 回路失谐，输出电压信号的频率虽然仍为振荡器的工作频率 f，但幅值随 δ 而变化，它相当于一个被 δ 调制的调幅波；再经过放大、检波、滤波后，即可得到 δ 变化的信息。

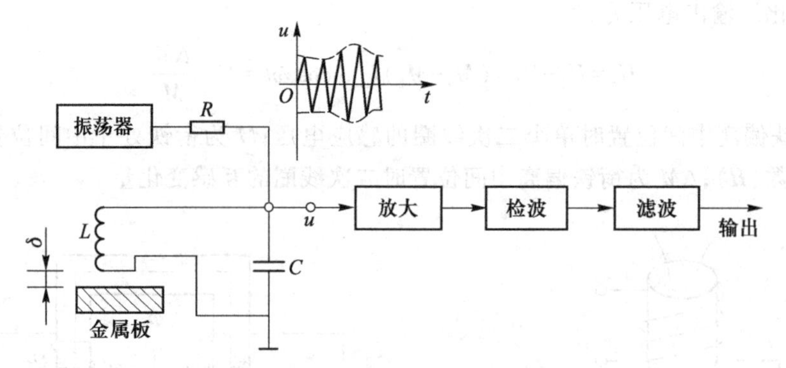

图 5-15　涡流式电感传感器的阻抗分压式调幅电路

5.2.3　电容式传感器

电容式传感器是将被测量转换成为电容量,电容的变化使测量电路输出相应的电信号。电容式传感器具有结构简单、灵敏度较高、动态特性好等特点,广泛应用于压力、位移、振动、液位等物理量的测量。

1. 工作原理

电容式传感器由金属可动极板和固定极板组成,两个极板间的电容为

$$C=\frac{\varepsilon A}{\delta}=\frac{\varepsilon_r\varepsilon_0 A}{\delta} \tag{5-12}$$

式中:ε 为极板间介质的介电常数;$\varepsilon_0=8.85\times10^{-12}$ F/m,为真空介电常数;ε_r 为相对介电常数,即该介质相对于真空的介电常数比;A 为两极板间的面积;δ 为极板间距。

改变 ε、A 或 δ 中的任意一个,均可导致电容量的变化。电容式传感器就是利用被测量是电容的某一个参数发生变化的方法来实现信号变换的。按照改变电容的不同参数,电容式传感器可有三种基本形式:变间距式、变面积式和变介电常数式。

2. 结构形式

(1) 变间距式电容传感器

变间距式电容传感器应用较为广泛,其结构如图 5-16 所示,由固定极板和可动极板组成,可动极板在被测量的作用下上下移动,其间距发生 $\Delta\delta$ 的变化,则电容增量为

$$\Delta C=C-C_0=C_0\left(1-\frac{\Delta\delta}{\delta_0}\right)^{-1}-C_0=C_0\left[\frac{\Delta\delta}{\delta_0}+\left(\frac{\Delta\delta}{\delta_0}\right)^2+\left(\frac{\Delta\delta}{\delta_0}\right)^3+\cdots\right] \tag{5-13}$$

当 $\Delta\delta\ll\delta_0$ 时,有

$$\Delta C\approx C_0\frac{\Delta\delta}{\delta_0} \tag{5-14}$$

实际应用中为提高灵敏度、减小线性误差,通常采用图 5-17 所示的差动式结构形式,两边是固定极板 1、2,中间是可动极板 3,初始时可动极板与两个固定极板的间距一样,则极板 1、3 间和极板 2、3 间的初始电容相等,当可动极板在被测量的作用下偏离中间位置时,会引起极板 1、3 间和极板 2、3 间的电容变化,一个增加,一个减少。差动式电容传感器总的电容变化量为

$$\Delta C=\Delta C_1+\Delta C_2=\frac{\varepsilon A}{\delta_0+\Delta\delta}+\frac{\varepsilon A}{\delta_0-\Delta\delta}-\frac{2\varepsilon A}{\delta_0}=2C_0\left[\left(\frac{\Delta\delta}{\delta_0}\right)^2+\left(\frac{\Delta\delta}{\delta_0}\right)^4+\cdots\right]\approx 2C_0\left(\frac{\Delta\delta}{\delta_0}\right)^2 \tag{5-15}$$

差动结构使传感器的灵敏度提高了一倍,非线性误差大大减少。

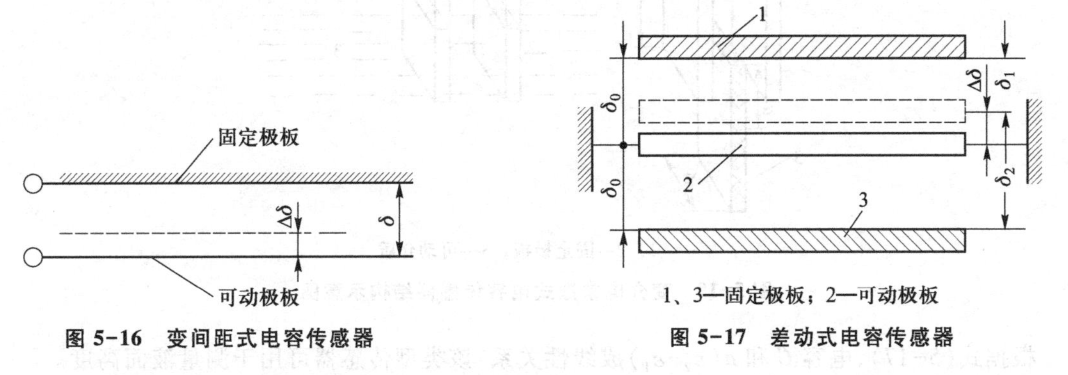

图 5-16 变间距式电容传感器

图 5-17 差动式电容传感器

(2) 变面积式电容传感器

变面积式电容传感器由可动极板和固定极板组成,通过可动极板移动或转动来改变极板间的相对面积,使电容随之改变。例如:图 5-18a 和图 5-18c 分别通过改变转角和轴向位置,改变电容两个极板间的相对面积;图 5-18b 所示平面线位移型电容传感器,当极板移动一定距离 Δx 后,两极板间的电容变化量为

$$\Delta C=C-C_0=\frac{\varepsilon b}{\delta_0}\Delta x \tag{5-16}$$

变面积式电容传感器的输出特性呈现线性特征,增加极板宽度 b 或减小间距 δ_0 均能提高其信号灵敏度。

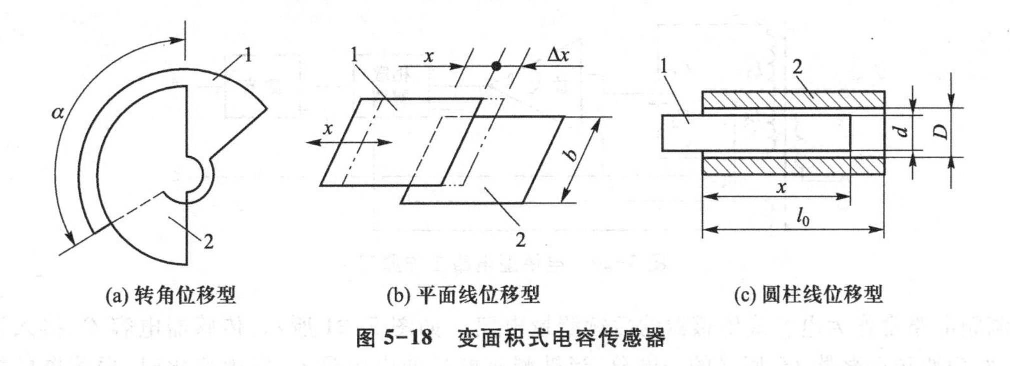

图 5-18 变面积式电容传感器

(3) 变介电常数式电容传感器

图 5-19 所示为变介电常数式电容传感器示意图,可动电介质 3 在两个固定极板 1、2 间移动,由于极板间介电常数发生变化导致其电容发生改变,其电容值为

$$C=C_1+C_2=\frac{ba\varepsilon_2}{\delta_0}+\frac{b(l-a)\varepsilon_1}{\delta_0}=\frac{bl\varepsilon_1}{\delta_0}+\frac{ba(\varepsilon_2-\varepsilon_1)}{\delta_0} \tag{5-17}$$

式中:l 为极板长度。

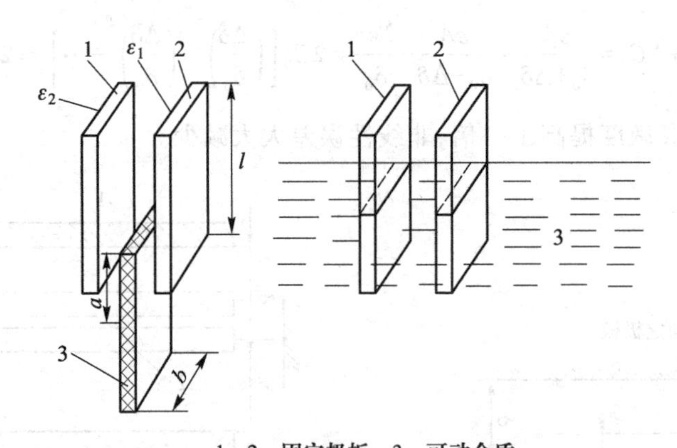

1、2—固定极板；3—可动介质

图 5-19　变介电常数式电容传感器结构示意图

根据式(5-17)，电容 C 和 $a(\varepsilon_2-\varepsilon_1)$ 成线性关系，该类型传感器可用于测量液面高度。

电容式传感器的测量电路形式较多，常见的是信号调制与解调电路。

在实际测量中由于电容式传感器的结构尺寸、介电常数均会因环境温度的改变而变化，从而影响测量精度，这就需要在测量线路中考虑温度补偿措施。由于电容式传感器几何尺寸的限制，电容一般很小(pF 级)，如果工作频率较低，则容抗可达几兆欧或几百兆欧，导致电容式传感器比较容易受外界干扰，因此传感器的极板应有良好的绝缘防护，连接导线应采取屏蔽措施，可采用前置放大器以增强其输出信号，且前置放大器应尽可能靠近传感器，缩短它们之间的连接电缆。

图 5-20 是一种典型的电容式传感器后续测量电路，由电感、电容组成的交流电桥电路，将电容作为阻抗型桥臂或阻抗型桥臂的一部分接入交流电桥中，电容的变化便可转换为电桥的电压输出。电桥的输出为一调幅波，经过放大、相敏检波、滤波后输出标准电压信号。

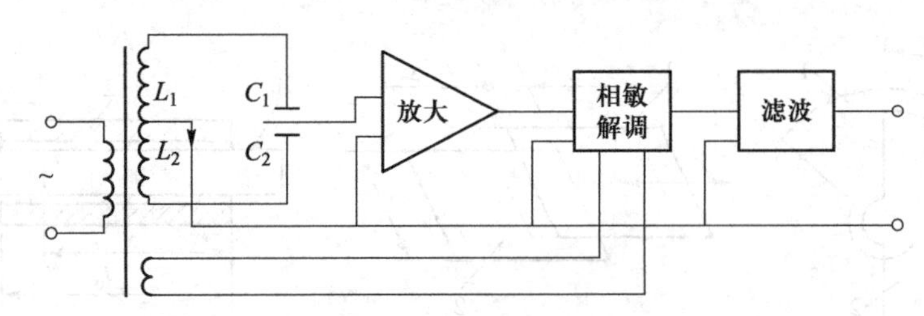

图 5-20　电桥型电路工作原理

调频电路常作为电容式传感器的后续测量电路。如图 5-21 所示，传感器电容 C_x 接入调频电路，作为调频振荡器 LC 回路的一部分，当被测机械量使电容量 C_x 发生变化时，振荡器的振荡

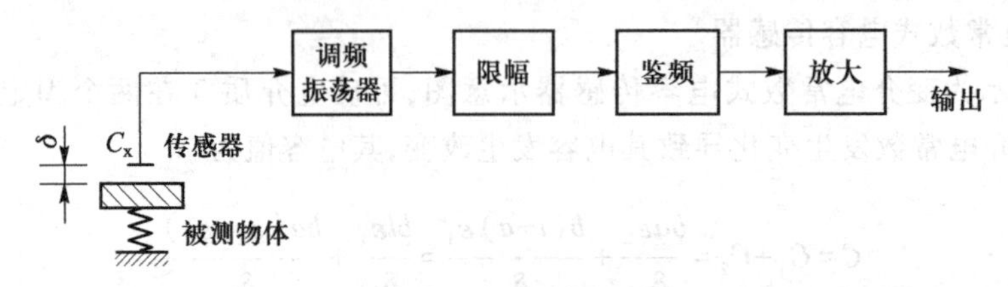

图 5-21　调频电路原理图

频率发生变化，谐振频率的变化经过鉴频器电路转换为电压变化，再经过放大后输出与被测量成比例的电压信号。这种电路抗干扰能力强、灵敏度高，可分辨 0.01 μm 的位移变化量，但是需要注意电缆分布电容的影响。

在电容式传感器、压电式传感器测试系统中，为了将高输入阻抗信号转换成低输出阻抗，以实现阻抗匹配，常配置射极跟随放大器。如图 5-22 所示，射极跟随放大器由两部分组成，前一部分是射极跟随器，后一部分是通常的放大器，在有些场合可以只用射极跟随器。

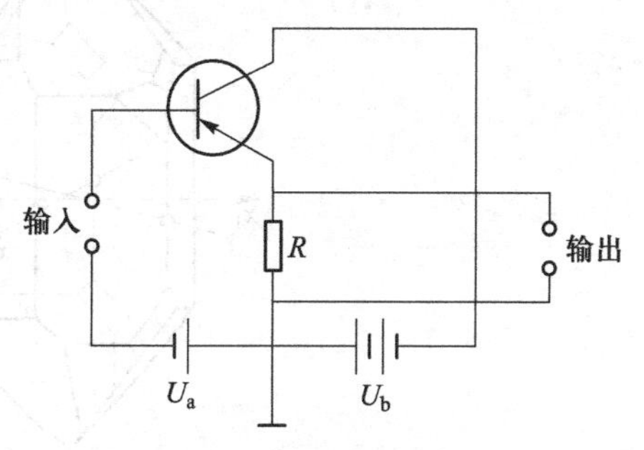

图 5-22　射极跟随放大电路

在一般的放大电路中，为了获得较大的增益，达到放大信号的目的，放大器的输出信号总是从集电极上取得的，而射极跟随器的输出信号是从发射极上取得的，其目的是为了进行阻抗变换，它的放大增益总小于 1，通过该电路可将高输入阻抗信号转换成低输出阻抗信号。

5.2.4　压电式传感器

一些单晶体和多晶陶瓷材料，如石英、电气石、酒石酸钾钠、钛酸钡等，受到外力作用时，不仅外形几何尺寸发生变化会导致某些表面出现电荷积聚，而且内部极化也会导致在某些表面上出现电荷，从而形成电场；去除外力后，又恢复到原来状态，这种现象称为压电效应。这个变化是可逆的，即如果将这些压电材料置于电场中，其几何尺寸也会相应发生一定变化，这种由于外电场作用导致物质机械变形的现象称为逆压电效应或电致伸缩效应。

以典型的压电材料石英（SiO_2）晶体为例，其结晶形态为六边形棱柱，如图 5-23 所示。两端纵轴 $z-z$ 称为光轴，通过六角棱线而垂直于光轴的轴线 $x-x$ 称为电轴，垂直于棱面的轴线 $y-y$ 称为机械轴。如果从晶体中切下一片晶面分别平行于 $z-z$、$y-y$、$x-x$ 轴线的六面体，该晶片在平常状态下并不呈现电性；当施加外力时，将沿 $x-x$ 方向形成电场，如图 5-24 所示，数量相等的正、负电荷分别积聚在垂直于 $x-x$ 轴的两个平面上。沿 $x-x$ 轴方向施加力产生纵向压电效应，沿 $y-y$ 轴施加力产生横向压电效应，沿相对两平面施加力产生切向压电效应。

压电式传感器以压电效应为基础，通过信号转换在电介质表面产生电荷积聚，从而实现力-电荷的转换，是一种典型的有源传感器。压电式传感器体积小、重量轻、工作频带宽，广泛应用于位移、加速度、力、压力等动态参数的测量。

1. 工作原理

压电式传感器利用了压电材料（压电晶体或压电陶瓷）的顺向压电效应，即压电材料受力形变时，表面产生电荷形成电场；外力去除，又恢复到不带电的状态。

压电式传感器一般是在压电晶片的两面各放一极板，晶片受力后，一极板聚集正电荷，另一极板聚集负电荷，且两极板电荷量相等，其电荷量为

$$Q_x = KF_x \propto F_x \tag{5-18}$$

式中：K 为压电常数，C/N；F_x 为外力，N。

压电式传感器的两极板也相当于一个电容，其电容为

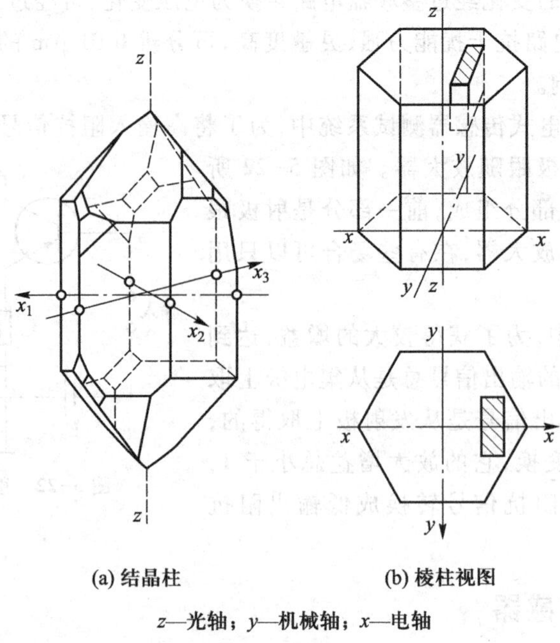

(a) 结晶柱　　(b) 棱柱视图

z—光轴；y—机械轴；x—电轴

图 5-23　石英晶体

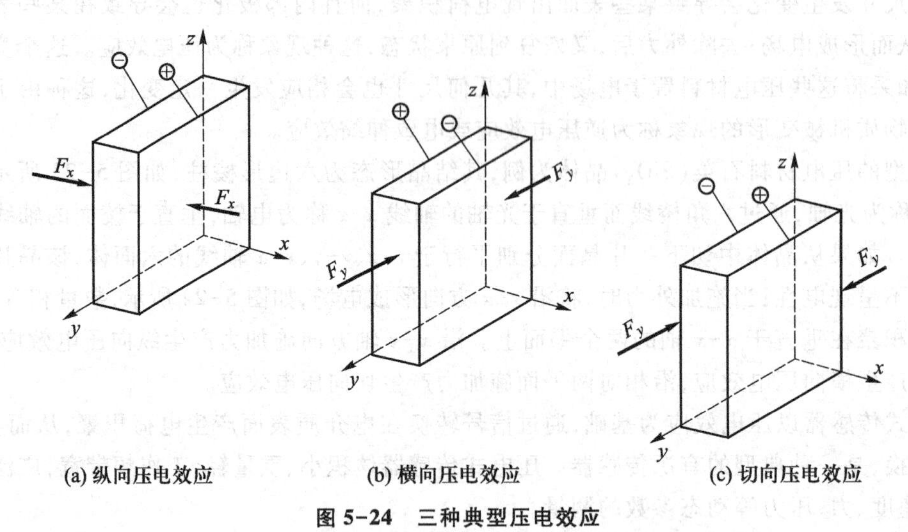

(a) 纵向压电效应　　(b) 横向压电效应　　(c) 切向压电效应

图 5-24　三种典型压电效应

$$C_0=\frac{\varepsilon A}{\delta} \tag{5-19}$$

式中：ε 为晶片介电常数，F/m；δ 为晶片厚度，m；A 为极板面积，m^2。

两极板间电压为

$$U=\frac{Q_x}{C_0}=\frac{KF_x}{\varepsilon A/\delta}=\frac{K\delta}{\varepsilon A}F_x\propto F_x \tag{5-20}$$

可见，压电式传感器能以电荷和电压两种电量形式输出，故其灵敏度也有电荷灵敏度和电压灵敏度两种表示方法。电荷灵敏度：$S_Q=\dfrac{Q_x}{F_x}=K$，电压灵敏度：$S_U=\dfrac{U}{F_x}$，两者之间的关系为

$$S_U=\frac{S_Q}{C_0} \tag{5-21}$$

2. 结构形式

为提高压电式传感器的灵敏度，应用中也常采用两块以上晶片叠合而成，但电路连接有串、并联之分，见图 5-25。

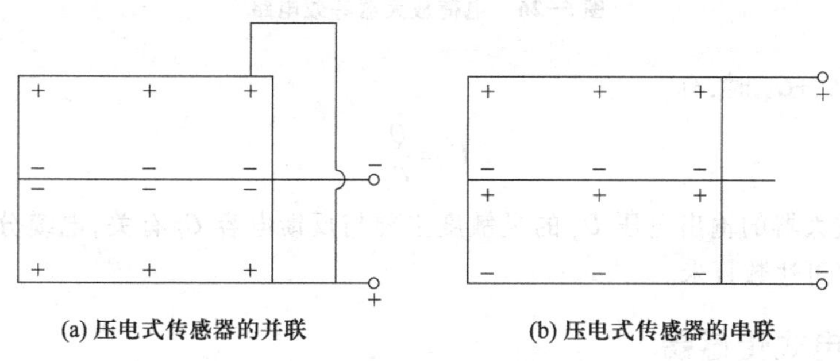
(a) 压电式传感器的并联　　(b) 压电式传感器的串联

图 5-25　压电式传感器的结构形式

压电晶片并联的输出电压不变，$U'=U$，电荷增加，$Q'=2Q$，电容增加，$C'=2C$，因此时间常数大，适用于测量缓变信号。

压晶片串联的输出电压增加，$U'=2U$，电荷不变，$Q'=Q$，电容减小，$C'=C/2$，因此时间常数较小，适用于测量瞬变信号。

3. 典型电路

压电式传感器所产生的电荷量极其微弱，本身的内阻很高，所以通常需要一个高输入阻抗的前置放大器，在放大信号的同时将高输入阻抗变成低输出阻抗，然后接入一般的放大等效电路。由于压电传感器的输出既可以是电荷信号，又可以是电压信号，因此前置放大器可采用电荷放大器，也可采用高输入阻抗的放大器。如采用高输入阻抗的放大器，应注意电缆分布电容的影响，改变传感器与前置放大器的连接电缆的长度时，前置放大器的输出电压会随之改变，因此连接电缆如有改变必须重新校准灵敏度。所以，实际测量中多采用电荷放大器。

压电式传感器的输出阻抗一般高达数兆欧姆，如采用射极跟随放大器进行匹配，比较简单、方便，但无法避免连接电缆、接插件等产生的分布电容对测量的影响。电荷放大器能将电子或电荷数量转换成电压输出，它可以避免杂散电容的干扰，除了完成阻抗匹配的功能外，也带来传感器灵敏度与连接电缆长度无关的好处，因而能保证传感器使用的灵敏度。

电荷放大器等效电路如图 5-26 所示。图中 C_c 为连接电缆的分布电容；C_A 为放大器输入电容；C_0 为传感器电容；A 为放大器的开环增益(一般远大于 1)。根据电压-电荷关系，输入电压为

$$U_s=\frac{Q}{C_0+C_c+C_A+(1+A)C_f} \tag{5-22}$$

输出电压

$$U_o=-AU_s=-\frac{AQ}{C_0+C_c+C_A+(1+A)C_f} \tag{5-23}$$

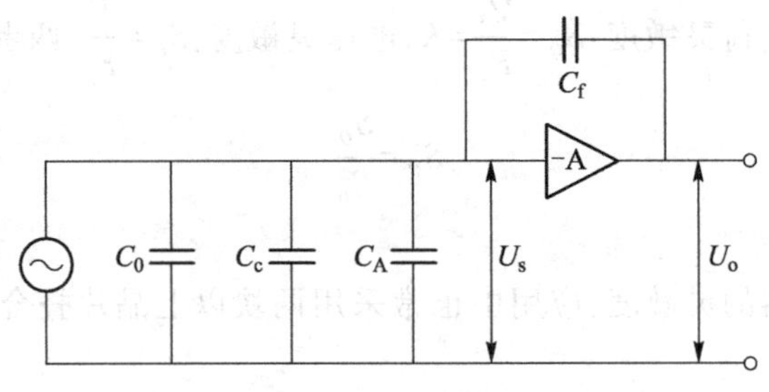

图 5-26　电荷放大器等效电路

当 $(1+A)C_f \gg C_0+C_c+C_A$ 时，有

$$U_o=\frac{Q}{C_f} \tag{5-24}$$

所以，电荷放大器的输出电压 U_o 的灵敏度主要与反馈电容 C_f 有关，电缆分布电容 C_c 影响有限，故传输距离可达数百米。

5.2.5　磁电式传感器

磁电式传感器也是一种有源传感器，其工作原理类同于发电机，可应用于测量转速、振幅、位移、加速度、扭矩等物理量。

1. 工作原理

磁电式传感器的工作原理是基于电磁感应定律，将传感器件的机械能转化成为电能。

当穿过闭合线圈的磁通量发生变化时，线圈中将产生感应电动势，其大小与穿过闭合线圈中磁通量的变化率成正比，即

$$e=-W\frac{\mathrm{d}\Phi}{\mathrm{d}t} \tag{5-25}$$

式中：W 为线圈的匝数；$\mathrm{d}\Phi/\mathrm{d}t$ 为磁通量的变化率，Wb/s。

促使闭合线圈磁通量发生改变的方法通常有：线圈在磁场中运动，由于切割磁力线而产生感应电动势；铁心在磁场中运动，使磁路的磁阻发生变化，从而改变穿过闭合线圈的磁通量。磁电式传感器的结构形式常有线圈运动式和铁心运动式两种。

2. 结构形式

(1) 线圈运动式磁电传感器

线圈运动式磁电传感器也简称为动圈式磁电传感器，图 5-27 为其工作原理。图 5-27a 中线圈作直线运动，它由永久磁铁 1、线圈 2、铁心 3 组成。线圈固定在膜片上，当膜片在被测量的作用下运动时，线圈切割磁力线，线圈中产生的感应电动势为

$$e=WBL\frac{\mathrm{d}x}{\mathrm{d}t}\sin\theta \tag{5-26}$$

式中：W 为线圈匝数；B 为磁感应强度；L 为单匝线圈长度；$\mathrm{d}x/\mathrm{d}t$ 为线圈运动的线速度；θ 为线圈运动方向与磁场方向的夹角。

当磁场强度与线圈长度一定时，线圈的感应电动势与其运动的线速度 $\mathrm{d}x/\mathrm{d}t$ 成正比，因此这种结构形式常用于测量线速度、加速度和位移。

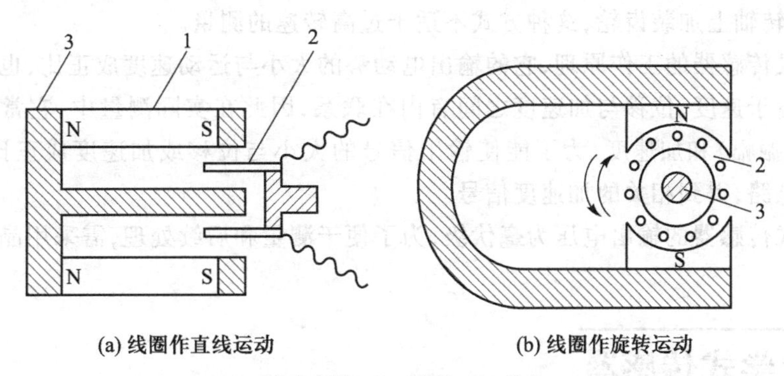

1— 永久磁铁；2—线圈；3—铁心

图 5-27　线圈运动式磁电传感器原理图

图 5-27b 为线圈作旋转运动的磁电传感器。当线圈 2 在磁场中旋转时，切割磁力线所产生的感应电动势为

$$e = WB\pi D\frac{\mathrm{d}\theta}{\mathrm{d}t}\sin\theta \tag{5-27}$$

式中：$\mathrm{d}\theta/\mathrm{d}t$ 为线圈运动的角速度；D 为线圈直径。

式(5-27)表明，线圈的感应电动势与其旋转的角速度 $\mathrm{d}\theta/\mathrm{d}t$ 成正比。这种结构形式的传感器实际上相当于一台微型发电机，通常用于测量旋转体的旋转速度，因此也称为测速发电机。

（2）铁心运动式磁电传感器

铁心运动式磁电传感器可简称为动铁式磁电传感器，也可看作变磁阻式磁电传感器。图 5-28为其结构示意图，它由永久磁铁、线圈与转子铁心组成。铁心的边缘制成齿轮状，当转子铁心与被测体一起旋转时，由永久磁铁、气隙、转子铁心所组成的磁阻出现时大时小的变化，使穿过线圈的磁通量随之发生变化，在线圈中则产生交变的感应电动势。显然，感应电动势的频率 f 与被测量的转速 n 成正比，即

$$f=\frac{n}{60}z \tag{5-28}$$

式中：n 为转轴的转速，r/min；z 为铁心的齿数。

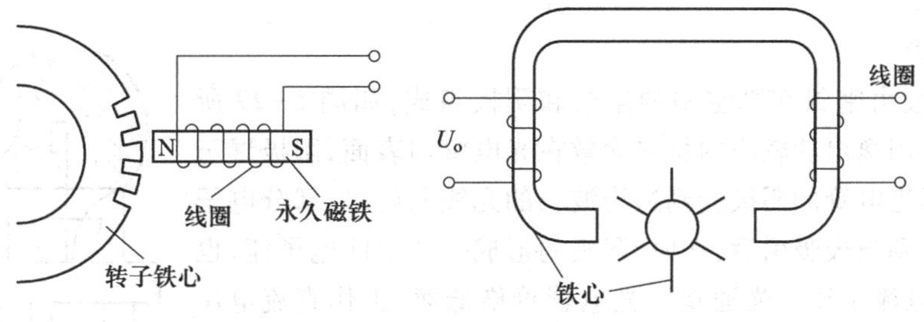

图 5-28　铁心运动式磁电传感器结构示意图

铁心运动式磁电传感器通常用于测量转速，该种传感器对环境要求不高，可在-150～-90 ℃的环境温度范围中工作，也可工作于水雾、油气等环境中。铁心运动式磁电传感器铁心边缘为齿

轮状,因为要在转轴上加装齿轮,这种方式不适于过高转速的测量。

根据磁电式传感器的工作原理,它的输出电动势的大小与运动速度成正比,也可以说是一种测速传感器。由于速度、位移与加速度之间有内在联系,因此在实际测量中,它常常被用于测量运动的位移(或振幅)和加速度,为了能使输出信号的大小与位移或加速度成正比,可在测量电路中接入微分电路,得到相关的加速度信号。

通常磁电式传感器的输出电压为毫伏级,为了便于测量和后续处理,需采用晶体管放大器对信号加以放大。

5.3 光学式传感器

5.3.1 光电传感器

光电传感器是一种将光信号转换成电信号的传感器,即将被测量通过光强等变化转化成电信号,其物理基础是光电效应。光电传感器具有响应快、性能可靠、可非接触测量、抗干扰能力强等优点,不仅可用于光强,也可用于位移、速度、加速度、辐射、气体成分等参数的测量。

1. 工作原理

光电传感器的工作主要基于光电效应原理,当光束照射到物体表面时,物体受到一定数量具有能量的光子的轰击,电子吸收光子的能量,一部分用于电子逃逸束缚所需要的功,一部分转化为逃逸的动能。当光子的能量大于电子的逸出功时,光电子从光电材料表面逸出,就产生了外光电效应。在光线照射下,电子从材料表面逃逸向外发射的现象称为外光电效应,也称光电发射效应,向外发射的电子称为光电子。

光电材料受到光线照射后,激发的电子或空穴作为载流子仍然保留在物体内部,而使物体电导率发生变化或者产生光生电动势的效应,则称为内光电效应。其中,光照引起物体电导率发生变化的现象称为光电导效应;光照后,光子使得 P、N 两端产生电动势的现象称为光生伏特效应。

2. 光电器件

光电传感器是利用内光电效应和外光电效应制成的各种光电器件。

光电管和光电倍增管属于外光电效应的光电器件,其内部一般保持真空,或者充注特定的气体。

(1) 光电管

光电管一般由密封在真空中的阳极和阴极组成,如图 5-29 所示,阴极通常是用逸出功较小的材料涂敷在光电管内表面,阳极置于光电管中间,当光电管的阴极受到适当波长的光线照射时,部分电子从阴极逸出,受到阳极吸引后,在阴、阳极间形成一个空间电子流,也称光电流。光电流正比于光通量。光电管价格低廉,工作直流电压低,但灵敏度也不高,多用于光学信号较强的光学分析仪器。

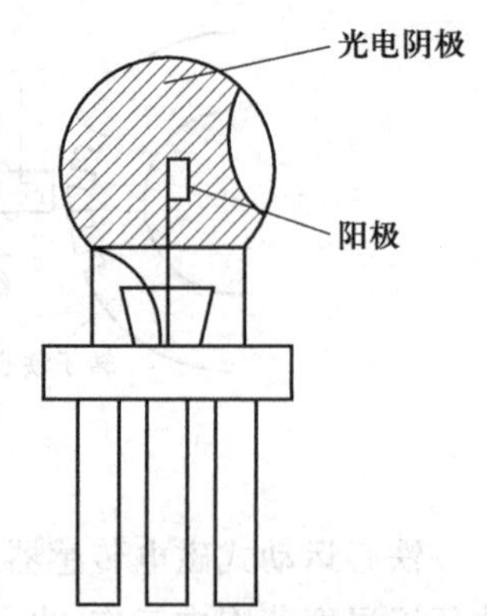

图 5-29 真空光电管结构

(2) 光电倍增管

光电倍增管主要由阴极、次阴极(倍增极)、阳极组成,如图 5-30 所示,次阴极一般 10 级左右,相邻倍增极间通常加一定电压,当微光照射阴极时,逸出的光电子轰击第一倍增极,产生更多的二次电子又去轰击第二倍增极,以此逐级前进,最终到达阳极后可产生大量的光电子,因此光电倍增管的灵敏度远高于普通光电管。光电倍增管灵敏度高,性能稳定,广泛用于较弱光信号(如射线)的测量。

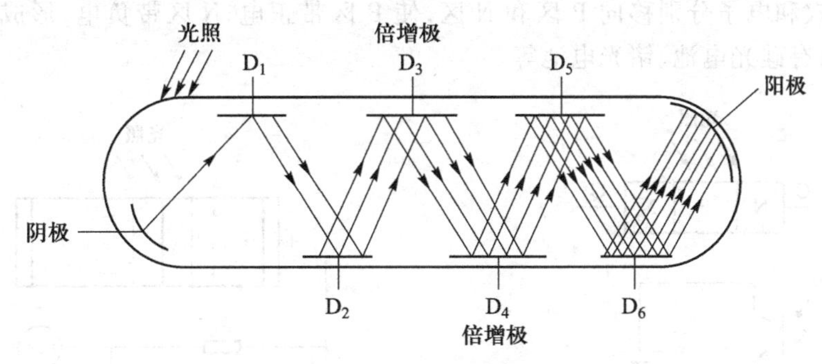

图 5-30　光电倍增管结构

(3) 光敏电阻

光敏电阻基于内光电效应的原理工作。光敏电阻通常由金属硫化物、硒化物、碲化物等半导体材料制成。在受到光照射时,如果光子能量高于该半导体材料的禁带宽度,就会使电子产生跃迁,形成电子-空穴对,使电阻率变小。光照越强,光敏电阻的电阻率越小。

(4) 光电二极管与光电三极管

光电二极管与光电三极管都是利用内光电效应的光生伏特原理制成的。

光电二极管是一种利用半导体 PN 结单向导电性的光电器件。如图 5-31 所示,处于电路中的光电二极管在没有光照射时,由于二极管反向偏置,通过的电流很小,称为暗电流;接受光照后,PN 结附近产生电子-空穴对,在外电场的作用下定向移动,形成光电流。

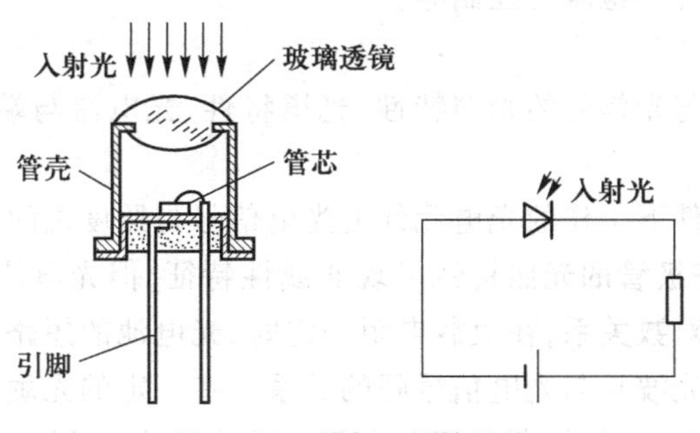

图 5-31　光电二极管结构

光电三极管是具有 PNP 或者 NPN 结构的半导体管,为了适应光电转换的要求,它的基区面积较大、发射区面积较小。如图 5-32 所示,当基区受光照射时,入射光使集电极附近产生电子-空穴对,电子受集电极电场影响流向集电极,而空穴移向基极使基极点位升高,导致大量电流注入发射极并流向基极,集电极电流比原始光电流大很多。光电三极管的特点是输出电流大,达毫安级,但响应速度比光电二极管慢,温度漂移更明显。

(5) 光电池

光电池也是一种光生伏特效应的器件,其工作原理属于内光电效应。即受到光照射时,光电池可以直接将光量转换为电动势,而且与接收的光照有一定关系。

光电池通常是在一块 N 型硅片上用扩散的方式渗入一些 P 型杂质,形成 PN 结,作为光照敏感面,如图 5-33 所示。当入射光子的数量足够多,P 型区吸收光子就产生电子-空穴对,在内电场的作用下,空穴和电子分别移向 P 区和 N 区,使 P 区带正电,N 区带负电,形成了电动势。这类光电池常见的有硅光电池、锗光电池等。

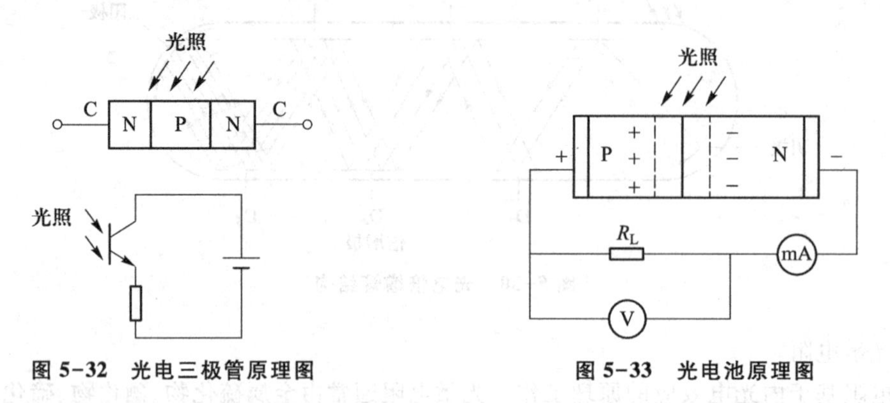

图 5-32　光电三极管原理图　　图 5-33　光电池原理图

(6) 光电耦合器

光电耦合器是利用发光器件与作为接收器件的光电器件封装为一体而构成的器件。来自发光器件上的电信号为光电耦合器的输入信号,接收器件输出的信号为光电耦合器的输出信号。当信号电压加到光电耦合器的输入端时,发光器件发光,光电器件受光照产生光电流,在输出端产生相应的电信号,从而实现了电-光-电的传输和转换。光电耦合器件的输入和输出之间通过光信号连接,电气上完全隔离,有较强的抗电磁干扰能力。

光电隔离器和光电开关都是光电耦合器件。光电隔离器主要用于实现电路间的电气隔离,光电开关主要用于物体位置的检测与控制等。

3. 光电器件的特性

光电器件的工作性能与光信号的光照特性、光谱特性、光电流与端电压的伏安特性、调制光频率等有关。

光照特性是在一定条件下工作的光电元件上光电信号与照度之间的对应关系。在一定工作电压下,光敏电阻和光电三极管的光照特性呈现非线性特征,但光电流信号的灵敏度较高;光电池的开路电压与照度间成对数关系,在负载电阻一定时,光电池的短路电流与照度成线性关系。

光谱特性展示了入射光波长与光电信号间的关系。在一定的光敏元件所加电压及入射光功率条件下,入射单色光的波长与光敏器件相对灵敏度或者光电流间的关系为光电元件的光谱特性。只有根据光谱特性进行光源与光电器件间的匹配,才能获得理想灵敏度。

在一定照度下,光电流与光敏元件两端电压的对应关系,称为伏安特性。

在相同的电压和光照幅值下,当入射光以不同频率的正弦频率调制时,光敏元件输出的光电流及灵敏度随调制频率变化的关系称为频率特性。

5.3.2　光纤传感器

1. 光纤传感器的工作原理

光纤传感器可将通过光纤传输的光信号与被测信号关联起来,若被检测的物理量能够引起光纤内传输的光信号在振幅、相位、频率、偏振等方面发生变化,带有被测信号特征的光束通过与参考光互相干涉(比较),得到输出光的相位(或振幅)反映被测量变化,其中传输光的相位变化对被测信号的灵敏度比较高。

光纤传输的信号不受电磁干扰的影响,有利于信号的可靠传输,此外还具有成本低、结构紧凑、灵敏度高等优势,可用于应变、加速度、声场、电流、电压、磁场、温度、流量、浓度等物理量的测量。

2. 光纤传感器的种类及应用

根据光纤在传感器中的作用,光纤传感器可分为传光型和功能型两类。传光型光纤传感器仅仅起到光信号的传输作用,其调制信号来自其他敏感元件对被测量的响应;功能型光纤传感器中的光纤既是敏感元件,又是光信号的传输媒介。

根据被测参量对光信号调制方式的不同,光纤传感器可划分为强度调制型、偏振调制型、波长调制型和相位调制型等。强度调制型光纤传感器是利用待测参量对传输光强度的影响,通过检测光纤中光强的变化实现对被测量的测量。这类传感器原理简单、成本低、体积紧凑,但是容易受到光源、光纤、光纤器件以及光探测器等引起的光强变化的影响。偏振调制型光纤传感器是将待测信号转换成传输光束偏振态的变化,这类传感器检测灵敏度高,可避免光源强度变化的影响,应用于压力、振动、温度传感器,其典型的应用如光纤电流传感器。波长调制型光纤传感器是利用光谱特性随被测量的变化来实现的,这类光纤传感器中多为传光型传感器,如荧光、磷光、黑体辐射等传感器。相位调制型光纤传感器中传输光的相位变化来自被测物理量的影响,主要利用了光的干涉原理,也称为干涉型光纤传感器。这类传感器灵敏度高,结构灵活多样,测量对象广泛。

典型的功能型传感器还有光纤光栅传感器,例如光纤布拉格光栅传感器(FBS)就是一种广泛应用的光纤传感器,它能根据环境温度以及(或者)应变的变化来改变其反射光波的波长。例如通过全息干涉或相位掩膜将一小段光敏感的光纤暴露在一光强周期分布的光波环境里,光纤的光折射率就会根据其被照射的光波强度改变,这种方法造成的光折射率的周期性变化就称为光纤布拉格光栅。当一束广谱的光束被传播到光纤布拉格光栅时,折射率被改变,每一小段这样的光纤就只反射一种特定波长的布拉格光波,而其他波长的光波都会被传播。光纤布拉格光栅可以针对不同的布拉格波长进行定制,这样就能够使用不同的光纤布拉格光栅来反射特定波长的光波。应变以及温度的变化会导致光纤布拉格光栅的光折射率以及光栅周期的变化,即改变光栅反射的布拉格波长,从而确定光纤环境的温度或者应变。

光纤传感器在航天(飞机及航天器各部位压力测量、温度测量、陀螺等)、航海(声呐等)、石油开采(液面高度、流量测量、二相流中空隙度的测量)、电力传输(高压输电网的电流测量、电压测量)、核工业(放射剂量测量、原子能发电站泄漏剂量监测)、医疗(血液流速测量、血压及心音测量)等众多领域都有广泛应用。

5.4 霍尔传感器与超声波传感器

5.4.1 霍尔传感器

霍尔传感器是一种磁敏半导体传感器,可将磁信号转换为电信号。

1. 霍尔传感器工作原理

如图 5-34 所示，处于外加磁场下的半导体，当有一定方向的电流通过时，受洛伦兹力的影响，电子偏向一侧，而对立的侧面由于缺少电子呈现出正电特征，达到平衡后，在垂直于磁场强度 B 和电流 I 形成的平面方向上形成了电场，产生的电动势称为霍尔电动势，此即霍尔效应。霍尔电动势可用下式表示：

$$e_H = K_H IB\cos\theta \tag{5-29}$$

式中：K_H 为霍尔元件的灵敏度，$K_H = R_H / d$，其中 R_H 为霍尔系数，d 为霍尔元件的厚度；θ 为磁场方向与霍尔元件平面法线的夹角。

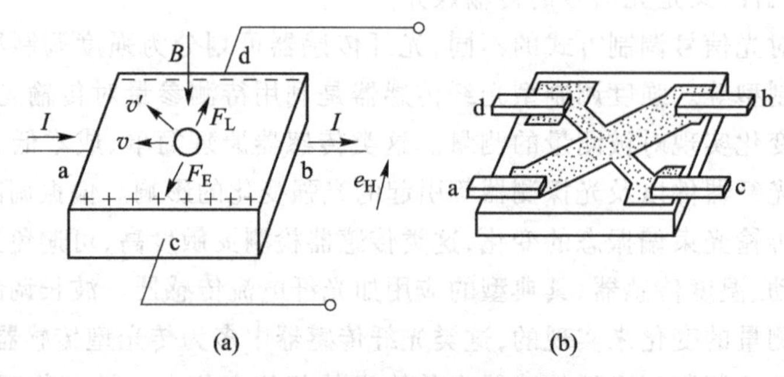

图 5-34　霍尔效应原理及结构

单位体积内导电粒子越少，霍尔效应越强。霍尔元件的灵敏度和霍尔系数与半导体材料的电阻率和载流子的迁移率有关，二者都与霍尔系数成正比。

2. 霍尔元件的结构

霍尔元件主要由霍尔半导体片、引线和壳体构成。两对引线中，一对为激励电极引线，另一对为霍尔电极引线，即霍尔电压输出引线。图 5-35 是霍尔元件的基本电路，激励电流 I 的大小可用可变电阻 R_P 进行调节，霍尔电动势可通过负载电阻 R_L 得到。由于霍尔电动势的建立时间很快，若采用交流激励方式，频率可达几千兆赫。

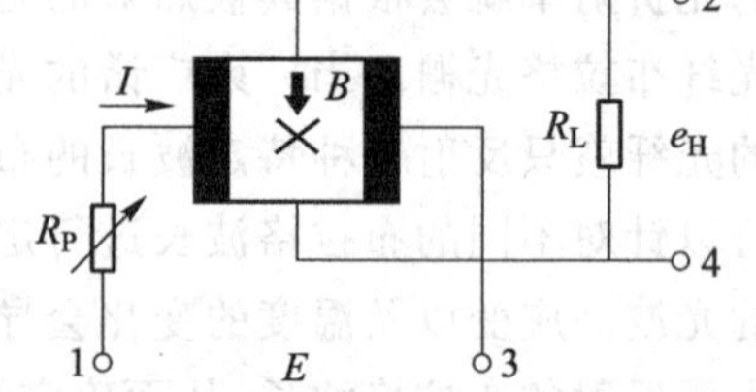

图 5-35　霍尔元件的基本电路

霍尔元件通常采用的半导体材料有 N 型锗、N 型硅、锑化铟、砷化铟、砷化镓、磷砷化铟等。

霍尔元件通常要考虑温度补偿和不等位电压补偿。温度补偿是环境温度对半导体材料的电阻变化进行补偿；霍尔元件内的不等位电压是由于半导体自身特性和制造缺陷造成的，使用中会导致零点漂移，在高精度测量时要考虑补偿或校准。

3. 霍尔传感器的应用

霍尔传感器结构简单、可靠性好、体积小、重量轻、无触点、频带宽、动态特性好，可用于位移、压力、振动、转速、磁场等测量场合。

测量位移的霍尔传感器可以采用维持恒定的激励电流，使霍尔元件在一个梯度均匀的磁场中移动，则输出的霍尔电压与其所处的位置和位移间有一一对应的关系，磁场梯度越大，传感器的灵敏度越高。利用此原理也可以制成压力或压差传感器。霍尔元件的惯性小，反应速度快，也适于制成速度、加速度传感器以及振动传感器。

由于霍尔元件无触点磨损、无火花干扰、无转换抖动,兼有可高频工作的特点,可将其与稳压、放大、整形等电路集成起来形成霍尔开关集成传感器,当霍尔元件输出高低电平或者一定差别的霍尔电动势变化时,经放大和整形,可使其起到电路开关的作用,即使在恶劣环境中也有较好的稳定性和寿命。

5.4.2 超声波检测传感器

1. 工作原理

超声波和声波一样,是弹性介质内的机械振动波。通常人耳能感觉到的声波频率为 20 Hz~20 kHz,超声波是频率在 24 kHz 以上的高频振动波。

超声波频率高、波长短,其能量远远大于振幅相同的声波,超声波具有很高的穿透能力,在钢材料中甚至可穿透 10 m 以上厚度。超声波在均匀介质中按直线方向传播,但到达该均匀介质的界面或者遇到另一种介质时,也像光波一样产生反射和折射,并且服从几何光学的反射、折射定律。超声波在反射、折射过程中,其能量及波形都将发生变化。

超声波在不同介质中的传播速度不同。超声波在界面上反射能量与透射能量的变化,取决于超声波经过的两种介质的声阻抗特性。弹性介质中的声阻抗特性为介质密度与声速的乘积,两种介质的声阻抗特性差别越大,反射波的强度越大。例如,钢与空气的声阻抗特性相差 10 万倍,因此空气中传播的超声波几乎不通过空气与钢的界面,在界面处全部反射回。

超声波在介质中传播时,能量的衰减取决于波的扩散、散射(或漫射)及吸收。扩散衰减是指随着超声波传播距离的增加,沿垂直于传播方向的单位面积内声能的减弱;散射衰减是由于介质不均匀引起的超声波能量损失,例如金属结晶组织的各向异性或在粗大晶粒表面上波的散射;吸收衰减是由于介质的导热性、黏滞性及弹性滞后性造成超声波被介质吸收后,部分声能直接转换为热能。

2. 超声波检测传感器及仪器

利用超声波的反射、折射、衰减等物理性质,可以实现位移、距离、厚度、速度、加速度、液位、位置的测量,以及判别有无物体,进行物体探伤。

超声波换能器即超声波传感器,又称超声波发生器和接收器,其工作原理同压电式传感器,也是利用压电效应(及其可逆性)将超声波振动能转换为电能,或者通过电致伸缩将电能转换为超声波振动能。实际应用中,往往将同一压电晶体器件的超声波换能器作为“发射”与“接收”装置兼用,即输入高频电能信号由换能器压电晶体向介质发射超声波,亦可用于接收介质的界面回波并将该反射波变换为电信号;也可由两个超声波换能器分别承担“发射”和“接收”功能;还可将多个超声波换能器组成“发射”和“接收”阵列。

一种超声波换能器的典型结构如图 5-36 所示,其压电片晶体制成圆片形状,厚度与超声波频率成反比;压电片晶体的两表面敷银层作为导电极并沿厚度方向极化,产生该方向的振动,适用的频率范围为 100 kHz~10 MHz;吸收块为环氧树脂与钨粉混合而成的阻尼背衬,以减少影响压电片晶体的机械品质因素(反映其共振特性),并衰减、吸收振动能量,以避免电能振荡脉冲停止时,压电晶体因惯性继续振动从而加长超声波的脉冲宽度,使接收盲区扩大、分辨率降低。

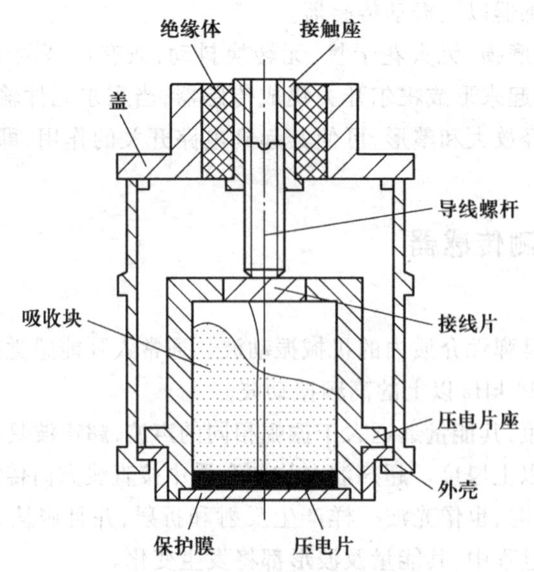

图 5-36　超声波换能器的典型结构

利用超声波在不同介质表面上的声反射性质可以制作超声波测厚仪，通过分析发射脉冲和接收脉冲信号，确定从发射到接收的时间间隔，根据超声波在试件中的传播速度可知试件厚度。

超声波也可用于探测试件内部的裂纹，因为超声波遇到裂纹时会反射回来，信号经过放大、检波后，通过对起始波和回波之间的比较分析，可获得裂纹的大小和形状信息。

5.5　现代传感器的发展方向

现代传感器的发展方向是高灵敏度、小型化和智能化，其技术实现形式及传感器类型比较多，例如集成型传感器、智能型传感器和复合型传感器。

5.5.1　集成型传感器

随着大规模集成电路技术的发展，许多半导体传感器已经能够与其相关的基本信号转换电路甚至全部测量电路集成在同一芯片上，形成小型化、一体化、集成型的传感器。它既具有检测传感的信号变换功能，又能完成后续测量电路的信号转换、放大与调理功能，而且可以直接输出标准的电压、电流信号，有些集成型传感器甚至无需二次仪表，如集成电容压力传感器、固态压阻式传感器等。集成型传感器可靠性高，可适应环境条件恶劣、空间有限的应用场景。

集成型传感器所包括的测量电路部分大致有信号转换、放大和阻抗变换电路，各种调节与补偿电路（如温度补偿电路、线性化电路、稳压电路），信号预处理电路和信号数字化电路，信号无线发送与接收电路等。集成型传感器中传感器与二次仪表合一，使测试装置和测试仪器的体积紧凑、重量减轻、连接电缆减少，信号传输过程中导线引进的外来干扰降低，有效地改善了信噪比，可直接用于显示、记录、信号分析处理等仪器。

5.5.2 智能型传感器

半导体集成技术的发展,也使集成型传感器中融入了微处理器电路,具有一定的运算“智能”,相应出现了“智能传感器”(Intelligent Sensor)和“灵巧传感器”(Smart Sensor),它们统称为智能传感器。这类传感器一般具有如下几方面的能力:

1) 自补偿功能。对于信号检测过程中的非线性误差,环境条件改变导致的气压变化、温度变化及其产生的信号零点漂移、灵敏度漂移、响应时间延迟、噪声与交叉感应等效应,能够自动调节和补偿,构成一闭环系统。

2) 自诊断功能。开机接通电源后对传感器以及测试系统进行自检,工作时系统的定时运行自检,系统发生故障、参量突变超限的自诊断,确定故障位置和备份替代处置。

3) 自校正功能。对集成化系统中标准参数的设置与检查,量程在测试中的自动转换,被测参数的单位自动运算。

4) 数据处理功能。对测试数据进行自动存储、分析、处理、逻辑判断,并能根据判断操作控制元件。

5) 通信功能。以某种方式与系统接口通信,并实现数据传输。

智能型传感器能有效地提高测量准确度,扩大使用范围和提高可靠性。已应用的智能型传感器种类很多,例如航天飞行器中有大量的参数需要测量、处理与控制,包括温度、气压、加速度、空气成分、自身位置与姿态等,而且这些测量信号中还包含了背景噪声、漂移信号等虚假的信号部分,此外还有非线性的实时修正以及测试信号量程自动转换的要求等。如此多的信号和相关数据处理,需要在前端设置的各传感器内直接进行测量信号数据的预分析处理,即先行进行判断、诊断、自适应检测,仅送出正确、必要的信号数据给飞船上的主机和地面的测试控制中心,因此前端的各传感器采用智能型传感器非常必要。

5.5.3 复合型传感器

复合型传感器是将多个传感器制作在一起,结构紧凑,可以同时测量两个以上的相同或不同的物理量。例如,三轴向压电式加速度传感器可以同时测量空间三个互相垂直方向上的加速度,八角环测力传感器和压电式三分力传感器可以同时测量两个或三个互相垂直方向上的空间力分量,磁电式或光电式相位差转矩传感器可以同时测量转矩和转速。另外,集成电路技术的发展,使得复合型传感器可以在集成型传感器的基础上,用硅等半导体材料制成多种敏感机制的传感器,实现多传感器、微结构形式的集成,且具有“智能”,可同时进行多参数的测量,这类传感器也已广泛应用于各个领域。

5.6 传感器的选用原则与方法

常用传感器有很多类型,每种传感器针对被测量的对象特征、量程、动态响应和精度等要求有多种性能指标。实践过程中应根据测试目的和实际条件合理地选用传感器。

1. 灵敏度

一般说来,传感器的灵敏度越高越好,因为灵敏度越高,传感器所能感知的变化量越小,被测量的微小变化也能被传感器捕捉输出；然而较高灵敏度的传感器，测量过程中也很容易让干扰信号混入测量信号，因此传感器的信噪比应该越大越好，以兼顾微小量值检测和低干扰信号需求。当被测量是个向量时，则要求传感器在被测量方向上的灵敏度越高越好，而在其他方向的灵敏度越小越好。

2. 测量范围

正常情况下，传感器预期要测量的被测量值不应超过其测量范围的上限值。测试时如果超过此值一定范围内，在卸载后传感器仍然能正常工作，其允许承受被测量的这一最大输入量称为允许过载率。如果传感器承受的最大输入量达到使传感器结构呈现超载破坏状态，则此时传感器将被破坏、失效，该最大输入量称为极限过载率。

另外，任何传感器都有一定的线性区域，在线性区域内传感器的输出与输入成比例关系；线性区域越宽，则表明传感器的测量范围越大。通常让传感器工作在线性区域内是保证其测量准确度的基本条件。然而任何传感器都不容易保证其性能的绝对线性，在误差允许的限度内，传感器可以在近似线性区域应用。例如，可变间隙型的电容式、电感式传感器，均采用在初始间隙附近、较小的近似线性区域内工作方式。因此，传感器的选用必须考虑被测量的变化范围，令其线性误差在允许的范围以内。

传感器的测量范围也和灵敏度密切相关，过高的灵敏度会缩小传感器适用的测量范围。除非有专门的非线性校正措施，否则最大输入量不应使传感器进入非线性区域。某些测试工作要在较强的噪声干扰下进行，这时传感器的输入量值不仅包括被测量值，还包括干扰量值，两者之和不能进入非线性区，不应超过测量范围的上限值。

传感器的量程与传感器的测量误差有关，所以在选择压力等传感器的时候，通常选择估计测量值在传感器量程的三分之二左右，这样既能保证一定的测量精度，也为测量值的波动留足一定的安全裕量，避免测量值超载对传感器的可靠性产生影响。

3. 响应特性

在所测信号频率范围内，传感器的响应特性必须满足测试不失真。此外，实际传感器对被测量的响应总有一定的延迟，但希望延迟的影响愈小愈好。

一般来说，利用光电效应、压电效应等的物性型传感器响应较快，且其工作频率范围宽；而结构型传感器，如电感式、电容式、磁电式传感器等，往往由于结构中的机械系统惯性的限制，其固有频率相对较低，响应较慢，工作频率也较低、较窄。在动态测试中应充分考虑传感器的响应特性对测试结果的直接影响。

4. 可靠性

可靠性是指测试仪器在规定的工作条件下、规定的时间内可完成规定功能的能力。

为了保证测试的可靠性，须选用设计制造良好、使用条件适宜的传感器；使用过程中应严格保持规定的使用条件，或者降低使用条件对传感器的影响。环境条件对传感器测量结果的影响比较多，例如电阻应变式传感器，环境湿度会影响其绝缘性，温度会影响其零点漂移，长期使用会产生蠕变现象。又如，对于可变间隙型的电容式传感器，环境湿度或浸入极板间隙的物质会改变其介质的介电常数。光电式传感器的感光表面有尘埃或水汽时，会改变光通量、偏振性或光谱成分，并将引入噪声。对于磁电式传感器或霍尔效应的磁敏式半导体传感器，当工作环境附近存在其他较强的电场、磁场时，因为对工作环境的影响导致实际测试工作条件改变，亦会带来测量误差。

某些生产过程及装备往往要求传感器能长期连续使用,不要经常更换或校准,但往往在线测量的工作环境又很恶劣,尘埃、水汽、温度、振动等干扰严重,例如用于轧钢厂热轧机组控制钢板厚度的检测传感器,用于自适应金属磨削加工过程的测力或零件尺寸自动检测的传感器等,对在线运行的工作可靠性有严格的要求。

5. 准确度

传感器的准确度表示传感器的输出与被测量真值之间一致的程度。由于传感器处于测试系统数据采集的最前端,因此传感器的输出对整个测试系统的测量准确度有直接影响。

传感器的准确度也并非要求越高越好,还应考虑测试工作的经济性。往往传感器的准确度等级越高,价格越昂贵,因此应根据实际测试目的来选择合适准确度的传感器。如果是属于偏重比较的定性试验研究,只需获得相对比较值即可,无需要求绝对量值,则可以选用准确度较低、准确度等级较低的传感器。如果是准确度较高的定量分析,必须获得精确量值,则要求传感器有足够高的准确度。

6. 测量方式

传感器的工作方式,例如接触与非接触测量、在线与非在线测量等,也是选用传感器时应考虑的重要因素。不同工作方式对传感器的要求亦不同,并影响测试的可行性、传感器测量部位的磨损或损坏、传感器的性能与工作寿命、信号能否正确输出等。

运动部件的测量(例如回转轴的径向运动误差、振动、扭矩等),往往需要非接触式测量,因为对运动部件的接触式测量,可能因负载效应影响被测系统的运动状态;另外也存在许多实际困难,诸如传感器测量接触部分磨损、接触状态变动,信号感知、采集、用电缆导线输出不易,等等。采用电容式、电感涡流式等非接触式测量会带来一定便利,若采用电阻应变片传感器测试旋转轴的扭矩,则需配以带有无线输出和接收装置的遥测应变仪。被测物体静止不动,可采用接触式测量方式及其相应的传感器,也可采用非接触式测量方式(例如对高温被测物体的测量);被测物体运动,则需考虑非接触式测量方式及其相应的传感器。

在线测量是与实际工况更为接近一致的测量方式。特别是自动化装备的检测与控制系统,必须跟随被测物体、在现场实时条件下进行检测工作,因此在线测量也是连续、自动化的测量方式,测试所获得的信息量更多、更接近实际。在线测量方式包括激光干涉、红外线、超声波和射线式传感技术。实现在线测量对传感器以及测试系统都有一定的特殊要求。例如在机械制造过程中,若要实现对加工零件表面粗糙度的检测,或者实现对连续冲压的曲面薄板零件塑性变形程度的检测,非在线测量方式的光干涉法、触针式表面轮廓检测法等难以适用,需考虑激光干涉式检测法等多点、快速、连续性的在线测试技术。

选用传感器时除了以上需要充分考虑的因素以外,还应综合考虑一些相关的其他因素,如传感器与后续测量电路或信号放大装置之间的测试系统连接环节的负载效应;传感器有正确合理的安装位置或安装方向,以使其信号输出足够大而受干扰小;传感器的结构体积小、重量轻,易于维护和更换等。在各种测试误差允许的前提下,也必须考虑测试工作的经济性。

思考题与练习题

5-1 什么是传感器?非电量的电信号测量的优点是什么?

5-2 依照能量转换的原理来分，传感器可分为哪几类？各自的特点是什么？

5-3 传感器是由哪几部分组成的？

5-4 试述电阻应变式传感器、电感式传感器、电容式传感器、磁电式传感器的工作原理和测量电路。

5-5 影响电感式传感器和电容式传感器测量线性度的主要因素是什么？

5-6 互感式电感传感器（差动变压器）为何可扩大测量范围，而且其灵敏度也较高？

5-7 自感式电感传感器的灵敏度与哪些因素有关？要提高灵敏度可采取哪些措施？

5-8 一电阻应变片，灵敏度 $k_0=2$，$R=100\ \Omega$，工作时应变为 $1\ 000\ \mu\varepsilon$，问 $\Delta R=$？若采用 1.5 V 电源驱动，在有、无应变的条件下测量回路中电流分别是多少？

5-9 霍尔传感器是如何工作的？可用于进行什么物理量的测量？

5-10 超声波传感器的超声波是如何发射和接收的？

5-11 光电传感器有哪些类型？在应用中有何特点？

5-12 光纤传感器能应用于什么物理量的测量？

第6章 模拟信号的调理与转换

被测物理量经过传感器后,变换为各种电信号,如电阻、电容、电感、电压、电流、电荷等,这些信号一般比较微弱,而且一些非电压和电流标准信号也难以直接驱动信号的显示、记录与控制,若后续输入计算机进行信号分析和处理等,也需要转换成可供传输、显示和运算的电压电流信号。

信号在传输过程中,要通过调制解调实现信号无失真传输;若转换后的电压、电流信号过小,则需要对信号放大;若信号中混有噪声,则需滤除噪声;若信号需要输入计算机进行处理,还要根据计算机对数据的输入和输出要求进行信号处理。

这些对信号的进一步处理的环节统称为中间变换电路。中间变换电路涉及面很广,内容也很丰富,本章仅就典型的电桥、放大器、调制解调、滤波等电路转换环节及原理进行介绍。

6.1 典型测量电路

在测试系统中,传感器只是通过敏感元件将被测量转换成电阻、电感、电容、电压等电参量,如何把敏感元件输出的模拟信号转换成下级装置可以接受且具有足够功率的电压或电流信号,是设计和构建信号传输和转换电路要完成的任务。常用的信号转换与传输电路有电桥电路、谐振电路、阻抗匹配电路、运算电路等。

6.1.1 电桥电路

电桥是测量无源传感器输出的电阻、电感、电容等电参量的装置,并将这些电参量的变化值变换成电压或电流信号。电桥电路简单可靠,且可根据实际需要灵活地改变成各种形式,可以达到相当高的精度和灵敏度,是测试系统中最常见的一种电路。电桥电路的基本形式如图6-1所示。电桥由Z_1、Z_2、Z_3、Z_4四个阻抗元件组成四个桥臂,U_i是输入电压,U_o是输出电压。

根据激励电源U_i的类型,电桥可分成直流电桥和交流电桥两种。

当电桥平衡时,$U_o=0$;当电桥的输入信号(电阻、电感或电容)发生变化时,电桥失去平衡,$U_o \neq 0$。

1. 直流电桥

直流电桥(图6-2)的激励电源U_i是直流电,电桥的四个桥臂是电阻元件。直流电桥的输出电压为

$$U_o=\left(\frac{R_1}{R_1+R_2}-\frac{R_4}{R_3+R_4}\right)U_i \tag{6-1}$$

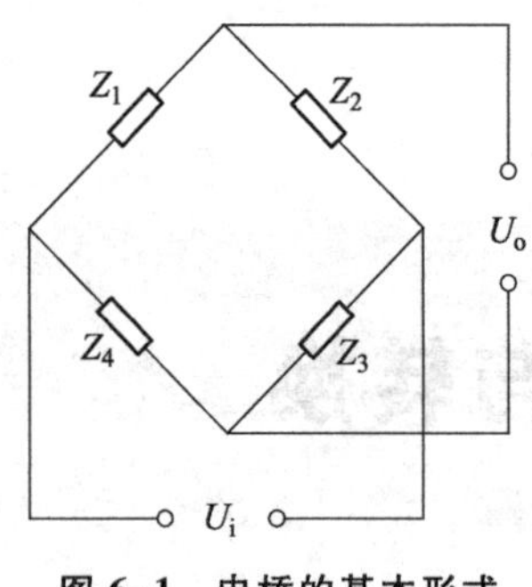

图 6-1　电桥的基本形式

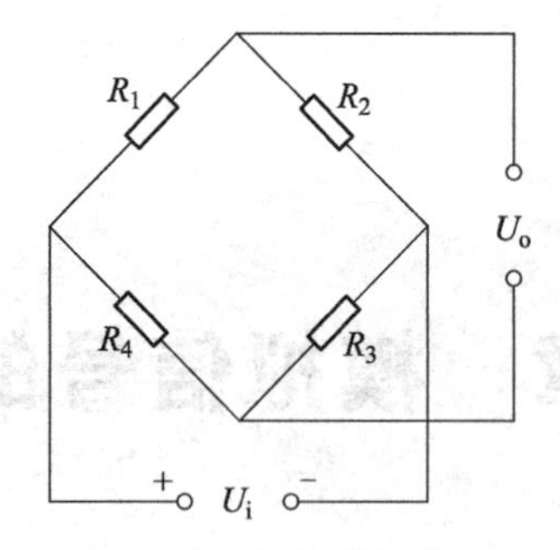

图 6-2　直流电桥

可见,电桥平衡的条件为

$$R_1R_3 = R_2R_4 \tag{6-2}$$

通常取 $R_1 = R_2 = R_3 = R_4 = R$,在电桥的任一桥臂上出现一个电阻变化值 ΔR,均会令电桥失去平衡,$U_o \neq 0$,可通过 U_o 值确定电阻变化值 ΔR。

根据电桥电路中引入的变化电阻的数目,有一个桥臂电阻变化称为1/4桥路(单臂电桥),相邻两个桥臂电阻有变化称为半桥电路(双臂电桥),四个桥臂电阻均有变化称为全桥接法,见图6-3。

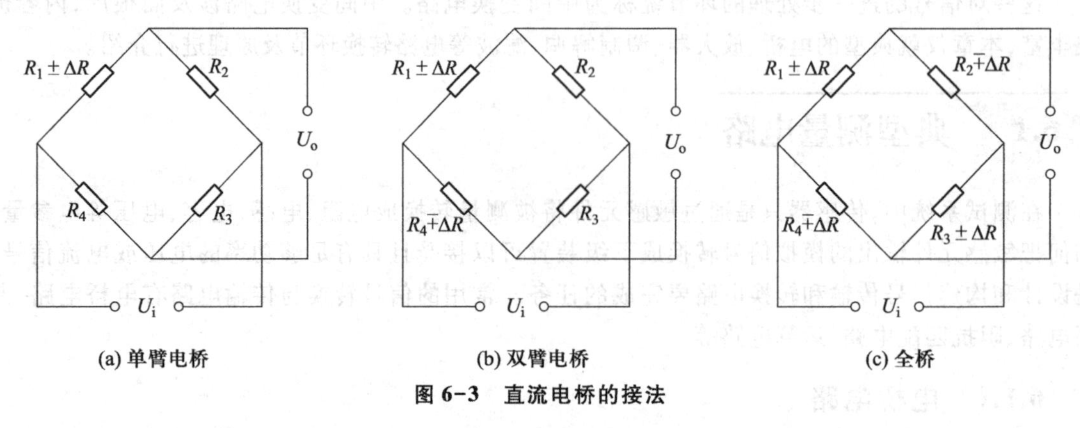

(a) 单臂电桥　　(b) 双臂电桥　　(c) 全桥

图 6-3　直流电桥的接法

如果桥路中电阻变化远小于各桥臂平衡时的电阻值($\Delta R \ll R$),则单臂电桥的输出电压为

$$U_o = \frac{\Delta R}{4R + 2\Delta R} U_i \approx \frac{1}{4R} U_i \Delta R \tag{6-3}$$

如果相邻桥臂的电阻变化大小相等、方向相反,则半桥电路的输出电压为

$$U_o = \frac{1}{2R} U_i \Delta R \tag{6-4}$$

如果两对相邻桥臂的电阻变化大小相等、方向相反,则全桥电路的输出电压为

$$U_o = \frac{1}{R} U_i \Delta R \tag{6-5}$$

全桥电路输出灵敏度高,输出电压 U_o 与 ΔR 成线性关系,可以进行温度补偿,因而应用最普遍。直流电桥工作所需要的高稳定直流电源容易获得;测量静态或准静态物理量时,其输出可直接用直流电表测量,精度较高;实现预调平衡的电路简单,仅需对纯电阻加以调整即可。

直流电桥的主要缺点是易引入工频干扰，另外它也不适合动态测量。由于在工程上动态测量对象是随时间变化的信号（如用电阻应变式传感器测量交变应变），信号的频带通常从零至几百赫兹、而直流电桥的输出电压较小，需要放大后才能推动后继处理环节，但要选用一个频带从零到几百赫兹且能保持恒定增益的放大器比较困难，所以动态测量往往采用交流电桥。

2. 交流电桥——调幅测量电路

交流电桥的供电电压 u_i 是高频交流电源，电源频率一般在被测信号频率的10倍以上，交流电桥的桥臂可以是纯电阻，也可以是包含电感、电容、电阻的复合阻抗。电桥平衡的条件为

$$\dot{Z}_1\dot{Z}_3=\dot{Z}_2\dot{Z}_4 \tag{6-6}$$

即同时需要满足阻抗幅值平衡条件和相位平衡条件：

$$\begin{cases}Z_1Z_3=Z_2Z_4\\ \varphi_1+\varphi_3=\varphi_2+\varphi_4\end{cases} \tag{6-7}$$

式中：Z_1、Z_2、Z_3、Z_4 为各阻抗幅值；φ_1、φ_2、φ_3、φ_4 为各阻抗（幅）角。

不同类型阻抗元件的阻抗角不同，纯电阻的阻抗角 $\varphi=0$，电容元件的阻抗角 $\varphi<0$，电感元件的阻抗角 $\varphi>0$，所以要使电桥达到平衡如相邻两桥臂接入电阻，则另外两个相邻桥臂应接入相同性质阻抗元件（同为电感或同为电容）；如相对两桥臂接入电阻，则另相对两臂接入反阻抗角的阻抗（一臂为电容，另一臂为电感），如图6-4所示。

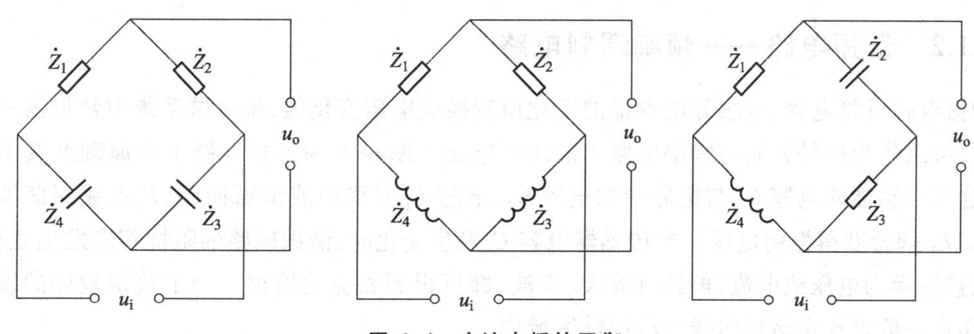

图6-4 交流电桥的平衡

交流电桥在动态测量中应用广泛，它使不同频率的动态信号的后继放大器所要求的特性易于实现。交流电桥的缺点也是明显的，如电桥连接的分布参数会对电桥的平衡产生影响，所以在调节平衡时，阻抗的模和相位因交叉影响需要反复调节才能达到最终平衡。另外，交流电桥的激励必须具有一定的电压和频率的稳定性，前者会影响电桥输出的灵敏度，后者会影响电桥的平衡，因为复合阻抗与电源频率有关，如电源频率不稳或包含了高次谐波，交流阻抗均会发生变化。

交流电桥还可以起到信号调制与解调电路中的调幅作用。

传感器的输出信号通常是一种低频率（缓变信号）的较弱信号，要经过放大才能向下一级传输，而常用放大器在低频段工作特性不佳，易混入低频噪声，需要先将缓变信号变成高频率的交流信号，然后进行放大和传输，最后再通过解调还原成原来频率的信号。解调是从已被放大和传输且包含原缓变信号信息的高频信号中，不失真地恢复原缓变信号的过程。调幅信号的解调装置常用检波器，例如二极管相敏检波器。将调幅信号送入相敏检波器后，可得到一个幅值和极性随调制信号（被测量）的幅度和极性变化的电流或电压信号。即信号传输要经过调制和解调过

程，信号的调制主要有调幅、调频和调相三种方式。

图 6-5 为典型的调幅与解调电路原理图。测量电阻值变化时，电桥四个桥臂均选择电阻元件，供电电源提供交流载波信号，测量传递的电阻变化 ΔR 作为调制信号输入电桥，电桥输出的电压信号幅值将随输入电阻信号的变化而变化。

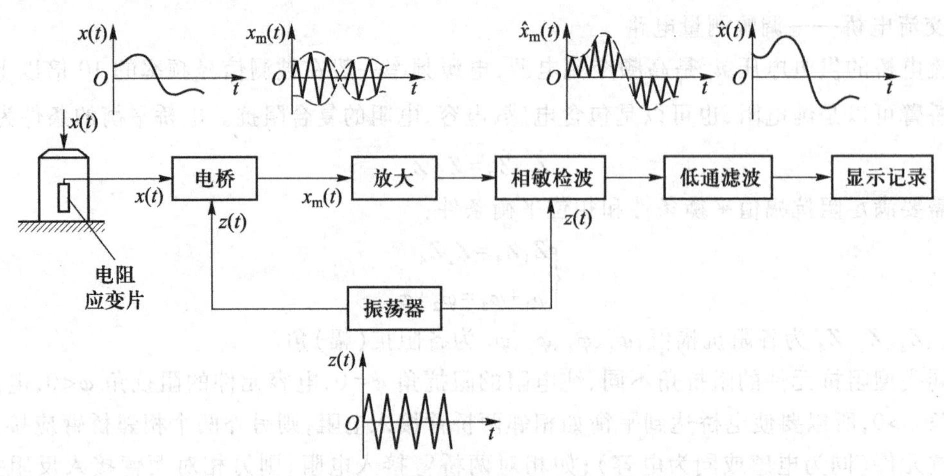

图 6-5 调幅与解调电路原理图

6.1.2 谐振电路——频率调制电路

谐振电路可将电容、电感等电参量的变化值变换成电压变化值，是测试系统中常见的一种变换电路，可以作为信号调制与解调电路中的调频电路。图 6-6 为谐振电路工作原理及其工作特性，电容式传感器的电容 C_x 与电路中的电容 C_2、电感 L_2 并联组成谐振回路，从高频振荡器通过电感 L_1、L_2 耦合获得振荡电压。当传感器电容 C_x 发生变化时，谐振回路的阻抗相应发生变化，这个变化被转换为电压或电流，再经过放大、检波，即可得到相应的输出。为了获得较好的线性输出，工作点一般选择在谐振曲线一段线性区域内。

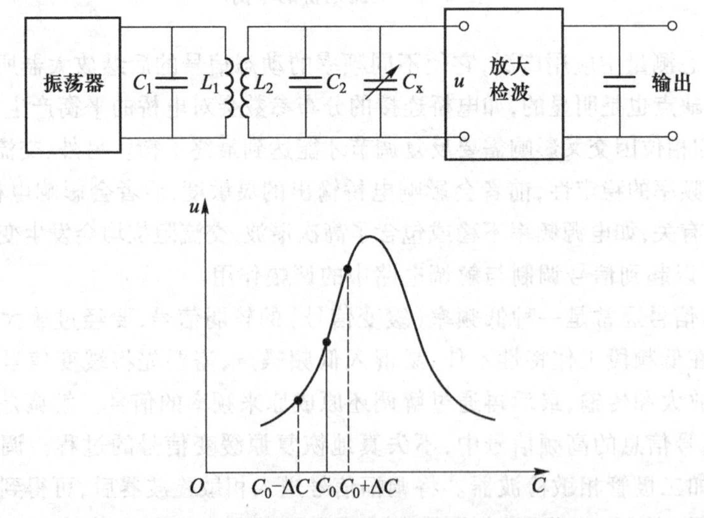

图 6-6 谐振电路工作原理及其工作特性

调制电路的信号在调制过程中的载波幅度不变，所以调频波的功率是常量，电路利用振荡器产生一个具有中心频率的载波，载波频率随调制信号的幅度变化偏离中心频率，从而使被测信号转换成为频率的变化，实现了频率的调制。较之调幅电路，调频电路的抗干扰能力更强，因为信号幅值容易受到噪声信号的影响，而经过频率调制的信号对于施加在振幅上的噪声不敏感，调频系统的信噪比相对好一些。

电路谐振时，其谐振角频率为

$$\overline{\omega}=\frac{1}{\sqrt{LC}} \tag{6-8}$$

当来自传感器的 C_x 为初值 C_0 时，谐振角频率为

$$\overline{\omega}_0=\frac{1}{\sqrt{L(C+C_0)}} \tag{6-9}$$

当被测量发生变化时，引起 C_x 变化，$C_x=C_0+\Delta C$，谐振角频率则变为

$$\overline{\omega}=\frac{1}{\sqrt{L(C+C_x)}}=\frac{\overline{\omega}_0}{\sqrt{1+\dfrac{\Delta C}{C+C_0}}}\approx\overline{\omega}_0\left(1-\frac{1}{2}\frac{\Delta C}{C+C_0}\right)=\overline{\omega}_0-\frac{1}{2}\frac{\Delta C}{C+C_0}\overline{\omega}_0 \tag{6-10}$$

即

$$\Delta\overline{\omega}=\overline{\omega}-\overline{\omega}_0=-\frac{1}{2}\frac{\Delta C}{C+C_0}\overline{\omega}_0\propto\Delta C \tag{6-11}$$

可见，谐振电路的谐振频率随电路中的电容或电感发生变化，实现了输出电压频率与输入信号相关的功能。

调频波的解调常采用鉴频器，谐振电路输出的调频信号，经过放大后传输至限幅鉴频器。

信号在传输过程中，可能受到内、外噪声的干扰以及系统引起的寄生调幅，导致调频信号的幅值发生变化；限幅器可将超过限幅电平的外来干扰和固有寄生调幅抑制掉，消除干扰信号和寄生调幅对调频波的影响，得到等幅调频信号，而调频信号中的有用信息——频率特征没有改变。

鉴频器的功能是将调频信号频率的变化转换成电压的变化，将被测信号从调频信号中检测出来，它是调频的逆过程。常用的鉴频方法有变压器耦合的谐振回路法，如图 6-7 所示，图中 L_1、L_2 是变压器耦合的原、副线圈，它们和 C_1、C_2 组成并联谐振回路，e_i 为输入的调频信号。在回路的谐振频率处，线圈 L_1、L_2 的耦合电流最大，副边输出电压 e_a 也最大；e_i 的频率离谐振频率越远，线圈 L_1、L_2 的耦合电流越小，副边输出电压 e_a 也越小。从而将调频波信号频率的变化转化为电压幅值的变化。

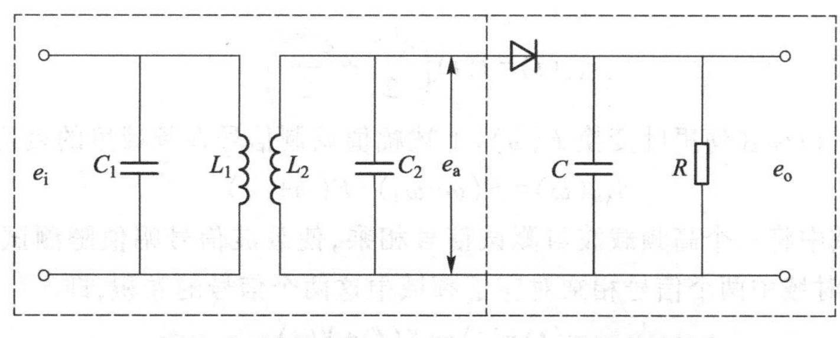

图 6-7　变压器耦合的谐振回路法

6.2 信号的调制与解调

测试物理量，如温度、位移、力等参数，经过传感器交换以后，获得的信号多为低频缓变的微弱信号，直接送入直流放大器或交流放大器放大往往伴随零点漂移和级间耦合等问题，造成信号失真。调制可用以解决微弱缓变信号在传输过程中的放大以及传输问题，即先将微弱缓变信号加载到高频交流信号中去，然后利用交流放大器放大，再进行信号传输过程；传输后经过解调，再从放大器的输出信号中取出放大了的缓变信号，如图 6-8 所示，这一信号变换过程称为调制与解调。在信号分析中，也需要经过信号的截断、窗函数加权等处理过程。

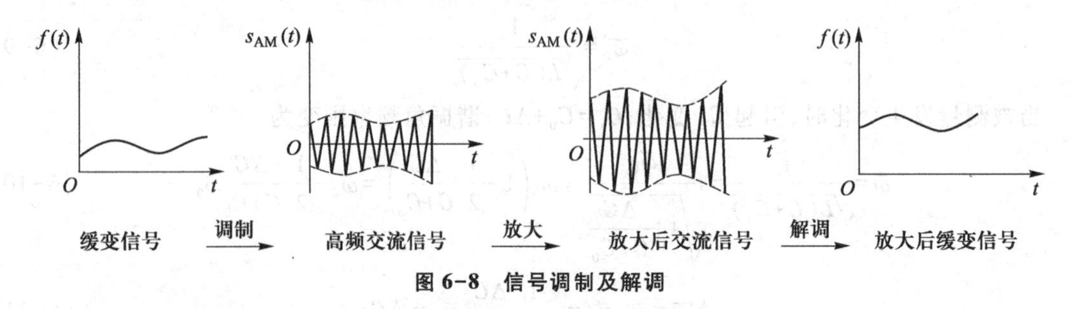

图 6-8　信号调制及解调

一般正（余）弦信号调制可分为幅度调制、频率调制和相位调制三种，分别简称为调幅（AM）、调频（FM）和调相（PM）。在三种调制方法中，调相抗干扰性能好，主要用于遥测和遥控，但技术实现相对复杂。

本节着重讨论幅值的调制及解调。

6.2.1 幅值调制与解调

1. 调制与解调原理

幅值调制就是用调制信号（基带信号）$f(t)$ 去改变高频载波信号 $z(t)=\cos\omega_0 t$ 的幅值，经调制器输出信号的时域特征为

$$s_{\mathrm{AM}}(t)=f(t)\cos\omega_0 t \tag{6-12}$$

这里载波信号是一个角频率为 ω_0 的余弦信号，通过幅值调制，信号的角频率及起始相位保持不变，而其幅值随着调制信号 $f(t)$ 变化。调制后的信号幅值包络线与基带信号 $f(t)$ 的变化一致，形状相似。

根据欧拉公式
$$s_{\mathrm{AM}}(t)=f(t)\left(\frac{\mathrm{e}^{\mathrm{j}\omega_0 t}}{2}+\frac{\mathrm{e}^{-\mathrm{j}\omega_0 t}}{2}\right) \tag{6-13}$$

若基带信号 $f(t)$ 存在傅里叶变换 $F(\omega)$，上述幅值调制信号在频域里的表达式为

$$S_{\mathrm{AM}}(\omega)=F(\omega-\omega_0)+F(\omega+\omega_0) \tag{6-14}$$

调幅是在时域中将一个高频载波与测试信号相乘，使载波信号幅值随测试信号变化。根据傅里叶变换原理，时域中两个信号相乘对应于频域中这两个信号的卷积，即

$$x(t)y(t)\Leftrightarrow X(f)*Y(f) \tag{6-15}$$

余弦函数在频域里是一对脉冲谐波，即

$$\cos\omega_0 t \Leftrightarrow \frac{1}{2}\delta(\omega-\omega_0)+\frac{1}{2}\delta(\omega+\omega_0) \tag{6-16}$$

一个函数与单位脉冲函数卷积的结果，就是将其图形由坐标原点平移至该脉冲函数处。若以高频余弦信号作载波，把基带信号 $f(t)$ 和载波信号 $z(t)$ 相乘，则其结果为

$$s_{AM}(t)=f(t)\cos\omega_0 t \Leftrightarrow S_{AM}(\omega)=\frac{1}{2}F(\omega)*\delta(\omega-\omega_0)+\frac{1}{2}F(\omega)*\delta(\omega+\omega_0) \tag{6-17}$$

相当于把原信号频谱图形由原点平移至载波频率处，但幅值减半，如图 6-9 所示，调幅过程也相当于频率“搬移”过程。由于在搬移过程中频谱结构没有发生变化，通常幅值调制也称为线性调制；在正频率区间，调制信号频谱 $F(\omega)$ 的频带是 $(0,\Omega_{max})$，调幅信号把 $F(\omega)$ 一分为二，正频率区的频带成为由 $(\omega_0-\Omega_{max},\omega_0)$ 和 $(\omega_0,\omega_0+\Omega_{max})$ 组成；在 $\pm\omega_0$ 处出现冲击，表明这里出现载波分量；如基带信号 $f(t)$ 的最高频率为 Ω_{max}，幅值调制后调幅信号的带宽仍然为 $2\Omega_{max}$。

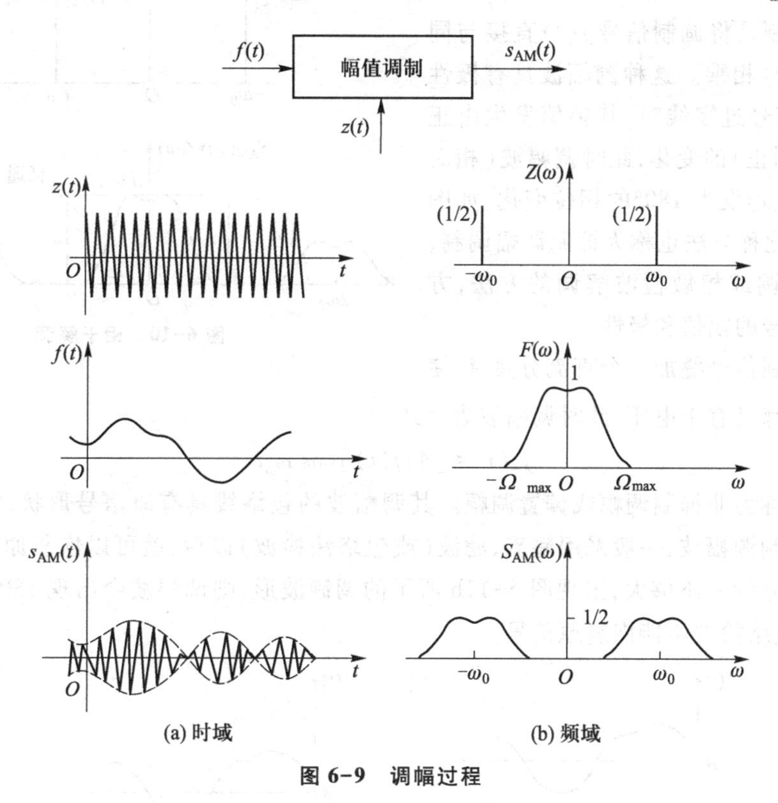

图 6-9　调幅过程

2. 幅值调制信号的解调

幅值调制信号可用相干解调和非相干解调两种方法解调。

（1）相干解调

相干解调也称同步解调，由乘法器、本地振荡器和低通滤波器组成。在乘法器中若把调幅波 $s_{AM}(t)$ 再次与载波信号 $z(t)=\cos\omega_0 t$ 相乘，则频域图形将再一次进行“搬移”，即 $s_{AM}(t)$ 与 $z(t)$ 相乘的傅里叶交换为

$$F[s_{AM}(t)z(t)]=\frac{1}{2}F(\omega)*\delta(\omega)+\frac{1}{4}F(\omega)*\delta(\omega+2\omega_0)+\frac{1}{4}F(\omega)*\delta(\omega-2\omega_0) \tag{6-18}$$

其结果如图 6-10 所示。乘法器相乘后的输出信号为

$$
\begin{aligned}
s_{\mathrm{P}}(t) &= f(t)\cos\omega_0 t\cos\omega_0 t \\
&= \frac{1}{2}f(t)(1+\cos 2\omega_0 t)
\end{aligned} \tag{6-19}
$$

用一个低通滤波器滤除中心频率为 $2\omega_0$ 的高频成分,即可得到原信号的频谱,只是其幅值减少了一半,这一过程为相干解调,也称同步解调,即解调载波信号与调制载波信号同频。滤波后得到的信号为

$$
s_{\mathrm{d}}(t)=\frac{1}{2}f(t) \tag{6-20}
$$

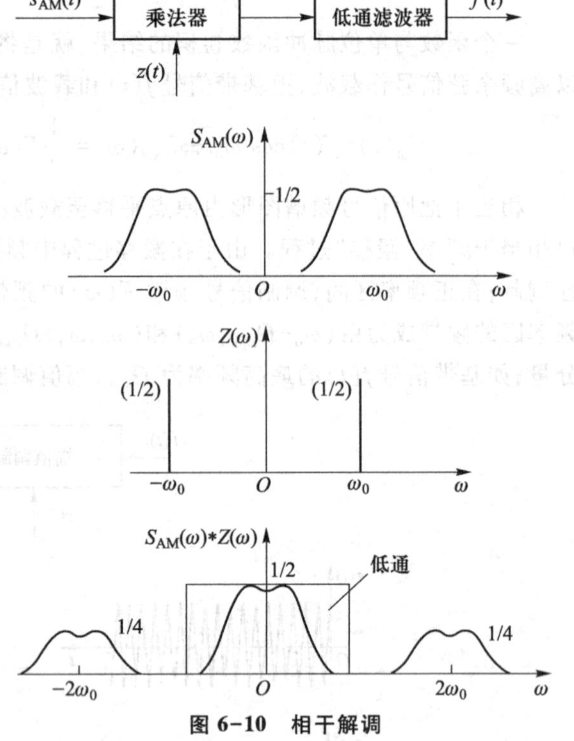

图 6-10　相干解调

上述的调制是将调制信号 $f(t)$ 直接与同频载波信号 $z(t)$ 相乘。这种调幅波具有极性变化性,即在信号过零线时,其幅值发生由正到负(或由负到正)的变化,此时调幅波(相对于载波)也相应地发生 180°的相位变化,如图 6-11b 所示。此种方法也称为抑制调幅调制,须采用同步解调或相敏检波解调的方法,方能反映出原信号的幅值和极性。

如果把调制信号叠加一个直流分量 A,使偏置后的信号都具有正电压,此时调幅波表达式为

$$
f_{\mathrm{m}}(t)=[A+f(t)]\cos\omega_0 t \tag{6-21}
$$

这种调制方法称为非抑制调幅或偏置调幅。其调幅波的包络线具有原信号形状,如图 6-11a 所示。对于非抑制调幅波,一般采用整流、滤波(或包络法检波)以后,就可以恢复原信号。如果偏置调幅的直流分量 A 不够大,出现图 6-11b 所示的调制波形,则调幅波会出现 180°相位反转,为过调制,后续包络检波不能恢复原信号。

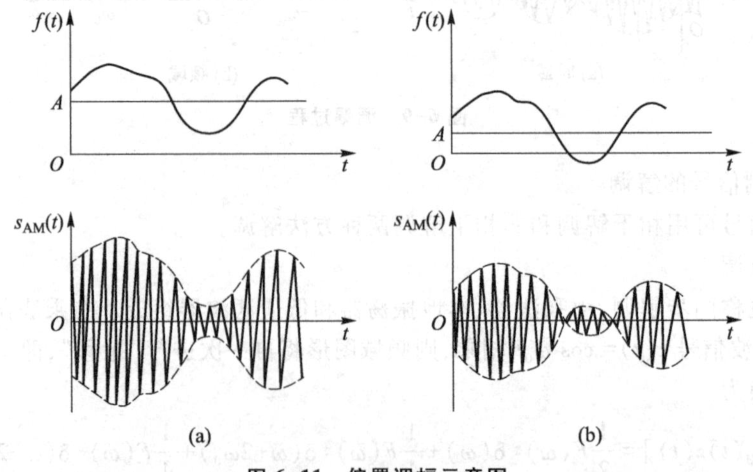

图 6-11　偏置调幅示意图

(2) 非相干解调

包络检波是一种非相干解调方式。图 6-12 所示为由一个二极管和一个 RC 低通滤波器组成的包络检波器。

$s_{AM}(t)$可以看作是内阻 R_{AM}的信号源,信号处于正半周时,二极管导通,信号源以时间常数 $R_{AM}C$对电容充电;信号处于负半周时,二极管截止,二极管反过来放电,如果 Ω_{max}是基带信号 $f(t)$的最高频率分量,且元件的选择满足

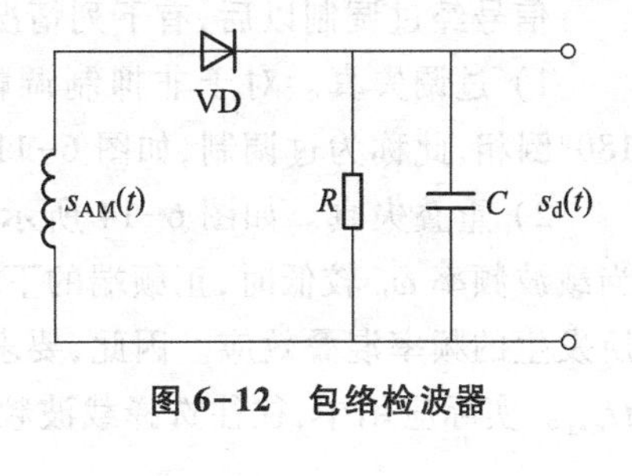

图 6-12 包络检波器

$$\begin{cases} R_{AM}C \ll \dfrac{2\pi}{\omega_0} \\ \dfrac{2\pi}{\omega_0} \ll RC \ll \dfrac{2\pi}{\Omega_{max}} \end{cases} \tag{6-22}$$

则包络检波器能从调幅信号 $s_{AM}(t)$中不失真地得到 $s_d(t)$,即

$$s_d(t)=A+f(t) \tag{6-23}$$

非相干解调是从调制波的幅值中提取原调制信号。与相干解调相比,非相干解调具有结构简单和解调输出幅值大(为相干解调的两倍)的优点,所以包络解调在实际中应用较多。

包络检波无法从检波器鉴别调制信号的相位,本身也不具有区分不同载波信号频率的能力。

(3) 相敏检波

相敏检波电路具有鉴别调制信号相位和选频能力。图 6-13 是由施密特触发器电路及运算放大器组成的相敏检波器电路原理图,当相敏检波器的输入信号与开关信号同相时,输出为正极性的全波整流信号,电压表指示正极性方向最大值,反之则输出负极性的全波整流波形。

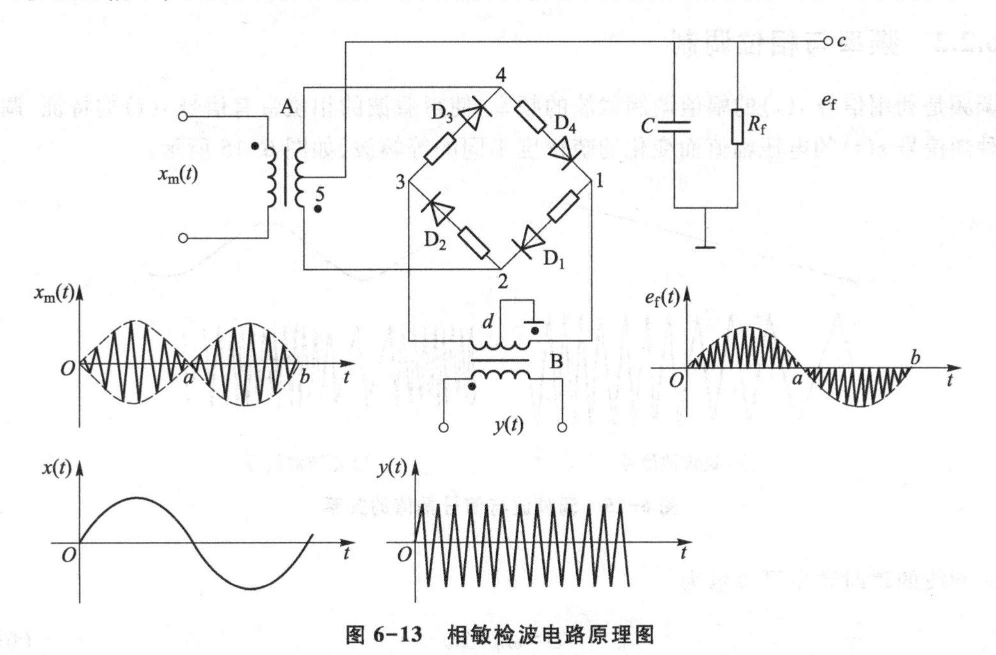

图 6-13 相敏检波电路原理图

相敏检波电路还具有选频特性。即对不同频率的输入信号有不同的传递特性,以参考信号为基波,所有偶次谐波在载波信号的一个周期内平均输出为零,即它有抑制偶次谐波的功能。对

于 $n=1,3,5$ 的各奇次谐波，输出信号的幅值相应衰减为基波的 $1/n$，即信号的传递系数随谐波次数的增加而衰减，对高次谐波有一定抑制作用。

3. 调幅波的波形失真

信号经过调制以后，有下列情况可能出现波形失真现象：

1）过调失真。对于非抑制调幅，要求其直流偏置必须足够大，否则调幅波的相位将发生 180°倒相，此称为过调制，如图 6-11b 所示。如果采用包络法对此检波，就会产生失真。

2）重叠失真。如图 6-14 所示，调幅波是由一对每边最高频率为 $\Omega_{\max}$ 的双边带信号组成。当载波频率 ω_0 较低时，正频端的下边带将与负频端的下边带相重叠，这类似于采样频率较低时所发生的频率混叠效应。因此，要求载波频率 ω_0 必须大于调制信号 $x(t)$ 中的最高频率，即 $\omega_0>\Omega_{\max}$。实际应用中，往往选择载波频率至少数倍甚至数十倍于基带信号中的最高频率。

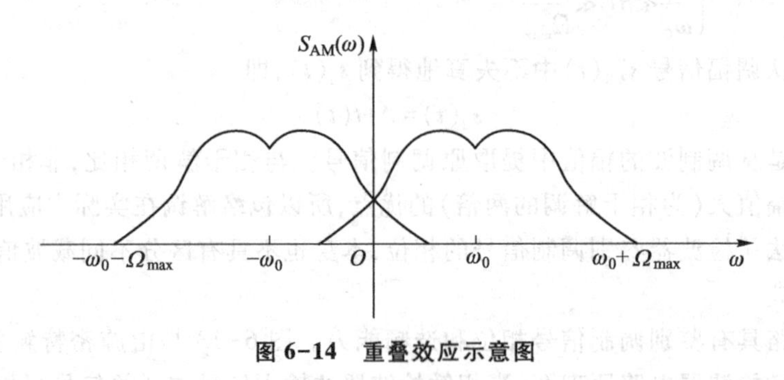

图 6-14 重叠效应示意图

3）调幅波通过系统时的失真。调幅波通过系统时，还将受到系统频率特性的影响。

6.2.2 频率与相位调制

调频是利用信号 $s(t)$ 的幅值调制载波的频率，使得载波的相位带有信号 $s(t)$ 的特征，调频波是一种随信号 $s(t)$ 的电压幅值而变化的疏密度不同的等幅波，如图 6-15 所示。

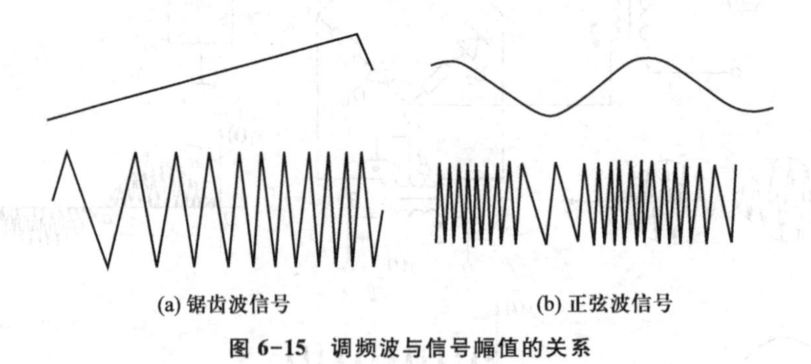

(a) 锯齿波信号　　(b) 正弦波信号

图 6-15 调频波与信号幅值的关系

调频波的瞬时频率可表示为

$$\omega=\omega_0+\Delta\omega \tag{6-24}$$

式中：ω_0 为载波信号频率；$\Delta\omega$ 为频率偏移，与调制信号 $s(t)$ 的幅值成正比。

常用的频率调制法有直接调频法和间接调频法。直接调频法就是用调制信号 $s(t)$ 对压控振荡器进行电压控制，来自电容或电感的可变电抗调制信号可作为自激振荡器谐振回路的调谐参数，利用其振荡频率与控制电压呈现线性变化的特性，改变压控振荡器的输出频率，从而达到频率调制的目的。如果电容或电感的变化足够小，谐振回路的频率变化与其变化量成线性关系。

对调频波进行解调通常通过鉴频方法，这是将信号的频率变化再变换为电压幅值等电信号的变化。

频率调制较之幅值调制的一个重要的优点是改善了信噪比。分析表明，干扰噪声如果与调幅信号的载波同频，则有效的调幅波对干扰波的功率比必须在 35 dB 以上。但在频率调制的情况下，在满足上述调幅情况下的相同性能指标时，有效的调频波对干扰波的功率比只要 6 dB 即可。这是因为调频信号所携带的信息包含在频率变化中，而干扰波的干扰作用则主要表现在振幅中。由干扰引起的幅度变化，往往可以通过限幅器有效地消除。

调频方法也存在着缺点：调频波通常要求很宽的频带，甚至为调幅所要求带宽的 20 倍；调频系统较之调幅系统复杂一些，因为频率调制是一种非线性调制，不能运用叠加原理，因此分析调频波也比分析调幅波复杂。

相位调制也是一种角度调制方式。如果载波的相位 $\varphi(t)$ 随基带信号 $f(t)$ 做线性变化，则称这种调制方式为相调制（PM）。由于频率或相位的变化最终都使载波的相位角发生变化，FM 和 PM 统称角度调制，信号的频谱都发生了变化，角度调制也是一种非线性调制。

调相波（PM）。载波的瞬时相位与基带信号 $f(t)$ 成线性函数关系，所形成的调制波称为相位调制波：

$$s_{\mathrm{PM}}(t)=A_0\cos[\omega_0 t+K_{\mathrm{PM}}f(t)] \tag{6-25}$$

式中：K_{PM} 为相位调制指数，或称为相位调制灵敏度。调相波的瞬时频率可写成

$$\omega(t)=\omega_0+K_{\mathrm{PM}}\frac{\mathrm{d}f(t)}{\mathrm{d}t} \tag{6-26}$$

调频和调相只是角度调制的不同形式，无本质差别。若预先不知道调制信号的调制方式，仅从已调波上是很难分辨调频波或调相波的。图 6-16 表示调相信号及调频信号的波形特征。

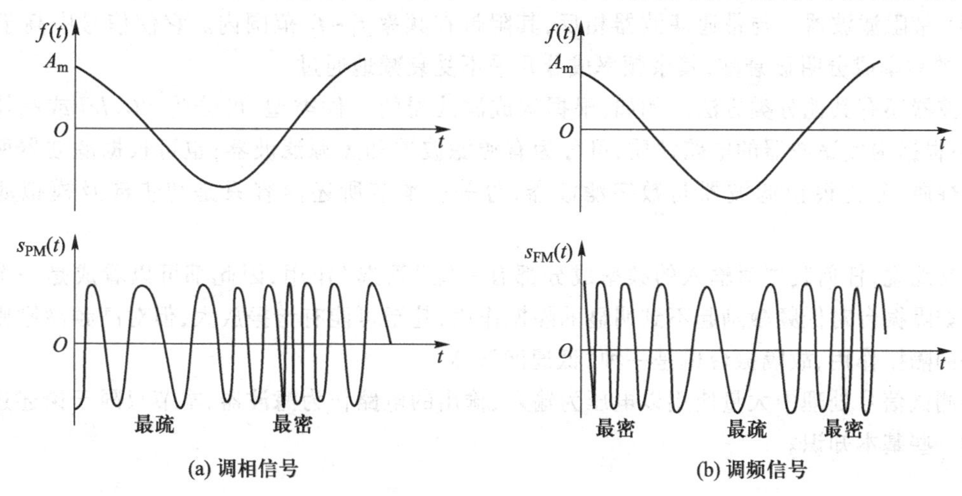

图 6-16 调相信号及调频信号波形

6.3 信号的滤波

滤波器在自动检测、自动控制及电子测试仪器中被广泛应用。本节介绍在测试装置中常用滤波器的基本原理。

6.3.1 滤波器原理与结构

滤波器是一种选频装置，可以允许信号中特定的频率成分通过，而极大地滤除信号中其他频率成分。在测试装置中，利用滤波器的这种筛选作用，可以滤除干扰噪声或进行频谱分析。

根据滤波器的选频作用，一般将滤波器分为四类，即低通滤波器、高通滤波器、带通滤波器和带阻滤波器。图 6-17 所示为这四类滤波器的幅频特性。

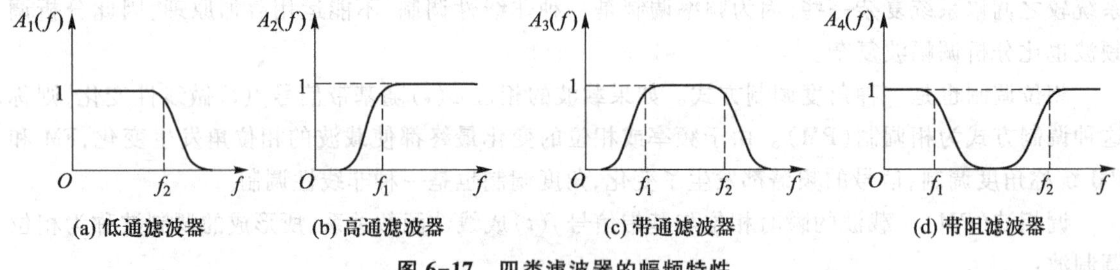

(a) 低通滤波器　(b) 高通滤波器　(c) 带通滤波器　(d) 带阻滤波器

图 6-17　四类滤波器的幅频特性

（1）低通滤波器。0~f_2 频率范围为其通带，幅频特性平直。它可以使信号中低于 f_2 的频率成分几乎不受衰减地通过，而高于 f_2 的频率成分明显衰减。

（2）高通滤波器。与低通滤波器相反，频率 $f_1 \sim \infty$ 为其通带，其幅频特性平直。它使信号中高于 f_1 的频率成分几乎不受衰减地通过，而低于 f_2 的频率成分将明显衰减。

（3）带通滤波器。它的通带在力 f_1~f_2 的范围内。它使信号中高于 f_1 并低于 f_2 的频率成分几乎不受衰减地通过，而其他频率成分明显衰减。

（4）带阻滤波器。与带通滤波器相反，其阻带在频率 f_1~f_2 范围内。它使信号中高于 f_1 且低于 f_2 的频率成分明显衰减，其余频率成分几乎不受衰减地通过。

滤波器还有其他分类方法。例如：根据构成滤波器的元件类型，可分为 RC、LC 或晶体谐振滤波器；根据构成滤波器的电路性质，可分为有源滤波器和无源滤波器；也可根据滤波器所处理的信号性质，分为模拟滤波器与数字滤波器；等等。本节所述内容只是初步涉及模拟滤波器范围。

广义地说，任何装置对输入的频率成分都有一定“筛选”作用，因此都可以看成是一个滤波器。例如隔振台对低频激励起不到明显的隔振作用，甚至可能有谐振放大，但对高频激励则可以起良好的隔振作用，故隔振台也是一种“低通滤波器”。

在测试信号处理中大量使用以电压为输入、输出的电路作为滤波器，本节只限于论述这类滤波器的一些基本知识。

6.3.2 理想滤波器与实际滤波器

1. 理想滤波器

滤波器功能的实现主要是利用滤波器的频率特性,一个理想滤波器在通带内幅频特性为常值,相频特性为通过原点的直线;在通带外幅频特性值为零。在通带内输入信号的频率成分不失真通过,而在通带外的频率成分则全部衰减掉。

式(6-27)描述了一理想低通滤波器的频率响应函数,图 6-18 是其幅频特性和相频特性示意图,通过该滤波器的信号中低于 f_c 的频率成分无任何失真地通过,而高于 f_c 的频率成分则完全衰减掉,f_c 称为截止频率。但这种滤波器的理想特性实际上是难以实现的。

$$H(f)=\begin{cases}|H(f)|e^{j\varphi(f)} & -f_c<f<f_c\\ 0 & 其他\end{cases} \tag{6-27}$$

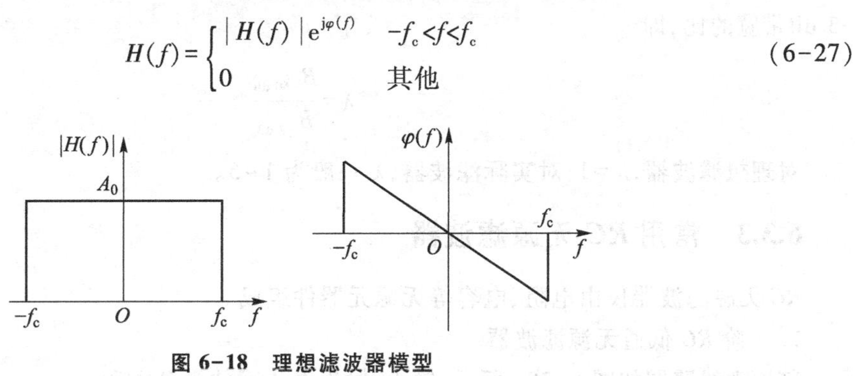

图 6-18 理想滤波器模型

2. 实际滤波器

图 6-19 为实际带通滤波器的幅频特性示意图,通过与理想带通滤波器的幅频特性比较,可看出两者差别。理想滤波器的两个截止频率 f_{c1} 与 f_{c2} 之间的幅频特性为常数 A_0,截止频率之外的幅频特性均为零;而实际滤波器的特性曲线无明显转折点,通常幅频特性也并非常数。因此,要用更多的参数来对它进行描述,如截止频率、带宽、纹波幅度、品质因子(Q 值)以及倍频程选择性等。

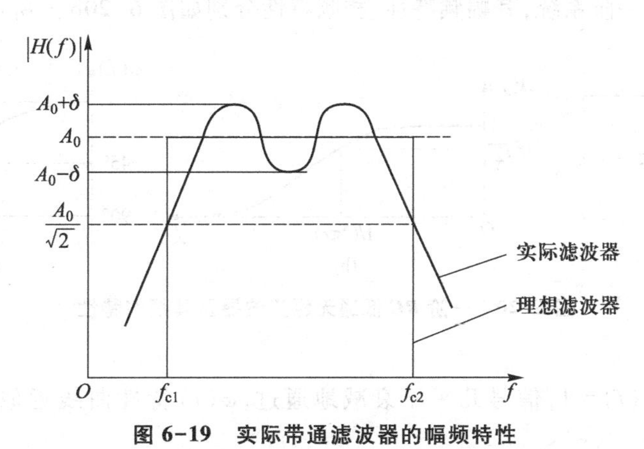

图 6-19 实际带通滤波器的幅频特性

1) 截止频率。截止频率是指幅频特性值等于 $A_0/\sqrt{2}$(即-3 dB)时所对应的频率点(图 6-19 中的 f_{c1} 和 f_{c2})。若以信号的幅值平方表示信号功率,该频率对应的点为半功率点。

2）带宽 B。滤波器带宽定义为上、下两截止频率之间的频率范围，$B=f_{c2}-f_{c1}$，又称为-3 dB带宽，单位为 Hz。带宽表示滤波器的分辨能力，即滤波器分离信号中相邻频率成分的能力。

3）通带纹波。通常中幅频特性的起伏变化值称为纹波特性，图 6-19 中用$\pm\delta$表示，其中纹波幅度为 2δ，δ 值越小越好。

4）品质因子 Q。带通滤波器的品质因子 Q 为中心频率 f_0 与带宽 B 之比，即 $Q=f_0/B$。Q 越大，则相对带宽越小，滤波器的选择性越好。

5）倍频程选择性。从阻带到通带或从通带到阻带，实际滤波器都有一个过渡带，过渡带的曲线倾斜度代表幅频特性衰减的快慢程度，通常用倍频程选择性来表征。

6）滤波器因数 λ。滤波器因数 λ 也称矩形系数，为滤波器幅频特性曲线中-60 dB 带宽与-3 dB带宽的比，即

$$\lambda=\frac{B_{-60\ \mathrm{dB}}}{B_{-3\ \mathrm{dB}}} \tag{6-28}$$

对理想滤波器，$\lambda=1$；对实际滤波器，λ 一般为 1~5。

6.3.3 常用 *RC* 无源滤波器

RC 无源滤波器仅由电阻、电容等无源元器件组成。

1. 一阶 *RC* 低通无源滤波器

其原理线路图如图 6-20a 所示，输入、输出电压间的微分方程为

$$RC\frac{\mathrm{d}e_y}{\mathrm{d}t}+e_y=e_x \tag{6-29}$$

若时间常数 $\tau=RC$，对上式求傅里叶变换得频率响应函数为

$$H(\mathrm{j}\omega)=\frac{1}{\mathrm{j}\tau\omega+1}=\frac{1}{\mathrm{j}\omega RC+1} \tag{6-30}$$

这是一个典型的一阶系统，其幅频特性、相频特性分别如图 6-20b、c 所示。

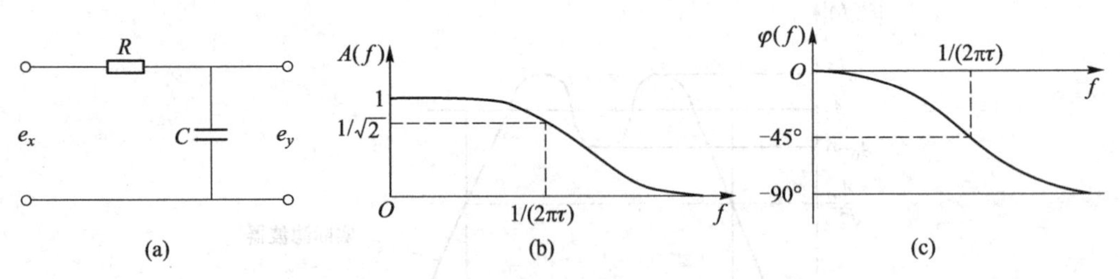

图 6-20 一阶 *RC* 低通无源滤波器及其频率特性

当 $f\ll\frac{1}{2\pi RC}$时，$A(f)=1$，信号几乎不衰减地通过，$\varphi(f)$ 特性曲线近似于一条通过原点的直线。

当 $f=\frac{1}{2\pi RC}$时，$A(f)=\frac{1}{\sqrt{2}}$，即在此频率时相当于幅频特性值为-3 dB 的点，此频率即为其上截

止频率，因此改变 RC 参数，就能改变截止频率。

2. 一阶 RC 高通无源滤波器

其电路原理如图 6-21a 所示，根据电路原理可以同样分析出此电路的输出、输入电压的微分式为

$$e_y + \frac{1}{RC}\int e_y \mathrm{d}t = e_x \tag{6-31}$$

对此式两边进行傅里叶变换，可得其频率函数为

$$H(\mathrm{j}\omega) = \frac{\mathrm{j}\omega\tau}{\mathrm{j}\omega\tau+1} \tag{6-32}$$

该系统的幅值特性、相频特性如图 6-21b、c 所示。此滤波器的 -3dB 截止频率为 $f_{c1} = \frac{1}{2\pi RC}$，这个电路是一阶 RC 高通无源滤波器。

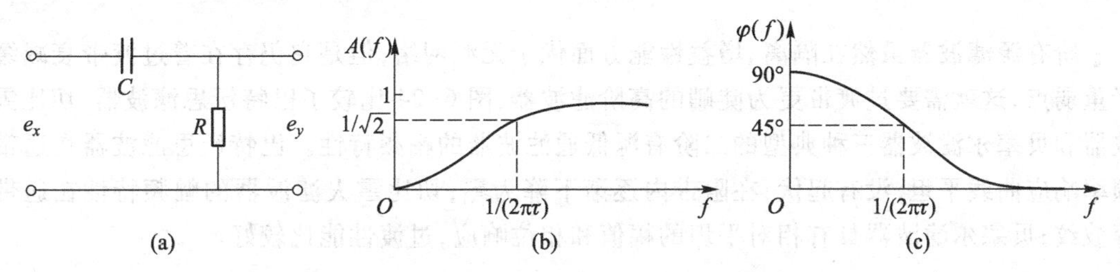

图 6-21　一阶 RC 高通无源滤波器及其幅频特性

6.3.4　有源滤波器

RC 调谐式滤波器仅由电阻、电容等无源元件构成，通常称之为无源滤波器。一阶无源滤波器过渡带衰减缓慢，选择性不佳，虽然可以通过提高滤波器阶次提高在过渡带的衰减速度，但受级间耦合的影响，效果有互相削弱，而且信号的幅值也将逐渐减弱，为此在一些场合中有必要采用有源滤波器。

如图 6-22 所示，基本有源滤波器由无源滤波器网络和运算放大器组成，运算放大器是有源器件，既可作为级间隔离，又可起信号幅值放大作用。

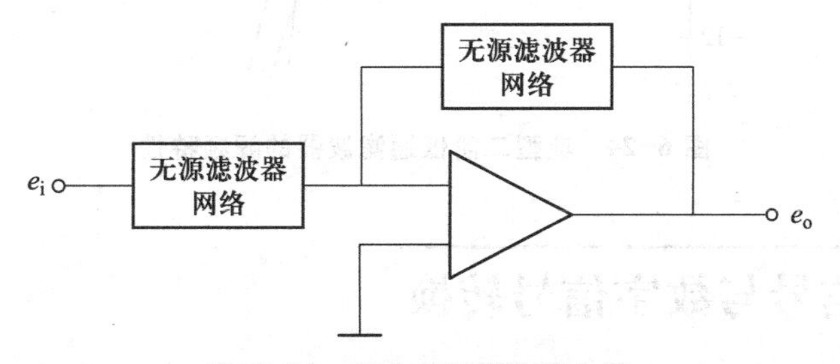

图 6-22　基本有源滤波器电路

将前述的无源 RC 滤波网络接入运算放大器的输入端或运算放大器电路的反馈回路上，就形成一有源滤波器，如图 6-23 所示。图 6-23a 为一阶同相有源低通滤波器，它将 RC 无源低通

滤波器接到运算放大器的同相输入端，运算放大器起隔离、增益和提高带负载能力的作用。其截止频率 $f_c=1/(2\pi RC)$，放大倍数为 $(1+R_2/R_1)$。图 6-23b 为一阶反相有源低通滤波器，它将高通网络作为运算放大器的负反馈，结果得到低通滤波特性，其截止频率 $f_c=1/(2\pi RC)$，放大倍数为 R/R_0。

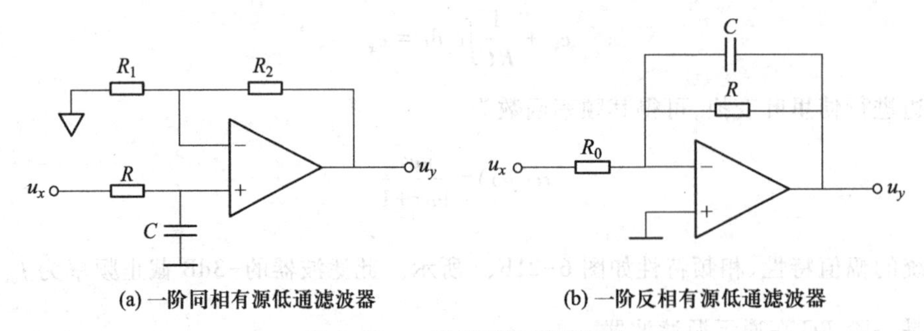

图 6-23　一阶有源低通滤波器

一阶有源滤波器虽然在隔离、增益性能方面优于无源网络，但是它仍存在着过渡带衰减缓慢的严重弱点，这就需要过渡带更为陡峭的高阶滤波器，图 6-24 比较了巴特沃思滤波器、切比雪夫滤波器和贝塞尔滤波器三种典型的二阶有源低通滤波器的幅频特性。巴特沃思滤波器在通带内的频率响应曲线平坦，没有起伏，在阻带内逐渐下降为零；切比雪夫滤波器的幅频特性在通带内是等波纹；贝塞尔滤波器具有相对平坦的幅值和相位响应，过渡性能比较好。

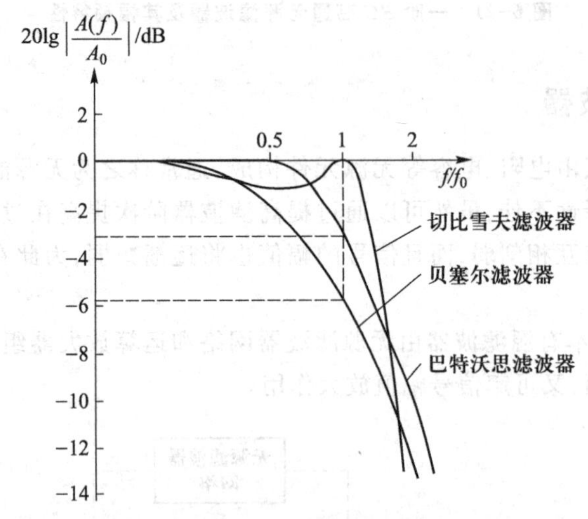

图 6-24　典型二阶低通滤波器的幅频特性

6.4　模拟信号与数字信号转换

实际在测量和控制过程中，信号在处理和应用时普遍涉及模拟信号与数字信号的相互转换。为了能够使用数字电路处理模拟信号，必须把模拟信号转换成相应的数字信号，方能输入数字信号系统进行处理。反之，只有把数字信号系统处理后的数字信号转换成相应的模拟信号，系统才能进行模拟量输出。

6.4.1 数模(D/A)转换

把一个二进制数 D_n 变换为它所代表的实际数值的模拟量称为数模转换。一个二进制数 $D_n=d_{n-1}d_{n-2}\cdots d_1d_0$ 中，每一位所代表的数值大小可由这一位的权表示，如二进制数 $D_n=d_{n-1}d_{n-2}\cdots d_1d_0$，相应的权为 2^{n-1}、…、2^1、2^0，也就是说它的实际值 $D_n=d_{n-1}\times2^{n-1}+\cdots+d_1\times2+d_0$。

要对二进制数进行 D/A 转换，可把该数每一位权的相应数值体现出来并相加，就可完成 D/A转换。

1. 权电阻网络 D/A 转换器

图 6-25 所示为四位数电阻网络 D/A 转换器原理图，由权电阻网络、位开关、电流加法器及电流电压转换器组成。可以看到，权电阻网络中每一个电阻的阻位与对应的二进制位的权电阻成反比。位开关 S_3、S_2、S_1、S_0 分别对应二进制数的 d_3、d_2、d_1、d_0 位。相应二进制位为 1 时，对应位开关把电阻接上参考电压 U_{REF}；相应位为零时，电阻接地，该位无电流流过。可见，每一位的权电阻上的电流和对应位的权成正比。运算放大器 A 将每一位权电阻的电流相加，其结果与二进制数 D_n 代表的数值成正比，即

$$\begin{aligned}I=I_3+I_2+I_1+I_0&=\frac{U_{REF}}{2^0R}d_3+\frac{U_{REF}}{2^1R}d_2+\frac{U_{REF}}{2^2R}d_1+\frac{U_{REF}}{2^3R}d_0\\&=\frac{U_{REF}}{2^3R}[d_3\times2^3+d_2\times2^2+d_1\times2^1+d_0\times2^0]\end{aligned}\tag{6-33}$$

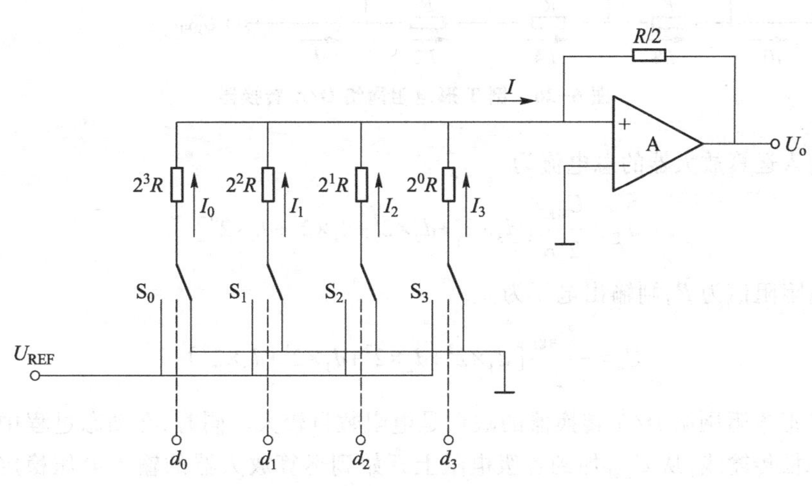

图 6-25 权电阻网络 D/A 转换器

推广到 n 位二进制，n 位的权电阻网络 D/A 转换器有

$$I=\frac{U_{REF}}{2^{n-1}R}[d_{n-1}\times2^{n-1}+\cdots+d_1\times2^1+d_0\times2^0]\tag{6-34}$$

运算放大器 A 同时完成把电流 I 变为电压的转换。如 A 的输出为 $U_o=-IR_f$，如果取 $R_f=R/2$，有

$$U_o=-\frac{U_{REF}}{2^n}[d_{n-1}\times2^{n-1}+\cdots+d_1\times2^1+d_0\times2^0] \tag{6-35}$$

输出模拟电压 U_o 正比于输入数字信号 D_n，从而实现了数字量到模拟量的转换。

权电阻网络 D/A 转换器电路结构简单，物理概念明确。它的缺点是所用电阻的阻值相差大，在位数多时，该问题尤其突出。如一个八位权电阻网络 D/A 转换器，最大电阻将达到 2^7R，与最小电阻相差 $2^7=128$ 倍。倒 T 形电阻网络 D/A 转换器可以缓解这个问题。

2. 倒 T 形电阻网络 D/A 转换器

图 6-26 所示为四位倒 T 形电阻网络 D/A 转换器，其中两种电阻 R 和 $2R$ 组成的电阻解码网络呈倒 T 形，并与模拟开关 $S_0\sim S_3$、运算放大器 A 组成电路。模拟开关 S_i 由输入数码 d_i 控制，当 $d_i=1$ 时，S_i 接运算放大器反相端，电流 I_i 流入求和电路；当 $d_i=0$ 时，S_i 则将电阻 $2R$ 接入运算放大器线性的“虚地”，流经电阻 $2R$ 的电流与开关位置无关。若基准电压源电压为 U_{REF}，则总电流为 $I=U_{REF}/R$，流过各开关支路（从右到左）的电流分别为 $I/2$、$I/4$、$I/8$ 和 $I/16$。

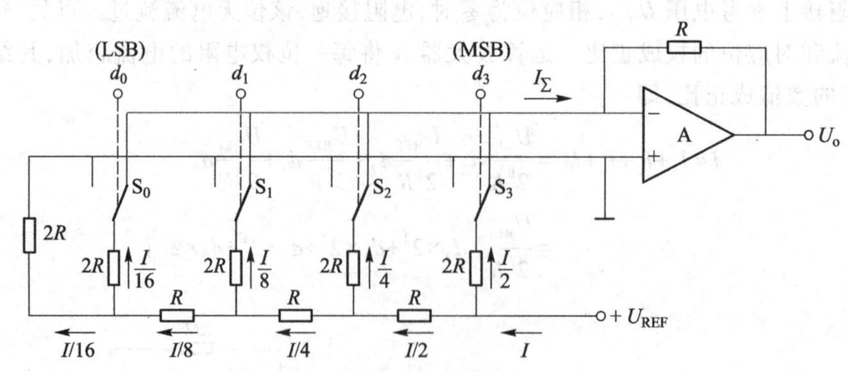

图 6-26　倒 T 形电阻网络 D/A 转换器

可得到进入运算放大器的总电流为

$$I_\Sigma=\frac{U_{REF}}{2^4R}[d_3\times2^3+d_2\times2^2+d_1\times2^1+d_0\times2^0] \tag{6-36}$$

若反馈电阻阻值为 R，则输出电压为

$$U_o=-\frac{U_{REF}}{2^4}[d_3\times2^3+d_2\times2^2+d_1\times2^1+d_0\times2^0] \tag{6-37}$$

四位倒 T 形电阻网络 D/A 转换器的缺点是电阻数目较大。同时，在动态过程中倒 T 形电阻网络相当于一根传输线，从 U_{REF} 加到各级电阻上开始到运算放大器的输入电压稳定地建立起来为止，需要一定的传输时间，位数较多时对工作速度的影响较大。

6.4.2　模数（A/D）转换

1. A/D 转换的一般步骤

一个完整的 A/D 转换过程可分为采样、保持、量化、编码四个步骤。不过，在实际使用中，这些步骤常可以合并在一起进行。如采样与保持一般都合在一起完成，量化与编码也常放在一起完成。

（1）采样保持电路

为了能完整地把模拟信号采集下来，保证将来能正确地还原成原来被采样的信号，根据采样定理，采样脉冲频率 f_s 必须满足 $f_s \geqslant 2f_{imax}$，f_{imax} 是模拟信号最高频率分量的频率。

如图 6-27 所示，模拟信号 u_i 在采样脉冲的作用下，形成一串不等幅值的脉冲序列 u_s，其幅值与采样脉冲时刻的模拟信号瞬时值相当，这一脉冲序列即为采样后的信号。

图 6-28 为采样保持电路的基本形式，V 为 N 沟道场效应管，起采样闸门的作用，当采样脉冲到来时，P_s 为高电平，V 导通，输入信号 u_i 通过 V、R_i 对 C_h 充电。如果取 $R_i = R_f$，则应有 $u_o = u_c - u_i$，其中 u_c 为电容 C_h 上的电压，采样脉冲过后，P_s 为低电平，V 截止，C_h 因充放电的通道被阻断而保持 $u_c = -u_i$，达到了保持采样信号的目的。C_h 的漏电越小，运算放大器的输入阻抗越高，保持的时间就越长。

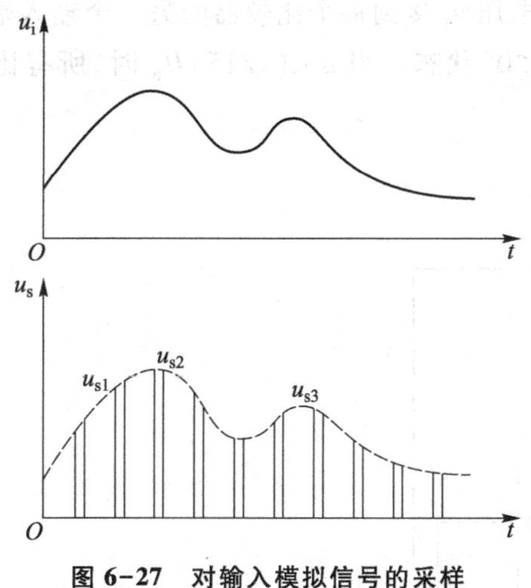

图 6-27　对输入模拟信号的采样

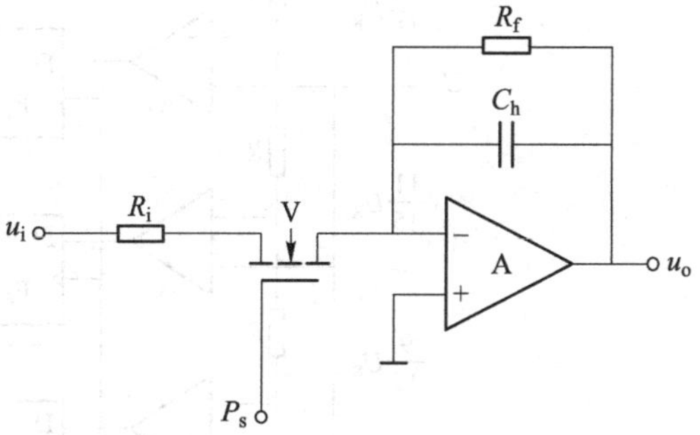

图 6-28　采样保持电路的基本形式

（2）量化及编码

数字信号的数值大小不可能像模拟信号那样是连续的，而只能是某个规定的最小数量单位的整数倍。因此，在进行 A/D 采样时必须把连续的模拟电压归于这个最小单位的整数倍数，这个过程称为量化，所取的最小数量单位称为量化单位，用 Δ 表示。把量化的结果用二进制代码表示出来称为编码。这些代码就是 A/D 转换的结果。

数据在量化过程中，对数据计数保留方式影响了量化误差。一般采用只舍不入和四舍五入两种量化方式。采用只舍不入的量化方式，数字信号最低有效位的 1 所代表的数量大小就等于 Δ，最大量化误差就是 Δ；采用四舍五入的量化方式，最大量化误差是 Δ/2。例如把 0~1 V 范围内的模拟电压转换成三位二进制代码，可取量化单位 Δ = 1/8 V，在量化过程中如果只舍不入，把 0~1/8 V 范围内的模拟电压都当作 0Δ = 0 V 对待，在编码时用二进制 000 表示，把 1/8~2/8 V 之间的模拟电压都当作 1Δ 对待，

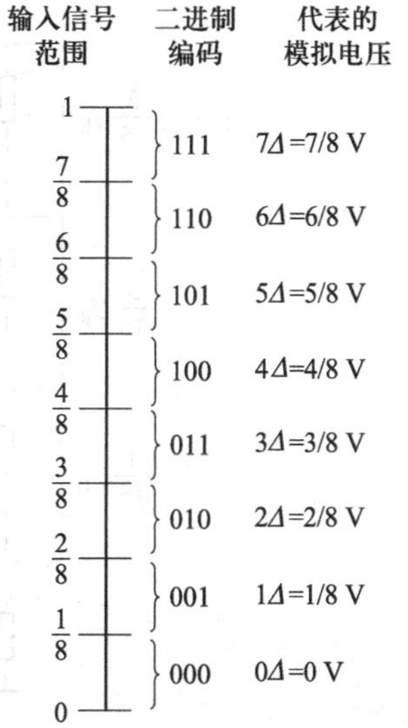

输入信号范围	二进制编码	代表的模拟电压
7/8~1	111	7Δ=7/8 V
6/8~7/8	110	6Δ=6/8 V
5/8~6/8	101	5Δ=5/8 V
4/8~5/8	100	4Δ=4/8 V
3/8~4/8	011	3Δ=3/8 V
2/8~3/8	010	2Δ=2/8 V
1/8~2/8	001	1Δ=1/8 V
0~1/8	000	0Δ=0 V

图 6-29　量化电压划分示意图

用二进制 001 表示，以此类推，如图 6-29 所示。这种量化的方法可能出现的最大量化误差为 Δ，即 1/8 V。

2. 直接 A/D 转换器

直接 A/D 转换器把编码过程一次完成，不需经过中间环节。方法有并联比较型与反馈比较型。

(1) 并联比较型

图 6-30 所示为并联比较型 A/D 转换器。参考电压为 U_R，输入模拟电压范围为 $0\sim U_R$。电路由电压比较器、寄存器及编码器三部分组成。输出为三位二进制数 d_2、d_1、d_0。八个分压电阻 R 及七个电压比较器构成量化比较器，七个 D 触发器作为量化结果寄存器，完成量化电平的分割，电阻串把参考电压 U_R 分成 $(1/15)U_R\sim(13/15)U_R$ 七个比较电平。把这七个比较电平分别接到七个电压比较器 $A_1\sim A_7$ 的一个比较端上，输入模拟电压 u_i 接到每个比较器的另一个输入端上。时钟(CP)脉冲到来后，所有寄存器 $F_1\sim F_7$ 都被置成“0”状态。当 $u_i<(1/15)U_R$ 时，所有比

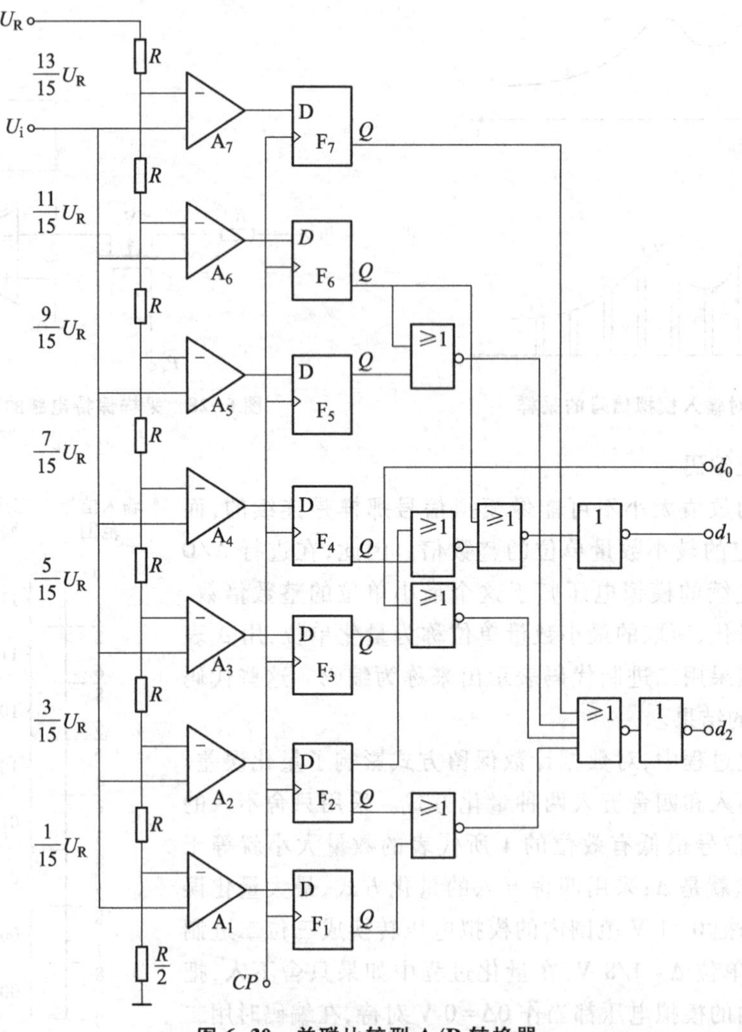

图 6-30　并联比较型 A/D 转换器

较器全输出低电平；当$(1/15)U_R<u_i<(3/15)U_R$时，A_1输出高电平，F_1被置成“1”，其余触发器置成“0”。以此类推，得出u_i落在不同的比较电平范围时寄存器的状态。并联型A/D转换器的最大优点是转换速度快。

(2) 反馈比较型

反馈比较型A/D转换器量化过程中，取一个数字量加到D/A转换器，得到一个模拟电压输出，将这个模拟电压与待转换的输入模拟电压u_i比较，若两者不等则调整所取的数字量，直至两个模拟电压相等，最终所调整得到的数字量就是所求的转换结果。反馈比较型A/D转换器一般分为计数型和逐次渐进型两种，下面简单介绍逐次渐进型的工作原理。

逐次渐进型A/D转换器的工作原理可以用图6-31表示，这种转换器包括比较器、D/A转换器、寄存器、时钟信号和控制逻辑五个部分。

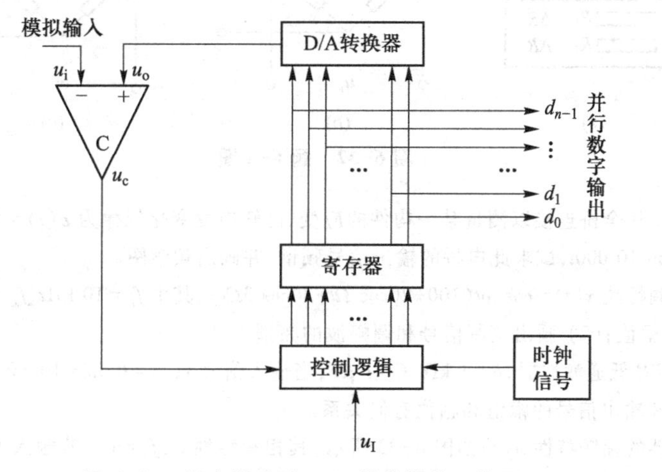

图6-31　逐次渐进型A/D转换器的工作原理

转换开始前先将寄存器清零，所以加给D/A转换器的数字量也全是“0”。转换控制信号u_i变成高电平后开始转换，时钟信号通过控制逻辑首先将寄存器的最高位设成“1”，使寄存器的输出变为100…00，这个数字量被D/A转换器转换成相应的模拟电压u_o送到比较器与模拟信号u_i比较，如果$u_o>u_i$，说明数字过大，则将这个“1”清除；如果$u_o<u_i$，说明数字还不够大，则这个“1”应予保留。然后再按同样的方法将次高位设成“1”，并比较u_o与u_i的大小以确定这一位的“1”是否应当保留，这样逐位比较下去，比较完毕以后寄存器内的数字就是所求的A/D转换结果。

整个A/D转换过程正如同用天平去称量一个未知质量的物体时所进行的操作一样，只是所用的砝码一个比一个质量小一半。

思考题与练习题

6-1　现有四个电路元件，电阻R_1、R_2，电感L和电容C，拟接成四臂交流电路，试设计出能满足电桥平衡的正确接法，电桥激励为u_i，电桥输出为u_o，画出电桥电路图，并写出该电桥的平衡条件。

6-2　单臂电桥工作臂电阻应变片的阻值为120 Ω，固定电阻$R_2=R_3=R_4=120\ \Omega$，电阻应变片的灵敏度$S=$

2,电阻温度系数 $r_f=20\times10^{-6}/℃$,线胀系数 $\alpha=3\times10^{-6}/℃$,当工作臂温度升高 10 ℃时相当于应变值为多少？若试件的$E=2\times10^{11}\ \mathrm{N/m^2}$,则相当于试件产生的应力 σ 为多少？

6-3 有人在使用电阻应变仪时发现灵敏度不够,于是试图在工作电桥上增加电阻应变片数以提高灵敏度。试问,在半桥双臂各串联一片电阻应变片的情况下,是否可以提高灵敏度？为什么？

6-4 用电阻应变片及双臂电桥测量悬臂梁的应变 ε。其贴片及组桥方法如图 6-32 所示。已知图中 $R_1=R_1'=R_2=R_2'=120\ \Omega$,上、下贴片位置对称,电阻应变片的灵敏度 $S=2$。应变值 $\varepsilon=10\times10^{-3}$,电桥供桥电压 $u_i=3$ V。试分别求出图 6-32b、c 组桥时的输出电压 u_o。

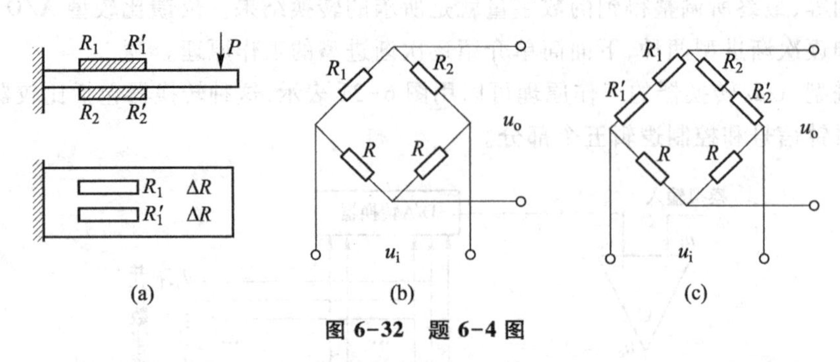

图 6-32 题 6-4 图

6-5 用电阻应变片全桥连接以测量某一构件的应变,已知应变变化规律为 $\varepsilon(t)=A\cos 10t+B\cos 100t$,如果电桥激励电压 $u_i=U\sin 10\ 000t$,试求此电桥的输出信号频谱,并画出频谱图。

6-6 已知一个调幅波 $x(t)=\cos\omega t(100+20\cos\Omega t+30\cos 3\Omega t)$,其中 $f_\omega=10$ kHz,$f_\Omega=500$ Hz,求:(1) $x(t)$所包含各分量的频率和幅值;(2) 画出调制信号和调幅波的频谱。

6-7 一个一阶 RC 低通滤波器,$R=1\ \mathrm{k\Omega}$,$C=1\ \mathrm{\mu F}$,当输入信号 $x(t)=0.5\sin 10t+0.2\sin(100t-45°)$时,求输出 $y(t)$,并说明输入和输出信号的幅值和相位有何关系。

6-8 低通滤波器的幅频特性 $A(f)$如图 6-33 所示,其相频特性 $\varphi(f)=0$。若输入如图所示的方波信号,试求滤波器的输出 $y(t)$。

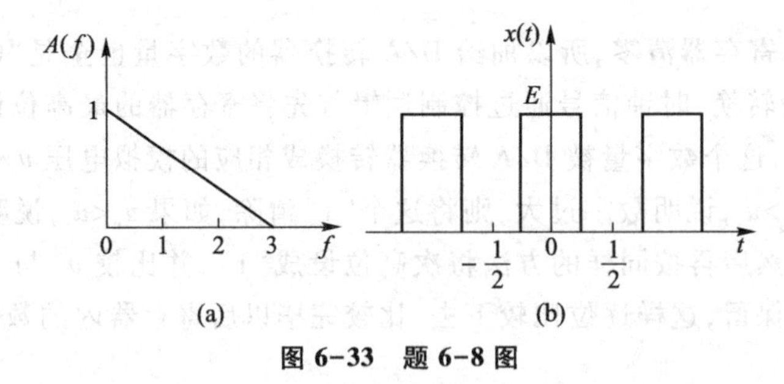

图 6-33 题 6-8 图

6-9 有一个 1/3 倍频程带通滤波器,其中心频率 $f_0=80$ Hz,求上、下截止频率 f_{c2}、f_{c1}。

第7章 信号处理初步

信号处理和信号分析通常是指对信号的构成和特征值进行分析,以及对信号经过必要的变换获得所需信息的过程。测试获得的信号中不仅存在测试误差,还会掺混一些噪声和干扰信号,需经过必要的处理和分析以消减误差产生的影响,并分离噪声信号,才能合理地提取测试信号中所含有的有用信息。

模拟信号处理通常在数字信号分析前,通过一系列模拟运算的电路实现,如模拟滤波器、乘法器、微分放大器等组成的电路。数字信号分析可以用数字计算技术对信号实现检测、滤波、调制、解调等功能以及傅里叶变换、快速傅里叶变换等进行信号谱分析和处理。本章介绍一些基本的数字信号处理方法。

7.1 数字信号及其处理步骤

7.1.1 信号数字化的必要性

动态测试的对象是随时间变化的物理量,针对这些连续变化的信号,测试传感器输出大多仍以模拟信号为主,如果需要对信号进行相关分析和功率谱分析等数字化分析和处理,必须先对模拟信号进行数字化处理。

数字信号分析与处理随着计算机技术和大规模集成电路技术的进步而迅速发展,微处理器和计算机技术的发展,也为信号的数字处理分析提供了强有力的工具。数字信号处理的主要内容有频谱分析、数字滤波以及信号识别等,涉及离散傅里叶变换、功率谱密度计算、相关系数分析等。

7.1.2 数字信号处理基本步骤

数字处理的对象是离散数据,一般包括图 7-1 中的步骤:

1) 模拟信号预处理,把信号变成适于数字处理的形式,也使其适宜于采样;如果信号中含不应有的直流分量,则须隔离直流分量;如果原信号经过调制,则应进行解调,并过滤其中的高频信号。

2) 模拟信号离散化,即将其与周期单位脉冲序列信号相乘,使之变为离散的时间序列。

3) 将离散的时间序列进行量化处理,将数据信号的幅值变成二进制数码。按时间等间隔采样,幅值上量化,将模拟信号转化为数字信号,即进行 A/D 转换。

4) 数字信号用数字信号处理器或计算机进行处理,处理结果供显示或打印,也可后接记录仪绘制频谱图等。

5）若需要将数字信号转换为模拟信号输出，则进行 D/A 转换，以实施反馈控制等。

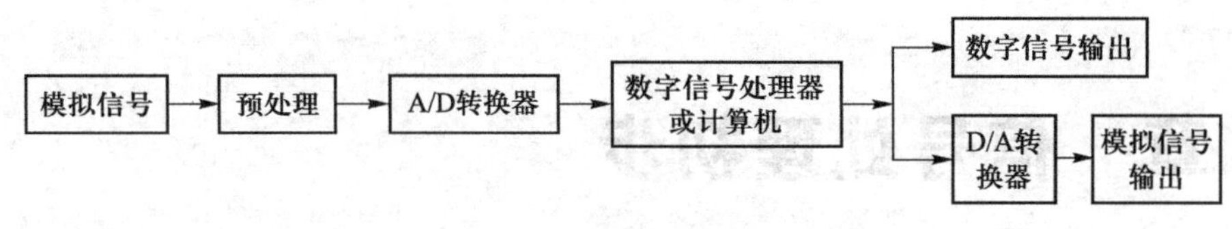

图 7-1 数字信号处理步骤

数字化时频域转换是用数字方法来实现傅里叶变换，即离散傅里叶变换（Discrete Fourier Transform，DFT），用数字计算机实现离散傅里叶变换的快速算法称为快速傅里叶变换（Fast Fourier Transform，FFT）。

7.2 离散傅里叶变换与数字信号频谱分析

7.2.1 离散傅里叶变换

离散傅里叶变换是为适应计算机而提出来的，是用计算机分析傅里叶变换时引出的一个特有名词。在连续信号进行傅里叶变换时，为了获取傅里叶变换及其逆变换，无论在时域或频域都需要对连续函数作积分运算。

要在计算机上完成这一变换，就需要对连续函数的傅里叶变换做到下面两点，一是连续函数无论是在时域或频域上都应变为离散数据，二是要在两个计算域上把计算范围从无限长区间收缩到一个有限区间内。

模拟信号：$x(t) \Leftrightarrow X(f)$；数字信号：$x(n) \Leftrightarrow X(k)$。其中：$n$ 是时域离散序号，k 是频域离散点序号。

下面用图 7-2 所示的例子来概括地说明这个过程。

1. 连续函数 $x(t)$ 时域采样

1）原信号 $x(t)$，其频谱为 $X(f)$，对其时域信号采样就是将 $x(t)$ 乘以周期单位脉冲序列函数 $g(t)$。

2）$g(t)$ 是等间隔周期脉冲序列，其间隔为采样周期 T_s，它的傅里叶变换为 $G(f)$，它在频域内也是等间隔的周期脉冲序列，其间隔为 $1/T_s$，即采样频率 f_s。

3）对 $x(t)$ 作采样处理后的函数为 $x(t)g(t)$，它的傅里叶变换为卷积 $X(f)*G(f)$，由于 $G(f)$ 是 δ 函数的脉冲序列，所以卷积结果是 $X(f)$ 图形搬到脉冲所在频率位置上重新构图，这样频域中 $X(f)*G(f)$ 变成周期性的连续函数，并出现混叠现象。

2. 已采样的 $x(t)$ 信号截断

已采样的 $x(t)$ 有无限多个采样值，而计算机只能对有限长的数据点作处理，所以需要对 $x(t)g(t)$ 进行截断，取出有限多个采样点，例如 1024、2048、4096 个数据点。截断在数学上表达出来是用一个矩形窗函数去乘被处理的函数。

1）矩形窗函数 $w(t)$ 及其傅里叶变换 $W(f)$。

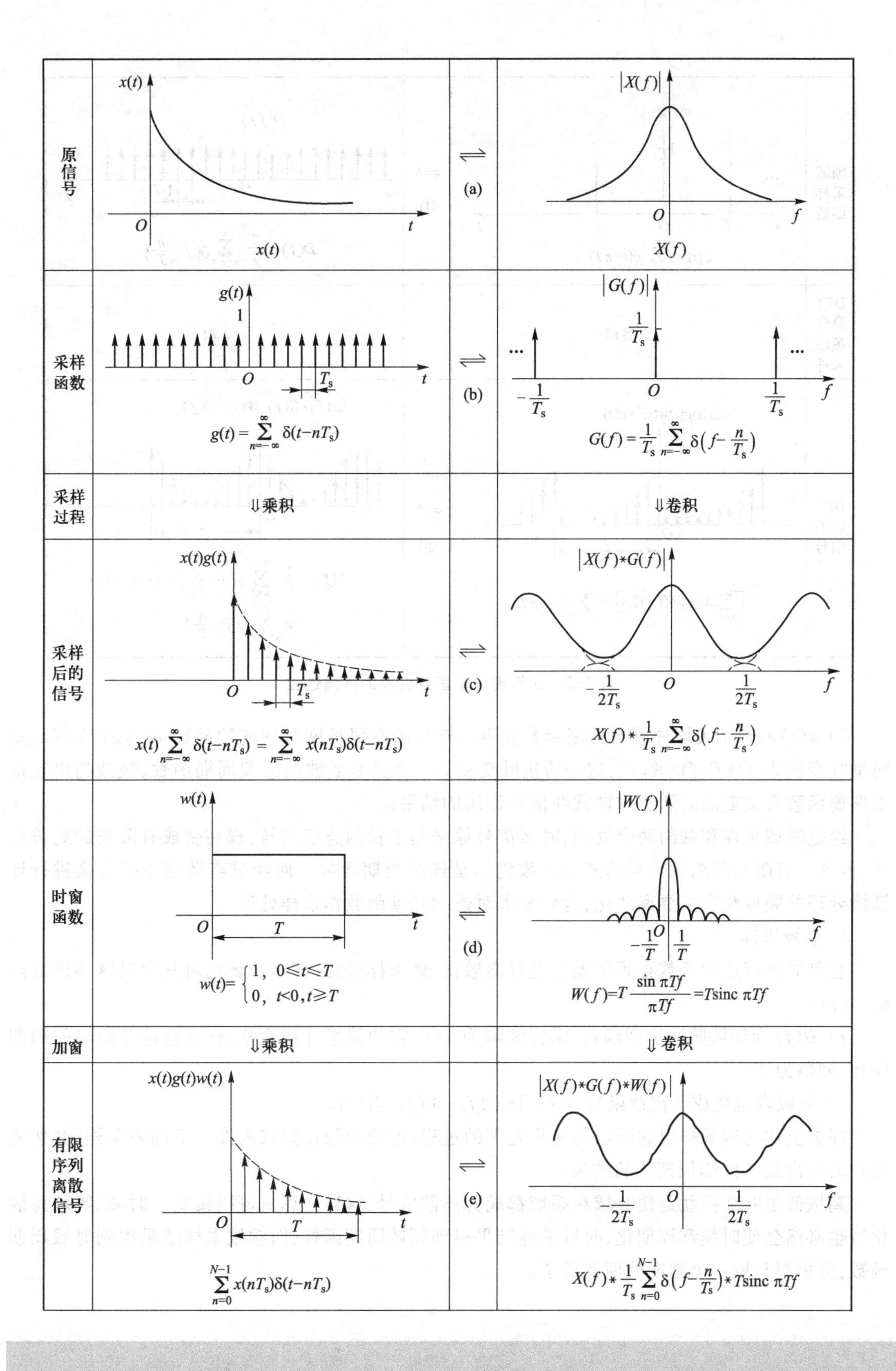
原信号
x(t)
O
t
x(t)
|X(f)|
(a)
O
f
X(f)
采样函数
g(t)
1
O
Ts
t
g(t) = Σ δ(t−nTs)
|G(f)|
1/Ts
(b)
−1/Ts
O
1/Ts
f
G(f) = 1/Ts Σ δ(f − n/Ts)
采样过程
⇓乘积
⇓卷积
采样后的信号
x(t)g(t)
O
Ts
t
x(t) Σ δ(t−nTs) = Σ x(nTs)δ(t−nTs)
|X(f)*G(f)|
(c)
−1/2Ts
O
1/2Ts
f
X(f) * 1/Ts Σ δ(f − n/Ts)
时窗函数
w(t)
O
T
t
w(t)= 1, 0≤t≤T; 0, t<0, t≥T
|W(f)|
(d)
−1/T
O
1/T
f
W(f)=T sin πTf / πTf =Tsinc πTf
加窗
⇓乘积
⇓卷积
有限序列离散信号
x(t)g(t)w(t)
O
T
t
Σ x(nTs)δ(t−nTs)
|X(f)*G(f)*W(f)|
(e)
−1/2Ts
O
1/2Ts
f
X(f) * 1/Ts Σ δ(f − n/Ts) * Tsinc πTf

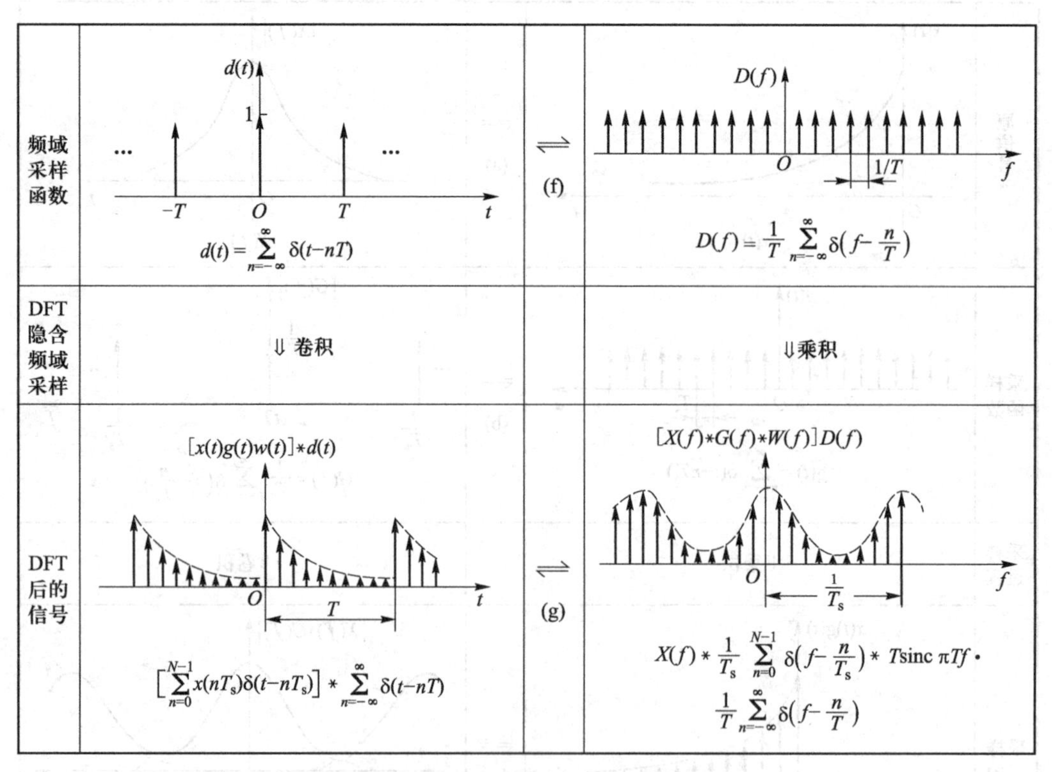

图 7-2　图解离散傅里叶变换的推演过程

2）$x(t)g(t)$的无限序列与截断函数相乘后产生的有限长度时域离散函数$x(t)g(t)w(t)$及傅里叶变换$X(f)*G(f)*W(f)$，这一傅里叶变换是一个具有皱波的连续周期函数，皱波的出现是矩形窗函数有突变的阶跃点对被截断信号作用的结果。

经过时域采样和截断两个处理，时域信号原来是很长的连续信号，现在变成有限长的离散信号，但这一有限长的离散信号的频谱函数仍然是连续周期函数。而经过离散傅里叶变换进行计算机处理的频域频谱需要离散化，这就要求对连续频谱函数作采样处理。

3. 频域采样

它是对频域连续函数在频率轴上进行离散化，做采样处理，即在频域内对其乘以脉冲序列函数$D(f)$。

1）$D(f)$为频域脉冲序列函数，采样间隔为$1/T$，它的傅里叶逆变换$d(t)$也是等间隔的周期序列，间隔为T。

2）频域内也变成了离散函数，$[X(f)*G(f)*W(f)]D(f)$。

根据上述时域采样引起频域周期化处理的过程，连续函数在频域内按$1/T$间隔采样，必然造成在时域内按T间隔周期化的结果。

离散傅里叶变换就是使时域和频域都成为离散信号，这样计算机可以接受。时域、频域离散化后也必然会使时频都周期化，时域采样结果得到频域周期函数，而频域采样结果得到时域周期函数，分析时只取一个周期处理就行了。

7.2.2 栅栏效应

在随机过程信号的数字处理中，除了采样、截断等会引起误差以外，还有一个潜在误差源——栅栏效应。栅栏效应是指这样一种现象：频谱经离散后，只能获得 $f=k/T=f_s k/N(k=0,1,2,\cdots)$ 各频率成分，其余的频率成分一概被舍去。犹如透过栅栏观望时会看不到被遮挡部分的景象。显然，重要的或有影响的频率成分，由于不在 $f=k/T=f_s k/N$ 点上而舍去的可能性完全存在。

从图 7-2g 可以看到，经离散傅里叶变换计算出的频谱，谱线位置为 $f=k/T=kf_s/N$，即在基频 $1/T$ 的整数倍上才有谱线，离散频谱之间的频谱显示不出来。这样，即使是重要的幅值也会被忽略，为栅栏效应的影响。

在离散傅里叶变换中，两条谱线间的间隔 Δf 称为频率分辨率，由离散傅里叶变换的图解推演可知，当分析的时域信号长度为 T（即窗宽，$T=NT_s$），采样频率为 f_s 时，分辨率为窗函数宽度的倒数：

$$\Delta f=f_s/N=1/T \tag{7-1}$$

要减少栅栏效应，就要提高频率分辨率 Δf，也就是说要增加窗的宽度 T，这就意味着在相同的采样频率下增加数据点数 N；而离散傅里叶变换的计算中提高数据点数有所限制，因此参数设置需多方兼顾。

7.3 典型数字信号处理过程

7.3.1 采样及采样定理

1. 采样

采样是把连续时间信号离散化的过程，采样过程可看作是等间隔的单位脉冲序列 $g(t)$ 与模拟信号 $x(t)$ 相乘，各采样点的信号大小就变成脉冲序列的权值，即将各个脉冲发生的函数值采集出来，这些权值被量化而成为相应的数值。

时域采样：$x(t)g(t)$ 离散信号如图 7-3 所示。

采样间隔 T_s 是采样的重要参数，$f_s=1/T_s$，采样间隔小则采样频率高，对一定时间记录的采样点数越多，计算工作量就越大。如果数字信号处理器能处理的数字序列长度是一定的，采样间隔越小，处理的时间历程越短。

由频域卷积定理可知：两个时域函数乘积的傅里叶变换等于两者傅里叶变换的卷积，即

$$x(t)g(t)\Leftrightarrow X(f)*G(f) \tag{7-2}$$

考虑 δ 函数与其他函数的卷积特性，有

$$X_s(f)=X(f)*G(f)=X(f)*\frac{1}{T_s}\sum_{n=-\infty}^{\infty}\delta\left(f-\frac{n}{T_s}\right)=\frac{1}{T_s}\sum_{n=-\infty}^{\infty}X\left(f-\frac{n}{T_s}\right) \tag{7-3}$$

上式称为 $x(t)$ 经过时间间隔为 T_s 的采样后所形成的采样信号频谱，如图 7-4 所示。

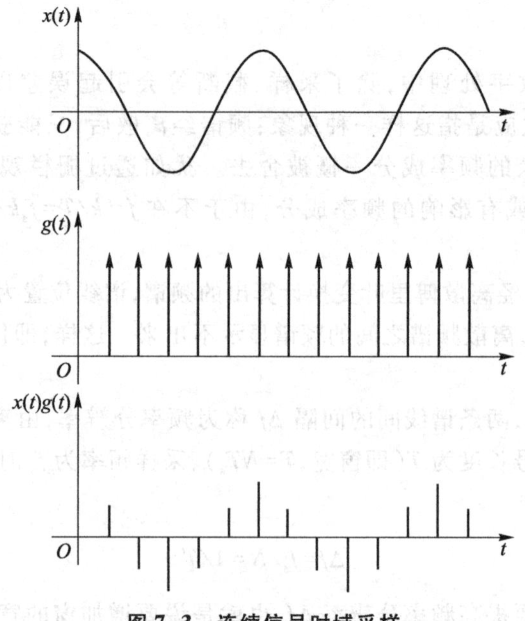

图 7-3　连续信号时域采样

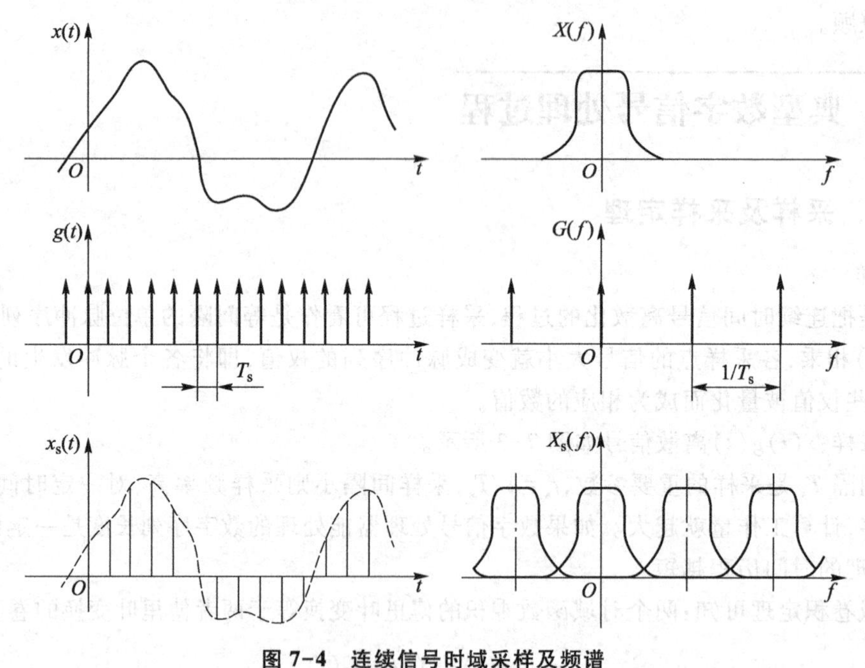

图 7-4　连续信号时域采样及频谱

$X_s(f)$与原信号的频谱$X(f)$不一定相同,但有联系。它是将原频谱依次搬到各采样脉冲发生处重新构图,幅值为原频谱的$1/T_s$,然后将各采样脉冲点的频谱叠加而成。信号经时域采样之后成为离散信号,新信号的频域函数就相应地变成周期函数,周期为$1/T_s$。

如果采样间隔T_s太大,即采样频率$f_s=1/T_s$太小,频域就可能产生较大的误差,可能丢失有用的信息，如图 7-5 所示。如果只有采样点 1、2、3、4 的采样值，信号的采样结果就分不清被测信号曲线是曲线 A 还是曲线 B，不能真实地反映原信号，造成测试结果错误。为此，采样间隔 T_s（也称为采样周期）的选择应满足采样定理的要求。

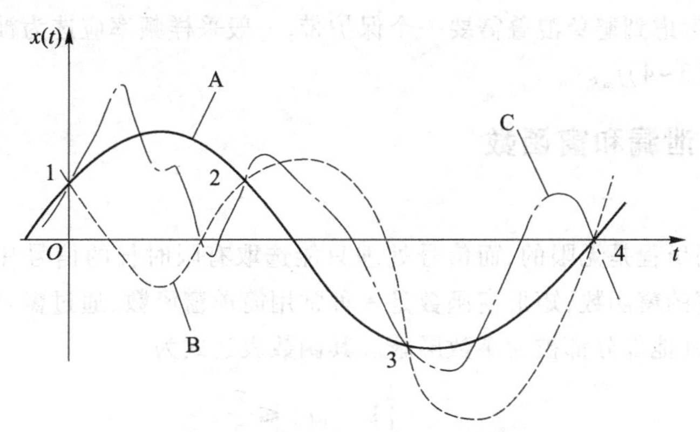

图 7-5　具有混叠特征的时域图形

2. 采样定理

采样过程可用数学描述为用周期单位脉冲序列 $g(t)$ 与模拟信号 $x(t)$ 相乘。间距为 T_s 的采样脉冲序列的傅里叶变换，频谱也是脉冲序列，其间隔为 $1/T_s$。

$$g(t)=\sum_{n=-\infty}^{\infty} g(t-nT_s) \Leftrightarrow G(f)=\frac{1}{T_s}\sum_{n=-\infty}^{\infty}\delta\left(f-\frac{n}{T_s}\right) \tag{7-4}$$

如果间隔 $1/T_s$ 过小，那么搬至各脉冲所在处的频谱 $X(f)$ 就会有一部分存在相互交叠，新合成 $X_s(f)=X(f)*G(f)$ 的图形与原 $X(f)$ 不一致，这种现象称为混叠。发生混叠后，改变原来频谱的部分幅值，若采样频谱发生了失真，就不可能从离散的采样信号 $x(t)g(t)$ 准确地恢复原来的时域信号 $x(t)$。

如果 $x(t)$ 是一个限带信号，其最高频率 f_m 数值有限，即频谱存在于 $-f_m \sim f_m$，如图 7-6 所示。若采样频率 $f_s=1/T_s>2f_m$，那么采样后的频谱 $X(f)*G(f)$ 就不会发生混叠，这时若让该信号通过一个中心频域为 0、带宽为 $\pm f_s/2$ 的理想低通滤波器，就可以完整地把原信号的频谱取出，也可能通过傅里叶逆变换从离散采样信号 $x(t)g(t)$ 准确地恢复原模拟信号 $x(t)$。

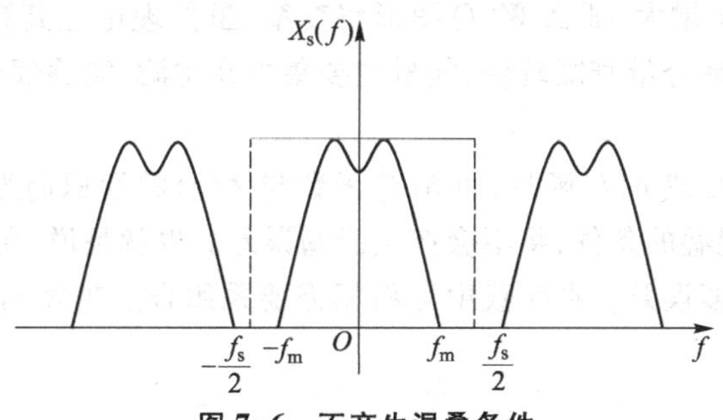

图 7-6　不产生混叠条件

欲使信号在频域不产生混叠，必须满足下列两个条件：① 被采样信号必须是限带信号，即最高频率 f_m 为有限值。因此，当确知信号中有高频干扰时，应用低通滤波器滤波使频域 $|f| \leqslant f_m$

的信号才能通过,高频成分滤掉;② 采样频率 f_s 必须大于限带信号中的最高频率 f_m 的两倍。即采样定理:

$$f_s > 2f_m \tag{7-5}$$

在实际应用中,考虑到避免混叠需要一个保护带,一般采样频率应选为被处理信号中最高频域的 3~4 倍,即 $f_s=(3\sim4)f_m$。

7.3.2 截断、泄漏和窗函数

1. 截断

很多信号的时间历程是无限的,而信号处理只能选取有限时长的信号片段。截断是将无限长的信号乘以有限宽的窗函数,矩形窗函数是一种常用简单窗函数,通过窗函数可截取信号的一部分进行分析,信号其他部分都被窗函数屏蔽。其函数表达式为

$$w(t)=\begin{cases}1 & |t|\leqslant\dfrac{\tau}{2}\\ 0 & |t|>\dfrac{\tau}{2}\end{cases} \tag{7-6}$$

矩形窗函数的频谱特征为

$$w(t)\Leftrightarrow W(f)=\tau\frac{\sin\ \pi f\tau}{\pi f\tau}=\tau\mathrm{sinc}\ \pi f\tau \tag{7-7}$$

截取一段$(-\tau/2,\tau/2)$的信号就相当于在时域中对 $x(t)$ 乘以矩形窗函数 $w(t)$,于是有

$$x(t)w(t)\Leftrightarrow X(f)*W(f) \tag{7-8}$$

由于 $w(t)$ 的频谱是一个频宽无限的 sinc 函数,所以即使 $x(t)$ 是限带信号,截取后也必然成为无限带宽的频谱信号。因此,信号的能量分布被无限铺展。

2. 泄漏

因为截断后频谱是无限的,理论上无论采样频率多高,只要信号一经截断就不可避免地引起混叠。如图 7-7 所示,原来集中在 $\pm f_0$ 处的能量被分散到以 $\pm f_0$ 为中心的两个较宽的频带上,也就是有一部分能量泄漏到 $x(t)$ 的频带以外,这种由于时域上的截断而在频域上出现附加频率分量的现象称为泄漏。

如果增大截断长度,T 增大,那么 $W(f)$ 图形将变窄,虽然理论上其频谱范围仍然是无限的,但实际上在 $\pm f_0$ 处以外频率分量衰减较快,能量主要集中在主瓣,混叠部分减少,产生的泄漏误差就相应减少。

当 $\tau\to\infty$ 时,$W(f)$ 将变成 $\delta(f)$ 函数,而 $\delta(f)$ 函数与 $X(f)$ 的卷积仍为 $X(f)$,这时,若 $X(f)$ 是限带信号且满足不产生混叠的条件,将不会产生泄漏误差。也就是说,在满足不产生混叠的条件下,如果不截断就没有泄漏误差。在实践中可根据需要采用合适带宽的矩形窗来控制泄漏误差的大小。

3. 窗函数

泄漏导致的误差与窗函数频谱的旁瓣有关,窗函数频谱旁瓣越少,泄漏误差越小。除矩形窗以外,工程上常用的窗函数还有三角窗、汉宁窗、汉明窗等,图 7-8 是它们的单边窗函数示意图,其特性参数比较见表 7-1。

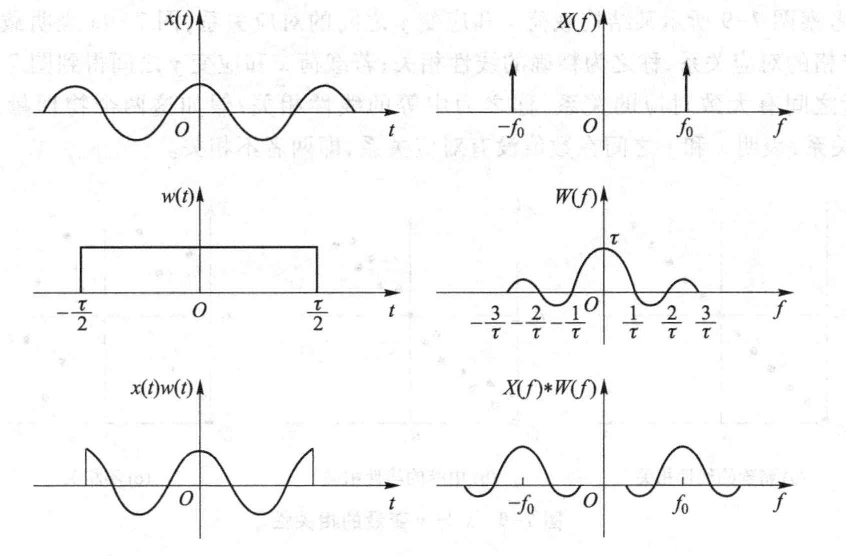

图 7-7 余弦信号的截断和泄漏

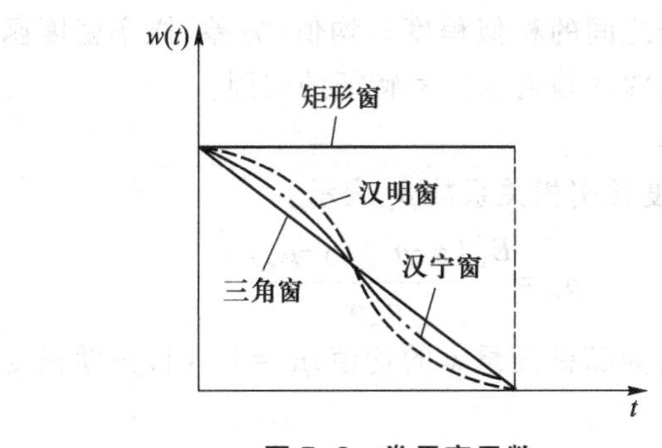

图 7-8 常用窗函数

表 7-1 四种窗函数特性比较(主瓣幅值 A_0)

类型	矩形窗	三角窗	汉宁窗	汉明窗
第一旁瓣幅值衰减量/dB	-13	-27	-32	-42
旁瓣衰减量/(dB/10 倍频程)	-20	-60	-60	-20

三角窗、汉宁窗、汉明窗的旁瓣比矩形窗的旁瓣小得多,降低了因截断而产生的泄漏影响,从而一定程度上抑制了泄漏误差。

7.4 相关分析及其应用

7.4.1 相关分析及其应用

相关性是测试结果分析中一个重要的工具。在静态测试中,所测结果是变量的数值,所以相关性表征了变量之间的线性关系。

例如，考察图 7-9 所示某结构载荷 x 和应变 y 之间的对应关系，图 7-9a 表明载荷与应变之间存在着严格的对应关系，称之为精确的线性相关；若载荷 x 和应变 y 之间得到图 7-9b 的趋势，这说明两者之间有大致对应的关系，称之为中等的线性相关；假如这两个物理量之间存在着图 7-9c的关系，表明 x 和 y 之间在数值没有对应关系，即两者不相关。

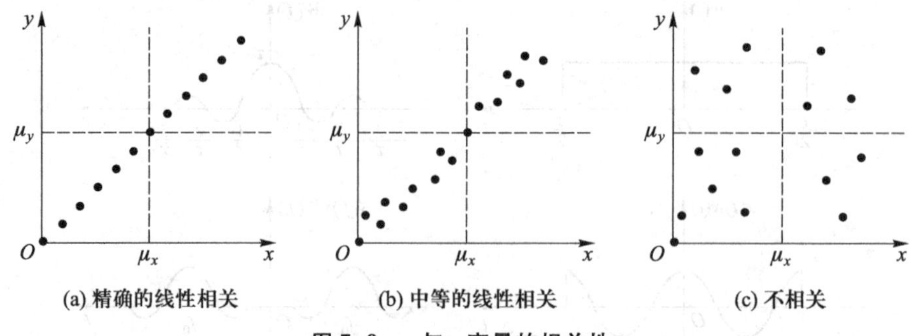

图 7-9　x 与 y 变量的相关性

动态测试中所得到的是反映客观对象变量的时变信号，其信号的相关性反映信号波形之间的关联性，即描述两个时变信号之间的相似程度。均值、方差、概率密度函数等可反映随机信号幅值的统计规律，而相关性可更深入地揭示信号特征的成因。

1. 相关系数

变量 x 和 y 之间的相关程度常用相关系数 ρ_{xy} 表示：

$$\rho_{xy}=\frac{E[(x-\mu_x)(y-\mu_y)]}{\sigma_x\sigma_y} \tag{7-9}$$

式中：E 为数学期望；$\mu_x=E[x]$，为随机变量 x 的均值；$\mu_y=\mathrm{E}[y]$，为随机变量 y 的均值；σ_x 和 σ_y 分别为随机变量 x、y 的标准差。

根据柯西-施瓦茨不等式：

$$E[(x-\mu_x)(y-\mu_x)]^2\leqslant E[(x-\mu_x)]^2E[(y-\mu_y)]^2 \tag{7-10}$$

所以，$|\rho_{xy}|\leqslant 1$。当 $\rho_{xy}=1$ 时，信号所有的点满足 $y-\mu_y=m(x-\mu_x)$ 的关系，说明 x、y 两变量是精确的线性相关；同样的，$\rho_{xy}=-1$ 时，也是精确的线性相关，只是直线斜率为负。当 $\rho_{xy}=0$ 时，表示 x、y 两变量之间完全不相关。

2. 自相关函数

假如 $x(t)$ 是某各态历经随机过程的一个样本记录，$x(t+\tau)$ 是 $x(t)$ 时移 τ 后的样本记录，如图 7-10 所示。

因为信号 $x(t)$ 是各态历经随机过程，$x(t)$ 和 $x(t+\tau)$ 具有相同的均值与标准差。信号 $x(t)$ 与 $x(t+\tau)$ 之间的相关系数为 $\rho_{x(t)x(t+\tau)}$，简写记做 $\rho_x(\tau)$：

$$\rho_x(\tau)=\frac{\lim\limits_{T\to\infty}\dfrac{1}{2T}\int_{-T}^{T}[x(t)-\mu_x][x(t+\tau)-\mu_x]\mathrm{d}t}{\sigma_x^2}=\frac{\lim\limits_{T\to\infty}\dfrac{1}{2T}\int_{-T}^{T}x(t)x(t+\tau)\mathrm{d}t-\mu_x^2}{\sigma_x^2} \tag{7-11}$$

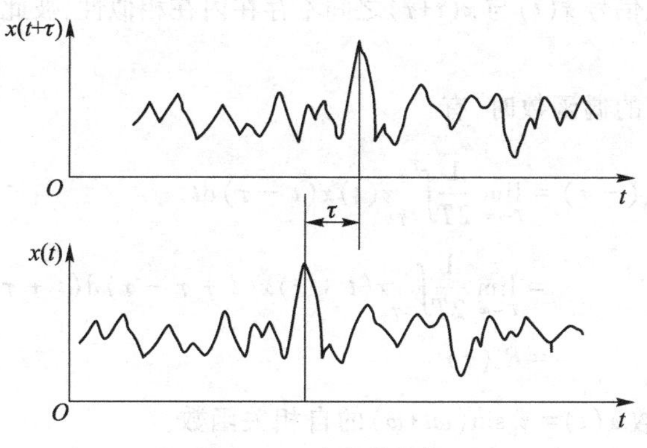

图 7-10　自相关图解

用 $R_x(\tau)$ 表示自相关函数，其定义为

随机信号：
$$R_x(\tau)=\lim_{T\to\infty}\frac{1}{2T}\int_{-T}^{T}x(t)x(t+\tau)\,\mathrm{d}t \tag{7-12}$$

周期信号用一个周期内的观察值就能完全代表整个过程。

周期信号：
$$R_x(\tau)=\frac{1}{T_0}\int_{0}^{T_0}x(t)x(t+\tau)\,\mathrm{d}t \tag{7-13}$$

非周期信号：
$$R_x(\tau)=\int_{-\infty}^{\infty}x(t)x(t+\tau)\,\mathrm{d}t \tag{7-14}$$

$$\rho_x(\tau)=\frac{R_x(\tau)-\mu_x^2}{\sigma_x^2} \tag{7-15}$$

$$R_x(\tau)=\rho_x(\tau)\sigma_x^2+\mu_x^2 \tag{7-16}$$

如图 7-11 所示，自相关函数具有下列性质：

1) $\tau=0$ 时，有，

$$R_x(0)=\lim_{T\to\infty}\frac{1}{2T}\int_{-T}^{T}x^2(t)\,\mathrm{d}t=\sigma_x^2+\mu_x^2=\psi_x^2 \tag{7-17}$$

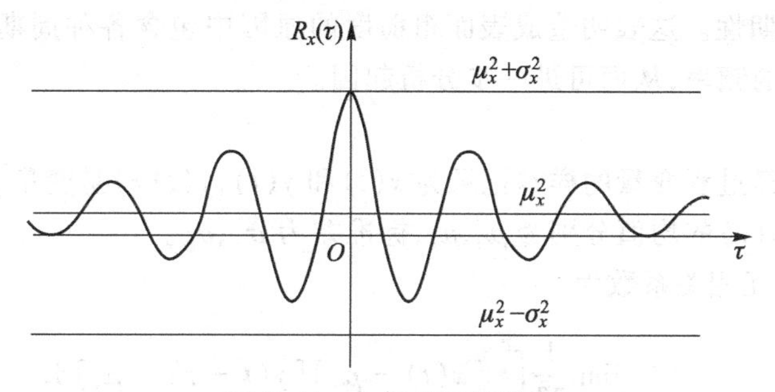

图 7-11　自相关函数性质

$\rho_x(0)=1$ 表示 $x(t)$ 和 $x(t+\tau)$ 两个信号的样本记录完全相似。也就是说，$x(t)$ 信号自身完全相关，即 $\tau=0$，$R_x(0)=\psi_x^2$。自相关函数值表示信号的均方值。

同时，因为 $|\rho_x(\tau)|\leqslant 1$，$R_x(0)$ 具有最大值 $\sigma_x^2+\sigma_x^2$，即 $R_x(0)\geqslant|R_x(\tau)|$。

2）当 $\tau\to\infty$ 时，随机信号 $x(t)$ 与 $x(t+\tau)$ 之间不存在内在相似性，彼此无关。即 $\rho_x(\tau\to\infty)\to 0$，$R_x(\tau\to\infty)\to\mu_x^2$。

3）自相关函数是 τ 的偶函数时，有

$$
\begin{aligned}
R_x(-\tau) &= \lim_{T\to\infty}\frac{1}{2T}\int_{-T}^{T} x(t)x(t-\tau)\,\mathrm{d}t \\
&= \lim_{T\to\infty}\frac{1}{2T}\int_{-T}^{T} x(t+\tau)x(t+\tau-\tau)\,\mathrm{d}(t+\tau) \\
&= R_x(\tau)
\end{aligned}
\tag{7-18}
$$

例 7-1　求正弦函数 $x(t)=x_0\sin(\omega t+\varphi)$ 的自相关函数。

解：

$$
\begin{aligned}
R_x(\tau) &= \lim_{T\to\infty}\frac{1}{2T}\int_{-T}^{T} x(t)x(t+\tau)\,\mathrm{d}t \\
&= \frac{1}{T_0}\int_0^{T_0} x_0^2\sin(\omega t+\varphi)\sin[\omega(t+\tau)+\varphi]\,\mathrm{d}t
\end{aligned}
$$

$$
T_0=\frac{2\pi}{\omega}
$$

令 $\omega t+\varphi=\theta,\mathrm{d}t=\dfrac{\mathrm{d}\theta}{\omega}$

$$
R_x(\tau)=\frac{x_0^2}{2\pi}\int_0^{2\pi}\sin\theta\sin(\theta+\omega\tau)\,\mathrm{d}\theta=\frac{x_0^2}{2}\cos\omega\tau
$$

可见，正弦函数的自相关函数是一个余弦函数，在 $\tau=0$ 时具有最大值，它保留了幅值和频率信息，但丢失了原函数关系中的初始相位信息。

自相关函数是区别信号类型的一个非常重要的手段，如图 7-12 所示。窄带随机噪声信号中含有周期成分，自相关函数在 τ 很大时都不衰减，并具有明显的周期性。宽带随机噪声信号不包含周期成分，当 τ 稍大时自相关函数就趋向于 0。因此信号的自相关函数可以寻找在噪声背景中的周期信号，只要随机信号中含有周期成分，$R_x(\tau)$ 具有明显的周期性，否则很快衰减。

图 7-13 是某一机械加工表面的表面粗糙度波形，经自相关分析后得到的自相关图（图 7-13b）呈现出周期性。这表明造成表面粗糙度的原因中包含各种周期因素，从自相关图中可以确定该周期因素的频率，从而可进一步分析起因。

3. 互相关函数

假设两个各态历经过程变量的样本记录为 $x(t)$ 和 $y(t)$，$y(t+\tau)$ 是变量 $y(t)$ 时移 τ 后的样本记录，而且 $x(t)$ 和 $y(t+\tau)$ 的均值分别为 μ_x、μ_y，标准差为 σ_x、σ_y。

$x(t)$ 和 $y(t+\tau)$ 的互相关系数为

$$
\begin{aligned}
\rho_{xy}(\tau) &= \frac{\lim\limits_{T\to\infty}\dfrac{1}{2T}\displaystyle\int_{-T}^{T}[x(t)-\mu_x][y(t+\tau)-\mu_y]\,\mathrm{d}t}{\sigma_x\sigma_y} \\
&= \frac{\lim\limits_{T\to\infty}\dfrac{1}{2T}\displaystyle\int_{-T}^{T}x(t)y(t+\tau)\,\mathrm{d}t-\mu_x\mu_y}{\sigma_x\sigma_y}
\end{aligned}
\tag{7-19}
$$

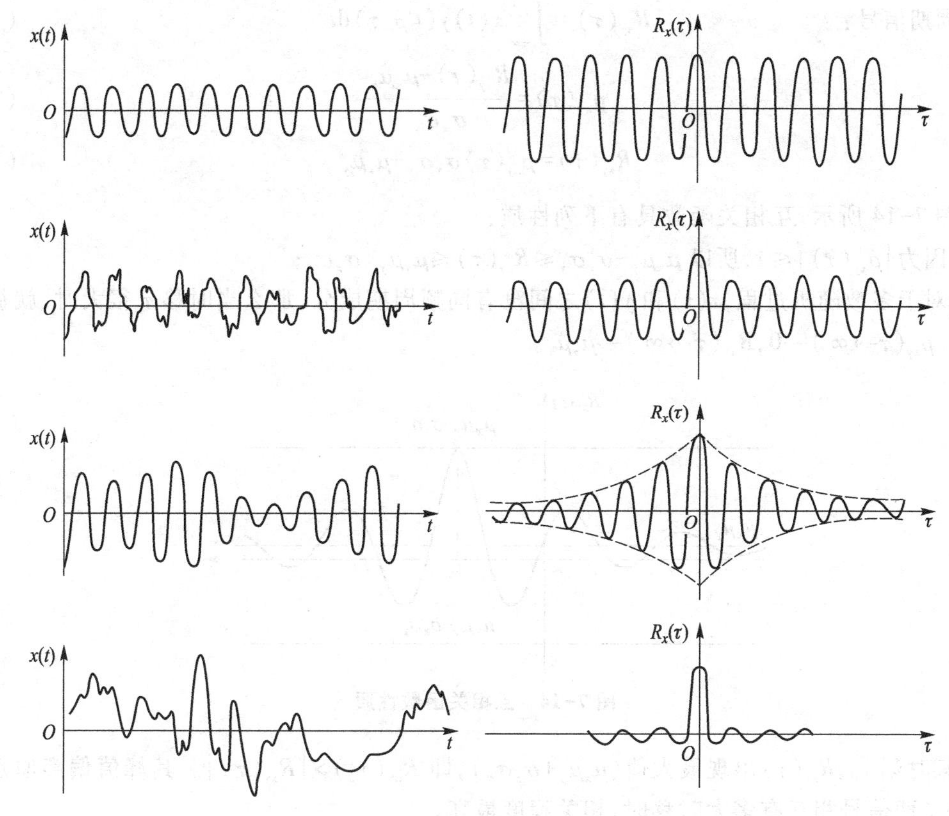

图 7-12　四种典型信号的自相关函数

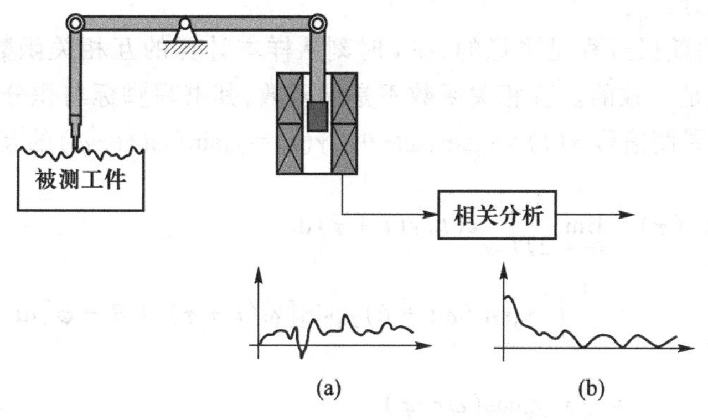

图 7-13　表面粗糙度与自相关函数

用 $R_{xy}(\tau)$ 表示互相关函数，其定义为

随机信号：
$$R_{xy}(\tau)=\lim_{T\to\infty}\frac{1}{2T}\int_{-T}^{T}x(t)y(t+\tau)\,\mathrm{d}t \tag{7-20}$$

周期信号：
$$R_{xy}(\tau)=\frac{1}{T_0}\int_{0}^{T_0}x(t)y(t+\tau)\,\mathrm{d}t \tag{7-21}$$

非周期信号：
$$R_{xy}(\tau)=\int_{-\infty}^{+\infty}x(t)y(t+\tau)\mathrm{d}t \tag{7-22}$$

$$\rho_{xy}(\tau)=\frac{R_{xy}(\tau)-\mu_x\mu_y}{\sigma_x\sigma_y} \tag{7-23}$$

$$R_{xy}(\tau)=\rho_{xy}(\tau)\sigma_x\sigma_y+\mu_x\mu_y \tag{7-24}$$

如图 7-14 所示，互相关函数具有下列性质：

1）因为$|\rho_{xy}(\tau)|\leqslant 1$，所以$\mu_x\mu_y-\sigma_x\sigma_y\leqslant R_{xy}(\tau)\leqslant\mu_x\mu_y+\sigma_x\sigma_y$；

2）对于多数随机过程，$x(t)$和$y(t)$之间没有同频周期成分，那么当时移τ很大时，就彼此无关。即 $\rho_{xy}(\tau\to\infty)\to 0, R_{xy}(\tau\to\infty)\to\mu_x\mu_y$。

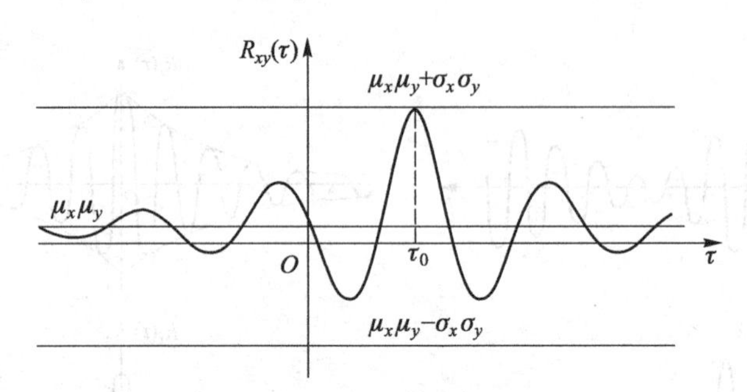

图 7-14 互相关函数性质

在某时刻τ_0，$R_{xy}(\tau)$出现最大值$(\mu_x\mu_y+\sigma_x\sigma_y)$，即$R_{xy}(\tau_0)>|R_{xy}(\tau)|$。其峰值偏离原点的位置，反映了两信号相互有多大时移时，相关程度最高。

若$x(t)$与$y(t)$随机信号中具有频率相同的周期成分，则在互相关函数中，即使$\tau\to\infty$，也会出现该频率的周期成分。

3）因为所讨论的随机过程是平稳的，在t时刻从样本计算的互相关函数应和$t-\tau$时刻从样本计算的互相关函数是一致的。互相关函数不是偶函数，其书写脚标与积分顺序有关。

例 7-2 求两个周期信号$x(t)=x_0\sin(\omega t+\theta)$，$y(t)=y_0\sin(\omega t+\theta-\varphi)$的互相关函数。

解：
$$\begin{aligned}R_{xy}(\tau)&=\lim_{T\to\infty}\frac{1}{2T}\int_{-T}^{T}x(t)y(t+\tau)\mathrm{d}t\\&=\frac{1}{T_0}\int_0^{T_0}x_0\sin(\omega t+\theta)y_0\sin[\omega(t+\tau)+\theta-\varphi]\mathrm{d}t\\&=\frac{1}{2}x_0y_0\cos(\omega\tau-\varphi)\end{aligned}$$

可见，两个均值为 0 且具有相同频率的周期信号，其互相关函数保留了这两个信号的频率ω、对应幅值x_0和y_0以及相位差φ的信息。

例 7-3 若两个周期信号的圆频率不等，$x(t)=x_0\sin(\omega_1 t+\theta)$，$y(t)=y_0\sin(\omega_2 t+\theta-\varphi)$，试求其相关函数。

解：因为两信号的圆频率不等$(\omega_1\neq\omega_2)$，不具有共同的周期。

$$R_{xy}(\tau)=\lim_{T\to\infty}\frac{1}{2T}\int_{-T}^{T}x(t)y(t+\tau)\mathrm{d}t$$

$$=\lim_{T\to\infty}\frac{1}{2T}\int_{-T}^{T}x_0y_0\sin(\omega_1t+\theta)\sin[\omega_2(t+\tau)+\theta-\varphi]\mathrm{d}t$$

根据正交性,$R_{xy}(\tau)=0$。即非同频周期信号是不相关的。

图 7-15 是一个确定深埋在地下的油管断裂位置的问题。工业上输水、输油管道一旦有破裂造成液体漏失,将会导致明显经济损失,有些工业液体还会造成严重污染。但是在很长的管线上,特别对埋设在地下的管线,要发现漏损之处往往是困难的,采用相关分析方法有助于解决这一问题。

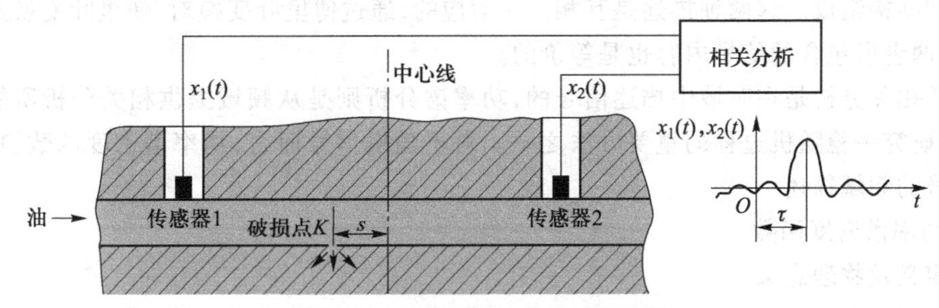

图 7-15 确定地下油管的破损位置

如果输液管道在 K 点有一破损点导致带压流体漏出,破损处会发出一特定频率的声波,可看作向两侧传播声响的声源,在两侧管道上分别放置两个传感器,若放置传感器两点到破损处的距离不相等,破损处的压力波传至两传感器就存在时差,将两传感器检测的信号进行相关处理,得到互相关图 $R_{x_1x_2}(\tau)$,在 $\tau=\tau_m$ 时两信号最相似,$R_{x_1x_2}(\tau)$ 有最大值。这个时差 τ_m 就可用于确定破损点的位置,$s=\frac{1}{2}v\tau_m$,其中:s 为破损点 K 到中心线的距离,v 是声波沿管壁的传播速度。

4. 自相关、互相关函数的测量与估计

理论上,相关函数可在无穷大的时间内进行观察和计算,然而任何观察时间都是有限的,实际上只能根据有限时间的观察值去估计相关函数的真值。理想的周期信号能准确重复其过程,因而一个周期内观察值的平均值就完全能代表整个过程的平均值。

随机信号在有限观察时间内所求得平均值只是对过程的一个估计,因此加"∧"号表示。

$$\hat{R}_x(\tau)=\frac{1}{T}\int_0^T x(t)x(t+\tau)\mathrm{d}t \tag{7-25}$$

$$\hat{R}_{xy}(\tau)=\frac{1}{T}\int_0^T x(t)y(t+\tau)\mathrm{d}t \tag{7-26}$$

式中:T 为所处理的信号观察时长。

如图 7-16 所示,互相关函数测量可归纳为下列几步:

1) 用时间位移 τ 来滞后信号 $y(t)$,即得 $y(t+\tau)$。

2) 将滞后信号 $y(t+\tau)$ 值与滞后前的 $x(t)$ 信号相乘,即 $x(t)y(t+\tau)$。

3) 平均电路在样本记录时间 T 内平均此瞬时乘积,即求$\hat{R}_{xy}(\tau)$。

4) 不断改变滞后时间 τ,即可得到互相关函数图,由 $X-Y$ 记录仪记录。

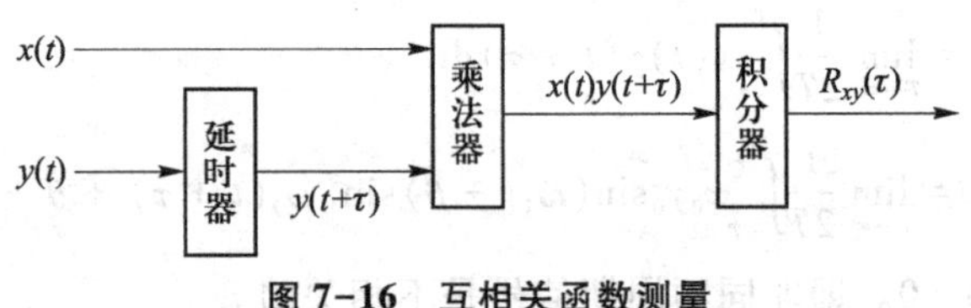

图 7-16　互相关函数测量

7.4.2　功率谱分析及其应用

信号可在时域和频域进行描述。时域描述是信号时间历程的直接记录；频域描述则反映了信号的频域结构组成。这两种描述是互相一一对应的，通过傅里叶变换对，傅里叶变换及逆变换一一对应，两者所包含的信号内容也是等价的。

时域的相关分析是在时域中描述信号的，功率谱分析则是从频域提供相关分析所能提供的信息，它是研究平稳随机过程的重要方法之一。对于随机信号而言，功率谱密度函数、功率谱就是随机信号的频域描述。

1. 自功率谱密度函数

(1) 定义及物理意义

假设 $x(t)$ 是零均值的随机过程，即 $\mu_x=0$；如果原随机信号是非零均值，可以进行适当的处理使其均值为 0。又假设 $x(t)$ 中没有周期分量，那么 $R_x(\tau\to\infty)=0$。这样自相关函数 $R_x(\tau)$ 可满足傅里叶变换的条件：

$$\int_{-\infty}^{\infty}|R_x(\tau)|\mathrm{d}\tau<\infty \tag{7-27}$$

可得到 $R_x(\tau)$ 的傅里叶变换 $S_x(f)$：

$$S_x(f)=\int_{-\infty}^{\infty}R_x(\tau)\mathrm{e}^{-\mathrm{j}2\pi f\tau}\mathrm{d}\tau \tag{7-28}$$

逆变换为

$$R_x(\tau)=\int_{-\infty}^{\infty}S_x(f)\mathrm{e}^{\mathrm{j}2\pi f\tau}\mathrm{d}f \tag{7-29}$$

$S_x(f)$ 称为 $x(t)$ 自功率谱密度函数，简称自谱或自功率谱。

$R_x(\tau)$ 和 $S_x(f)$ 是傅里叶变换对的函数，两者一一对应。$S_x(f)$ 包含着 $R_x(\tau)$ 的全部信息。因为 $R_x(\tau)$ 为实偶函数，$S_x(f)$ 也是实偶函数。$S_x(f)$ 是在 $(-\infty,+\infty)$ 频率范围内定义的，是双边自功率谱密度函数。然而在实际中，常常在 $(0,+\infty)$ 频率范围内定义自功率谱密度函数，称为单边自功率谱密度函数 $G_x(f)$。

$$G_x(f)=\begin{cases}2S_x(f) & f\geqslant 0\\ 0 & f<0\end{cases} \tag{7-30}$$

若 $\tau=0$，则根据自相关函数 $R_x(\tau)$ 的自功率谱 $S_x(f)$ 的定义，可得

$$R_x(0)=\lim_{T\to\infty}\frac{1}{2T}\int_{-T}^{T}x^2(t)\,\mathrm{d}t=\int_{-\infty}^{\infty}S_x(f)\,\mathrm{d}f=\psi_x^2=P_{\mathrm{av}} \tag{7-31}$$

它表示自功率谱密度函数 $S_x(f)$ 与频率轴所包围的面积就是信号的均方 ψ_x^2，即信号的平均功率 P_{av}，如图 7-17 所示。

$S_x(f)$ 波形表示信号的功率密度沿频率轴的分布情况，故 $S_x(f)$ 称为随机信号 $x(t)$ 的自功率谱密度函数。$G_x(f)$ 为单边自功率谱密度函数。

（2）帕斯瓦尔定理

帕斯瓦尔定理（Parseval's Theorem）又称为能量等式，即在时域中计算的信号总能量等于在频域中计算的总能量。这个定理可用傅里叶变换的卷积公式导出，$|X(f)|^2$ 称为能谱。

$$\int_{-\infty}^{\infty} x^2(t)\,\mathrm{d}t = \int_{-\infty}^{\infty} |X(f)|^2 \mathrm{d}f \tag{7-32}$$

将等式两边同除以 $2T$，并使 $T\to\infty$，则得

$$\lim_{T\to\infty}\frac{1}{2T}\int_{-\infty}^{\infty} x^2(t)\,\mathrm{d}t = \lim_{T\to\infty}\frac{1}{2T}\int_{-\infty}^{\infty} |X(f)|^2 \mathrm{d}f \tag{7-33}$$

又因 $R_x(0)=\lim\limits_{T\to\infty}\dfrac{1}{2T}\displaystyle\int_{-T}^{T} x^2(t)\,\mathrm{d}t=\int_{-\infty}^{\infty} S_x(f)\,\mathrm{d}f$，所以

$$S_x(f)=\lim_{T\to\infty}\frac{1}{2T}|X(f)|^2 \tag{7-34}$$

由此可以看出，自功率谱密度函数与幅值谱的平方 $|X(f)|^2$ 成正比。

如图 7-18 所示，自功率谱密度函数 $S_x(f)$ 为自相关函数 $R_x(\tau)$ 的傅里叶变换，故 $S_x(f)$ 包含着 $R_x(\tau)$ 的全部信息。自功率谱密度函数 $S_x(f)$ 反映信号的频域结构，这一点和幅值谱 $|X(f)|$ 相似，但是自功率谱密度函数所反映的是信号幅值的平方，其频域结构特征更为明显。

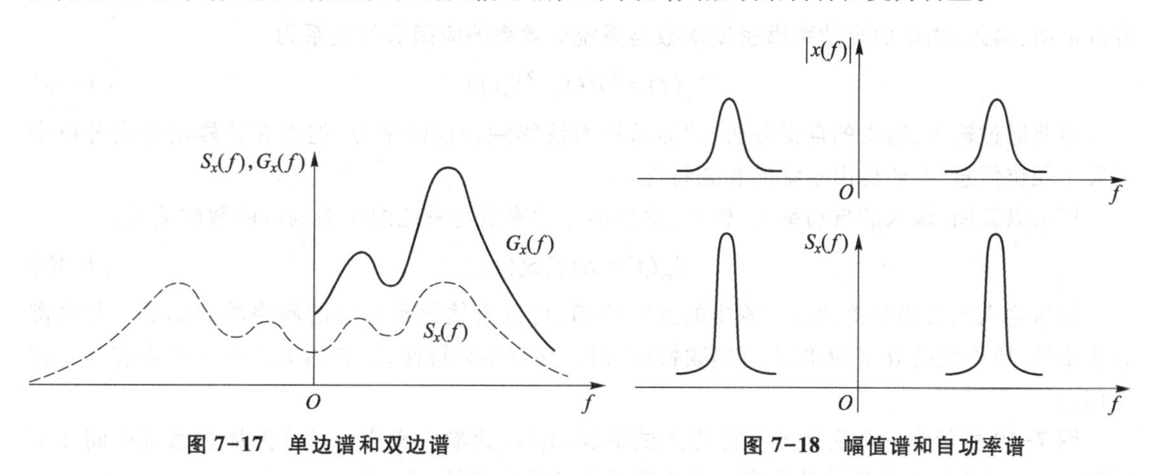

图 7-17　单边谱和双边谱　　　　图 7-18　幅值谱和自功率谱

自相关分析可以有效检测出信号中有无周期成分，自功率谱密度函数是由自相关函数经过傅里叶变换得到的，变换的条件之一是它不能含有周期成分［$R_x(\tau\to\infty)\to 0$］。因此，要用自功率谱密度函数来检测信号中的周期成分似乎不可能。周期信号的谱线是脉冲函数，这时 $S_x(f)$ 自功率谱密度函数不存在，谈不上用它检测周期成分。

在实际处理周期信号时，只能处理有限长信号，也就是用矩形窗函数对信号进行截断，即对信号乘以矩形窗函数。矩形窗函数的频谱是 sinc 函数图形，两个函数时域的乘积对应于频域的

卷积，因此截断后的周期函数的频谱不再是脉冲函数，在特定频率能量有限，这时自功率谱密度函数存在，并反映幅值谱的平方，所以周期成分在实测自功率谱密度函数图形中可以检测。而且自功率谱密度函数反映幅值谱的平方，它以更陡峭幅值形态出现，因此比幅值谱 $|X(f)|$ 更直观、明显。

2. 互功率谱密度函数

如果互相关函数 $R_{xy}(\tau)$ 满足傅里叶变换条件，则

$$S_{xy}(f)=\int_{-\infty}^{\infty}R_{xy}(\tau)\mathrm{e}^{-\mathrm{j}2\pi f\tau}\mathrm{d}\tau \tag{7-35}$$

式中：$S_{xy}(\tau)$ 称为信号 $x(t)$ 和 $y(t)$ 的互功率谱密度函数，简称为互谱。

根据傅里叶逆变换，有

$$R_{xy}(\tau)=\int_{-\infty}^{\infty}S_{xy}(f)\mathrm{e}^{\mathrm{j}2\pi f\tau}\mathrm{d}f \tag{7-36}$$

互相关函数 $R_{xy}(\tau)$ 并非偶函数，因此互谱密度函数为复数，可表示为

$$S_{xy}(f)=\mathrm{Re}S_{xy}(f)+\mathrm{j}\mathrm{Im}S_{xy}(f)$$

$$\mathrm{Re}S_{xy}(f)=\int_{-\infty}^{\infty}R_{xy}(\tau)\cos 2\pi f\tau\mathrm{d}\tau \tag{7-37}$$

$$\mathrm{Im}S_{xy}(f)=-\int_{-\infty}^{\infty}R_{xy}(\tau)\sin 2\pi f\tau\mathrm{d}\tau$$

对于一个线性系统，若输入为 $x(t)$，输出为 $y(t)$，系统的频率响应函数 $H(f)$ 为

$$Y(f)=H(f)X(f) \tag{7-38}$$

可以证明，输入、输出的自功率谱密度函数与系统的频率响应函数的关系为

$$S_y(f)=|H(f)|^2S_x(f) \tag{7-39}$$

由此通过输入、输出的自谱分析，就能求得系统幅频特性的平方，但是在这样的自谱分析中丢失了相位信息，不能得出系统的相频特性。

还可以证明，输入的自功率谱，输入、输出的互功率谱与系统的频率响应函数的关系：

$$S_{xy}(f)=H(f)S_x(f) \tag{7-40}$$

故从输入的自功率谱，输入、输出的互功率谱，可以直接得到系统的频率响应函数。与自谱分析不同，所得到的 $H(f)$ 不仅含有幅频特性，而且含有相频特性，这是因为互谱分析中包含着相位信息。

图 7-19 所示为一个受外界干扰的测试系统，$n_1(t)$ 为输入噪声，$n_2(t)$ 为加在系统中间环节的噪声，$n_3(t)$ 为加在输出端的噪声。那么该系统的输出信号 $y(t)$ 为

$$y(t)=x'(t)+n_1'(t)+n_2'(t)+n_3(t)$$

式中：$x'(t)$、$n_1'(t)$ 和 $n_2'(t)$ 分别为系统对 $x(t)$、$n_1(t)$ 和 $n_2(t)$ 的响应。

输入 $x(t)$ 与输出 $y(t)$ 的互相关函数为

$$R_{xy}(\tau)=R_{xx}(\tau)+R_{xn_1}(\tau)+R_{xn_2}(\tau)+R_{xn_3}(\tau)$$

由于输入 $x(t)$ 和噪声 $n_1(t)$、$n_2(t)$、$n_3(t)$ 是独立无关的，故互相关函数 $R_{xn_1'}(\tau)$、$R_{xn_2'}(\tau)$ 和

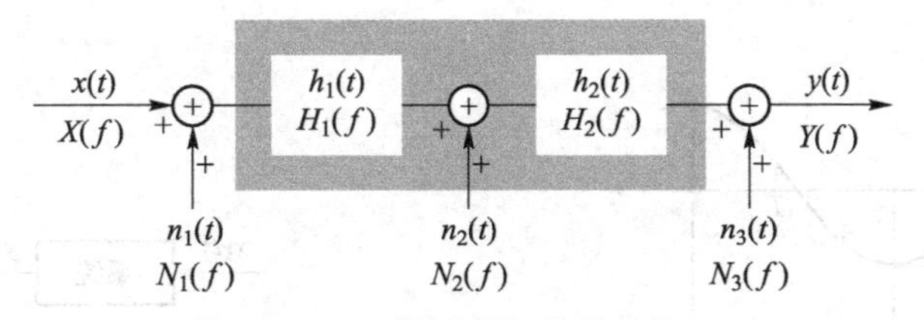

图 7-19 受外界干扰的系统

$R_{xn_3}(\tau)$均为 0,即

$$R_{xy}(\tau)=R_{xx'}(\tau)$$
$$S_{xy}(\tau)=S_{xx'}(\tau)=H(f)S_x(f)$$

式中:$H(f)=H_1(f)H_2(f)$,为所研究系统的频率响应函数。

由此可见,利用互谱分析可以排除噪声影响,但用此式求线性系统的 $H(f)$时,尽管其中互谱 $S_{xy}(f)$不受噪声影响,但是输入信号的自谱 $S_x(f)$无法排除输入端噪声 $n_1(t)$形成的测量误差,所以为了测试系统的频率响应函数 $H(f)$,只有已知输入噪声 $n_1(t)$才能精确求得 $S_x(f)_{真}=S_x(f)+S_{n_1}(f)$,进而求得 $H(f)$。

要分析输出信号的功率谱中所关注的输入量所引起的响应,相干函数 $\gamma_{xy}^2(f)$可用于评价输入信号和输出信号之间的因果关系,$\gamma_{xy}^2(f)$的数值标志着 $y(t)$对 $x(t)$的线性响应程度:

$$\begin{cases}\gamma_{xy}^2(f)=\dfrac{|S_{xy}(f)|^2}{S_x(f)S_y(f)}\\0\leqslant\gamma_{xy}^2(f)\leqslant1\end{cases}\tag{7-41}$$

1) $\gamma_{xy}^2(f)=0$ 表示输出信号与输入信号不相干,输出 $y(t)$完全不受输入 $x(t)$影响。

2) $\gamma_{xy}^2(f)=1$,表示输出信号 $y(t)$与输入信号 $x(t)$完全相干,$y(t)$完全是 $x(t)$引起的线性响应。

3) $0<\gamma_{xy}^2(f)<1$,$y(t)$与 $x(t)$是不完全相干,$y(t)$是 $x(t)$引起的不完全线性响应。

思考题与练习题

7-1 求 $h(t)$的自相关函数。

$$h(t)=\begin{cases}e^{-at}(t\geqslant0,a>0)\\0(t<0)\end{cases}$$

7-2 一个信号 $x(t)$由两个频率、初相角均不相等的余弦函数叠加而成。其数学表达式$x(t)=A_1\cos(\omega_1t+\varphi_1)+A_2\cos(\omega_2t+\varphi_2)$,求该信号的自相关函数。

7-3 求图 7-20 中的方波和正弦波的互相关函数。

7-4 某一系统的输人信号为 $x(t)$(图 7-21),若输入 $y(t)$与 $x(t)$相同,输入的自相关函数 $R_x(\tau)=R_{xy}(\tau+T)$,试说明该系统起什么作用。

7-5 试根据一信号的自相关函数图形,讨论如何确定该信号中的常值分量和周期成分。

7-6 已知信号的自相关函数为 $A\cos\omega\tau$,确定该信号的均方值 φ_x^2 和均方根值 x_{rms}。

7-7 应用帕斯瓦尔定理求 $\int_{-\infty}^{\infty}\mathrm{sinc}^2t\mathrm{d}t$ 的积分值。

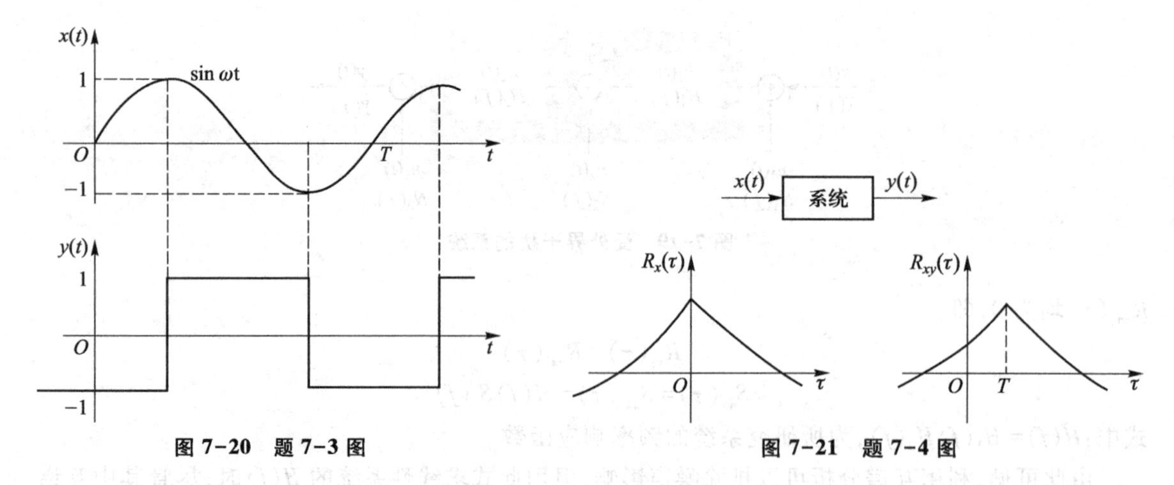

图 7-20　题 7-3 图　　　　　　图 7-21　题 7-4 图

7-8　对三个正弦信号 $x_1(t)=\cos 2\pi t$、$x_2(t)=\cos 6\pi t$、$x_3(t)=\cos 10\pi t$ 进行采样，采样频率 $f_s=4$ Hz，求三个采样输出序列，比较这三个结果，画出 $x_1(t)$、$x_2(t)$、$x_3(t)$ 的波形及采样点位置，并解释频率混叠现象。

第 8 章　机械振动的测量

机械振动是自然界、工程技术和日常生活中普遍存在的物理现象，按照产生的原因，机械振动主要分为三种类型：自由振动、受迫振动和自激振动。自由振动即受初始扰动后，振动系统不再受其他激励而在其平衡位置附近的振动，其振动的频率为系统的固有频率，当存在阻尼时，其振动幅度将逐渐衰减；受迫振动即在外部激振力的持续作用下，系统被迫产生的振动，振动的特征与外部激振的大小、方向、频率有关；自激振动是在无外部持续激励的作用下，系统自身维持的持续振动。

在很多工程应用场景中，机械振动是需要抑制的，需要研究机械或结构的振动特性、分析产生振动的原因、考核设备承受振动和冲击的能力；但是振动也有可被利用的一面，应用振动原理制作的设备和工具也比比皆是。

由于振动过程往往伴随着复杂的频谱组成或存在一起的非线性特征，除了理论分析外，直接进行测试是解决机械振动问题的重要手段。振动测试也是工程测量的重要内容之一，主要包括以下几个方面：

1）振动基本参数的测试：确定被测对象的振动位移、速度、加速度；振动的频率、相位、频谱；振动激振力等。

2）系统动态特性的测试：即系统特征参数的测量，如系统的刚度、阻尼、质量、固有频率、振型等。

3）机械、结构或部件的动力强度试验（环境模拟试验）：对机械、结构或部件实物（或相似物）进行模拟实际工况环境条件的振动或冲击试验，以检验产品的耐振可靠性，发现振动可能引起破坏或故障的薄弱环节。飞行器、精密机械、仪器仪表、安全等级要求高的设备等常常需要进行这类试验。

本章主要结合单自由度振动测试做一些振动测试技术介绍。

8.1　振动传感器

8.1.1　振动传感器的分类

根据测量参数的不同，振动传感器可以分为位移式、速度式和加速度式三种。由于振动的位移、速度、加速度之间具有微积分关系，所以许多测振仪器中，往往带有微积分电路，可根据需要将信号在位移、速度和加速度之间切换。

根据振动传感器信号传感变换原理，常用的类型有压电式、压阻式、磁电式、电容式、电感式及光电式等。

根据是否与被测物接触,还可分为接触式和非接触式振动传感器,如光电式、电涡流式、电容式传感器常用于振动位移的非接触式测量。

根据测量参考坐标的不同,振动传感器又可分为相对式和绝对式两类。

相对式振动传感器的壳体作为参考点固定在静止的物体上,传感器的活动部分与被测物固定或传感器的敏感元件与被测物保持一定的距离。测振时,两者的相对运动可直接记录或转换成电信号输出给测振仪。相对式传感器只有在作为参考系的外壳静止时才能测得绝对振动。电容式、电感式和光电式等非接触式位移振动传感器都可用作相对式振动传感器。

绝对式振动传感器通常是由质量块、弹簧和阻尼器组成的一个惯性系统,故又称惯性式振动传感器。测振时,传感器固结在被测物体上,通过传感器内惯性质量块相对传感器壳体的位移来反映被测物振动参数的变化。惯性式振动传感器在电机、汽车、工程机械等的振动测量中大量采用。

绝对式和相对式的分类并非绝对的,适当改变条件也可以用测量相对振动的传感器来测量绝对振动,反之亦然。例如,两个参数相同的绝对式传感器的输出信号之差就是两个被测物的相对振动信号。

8.1.2 惯性式传感器的力学模型

惯性式振动传感器是振动测试中最常用的一种拾振器,通常是由一个惯性质量块(质量 m)、弹簧(弹性系数 k)和阻尼器(阻力系数 c)组成一个典型的二阶系统。传感器固定在被测物体上一起运动,传感器内的惯性质量受被测物体运动激励,产生受迫振动。传感器的惯性质量与被测物体的相对运动可反映被测物体的振动特征。简化的力学模型如图 8-1 所示。

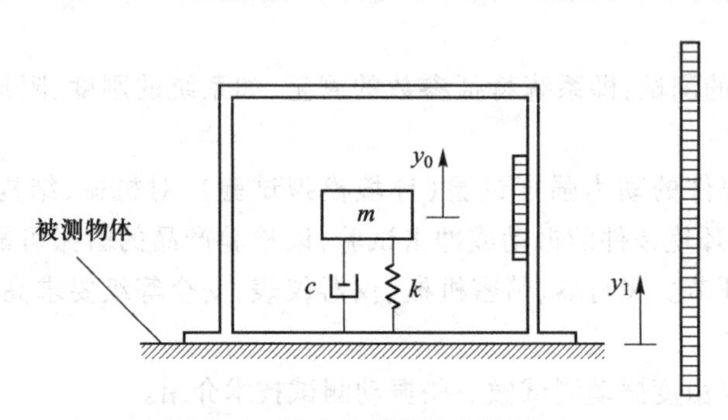

图 8-1 惯性传感器的力学模型

传感器惯性质量块的受迫振动运动方程:

$$m\frac{d^2y_0}{dt^2}+c\frac{d}{dt}(y_0-y_1)+k(y_0-y_1)=0 \tag{8-1}$$

式中:y_0、y_1 分别是质量 m 和被测物体(基础)的绝对位移。由于惯性质量元件相对于壳体的运动与被测物体运动特征一致,因此只需考察质量块相对壳体的运动,其相对位移为

$$y_{01}=y_0-y_1 \tag{8-2}$$

所以

$$m\frac{d^2y_{01}}{dt^2}+c\frac{dy_{01}}{dt}+ky_{01}=-m\frac{d^2y_1}{dt^2} \tag{8-3}$$

方程等号右边一项为基础激励下的惯性力。这一振动系统频率响应函数及其幅频特性和相频特性分别为

$$H(\omega)_s=\frac{(\omega/\omega_n)^2}{1-\left(\frac{\omega}{\omega_n}\right)^2+j2\zeta\frac{\omega}{\omega_n}}$$

$$A(\omega)_s=\frac{(\omega/\omega_n)^2}{\sqrt{\left[1-\left(\frac{\omega}{\omega_n}\right)^2\right]^2+\left(2\zeta\frac{\omega}{\omega_n}\right)^2}} \tag{8-4}$$

$$\varphi(\omega)_s=-\arctan\frac{2\zeta\omega/\omega_n}{1-(\omega/\omega_n)^2}$$

传感器的输出幅值和相位角与被测物体的振动频率 ω 和振动传感器系统的固有频率 ω_n 及阻尼比 ζ 有关。测量不同振动参数(位移、速度、加速度)的惯性传感器,将有不同的动态特性和应用条件。

8.1.3 惯性式传感器的使用条件

1. 惯性式位移传感器的使用条件

图 8-2 和图 8-3 描绘了式(8-4)的幅频特性和相频特性曲线,要使传感器的输出位移准确地反映被测物体的振动位移,必须满足下列条件:

1) 当被测物体的频率远大于传感器系统的固有频率时,即 $\omega \gg \omega_n$,可得到 $A(\omega)\approx 1, \varphi\approx -\pi$。即惯性式位移传感器的固有频率要远低于被测物体振动的下限频率,降低传感器的系统频率,可扩展传感器可测振动范围的下限频率。

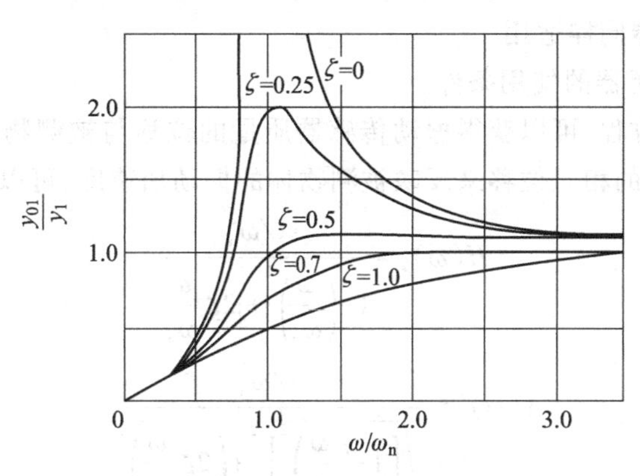

图 8-2 惯性式位移传感器的幅频特性曲线

2) 选择适当的阻尼比,可抑制共振峰值,使幅频特性曲线的平坦部分扩展,有利于扩大传感器的可测下限频率,一般取 $\zeta=0.6\sim0.7$;增大阻尼比能大幅衰减自由振动,这对冲击和瞬态振动测量比较重要;阻尼比对相频特性的影响明显,只有在 $\zeta<1, \omega\gg\omega_n$ 时,传感器响应的相位差才接

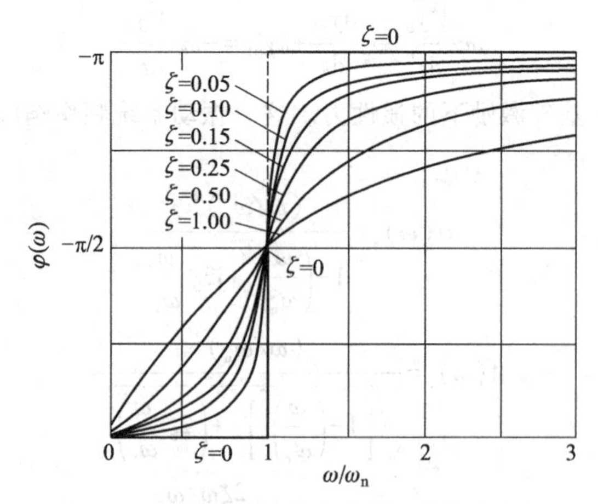

图 8-3 惯性式位移传感器的相频特性曲线

近固定的180°。在测试复合频率信号时,应注意各谐波分量的相位差各不相同,与频率又无线性关系,因而叠加输出的信号会带来较大的失真。利用惯性式位移传感器测量低频振动($1.7\omega_n<\omega<5\omega_n$)只能保证幅值测量精度,难以保证相位精度和多频率成分的波形不失真。

理论上惯性式位移传感器能够测量的上限频率是无限的,如将传感器的固有频率设计得很高,就可以测量冲击、瞬态振动和随机振动等具有宽频带的信号;但受结构和元件尺寸的限制,实际上测量频率的上限也是有限的。理论上惯性式加速度传感器可测量的频率下限为零,但是受实际弹性元件刚度、惯性质量等影响,测试频率下限也不能过小。另外,固有频率很高的传感器往往其灵敏度都比较低,而且有些传感器(如压电式)受元器件和后续电路的限制,难以测量超低频的信号,因此实际测试时应根据被测信号的目标频带选择传感器。

2. 惯性式速度传感器的使用条件

惯性式速度传感器与惯性式位移传感器具有类同的频率响应,上面对惯性式位移传感器的分析对惯性式速度传感器同样适用。

3. 惯性式加速度传感器的使用条件

根据简谐激励下的方程,可以获得振动传感器质量的位移与被测物体加速度的频率响应关系,即用传感器质量元件的相对位移来反映被测物体的振动加速度,可以得到

$$H(\omega)_a=\frac{-1/\omega_n^2}{1-\left(\dfrac{\omega}{\omega_n}\right)^2+j2\zeta\dfrac{\omega}{\omega_n}}$$

$$A(\omega)_a=\frac{1/\omega_n^2}{\sqrt{\left[1-\left(\dfrac{\omega}{\omega_n}\right)^2\right]^2+\left(2\zeta\dfrac{\omega}{\omega_n}\right)^2}}$$

$$\varphi(\omega)_a=-\arctan\frac{2\zeta\omega/\omega_n}{1-(\omega/\omega_n)^2} \tag{8-5}$$

式(8-5)含有惯性式加速度传感器的幅频特性表达式,其幅频特性曲线见图8-4。而其相频特性的表达式与式(8-4)相同。

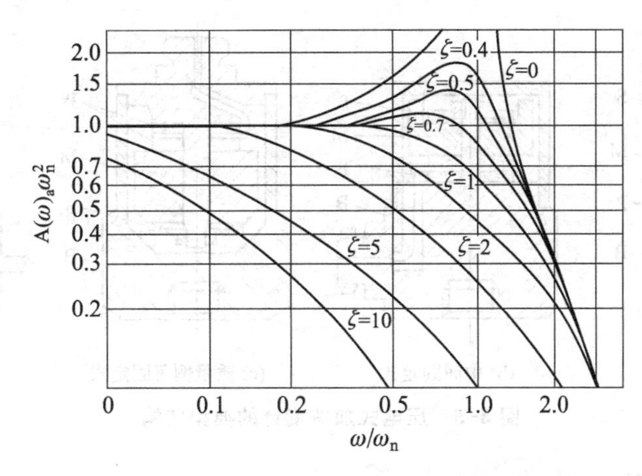

图 8-4　惯性式加速度传感器的幅频特性曲线

要使加速度传感器的输出位移能准确地反映被测物体振动的加速度，须满足下列条件：

1）根据图 8-4，当被测物体的频率远小于传感器的固有频率时，即 $\omega \ll \omega_n$（约 $\omega/\omega_n<1/5$），幅频特性曲线接近常数，且 $A(\omega)_a \approx 1/\omega_n^2$。可见，提高传感器的固有频率，可扩大传感器测量振动的上限频率。

2）选择适当的阻尼比，改善共振峰值处的幅频特性，以提高传感器可测范围的上限频率。一般取 $\zeta=0.6\sim0.7$，如果 $\omega<\omega_n$，相频关系接近于一斜直线，在复合频率的振动信号测试中，不会因产生相位畸变而造成测试误差。

8.1.4　常用的几种振动传感器

1. 压电式加速度计

压电式加速度计是一种惯性式振动传感器，它的输出电信号与被测的加速度成正比。压电式传感器属于有源器件，使用时无外加供电电源也有信号输出，能把振动机械能转换成电能。它具有体积小、重量轻、固有频率高等特点，是测振常用的加速度计。

图 8-5 是常用的几种压电式加速度计的结构形式。图 8-5a、b、c 是受压型结构，每个加速度计有两个或多个装在质量块 M 下的压电片 P，通过弹簧 S 压紧在金属基座 B 上。压电片输出的电荷量与质量作用的惯性力成正比。图 8-5d 是剪切型结构。它的压电材料 P 制成圆筒形，并粘接在中心支架上，压电材料的外圆周上粘接一个圆筒状的质量块 M，当加速度计轴向振动时，压电材料将受到剪切变形而产生电荷。

使用压电式加速度计时应注意以下几点：

（1）灵敏度

压电式加速度计属于有源型传感器，其灵敏度有电压和电荷两种表示方式；前者是输出电压与加速度之比，后者是输出电荷与加速度之比。加速度计的灵敏度取决于压电材料的压电特性和传感器质量块的大小。对给定的压电材料，加速度计的体积越小，灵敏度就越低。

压电式加速度计还有一个反映它对横向振动敏感程度的横向灵敏度指标，用主振方向灵敏度的百分比表示。一个优良的加速度计的横向灵敏度应小于主振方向灵敏度的 3%。

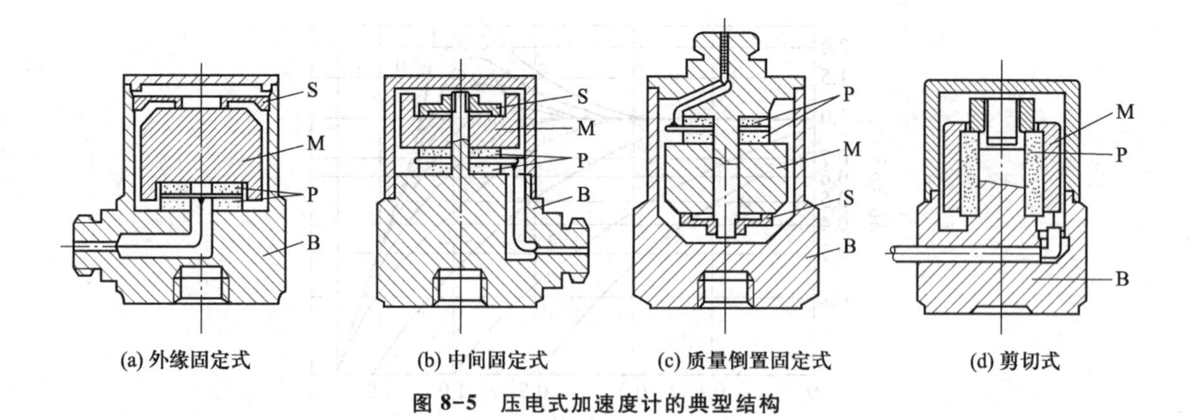

图 8-5　压电式加速度计的典型结构

（2）可测频率范围

惯性式传感器可测的频率范围是指频率响应曲线上 $A(\omega)_{a}\approx 1/\omega_{n}^{2}$ 的那部分频段。一般加速度计的固有频率都在几十千赫以上，由于阻尼很小，所以可测频率范围的上限取其固有频率的1/5左右。测低频时由于惯性力小，输出电量也小，故可测频率范围的下限由电荷（或电压）测量电路的特性所决定。从加速度计的力学模型看，它也有平坦的低频特性，但实际上测量低频信号时，加速度值相对较小，输出信号很微弱，信噪比较小，因此选用压电式加速度计时，要注意其可测频率的下限。使用惯性质量较大的压电式传感器下限的截止频率可在 0.1～1 Hz 范围内。图 8-6是一典型的压电式加速度计的幅频特性曲线。

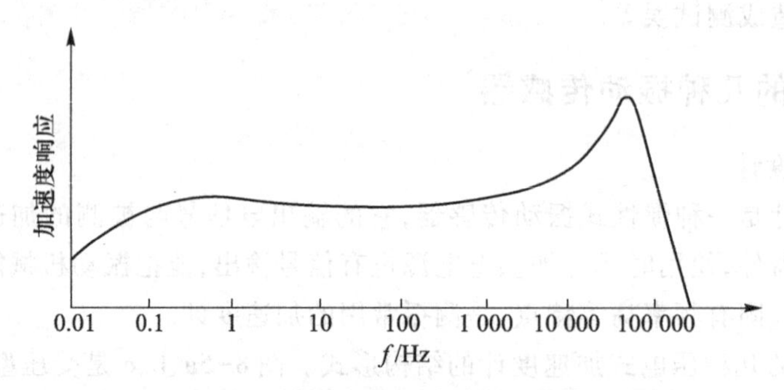

图 8-6　压电式加速度计的幅频特性曲线

（3）加速度计与被测物体的连接

加速度计必须与被测物体固结在一起振动，才能保证加速度计输出正确地反映被测物体的振动。如果固定不当，会导致寄生振动或被测波形失真。图 8-7 是常用的几种安装固定方法。

用钢制的双头螺柱把加速度计固定在被测物体的光滑平面上是最好的方法。但固定时过大的预紧力会引起基座的变形，影响加速度计的输出。若固定表面不够平整，可在固定面涂一层润滑脂。需要绝缘时，可用绝缘螺栓加云母垫圈予以连接。在被测频率不高、常温条件下，可用一层薄蜡将加速计黏附在被测物体的平整表面上。在中低频振动测量中，加速度计采用永久磁铁作为基座与被测物体固定也颇为方便。手持探针测量振动的方法，较适宜于被测频率低、测点多的情况。

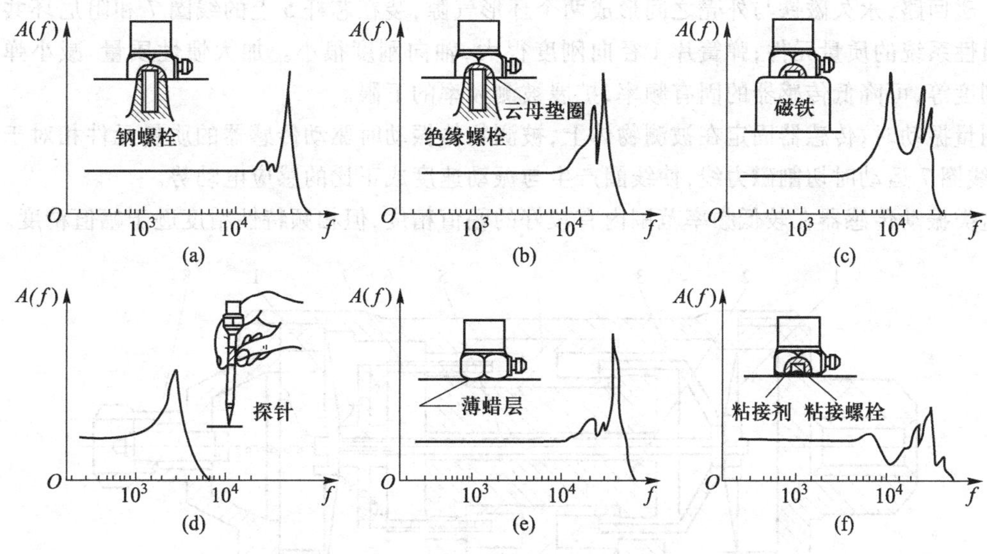

图 8-7　压电式传感器测量时的固定方法

2. 应变式加速度计

图 8-8 是一种典型的应变式加速度计的结构。当传感器受到竖直方向振动时，质量块在惯性力的作用下使等强度梁产生变形，粘贴在梁上的应变计输出的应变与振动的加速度成正比，通过应变仪或应变输出电路就可测出振动加速度。此外在传感器内注入硅油，将阻尼比调整为 0.6～0.7，可获得良好的频率响应特性。

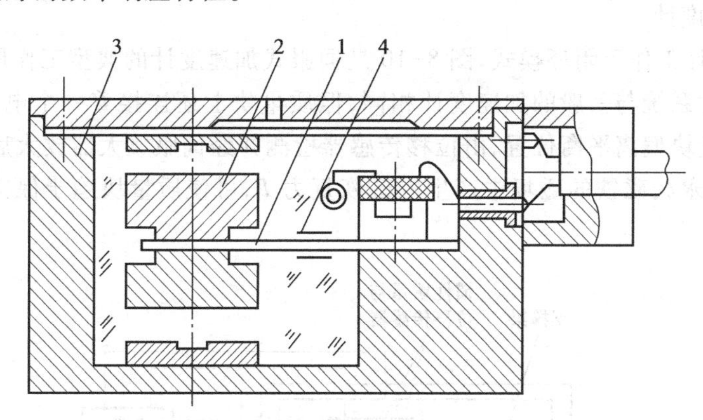

1—等强度梁；2—质量块；3—壳体；4—应变计

图 8-8　典型的应变式加速度计的结构

应变式加速度计的低频响应好，可测频率下限能延拓到零频，传感器的输出阻抗不高，可直接与各种动态应变仪连接。一般应变式加速度计的固有频率较低，不适宜测量高频振动、冲击及宽频带的随机振动。

3. 磁电式加速度计

磁电式加速度计是利用电磁感应原理将惯性式振动传感器的质量块与壳体的相对速度变换成电压信号的一种振动传感器。其结构原理见图 8-9。固定在壳体 6 的永久磁铁 2 利用外壳形成一个磁回路，永久磁铁与外壳之间形成两个环形气隙，装在芯杆 5 上的线圈 7 和阻尼环共同组成了惯性系统的质量元件；弹簧片 1 径向刚度很大，轴向刚度很小。加大惯性质量，减小弹簧的轴向刚度等，可降低传感器的固有频率，扩展被测频率的下限。

测量振动时，传感器固定在被测物体上，被测物体振动时驱动传感器的质量元件相对于壳体运动，线圈 7 运动时切割磁力线，使线圈产生与振动速度成正比的感应电动势。

这类振动传感器在较低频率范围内有较好的幅值精度，但相频特性精度逊于幅值精度。

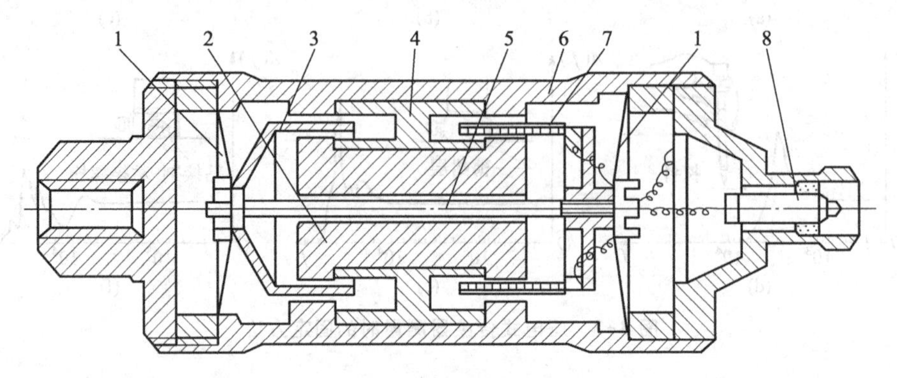

1—弹簧；2—永久磁铁；3—阻尼环；4—铝架；5—芯杆；6—壳体；7—线圈；8—输出端

图 8-9　磁电式加速度计

上述加速度计均属开环型结构，其特性参数和灵敏度依赖于系统的固有特性；一般动态范围有限，适用范围之外则非线性比较明显。采用伺服式加速度计可有效地克服上述缺点。

4. 伺服式加速度计

伺服式加速度计工作于闭环模式，图 8-10 是伺服式加速度计的典型工作原理图。由惯性质量、弹簧组成的惯性系统与一般的加速度计相同，但质量块上还连接着一个电磁线圈，当基座有加速度输入时，质量块偏离平衡位置，由位移传感器检测并经伺服放大器放大后输出电流 i，该电流通过电磁线圈在永久磁铁的磁场中产生电磁恢复力 F，可使质量块趋于保持在原来的平衡位置上。

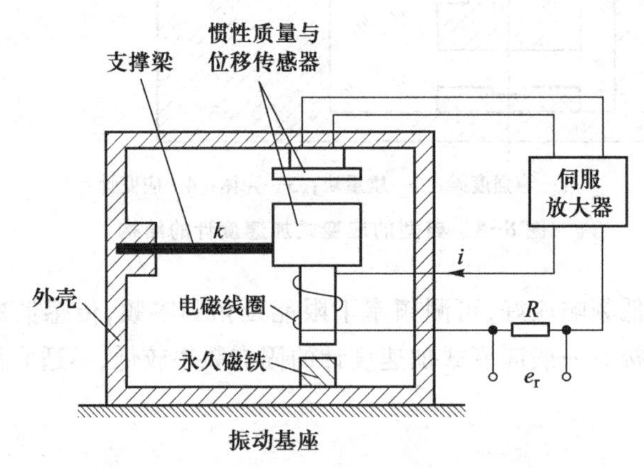

图 8-10　伺服式加速度计的典型工作原理图

若 k_1 是力发生器常数，k_2 是位移传感器的灵敏度，k_3 是伺服放大器和负载回路的放大系数，则恢复力 $F=k_1k_2k_3y_{01}$。对照式(8-1)，其质量块的运动方程为

$$m\frac{d^2y_{01}}{dt^2}+c\frac{dy_{01}}{dt}+(k+k_1k_2k_3)y_{01}=-m\frac{d^2y_1}{dt^2} \tag{8-6}$$

式(8-6)和式(8-1)的差异在于力反馈回路，等效于系统刚度增加，相当于在原有刚度 k 的基础上又并联了刚度为 $k_1k_2k_3$ 的电弹簧，从而使振动传感器的固有频率提高。振动传感器以反馈回路中精密电阻 R 上的压降作为输出，这样即使 y_{01} 很小也能得到很好的测量精度。如果伺服放大器带有积分环节，则系统在恒定加速度时可利用积分器上的记忆电压产生恒力，使质量块具有与振动基座相同的加速度。只要激励发生器有良好的线性度，就能保证测量精度。

伺服式加速度计具有零频响应，适用于测量超低频率的振动及恒加速度运动；由于机械系统被控制在平衡位置附近的小范围内运动，因此弹簧刚度的非线性、横向效应及机电转换部分的非线性的影响得到有效抑制。

5. 芯片式加速度计

芯片式加速度计随着微电子及微制造技术的发展应运而生，这类加速度计具有体积小、质量轻、功耗低、成本低、可靠性高的特点，易于实现数字化、智能化及批量生产。

(1) 硅微电容式加速度计

图 8-11 所示是梳状敏感元件的传感器原理图，由活动部分 A、B 和固定电极三部分组成。活动部分由超静定梁、中心质量块及与质量块相连的活动电极构成。电极又分固定电极 a 和固定电极 b，固定电极 a 与上半部分组成电容 C_a，固定电极 b 与下半部分组成电容 C_b，当加速度引起质量块的相对位置变化时，电容值也发生变化；两个敏感元件的信号处理电路将各自的电容变化转换成幅值与加速度成正比的方波信号，经调制后，就能将模拟信号转换为数字信号，然后通过引脚输出。

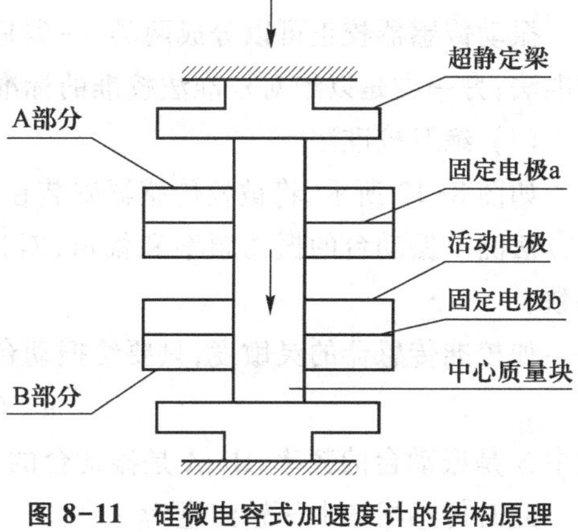

图 8-11　硅微电容式加速度计的结构原理

(2) 硅微压阻式加速度计

利用微机电技术可制作微型压阻式加速度计。半导体单晶硅材料受到外力作用时会产生微小应变而导致其电阻率发生变化，即半导体材料具有的压阻效应。硅微压阻式加速度计由一个振动体和 4 个微机电技术制成的支架组成，每个支架都含两个电阻，并且连接成一个惠斯通电桥，当它承受加速度时，振动体的振动将导致 4 个电阻值增加，另外 4 个电阻值减小，因此形成了与加速度成比例的电压变化。

(3) 微型热电偶式加速度计

微型热电偶式加速度计也是基于集成电路工艺制造而成，其本质也是惯性式传感器。与其他加速度计的固体质量块不同，它以有热对流的气团作为惯性体，通过测量内部温度的变化来感应出加速度。工作过程中，一个被封闭在硅芯片的空腔中、有热源加热的热气团，在热源的四个方向布置有等距且对称布置的热电偶，在未受到加速度或水平放置时，温度梯度是以热源为中心对称下降的，四个方向热电偶组由感应温度得到的电压是相同的；由于对流对局部温度场的影响

明显，任何方向的加速度都会扰动温度场，从而导致其不对称，此时四个方向的热电偶输出会出现差异，这些差异值与所感应的加速度成比例。这种加速度计结构简单可靠、易于批量制作。

芯片式加速度计已在倾斜检测、运动诊断、振动及撞击测量等很多场合使用。例如笔记本电脑中就内置了振动传感器，开机后随时检测笔记本电脑的振动，如振动超出设定值，就将停止磁盘运转，并将磁头固定在安全位置，等环境恢复稳定后，硬盘才能继续工作。同样的传感器置入手机后，也可随时监测手机状态，一旦发生自由垂落，就将与存储卡有关的应用关掉，减少撞击给手机存储卡带来的损伤和影响。

8.1.5 加速度计的校准

1. 灵敏度

加速度计的标称灵敏度一般是在特定条件下的标定值。因为压电材料的老化会使电荷灵敏度降低，电阻应变计与等强度梁之间的绝缘层老化会使应变计的输出灵敏度改变，振动传感器在使用一段时间后灵敏度会有所改变，应定期校准，特别是在重要的试验之前应进行校准，以保证测量精度和可靠性。

加速度计的校准涉及整个测振系统，包括传感器后续的放大、记录、分析仪器组成的测振系统也应按电子仪器的检定方法进行过校准。

振动传感器校正可以分成两类：一类是复现比传感器精度高一级以上的振动量基准的绝对校准法；另一类是以绝对校准法校准的标准测振仪作为基准的相对校准法。

（1）绝对校准法

如图 8-12 所示，将被校传感器安装在标准振动台上，给振动台施加正弦激励，用激光干涉仪等方法测出振动台的振动频率和幅值，对比传感器的振动输出参数，从而可以获得相应的校准参数。

如校准传感器的灵敏度，只要给振动台施加正弦的加速度：

$$a=(2\pi f)^2 A\sin 2\pi ft \tag{8-7}$$

式中：f 是振动台的频率，Hz；A 是振动台的振幅，mm。

此时传感器的电压输出量为

$$E=U\sin(2\pi ft+\varphi) \tag{8-8}$$

式中：U 为传感器的电压幅值，mV；φ 为输入与输出之间的相位差。

加速度计的灵敏度为

$$S_a=\frac{U}{(2\pi f)^2 A}[\mathrm{mV/(mm/s^2)}] \tag{8-9}$$

（2）相对校准法

相对校准时，将需校准的传感器和标准的传感器一起安装在标准振动台上，使两者承受相同的振动，然后精确地测量出这两个传感器的输出量。可得到被校传感器的灵敏度 S_a：

$$S_a=\frac{U_a}{U_o}S_o \tag{8-10}$$

式中：S_o 为标准传感器的灵敏度，U_o、U_a 分别为标准传感器和被校传感器的输出量。

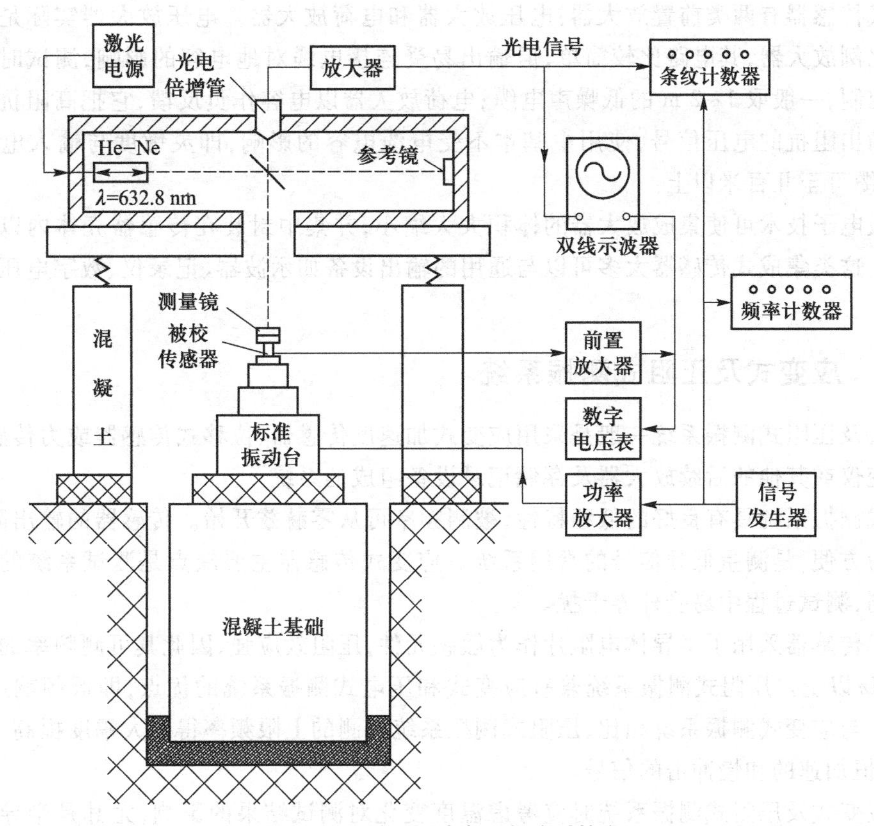

图 8-12　利用振动台进行绝对校准

2. 频率响应

改变振动台的输入频率，且使每个频率下的振动台振幅（加速度、速度或位移）保持不变，记录传感器在不同频率下的输出量，可整理得到校准的频率响应曲线。

3. 线性度

线性度校准时，只要选定某个频率后，按校准参数（位移、速度、加速度）的幅值范围从小到大调整振动台的振幅，记录相应传感器的输出量，就可获得反映线性度的校准曲线。

8.2　典型测振系统的组成

测振系统一般由振动传感器、放大器、信号调理和分析记录设备组成。常用的机械振动测试系统有：压电式测振系统、应变式测振系统、压阻式测振系统、光电式测振系统、电涡流式测振系统、伺服式测试系统等。下面仅介绍几种典型的测振系统。

8.2.1　压电式测振系统

测振系统的传感器是压电式的（如压电式加速度计或压电式力传感器），由于压电片受力后产生的电荷量极其微弱，要防止导线、测量电路和传感器本身的电荷泄漏。压电式传感器具有很高的内阻抗，与它连接的前置放大器应选用高输入阻抗进行匹配。

压电式传感器有两类前置放大器:电压放大器和电荷放大器。电压放大器实际是具有高输入阻抗的比例放大器,其电路比较简单,但输出易受连接电缆对地电容的影响,测试时所用电缆长度需要控制,一般取 1~2 m 的低噪声电缆;电荷放大器以电容作负反馈,它把高阻抗电荷信号变换成低输出阻抗的电压信号,使用中基本不受电缆电容的影响,即灵敏度与输入电缆长度无关,通常电缆可至几百米以上。

现代微电子技术可使集成放大器的体积大大缩小,并集中封装在传感器壳体内以实现阻抗变换功能。这类集成式传感器大多可以与通用的输出设备如示波器、记录仪、数字电压表等直接连接。

8.2.2 应变式及压阻式测振系统

应变式及压阻式测振系统一般是采用应变式加速度传感器、位移式传感器或力传感器,并配以电阻应变仪或其他的后续放大器及存储记录设备组成的系统。

应变式测振系统具有良好的低频特性,被测频率可从零赫兹开始。传感器的输出阻抗较低,使用也较为方便,是测量低频信号的常用系统。应变式传感器主要缺点是测试系统的固有频率上限受限制,测试过程中易受外界干扰。

压阻式传感器采用了半导体电阻片作为敏感元件,压阻效应强,因此其可测频率的上限能提高到 10 kHz 以上。压阻式测振系统兼有应变式和压电式测振系统的优点,即低频响应好,可测零频信号。与应变式测振系统相比,压阻式测振系统可测的上限频率得到大幅度提高,可用于测量超低频、恒加速的和慢冲击的信号。

使用应变式及压阻式测振系统时应考虑温度变化对测试结果的影响,尤其是半导体应变计的温度系数较大,因此在测试环境温度变化的情况下,应考虑由于温度变化引起的零点漂移和灵敏度改变。

8.2.3 伺服式测振系统

伺服式加速度计通过在测试中改变测振系统的刚度等系统参数,使测振系统维持某个恒定激振力或者加速度。这一测振系统具有测量精度高、稳定性好、分辨率高及相位跟踪好等特点,适用于超低频、微振的测量,如建筑结构的脉动测试、飞行器的加速度监控、机器人的姿态控制等场合。

8.3 动态特性参数的测量

测量机械结构的动态特性参数,如固有频率、阻尼、动刚度和振型等,首先要激励被测对象,即对系统输入一个激励信号,使被测件按测试要求作受迫振动或自由振动。通过测定输入(激励)和输出(响应)的传递特性(频率响应函数),就可求出系统的动态特性参数。因此,测量动态特性参数时必须要有激振系统。

常用的激励方式有三类:稳态正弦激励、瞬态激励和随机激励。

8.3.1 稳态正弦激励和激振器

测量时由扫频信号发生器产生正弦信号，通过功率放大器，驱动激振器对被测对象施加稳定的单一正弦激振力，并在稳态下测定振动响应和正弦力的幅值比和相位差。为了获取频率响应，驱动激振器必须采用无级或有级地改变正弦激励频率的扫频过程。扫频时通常采用缓慢的速度，以保证测试系统有足够的响应时间和使得被测对象处于稳定的振动状态，这对于小阻尼的系统尤为重要。

图 8-13 是正弦激励测量动态特性参数的系统图。

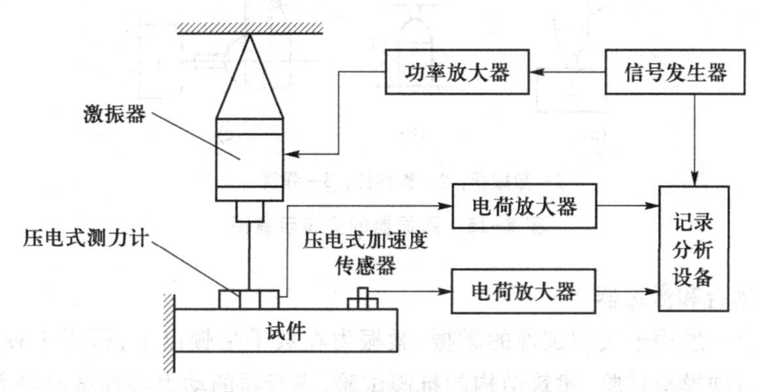

图 8-13　正弦激励测量动态特性参数

在稳态正弦激励方式中，常用的激振器有以下三种。

1. 电动式振动台和激振器

电动式激振器分为永磁式和励磁式两种，前者较多地用于小型激振器，后者一般用于激振台。图 8-14 是电动式激振器的结构原理图，它由弹簧 1、壳体 2、磁铁 3、顶杆 4、磁极 5、铁心 6 和驱动线圈 7 等元件组成。驱动线圈和顶杆固结并由弹簧支撑在壳体上，使线圈正好处于磁极形成的高磁通密度的气隙中。根据通电导体在磁场中受力的原理，将电信号转变成激振力。

顶杆施加到试件上的激振力一般不等于线圈受到的电阻力。传力比（即电动力与激振力之比）与激振器运动部分和试件本身的重量、刚度、阻尼等有关，是频率的函数。只有在试件质量远小于激振器可动部分质量且激振器与试件有良好的刚性连接时，才可认为电动力等于激振力。为了精确获得激振力的大小和相位，可在顶杆和试件之间加装一个力传感器。

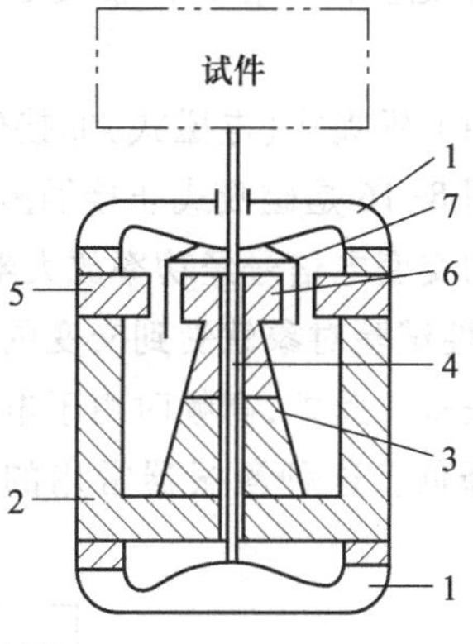

1—弹簧；2—壳体；3—磁铁；4—顶杆；5—磁极；6—铁心；7—驱动线圈

图 8-14　电动式激振器的结构原理图

电动式激振器主要用来对试件作绝对激振，通常采用图 8-15 所示的安装方法。在进行较高频率的竖直激振时可用刚度较小的弹性元件（如橡皮绳）将激振器悬挂起来，如图 8-15a 所示，并在激振器上加适当的配重，以便尽量降低悬挂系统的固有频率，当悬挂系统的固有频率低于激振频率的三分之一时，激振运动部件的支承刚度和质量对被测件的振动影响可以忽略不计。在进行竖直方向较低频率的激振时，可将激振器固定在刚性的基座上，如图 8-15b 所示，使安装的固有频率高于激振频率的三倍，这样也可以忽略激振器运动部件对被测件的影响。作水平绝对激振时，可安装成如图 8-15c 所示的单摆形式，当悬挂长度较长时，单摆的固有频率低，激振器运动部件对被测件的振动影响很小。为了产生一定的预加载荷，需要将激振器以一定倾角 θ 斜挂在刚性的基座上。

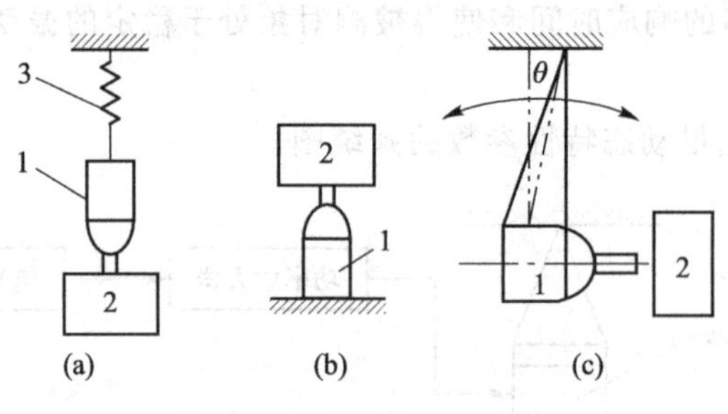

1—激振器；2—被测件；3—弹簧

图 8-15　激振器的安装示意图

2. 电液式振动台和激振器

电液式振动台一般用于大型试件的激振，激振力在数千牛顿以上，适用于较低的激振频率，主要用于汽车的行驶模拟试验、建筑结构的抗震试验、飞行器的动力特性试验等方面。整套设备结构复杂，制造精度要求高。

3. 非接触式激振器

激振质量轻、刚度小的对象，最好采用非接触式激振器。非接触式激振器不与被测对象接触，基本上没有附加的质量和刚度，因此激振时对被测对象的动力特性没有任何影响。非接触式激振器较适用于对旋转轴类运动物体进行激振。磁吸式和涡流式是两种典型的非接触式激振器。

(1) 磁吸式(电磁式)非接触激振器

图 8-16 是磁吸式非接触激振器的工作原理框图。其主要结构是一个交流驱动电磁铁，一定频率的交变电信号经功率放大器放大后，通入绕在铁心上的线圈中，在磁极附近形成一个交变磁场，磁性试验对象就受到交变的吸力。由于铁磁材料的磁通-电流特性曲线的非线性，激振力一般有失真。此外，高频时由于电磁铁及被测对象的涡流效应及线圈的集肤效应，激振力会有较大幅度降低。这种激振器常用的频率范围为 20 Hz 至数百赫兹，激振力的幅值为数牛顿至数百牛顿。

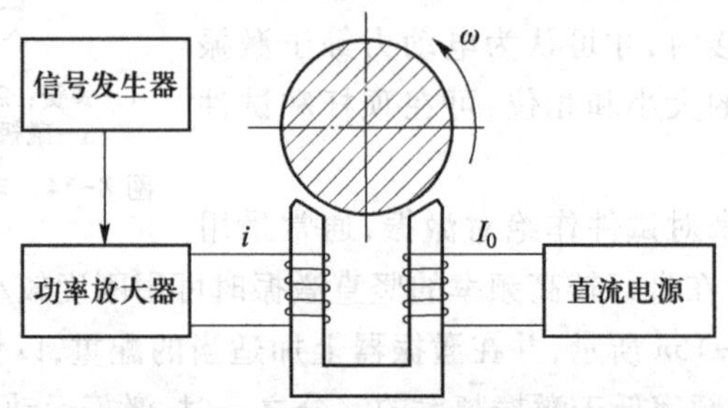

图 8-16　磁吸式非接触激振器的工作原理框图

(2) 涡流式非接触激振器

涡流式非接触激振器与磁吸式非接触激振器相比，对被测对象材料要求不高，不限于铁磁材料，只要是导体即可。图 8-17 是涡流式非接触激振器的工作原理框图，涡流式激振器有两个磁路，高磁能的永久磁铁置于试件的侧面，它在试件周围形成一个恒定磁场，绕有线圈的铁心置于试件的下方，与试件保持一定的间隙。当交变电流通入线圈时，就有交变磁通穿过试件，在试件上感应出与输入电流同频率的交变涡流，涡流与恒磁场相互作用后产生铅垂方向的交变激振力。激振力的频率与电流频率相同，其幅值大小正比于磁场强度和输入电流的强度。若试件为铁磁材料，则其除了受激振力之外，还会受到永久磁铁的一个恒定作用力。

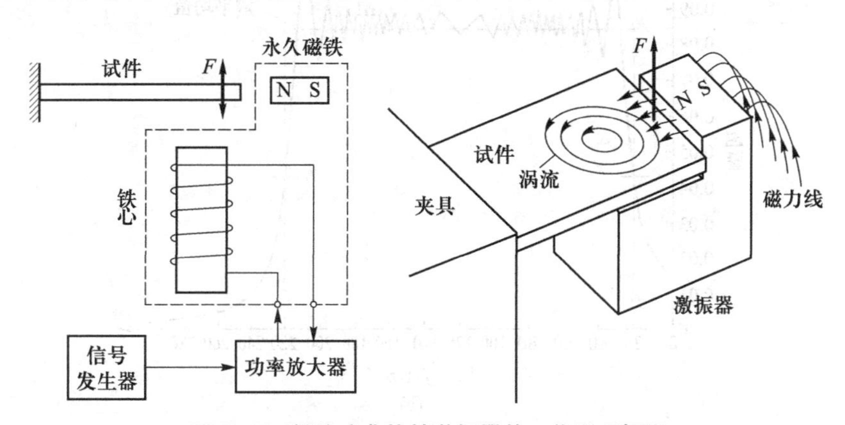

图 8-17 涡流式非接触激振器的工作原理框图

涡流式激振器产生的激振力较小，激振频率范围较宽，上限可至 15 kHz，常用于激励薄板、薄壳等小试件的振动，适合于叶片机械的调频试验。涡流式非接触激振器对被试对象的附加影响很小，但是激振力失真度较大，激振力幅值难于定量，不宜用于机械结构的模态试验。

8.3.2 瞬态激励

常用的瞬态激励方式有以下几种：

1. 快速正弦扫频

这种激励方式的信号由频率可以连续变化的信号发生器产生，在规定的扫频周期内，频率线性变化，但信号的幅值保持不变。其激振力有一个平坦的宽频激励谱，如图 8-18 所示。

2. 脉冲激励

脉冲激励具有宽频带特性，理论上单位脉冲的频谱在 0 ~ ∞ 范围内是等强度。实际脉冲激励方式常用图 8-19 所示的脉冲锤，它由锤头(冲击端)、力传感器、附加质量和锤柄等组成。为了得到不同的脉冲宽度，可选用不同材料的锤头，材料越硬，脉冲的频谱越宽。

3. 阶跃激励

在试件上施加一个约束，使其产生一定的初始变形，然后突然释放这个约束，这就相当于给试件施加了一个负的阶跃激振力。比如用柔性绳与一个力传感器串接施加规定的激振力就可以实现阶跃激励。阶跃激励也是宽频带激励，由于阶跃激励的低频能量大，因此在大型结构件的测振中使用较多。

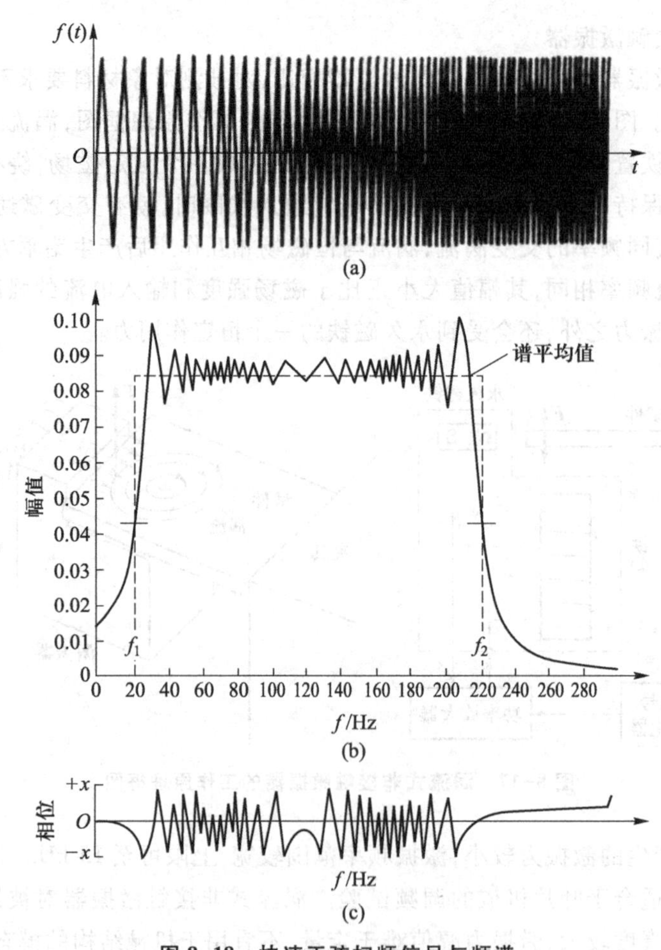

图 8-18　快速正弦扫频信号与频谱

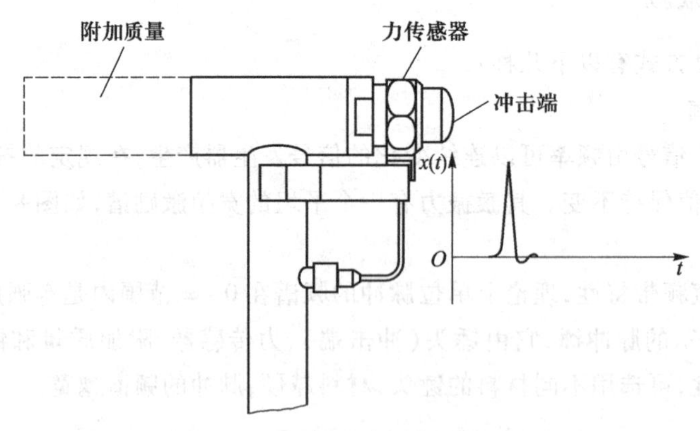

图 8-19　脉冲锤结构和典型的力脉冲

8.3.3　随机激励

随机激励是一种宽频带激励方式，在工程测振中应用较多。一般用白噪声或伪随机信号发生器作为信号源。由于激振器及功率放大器的通带不是无限宽的，所以实际的激励力谱不能在整个宽频带中保持常数，只能激起试件在一定频带下的振动。白噪声信号完全是随机的，有的测试希望能重复试验，可以用伪随机信号，它在一个周期内的信号是随机的，而各个周期内是相同的随机信号。如果该周期长度与分析中的采样周期相同，则在时间窗内激励信号与响应信号呈周期性，可以减少能量泄漏问题。

8.3.4 机械结构固有特性参数的估计

根据线性振动理论，对于 n 个多自由度的系统的响应，可以由 n 阶互相独立的模态响应叠加得到。若对系统进行激励，当激励频率等于某一阶固有频率时，就可以获得某一阶的模态参数，每一阶模态都有它固有的特性参数，如固有频率、阻尼比、模态刚度、模态质量。为简明起见，下面只对单自由度系统固有特性参数的估计做介绍，多自由度系统模态参数的测试与估计可参见有关专业振动测试的文献。

对一个单自由度系统，若已知其质量、刚度和阻尼，则它的特性参数只有两个，固有频率和阻尼比，确定它们有一些常用测试方法。

1. 共振法

用稳态激励方法，测得试件的频率响应曲线，然后通过频率响应曲线进行参数估计。

由单自由度系统的受迫振动方程推导的位移幅频特性曲线可知，其幅值最大处的共振频率 $\omega_r=\omega_n\sqrt{1-2\zeta^2}$，$\omega_r$ 称为位移共振频率，显然在小阻尼（如 $\zeta<0.1$）下 $\omega_n\approx\omega_r$。如果采用速度频率响应曲线，则对应的共振频率等于固有频率。

若系统的弹性刚度为 k，当系统阻尼比较小时，位移幅频特性曲线的峰值

$$A(\omega)_{\max}=A(\omega_r)\approx\frac{1}{2\zeta k} \tag{8-11}$$

若在幅频曲线峰值的 $1/\sqrt{2}$ 处作一处水平线，交于 a、b 两点（图 8-20），对应的频率分别为 ω_1 和 ω_2，对应的幅值 $A(\omega_1)=A(\omega_2)\approx\frac{1}{2\sqrt{2}\zeta k}$。可得阻尼比为

$$\zeta=\frac{\omega_2-\omega_1}{2\omega_n}=\frac{\Delta\omega}{2\omega_n} \tag{8-12}$$

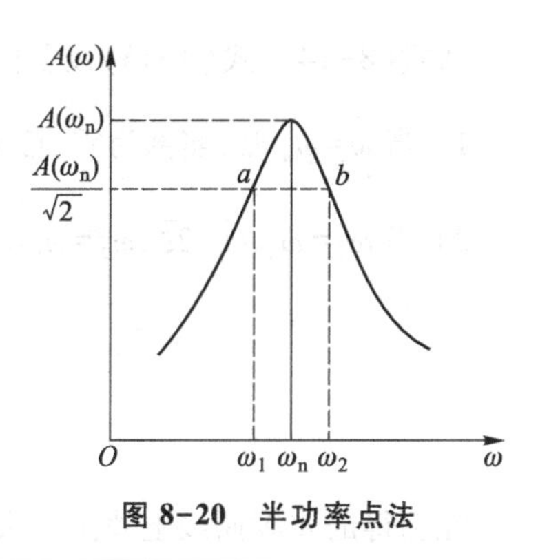

图 8-20 半功率点法

这种方法的不足是没有利用相位信息，因而无法排除其他模态的影响，比较适用于相邻两固有频率间隔较远的小阻尼系统。若是相邻固有频率比较接近、阻尼比较大，相邻非共振模态影响不能忽略。

固有频率也可从相频特性曲线上获得。由单自由度系统的相频表达式（8-5）和相频特性曲线（图 8-3）可知，当 $\omega=\omega_n$ 时，位移的响应滞后于激励信号 90°。此外，阻尼比也可以从自由振动曲线上获取。

2. 分量法

分量法是将频率响应函数分成实部分量和虚部分量进行振动参数的分析。

根据位移频率响应函数

$$H(\omega)=\frac{1}{k}\frac{1}{1-(\omega/\omega_{\mathrm{n}})^{2}+\mathrm{j}2\zeta\omega/\omega_{\mathrm{n}}} \tag{8-13}$$

可以得到其实部与虚部分量,它们的表达式分别为

$$\mathrm{Re}[H(\omega)]=\frac{1}{k}\frac{1-(\omega/\omega_{\mathrm{n}})^{2}}{[1-(\omega/\omega_{\mathrm{n}})^{2}]^{2}+(2\zeta\omega/\omega_{\mathrm{n}})^{2}} \tag{8-14}$$

$$\mathrm{Im}[H(\omega)]=\frac{1}{k}\frac{-2\zeta\omega/\omega_{\mathrm{n}}}{[1-(\omega/\omega_{\mathrm{n}})^{2}]^{2}+(2\zeta\omega/\omega_{\mathrm{n}})^{2}} \tag{8-15}$$

对应的曲线见图 8-21。

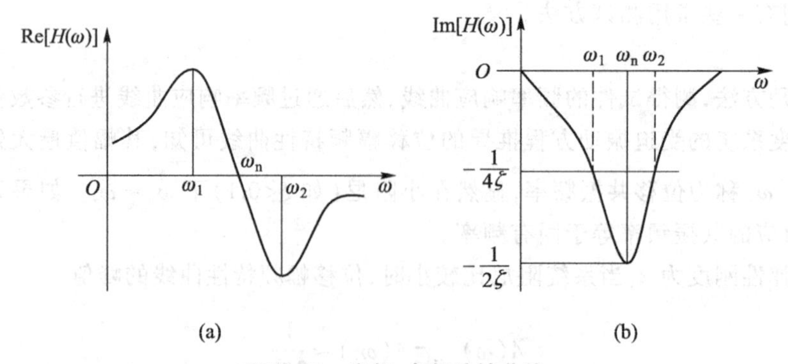

图 8-21 实频、虚频特性曲线

从式(8-14)、式(8-15)以及图 8-21 可以得出:

1) 当 $\omega=\omega_n$ 时,实部为零,虚部为$-\frac{1}{2\zeta k}$,接近最小值。由此可以确定系统的固有频率。

2) 当 $\omega_1=\omega_n\sqrt{1-2\zeta}$,$\omega_2=\omega_n\sqrt{1+2\zeta}$ 时,实频分量 Re[$H(\omega)$]分别取得最大值和最小值:

$$\mathrm{Re}[H(\omega_1)]=\frac{1}{4\zeta(1-\zeta)k} \tag{8-16}$$

$$\mathrm{Re}[H(\omega_2)]=-\frac{1}{4\zeta(1+\zeta)k} \tag{8-17}$$

在测得的实频曲线上找出最大值和最小值对应的 ω_1、ω_2,再估计系统的阻尼比为

$$\zeta=\frac{\omega_2-\omega_1}{2\omega_n} \tag{8-18}$$

3) 当 $\omega=\frac{\omega_{\mathrm{n}}}{\sqrt{3}}\sqrt{1-2\zeta^2+2\sqrt{1-\zeta^2+\zeta^4}}\approx\omega_{\mathrm{n}}\sqrt{1-\zeta^2}$ 时,获得虚频曲线上的最小值$-\frac{1}{2\zeta k}$,这个频率比位移共振频率 $\omega_r=\omega_{\mathrm{n}}\sqrt{1-2\zeta^2}$ 更接近于 ω_{n}。

4）在虚部曲线上，其幅值 $\mathrm{Im}[H(\omega)]/2$ 处对应的频率分别为 ω_1 和 ω_2，ω_1 和 ω_2 也满足式(8-18)。

3. 矢量法

取横坐标为实部，纵坐标为虚部，在复平面上表示频率响应函数随频率变化的规律，可得到频率响应函数的极坐标奈奎斯特图。单自由度系统的频率响应函数的矢量图为一段大圆弧(结构阻尼情况)或接近于一段圆弧(黏性阻尼情况，阻尼系数为 c)。

由式(8-14)、式(8-15)可得

$$\{\mathrm{Re}[H(\omega)]\}^2+\left\{\mathrm{Im}[H(\omega)]+\frac{1}{2\omega c}\right\}^2=\left(\frac{1}{2\omega c}\right)^2 \tag{8-19}$$

式(8-19)可以画成如图 8-22 所示的矢量图，其特点如下：

1）当 $\omega\to\omega_n$ 时，上式接近于圆心为$[0,1/(2\omega_n c)]$、半径为 $1/(2\omega_n c)$ 的圆。也就是说，位移频率响应函数的矢量轨迹是个圆，其直径为 $1/(\omega_n c)=1/2\zeta=A(\omega_r)$。对单自由度系统，弧线与虚轴的交点 M 对应着固有频率 ω_n。

2）过圆心作垂直于虚轴的直线与圆相交于 a、b 两点，对应的频率分别为 ω_1 和 ω_2，因为 $A(\omega_1)=A(\omega_2)=OM/\sqrt{2}=A(\omega_r)/\sqrt{2}$，因此可以得到阻尼比 $\zeta=(\omega_2-\omega_1)/\omega_n$。

对于阻尼较小、固有频率不太密集的多自由系统对应每一阶模态，各存在一个模态圆(或圆弧)，矢量图实际是一条多环曲线，见图 8-23。测试中往往得到的是离散的频率响应数据，因此常用最小二乘法，将其拟合成理想的模态圆，然后换算出系统的特性参数。矢量法的优点在于不仅利用了频率响应函数的峰值信息，而且利用了固有频率附近的多个测量数据点，这样可以降低峰值误差给识别参数带来的影响。

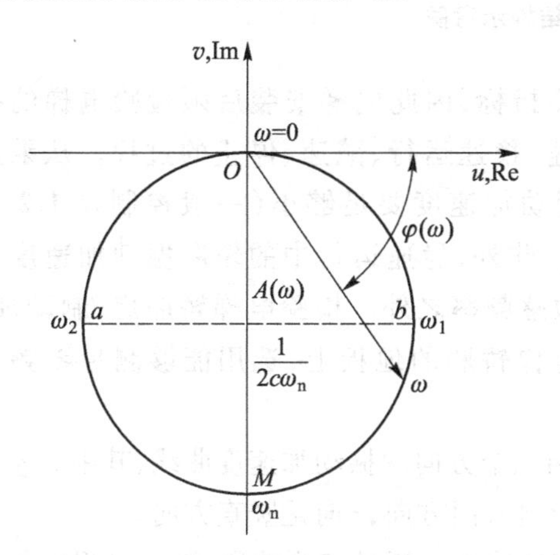

图 8-22 单自由度系统位移频率响应矢量图

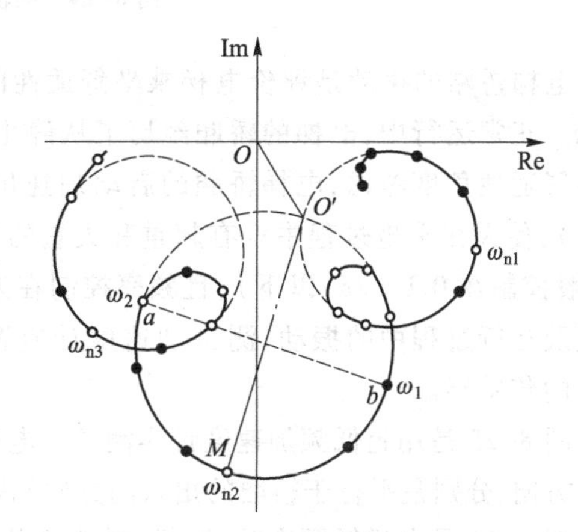

图 8-23 多自由度系统位移频率响应矢量图

当被测系统的模态比较密集或阻尼较大时，宜用非线性加权最小二乘法、复指数曲线拟合法等适用于多自由度的识别方法求解，以提高识别精度。

8.3.5 电梯振动测量示例

图 8-24 是电梯传动结构示意图。安装在楼顶的驱动主机上有一个曳引轮，电动机运转带动

曳引轮旋转，悬挂在曳引轮上的钢丝绳依靠轮上的绳槽与钢丝绳之间的摩擦力提升电梯轿厢上下运行。如果驱动主机运转不平稳、电梯导轨安装的垂直度偏差大、电气调速系统配置不当等，均会造成电梯轿厢的振动和噪声变大。

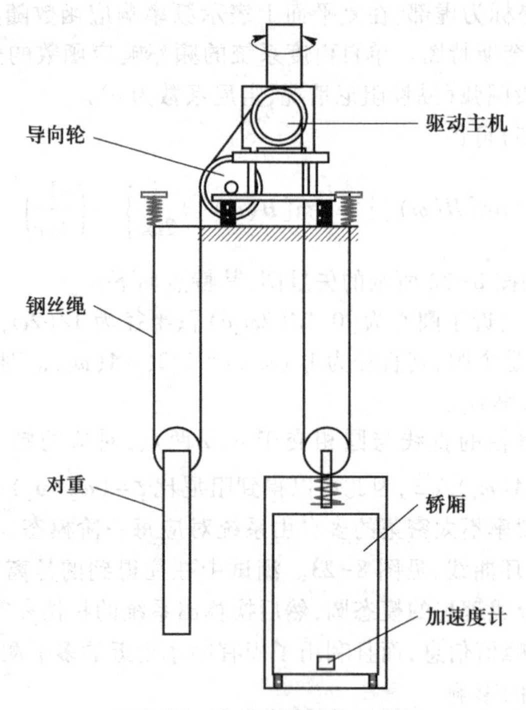

图 8-24　电梯传动结构示意图

电梯轿厢的振动是评价电梯乘坐舒适性的重要指标，因此电梯安装后须检验电梯的振动指标。正常运行中，电梯的轿厢经历了从静止、加速、稳速运行、减速、停止的过程。从乘坐电梯的舒适性角度考虑，电梯轿厢的启动加速度和制动加速度要足够小（一般控制在 1.2 m/s^2 以下），使人在乘坐过程中没有超重和失重的感觉。此外，稳速运行中的轿厢振动加速度要低（一般控制在 0.1 m/s^2 以下），且频率控制在人的敏感频率之外。检验电梯轿厢启、制动加、减速度及运行过程中的振动，测试加速度计应置于电梯轿厢的地板上，选用能够测量零频或超低频的传感器。

图 8-25 是用超低频加速度计实测的一电梯轿厢三个方向的振动加速度曲线，其中 x、y 向为水平方向，分别是平行于轿厢的出入门方向和垂直于出入门方向；z 向是竖直方向。

图 8-26 是电梯轿厢启动、运行、制动过程 z 向速度曲线。通过实测的启、制动过程的加速度值和加、减速时间，可以判定电梯乘坐的舒适性和运行的效率。

一般电梯的加速度值为 1~1.5 m/s^2。加速度变化率不大于 3 m/s^3。如果电梯启动、制动过程中的加速度变化率不大于 2 m/s^3 且保持一个常数，则可保证良好的乘坐舒适感。

图 8-27 是电梯轿厢 x 向运行加速度幅值谱。该电梯的驱动电动机的转速为 1 400 r/min，减速箱的传动比为 2.65。从幅值谱上看到，由于驱动电动机和减速箱引起的两个激励频率分别为 8.8 Hz 和 23.3 Hz。从 45 Hz 至 90 Hz 的频带主要是电梯轿厢结构运行中的振动频率。

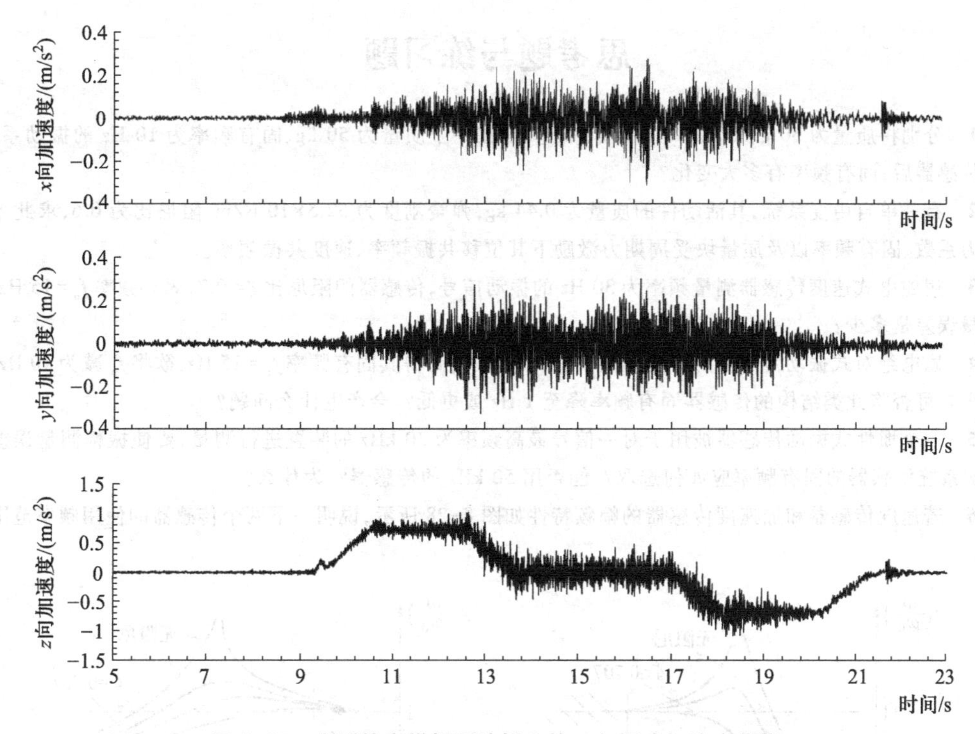

图 8-25　实测的电梯轿厢地板上的三向振动加速度曲线

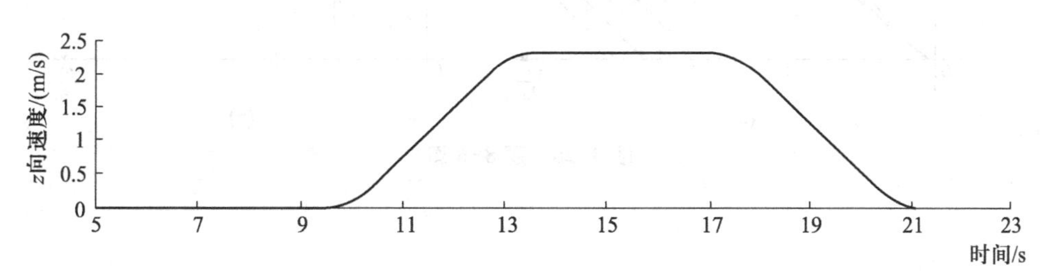

图 8-26　实测的电梯轿厢的 z 向运行速度曲线

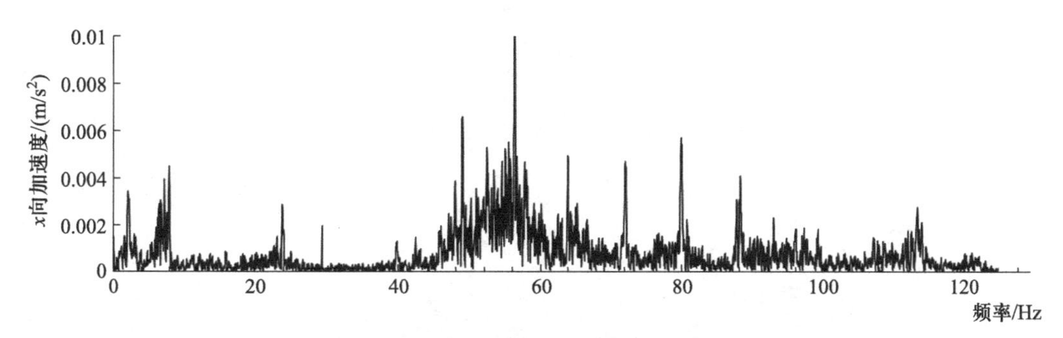

图 8-27　由 x 向振动加速度处理得到的幅值谱曲线

思考题与练习题

8-1 分别将质量为 50 g、80 g、100 g 的传感器安装在一个质量为 50 kg、固有频率为 10 Hz 的振动系统上，在安装传感器后，固有频率有多大变化？

8-2 有一单自由度系统，其活动件的质量为 0.44 kg，弹簧刚度为 52.5×10 N/m，阻尼比为 0.6，求此系统的摩擦阻力系数、固有频率以及质量块受周期力激励下其位移共振频率、速度共振频率。

8-3 用磁电式速度传感器测量频率为 30 Hz 的振动信号，传感器的阻尼比 $\zeta=0.7$，固有频率 $f_n=15$ Hz，求振幅的测量误差是多少？

8-4 磁电绝对式振动传感器的弹簧刚度 $k=3\ 200$ N/m，测得其固有频率 $f_n=15$ Hz，欲将 f_n 减为 10 Hz，刚度应为多少？可否将此类结构的传感器固有频率降至 1 Hz 或更低？会产生什么问题？

8-5 一个惯性式振动传感器被用于对一信号最高频率为 30 kHz 的装置进行测量，要使振幅测量误差小于 5%，测试系统传感器的固有频率应如何选取？能否用 50 kHz 的传感器？为什么？

8-6 若速度传感器和加速度传感器的幅频特性如图 8-28 所示，说明一下两个传感器的使用频率范围该如何选择。

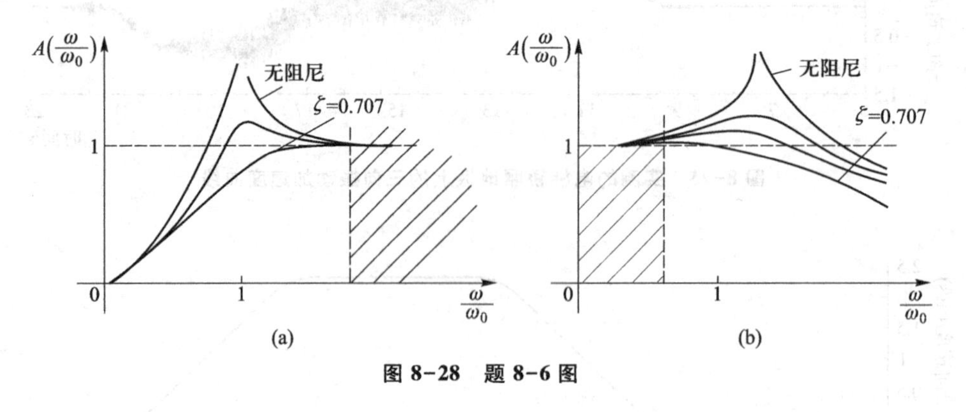

图 8-28　题 8-6 图

第 9 章　应力、力和转矩的测量

在实际工程中，应力、力和转矩是重要的机械量参数，通过对应力、力或转矩的测量，可以分析和研究机械结构及零部件的受力状况、工作状态，验证设计结果。

工程上常常通过电阻应变技术测量结构件表面的应变，然后再根据应变与应力的关系确定结构件相应位置的应力状态，这也是最常用的实验应力分析方法；此外，与应力有关的一些机械量，如力、压力、转矩、力矩、功率、刚度等，其相应测量方法常与应力测量密切相关。

9.1　应力的测量

9.1.1　应变测试及温度补偿

采用电阻应变传感器进行应变测量时，往往通过电桥电路进行测量。根据式(6-1)直流电桥的输入输出电压关系，若 $R_1=R_2=R_3=R_4=R$，非平衡直流电桥的输出电压 U_y 为

$$U_y=\frac{R_1R_3-R_2R_4}{(R_1+R_2)(R_3+R_4)}U_0 \tag{9-1}$$

或者

$$U_y=\frac{U_0}{4}\left(\frac{\Delta R_1}{R}-\frac{\Delta R_2}{R}+\frac{\Delta R_3}{R}-\frac{\Delta R_4}{R}\right) \tag{9-2}$$

$$U_y=\frac{U_0}{4}S_g(\varepsilon_1-\varepsilon_2+\varepsilon_3-\varepsilon_4) \tag{9-3}$$

式中：R_1、R_2、R_3、R_4 为四个桥臂电阻；R 为初始阻值；U_0 为供桥电压；S_g 为电阻应变片的灵敏度；ΔR_1、ΔR_2、ΔR_3、ΔR_4 分别为各桥臂的电阻变化量，且远远小于 R；ε_1、ε_2、ε_3、ε_4 分别为各桥臂传感器得到的测量应变值。

测量时，各桥臂电阻的实际变化量 $\Delta R_i=\Delta R_{yi}+\Delta R_{wi}$，其中 ΔR_{yi} 是载荷作用下的应变引起的电阻变化量，而 ΔR_{wi} 为贴片部位因温度变化或环境温度变化导致电阻变化量，并不反映被测构件的受力信息，后续应力分析应消除由温度引起的电阻变化影响，或者对测量输出进行相应修正，即电阻应变测试的温度补偿。

温度补偿可采用温度自补偿电阻应变片、具有温度自补偿功能的布桥方式(半桥或全桥)或电路补偿电阻应变片(通常在采用 1/4 桥时使用)来实现。温度自补偿电阻应变片是通过设计适当的电阻温度系数，使得电阻应变片在测量环境变化范围内由温度引起的应变控制在较小的可接受范围内。对于处于同一环境条件下的多个测点，可以通过采用半桥或全桥的方式将不同测

点的电阻应变片接入电桥邻臂以抵消由温度变化引起的测量输出。对于单一测点，可以采用两个同样的电阻应变片，一片作为工作片贴在构件上需要测量应变的地方；另一片为补偿片，贴在与被测构件相同材料、相同温度条件但不受载荷的另外设置的补偿件上(即不参与受力应变的测量)，或者贴在测点附近但不受载荷的部位。由于工作片和补偿片处于相同的温度状态下，因此因温度导致的电阻(附加)变化值相同，当该两片电阻应变片作为相邻的桥臂接入电桥后，实际的信号输出中由于温度变化引起的电阻变化量 ΔR_{wi} 可以互相抵消，从而起到了温度补偿作用。

9.1.2 电阻应变片的布置和接桥方法

用电阻应变片进行应变测试时，若应变值很小，相应后续测量电路中作为基本转换电路的电桥输出电压也很弱。采用不同的贴片布置及其接入电桥电路的方法，可以在同样的受力情况下增强信号输出，在一定程度上提高电阻应变片的灵敏度。

表 9-1 列出了电阻应变仪中的电桥在各种接入工作方式下输出电压 U_y 的计算式，表中的单臂电桥、双臂电桥和全桥工作方式，亦即分别有一个、两个和四个电阻应变片贴片参与测试并按规定的桥臂顺序号位置接入电桥。显然，当电阻应变片以双臂电桥或全桥形式布置和接入电桥工作时，电桥的输出电压 U_y 较大。因此实际测试过程中，对于某一测量点，在条件允许的情况下应当尽可能采用双臂电桥或全桥的接桥方法。

表 9-1　电阻应变仪电桥接入工作方式和输出电压

电桥工作方式	单臂电桥	双臂电桥	全桥电路
电阻应变片所在桥臂位置	R_1	R_1、R_2	R_1、R_2、R_3、R_4
输出电压 U_y	$\frac{U_0}{4}S_g\varepsilon$	$\frac{U_0}{2}S_g\varepsilon$	$U_0S_g\varepsilon$

正确布置电阻应变片应建立在测量目标以及对载荷类型和分布的充分估计基础之上；当测量复杂载荷作用下的构件应变时，还可利用电阻应变片的合理布置和接桥方式来消除不同类型载荷对测试结果的相互影响。表 9-2 列举了轴向拉伸(压缩)载荷下应变测量时电阻应变片的布置和接桥方法，不同的布置和接桥方法对测试灵敏度、温度补偿和消除弯矩的影响结果不同。

表 9-2　轴向拉伸(压缩)载荷下电阻应变片的布置和接桥方法

序号	受力状况与布置简图	电阻应变片数量	电桥形式与接入方法	温度补偿情况	电桥的输出电压	应变测量项目及实际应变值	测量特点
1	R_1; F; F; R_2	2	R_1; R_2; a; b; c; 双臂电桥	另设补偿片	$U_y=\frac{U_0}{4}S_g\varepsilon$	拉伸(压缩) $\varepsilon=\varepsilon_i$	不能消除偏心(弯矩)的影响

续表

序号	受力状况与布置简图	电阻应变片数量	电桥形式与接入方法	温度补偿情况	电桥的输出电压	应变测量项目及实际应变值	测量特点
2	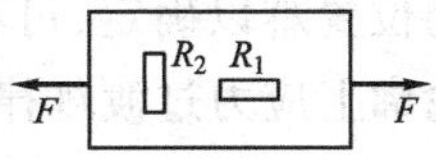 F R_2 R_1 F	2	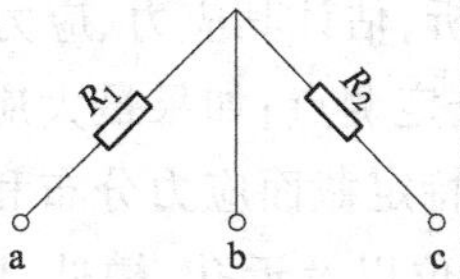 R_1 R_2 a b c 双臂电桥	互为补偿	$U_y=\frac{U_0}{4}S_g\varepsilon(1+\mu)$	拉伸(压缩) $\varepsilon=\frac{\varepsilon_i}{1+\mu}$	输出提高到(1+μ)倍，不能消除偏心(弯矩)的影响
3	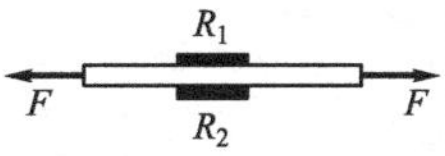 R_1 F F R_2	4	双臂电桥 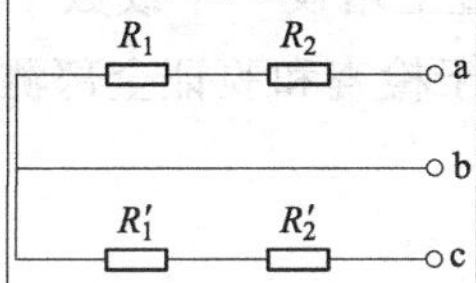 R_1 R_2 a b R_1' R_2' c	另设补偿片	$U_y=\frac{U_0}{4}S_g\varepsilon$	拉伸(压缩) $\varepsilon=\varepsilon_i$	可以消除偏心(弯矩)的影响
4	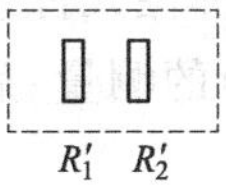 R_1' R_2'	4	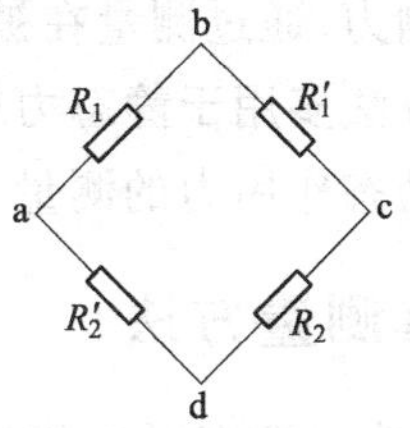 b R_1 R_1' a c R_2' R_2 d 全桥(四臂)		$U_y=\frac{U_0}{2}S_g\varepsilon$	拉伸(压缩) $\varepsilon=\frac{\varepsilon_i}{2}$	输出提高一倍，且能消除偏心(弯矩)的影响
5	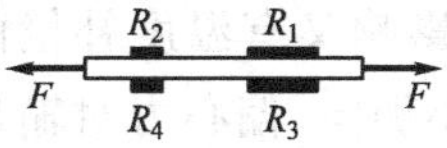 R_2 R_1 F F R_4 R_3	4	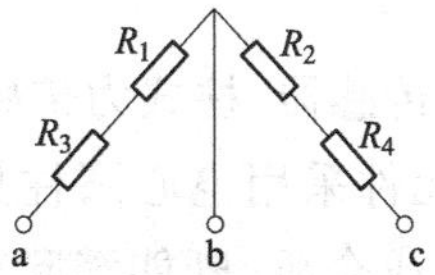 R_1 R_2 R_3 R_4 a b c 双臂电桥	互为补偿	$U_y=\frac{U_0}{4}S_g\varepsilon(1+\mu)$	拉伸(压缩) $\varepsilon=\frac{\varepsilon_i}{1+\mu}$	输出提高到(1+μ)倍，且能消除偏心(弯矩)的影响
6	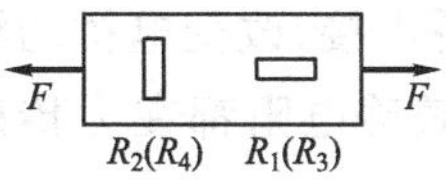 F F $R_2(R_4)$ $R_1(R_3)$	4	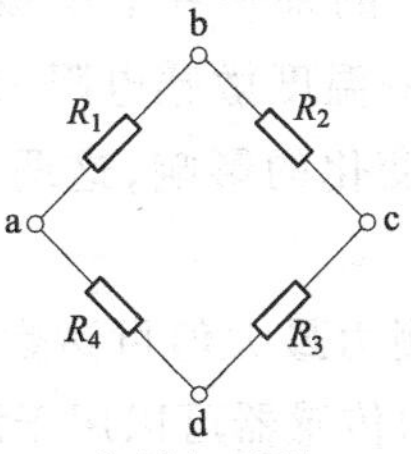 b R_1 R_2 a c R_4 R_3 d 全桥(四臂)		$U_y=\frac{U_0}{2}S_g\varepsilon(1+\mu)$	拉伸(压缩) $\varepsilon=\frac{\varepsilon_i}{2(1+\mu)}$	输出提高2(1+μ)倍，且能消除偏心(弯矩)的影响

9.1.3 电阻应变片测点的选择

测点的选择及布置对于真实了解被测结构的应力状况影响很大。测点越多,虽然可提供的结构应力分布信息越多,却也增加了贴片、连线、测量和数据处理的工作量。因此,测点的布置应考虑以较少的测点能足够真实地反映被测结构应力状况,一般考虑有:

1）对被测构件进行初步的受力和应变分析,估计其应力、应力变化状况,找出可能的危险截面及位置,然后根据测试要求、结合实践经验选定测点;如果最大应力点的位置难以确定,可在截面上或曲面过渡段均匀布置多个测点,以了解特定截面应力分布和曲面轮廓上应力过渡规律。

2）在被测构件上截面尺寸急剧变化的部位以及近孔、槽处,即易导致应力集中的部位及附近,适当多布置一些测点,以便较深入了解这些区域的应力变化情况。

3）利用被测对象的对称性减少测点数量。

4）可以在不受力或已知应变、应力的位置上增设一个或数个测点,以便通过这些已知数据对其他测点的测试数据进行监视和比较,有利于检查和验证全部测试结果的正确性。

9.2 力的测量

常用的测力方法有:通过已知重力平衡被测力;通过测量在被测力作用下弹性元件或结构件的变形、应变来间接获得被测力。前一种测力方法多用于静态力或缓慢变化力的测量;后一种方法不仅可用于静态力,还可用于数千赫兹频率动态作用力的测量。

9.2.1 弹性变形式的力传感器及其测量方法

这类传感器的测量原理是基于弹性敏感元件弹性变形与作用力成正比这一现象,常用形式和方法如下。

1. 电阻应变片式力传感器

电阻应变片式力传感器即电阻应变式负荷传感器,柱式力传感器的原理结构如图 9-1 所示。为提高传感器的灵敏度,内部的受力弹性敏感元件采用空心圆柱加工成方柱体,电阻应变片“两纵、两横相对”粘贴在方柱体的四个外侧面上接成全桥,既能消除弯矩的影响又有温度补偿的功能。图中的侧向加强板用来增大弹性敏感元件在 x-y 平面中的刚度,减小侧向、偏心力对输出的影响。若对测量准确度要求较高,还可以在电桥的某一臂上串接一个温度敏感电阻 R_g,用以补偿电阻应变片电阻温度系数的微小差异,用另一温度敏感电阻 R_m 和电桥串接,改变电桥的激励电压,以补偿弹性敏感元件的弹性模量随温度变化的影响,这两个温度敏感电阻都在力传感器内,以保证和电阻应变片处于相同的温度环境。

柱式力传感器有较宽范围的产品系列,其测力最大值可达数百吨。如果柱式力传感器的弹性敏感元件两轴端为螺栓孔或吊环结构,柱式力传感器可以用于测量拉力,或串接在起重机的起升机构中用以测量起重负荷。

图 9-2 所示也是一种测量拉、压力的电阻应变式负荷传感器,其弹性敏感元件采用梁式结构,受力后可产生较大的变形,信号灵敏度高。

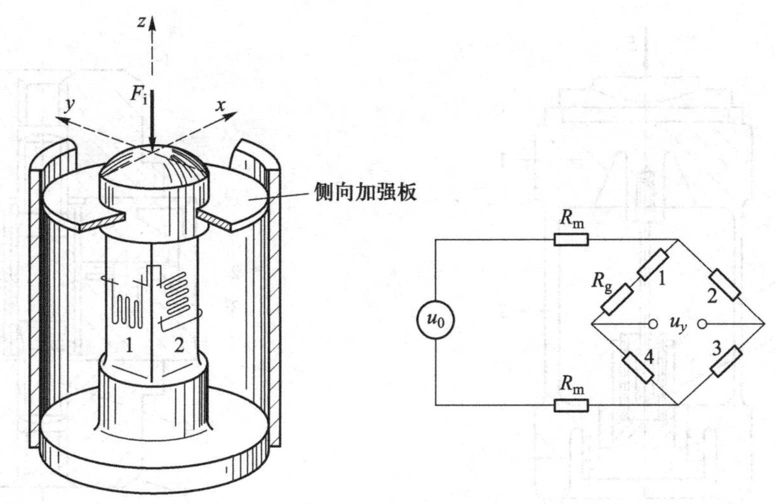

图 9-1　柱式力传感器

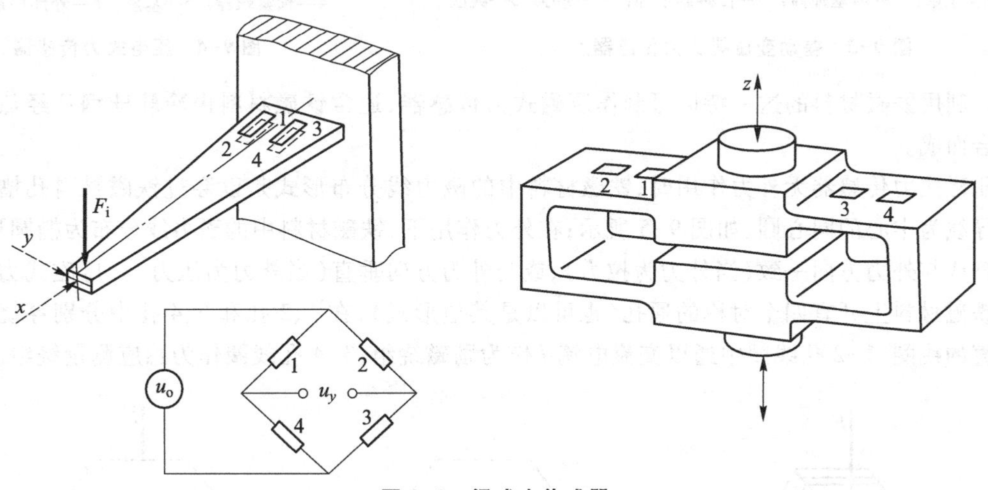

图 9-2　梁式力传感器

2. 差动变压器式力传感器

图 9-3 所示为一种差动变压器式力传感器,其弹性敏感元件为薄壁圆筒 2,当传感器上部 1 承受轴向力时,薄壁圆筒 2 变形、铁心 4 在差动变压器线圈 5 内移动,弹性敏感元件相应的变形量由差动变压器线圈 5 转换成电信号(电感量变化)输出。

3. 压电式力传感器

图 9-4 所示为两种典型压电式力传感器的结构,左边的力传感器内部已加有恒定预压载荷,使之工作在一定的工作范围内,例如 1 kN 的拉力和 5 kN 的压力范围,不致出现内部元件的松弛。右边的力传感器带有一个外部预紧螺母,可用来调整预紧力,以保证力传感器能正常工作在一定的拉力和压力范围内。

4. 压磁式力传感器

某些铁磁材料(如正磁致伸缩材料)具有压磁效应:受压缩时沿应力方向其磁导率下降,而沿着与应力相垂直的方向磁导率增加,对应的磁阻相应变化;而受拉伸时材料磁导率的变化正好

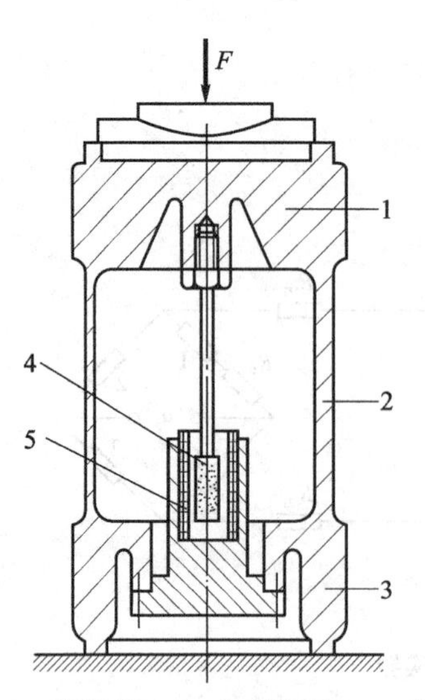

1—传感器上部；2—薄壁圆筒；3—传感器下部；4—铁心；5—线圈

图 9-3　差动变压器式力传感器

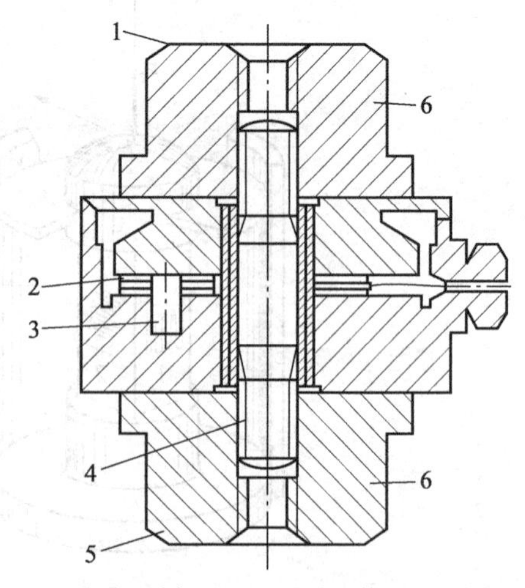

1—承受力端部；2—压电片晶体；3—导销；4—预紧螺栓；5—基座；6—外部预紧螺母

图 9-4　压电式力传感器

相反。利用铁磁材料的这一特性可制作压磁式力传感器，通常铁磁材料由冷轧硅钢片经热处理后叠合而成。

压磁式力传感器无外力作用时，铁磁材料中的磁力线分布形式是以穿过铁磁材料孔槽中的载流导线为中心的同心圆，如图 9-5 所示；在外力作用下，铁磁材料中的磁力线分布为椭圆形，椭圆长轴或与外力方向一致（当外力为拉力），或与外力方向垂直（当外力为压力）。压磁式力传感器的铁磁材料上开有四个对称的通孔（也可以是其他形式），在 1、2 孔和 3、4 孔中分别穿绕着互相垂直的线圈，1-2 孔线圈中通以交流电流 I 作为励磁绕组，3-4 孔线圈作为感应测量绕组。

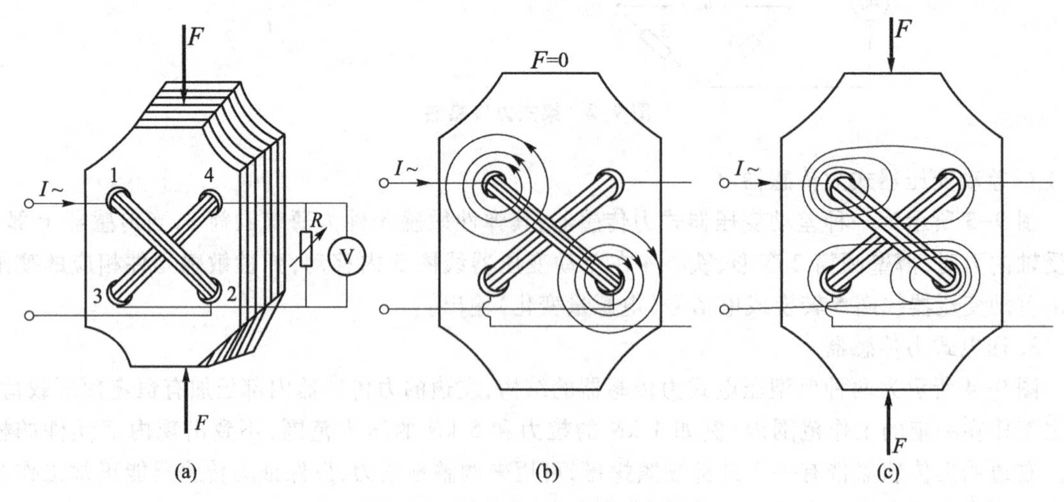

图 9-5　压磁式力传感器工作原理

无外力作用时，励磁绕组所产生的磁力线在测量绕组两侧对称分布，合成磁场强度与测量绕组平面平行，磁力线不和测量绕组交链，从而不使测量绕组产生感应电动势；在外力作用下，磁力线的分布发生变化，部分磁力线和测量绕组交链，在测量绕组中产生感应电动势，且作用力越大感应电势越大。由于压磁式力传感器的灵敏度较高，输出电势较大，往往不需要后续的测量电路再放大，但输出信号需经过滤波和整流处理。

9.2.2 空间力系测试装置及其测力方法

一般空间力系包括三个互相垂直的分力和三个互相垂直的力矩分量。对未知作用方向作用力的测试，也需按空间力系来处理。

对于空间力系的测量，合理设计受力弹性敏感元件和布置电阻应变片，或者选择压电片晶体的敏感方向，是实现准确测量的关键。

1. 弹性梁测力装置

图 9-6 所示为一种弹性梁空间力系测试装置，它采用一个弹性梁在周边分别对称布置粘贴多个电阻应变片，并"相对"接入、组成三个独立的电桥，可以分别测量作用力 F(空间未知力)的三个相互垂直的分量。这里每个独立的电桥都有温度补偿，且只对所测的分量(即该方向上的分量)产生测量值的输出，以消除其他方向上信号的影响。

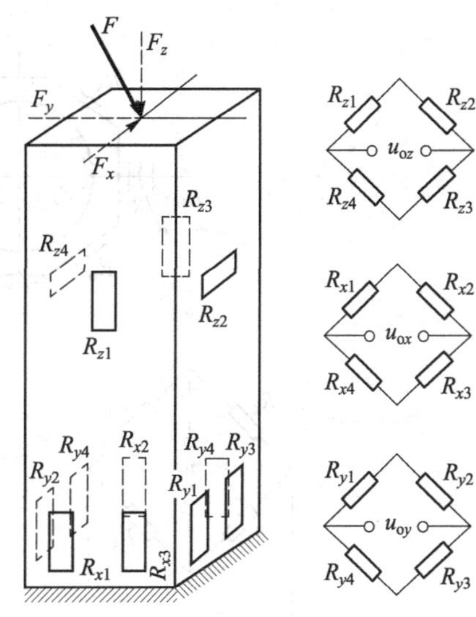

图 9-6 弹性梁空间力系测试装置

用弹性梁测力传感器测量空间力时，力的作用点不能偏离弹性梁截面的对称中心，否则将产生附加的应力；例如作用力 F 在 x 方向作用偏离中心，就会在 x 方向上产生弯曲应力，而 x 组的电桥又无法将这一弯曲应力与分量 F_x 所引起的应力区分开，因此产生附加的输出。

2. 圆环和八角环测力装置

图 9-7 所示的弹性元件八角环也是一种常用的空间多向力的测量装置，它由圆环(图 9-7c)演变而来，由于圆环底边小不容易固定，实际测量多采用八角环。

在圆环上作用径向力 F_y 时(图 9-7a)，圆环各处的应变不同，已知其中与作用力成 39.6°夹角处的应变值为零，在水平方向的中心线上应变值最大，将电阻应变片 R_1、R_2、R_3、R_4 对称布置贴在此处，则输出最大，此时 R_1 和 R_3 受拉应力，R_2 和 R_4 受压应力。如果圆环的一侧固定，另一侧作用切向力 F_x(图 9-7b)，应变值为零的点位于水平方向中心线上的 A 点；如果将电阻应变片贴在与竖直中心线成 39.6°的夹角处，则 R_5 和 R_7 受拉应力，R_6 和 R_8 受压应力，且输出最大。因此，当圆环上同时作用切向力 F_x 和径向力 F_y(图 9-7c)，或作用的力为该两力的合力 F(空间力)时，将电阻应变片 R_1、R_2、R_3、R_4 和 R_5、R_6、R_7、R_8 分别组成电桥(图 9-7e 和图 9-7f)，就可以互不干扰地得到 F_y 和 F_x 信号。

当八角环(图 9-7d)的厚度 h 与环的平均半径 r 之比较小时，应变值为零的点在 39.6°附近；随 h/r 值的增大此角度也增大，当 h/r =0.4 时，应变值为零的点在约 45°处。

3. 压电式三分力传感器

采用不同切型的压电片晶体的组合，也可以用于空间力系的测量。压电式三分力传感器如图 9-8 所示，由三对压电片晶体组成，其中一对具有纵向压电效应，用以测量 z 轴方向的作用力；

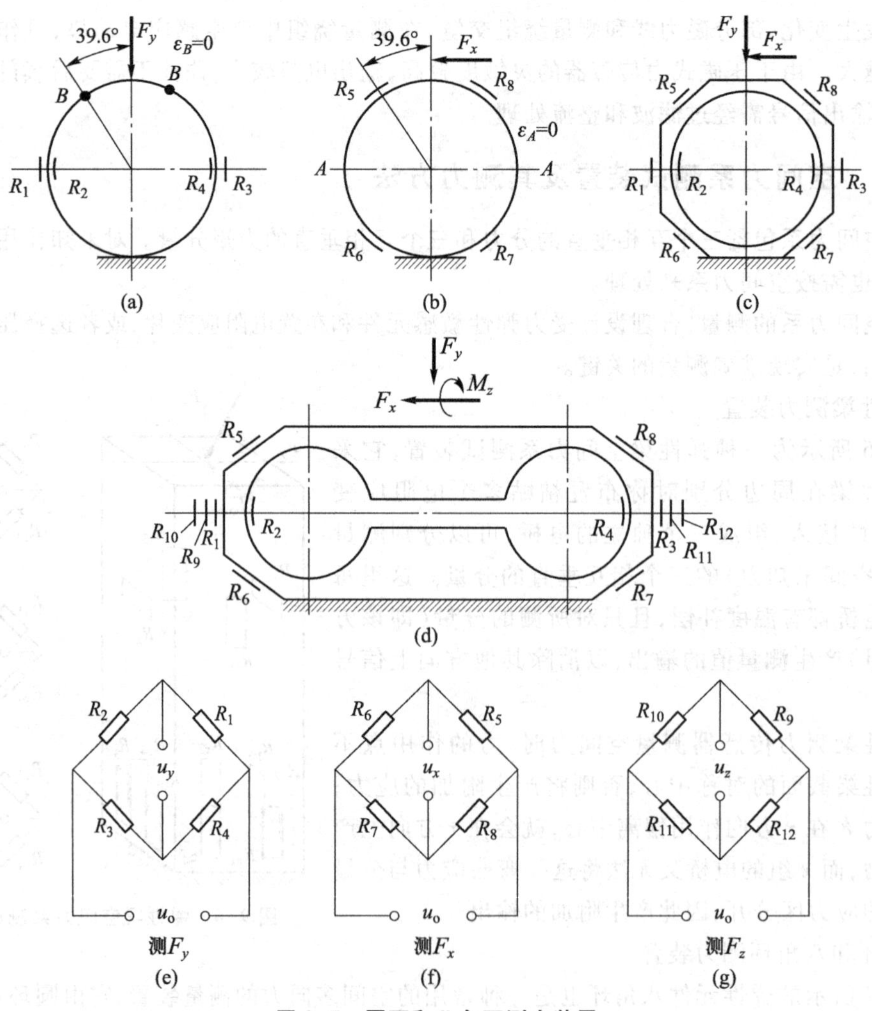

图 9-7　圆环和八角环测力装置

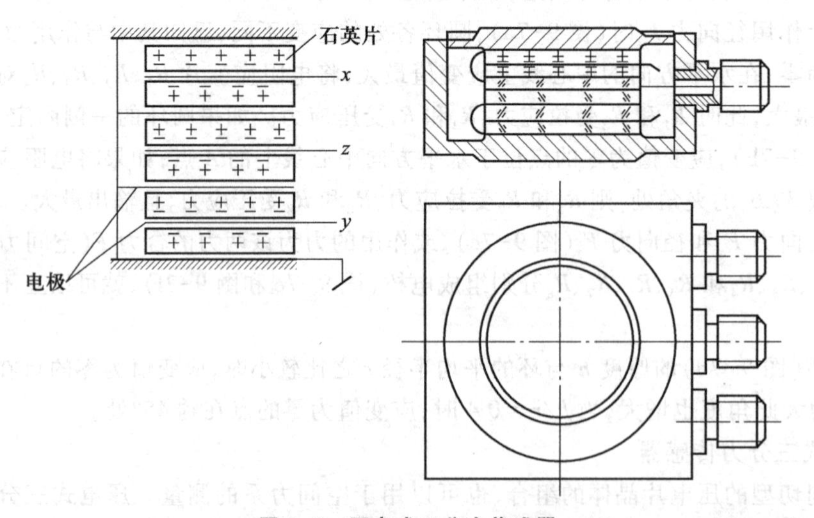

图 9-8　压电式三分力传感器

另外两对具有横向压电效应,且方向互相垂直,分别测量 x 轴和 y 轴方向的作用力。因此,传感器将空间力自动地分解为互相垂直的三个力分量输出。

9.3 转矩的测量

9.3.1 转矩测量传感器的工作原理

圆轴在转矩 M_n 的作用下,其表面的剪应力 τ 为

$$\tau = M_n / W_n \tag{9-4}$$

若圆轴外径和内径分别为 D、d,圆轴的抗扭转截面模量 $W_n = \pi(D^3 - d^3)/16$。在弹性极限范围内,对应的圆轴剪应变 γ 为

$$\gamma = \tau / G = M_n / GW_n \tag{9-5}$$

式中:G 为圆轴材料的剪切弹性模量。

而圆轴上相距 L 的两个截面间产生的相对扭转角 θ 为

$$\theta = LM_n / GJ_n \tag{9-6}$$

式中:J_n 为圆轴截面的抗扭转极惯性矩,$J_n = \pi(D^4 - d^4)/32$ 。

可见,在轴的尺寸 D 和 d 及截面间距 L 已定,材料的剪切弹性模量 G 已知的情况下,其剪应变 γ 和扭转角 θ 只与转矩 M_n 成正比。根据被变换的参量和传感器类型,常用的转矩测量传感器分为剪应力或剪应变式、相对转角式两类。

9.3.2 剪应力或剪应变式转矩传感器

1. 电阻应变式转矩传感器

剪应力或剪应变式转矩传感器为电阻应变式转矩传感器,其利用电阻应变片将随转矩产生的被测圆轴表面的剪应变变换成电阻值的相对变化。剪应变是角应变,其主应力方向分别与圆轴轴线成大约 45°和 135°的夹角,而剪应变 γ 和这两个方向的主应变 $\varepsilon_{45°}$、$\varepsilon_{135°}$ 之间的关系为

$$\gamma = \varepsilon_{45°} - \varepsilon_{135°} \tag{9-7}$$

因此,在其表面上沿轴线 45°和 135°方向粘贴电阻应变片,并接入电桥作为两个相邻的桥臂,测得的剪应变值经换算就得到被测圆轴的转矩值。

为了提高转矩传感器的输出灵敏度,以及消除其他力学因素的影响,通常沿垂直于轴线的某截面的圆周方向上间隔 90°布置四片电阻应变片,其贴片方向分别沿轴线夹角的 45°和 135°方向交替,并接成全桥,其展开图如图 9-9 所示。如果被测轴的直径较小,致使在同一截面的圆周方向上布置四片电阻应变片受到限制,而且已确定该轴只承受转矩,可考虑按如图 9-9c 所示沿轴线方向展开贴片。

2. 电阻应变式转矩传感器的结构及信号输出方法

由于轴的转矩测量大多是在旋转工作状态下进行,已贴电阻应变片随轴旋转,因此其电缆线的固定引出、测量信号的输出成为重要问题,其解决方法是,通过在轴上设置接触式的机械-电气集流环装置,或在轴上设置非接触式的无线电、电磁感应装置,将旋转轴上的测量信号传输送出。

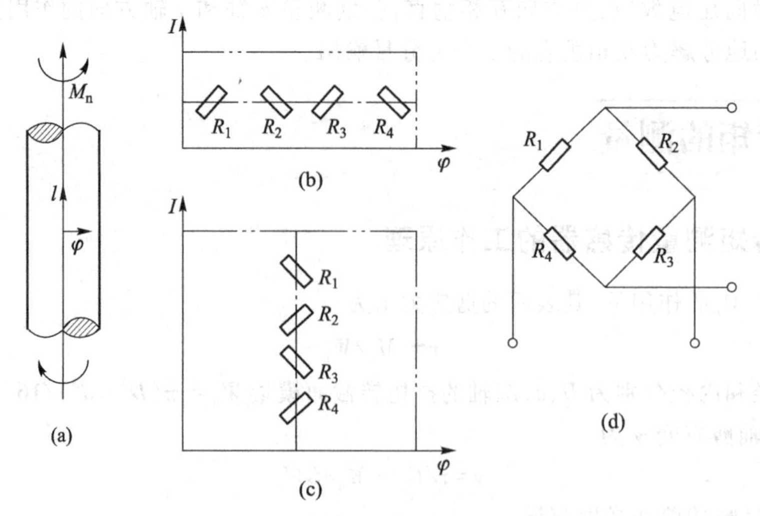

图 9-9　电阻应变式转矩传感器贴片展开图

常用的接触式集流环装置为在轴上固定设置的多个并列靠近但彼此绝缘的导电圆环，其随轴旋转，各电阻应变片的引线分别与之连接，按导电圆环亦即集流环信号输出的结构形式又分为碳刷式、水银槽式和簧片式。碳刷式集流环通过轴外碳刷组的各碳刷分别压紧、接触与之对应的导电圆环，从而向外传输采集信号；水银槽式集流环通过轴上各突起的导电圆环（或圆盘）分别浸入或半浸入在不旋转且彼此绝缘的水银槽中，由各水银槽采集、传输信号；簧片式集流环与碳刷式相似，各簧片直接作用于导电圆环，导电圆环与不旋转的信号采集、传输弹簧片之间接触电阻较大，且其值与轴旋转有关，所以测量信号中的噪声大。

常用的非接触式旋转轴上信号输出分为无线传输式和感应式。无线传输式信号输出装置通过在旋转轴上固定多通道的无线信号发射装置，将各电阻应变片的引线汇集与之连接，测量信号经过调制后发射出去，由附近接收机接收并解调。感应式信号输出装置也称为回转变压器，其信号输出方法如同变压器的工作原理，通过在旋转轴的轴面上或轴端部固定多个互相屏蔽的一次线圈，各电阻应变片的引线分别与之连接，相对应的各二次线圈套在轴上不旋转或靠近轴端放置不旋转，根据电磁感应原理，二次线圈耦合接收测量信号；一次、二次线圈中有一组为供桥电源变压器，为旋转轴上的交流电桥电路提供载波电压。

一种采用碳刷集流环的电阻应变式转矩传感器的结构如图 9-10 所示，变换转矩用的弹性轴上直径较细的敏感段贴有四片电阻应变片；贴片处轴径尺寸的确定既要保证有较高的灵敏度（能够产生较大的扭转弹性变形），又必须保证有足够的强度，因此通常采用高弹性合金钢制作弹性轴；碳刷组由电刷支架固定在转矩传感器的轴承座和外壳上。

9.3.3　相对转角式转矩传感器

相对转角式转矩传感器亦称相位差式转矩传感器，其利用测量圆轴两端截面上随转矩产生的相对扭转角 θ，转换成输出电信号相位的相对变化。根据测量信号的变换方式，又分为磁电脉冲式和光电脉冲式。

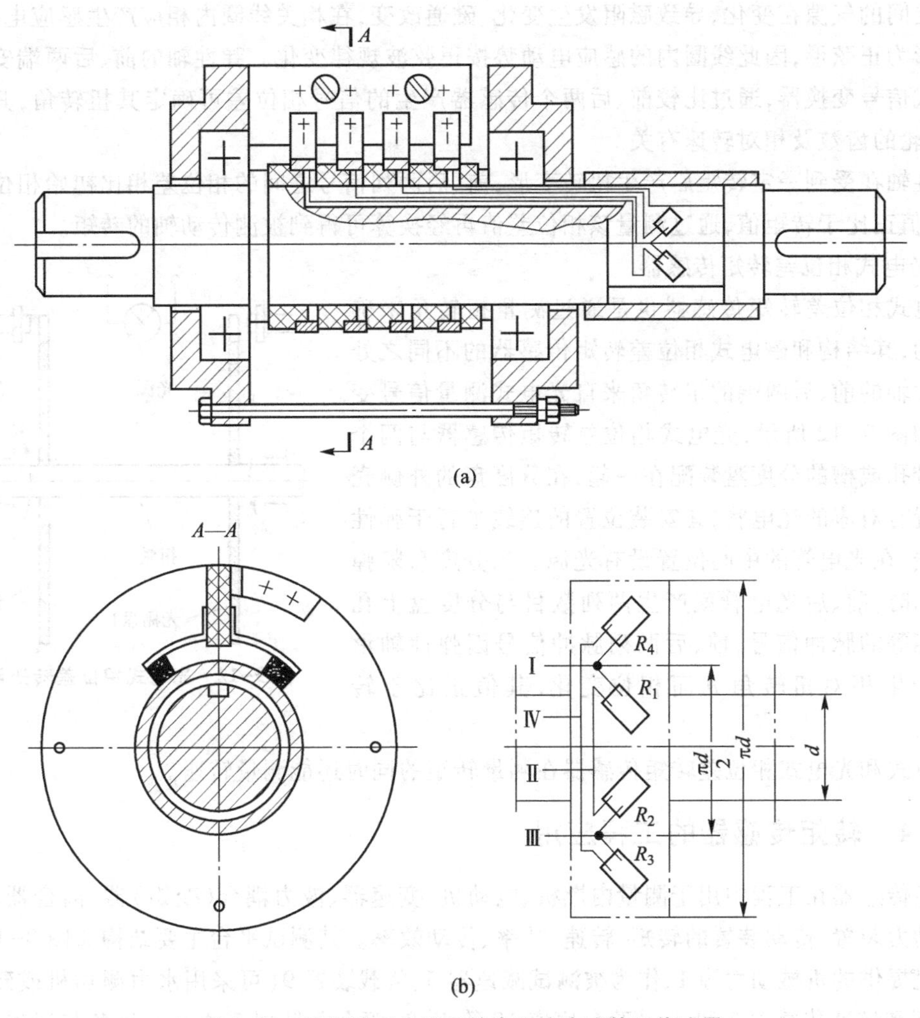

图 9-10　采用碳刷集流环的电阻应变式转矩传感器

1. 磁电式相位差转矩传感器

如图 9-11 所示，磁电式相位差转矩传感器可由弹性轴、两对磁电式测量信号变换器及其他辅助机构组成。测试时，弹性轴和与其同轴的套筒作相对转动，分别固定于套筒和弹性轴上的内、

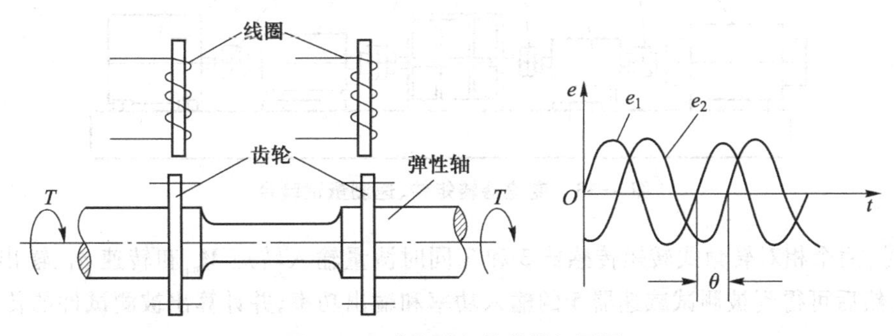

图 9-11　磁电式相位差转矩测量

外齿轮之间的气隙在变化，导致磁阻发生变化、磁通改变，在相关线圈内相应产生感应电动势；齿轮的齿形为正弦形，因此线圈内的感应电动势按正弦波规律变化。弹性轴的前、后两端安装了同样磁电式信号变换器，通过比较前、后两个传感器产生的信号相位差可确定其扭转角，其频率和内、外齿轮的齿数及相对转速有关。

弹性轴在受到一定转矩后产生扭转变形，前、后两列信号之间的相位差相比初始相位差发生变化，其值正比于转矩值，通过测量该相位差值再经换算可得到被测传动轴的转矩。

2. 光电式相位差转矩传感器

光电式相位差转矩传感器也是通过测量扭转角来确定转矩的，其结构和磁电式相位差转矩传感器的不同之处在于弹性轴的前、后两端的扭转角来自光电式测量信号变换器。如图 9-12 所示，光电式相位差转矩传感器与两个相同的带孔或槽的分度盘装配在一起，在分度盘的外侧壳体上布置有对应的光电管，其安装位置的连线平行于弹性轴的轴线，在光电管的中间位置设有光源。当分度盘随弹性轴转动时，前、后光电管就产生两列数目与分度盘上孔或槽数相等的脉冲信号，前、后两列脉冲信号因弹性轴承受转矩产生相对扭转角 θ 而相位变化，其值正比于转矩值。

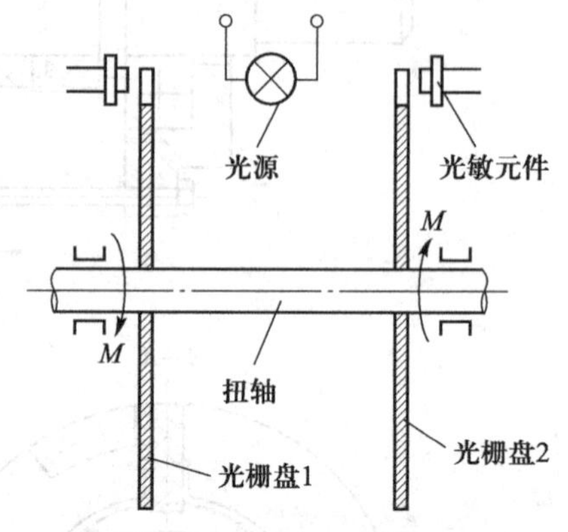

图 9-12 光电式相位差转矩测量

磁电式和光电式相位差转矩传感器在测量转矩的同时还能测量转速。

9.3.4 转矩传感器的工程应用

转矩传感器在工程中用于测量内燃机、电动机、变速器、液力耦合（变矩）器、离合器、传动轴等机械动力装置、传动装置的转矩、转速、功率、传动效率。其测试平台主要结构如图 9-13 所示，由电动机提供的机械动力源 1、作为被测试减速器 5、负载装置 9（可采用水力测功机或磁粉制动器）、转矩和转速传感器 3 和 7、试验台底座 10 等组成；四个联轴器 2、4、6、8 将各装置串接起来。一般被测试减速器 5 输入轴端的转矩小而转速高，输出轴端的转矩大而转速低，因此输入轴端的转矩传感器 3 比输出轴端的转矩传感器 7 承受转矩小。

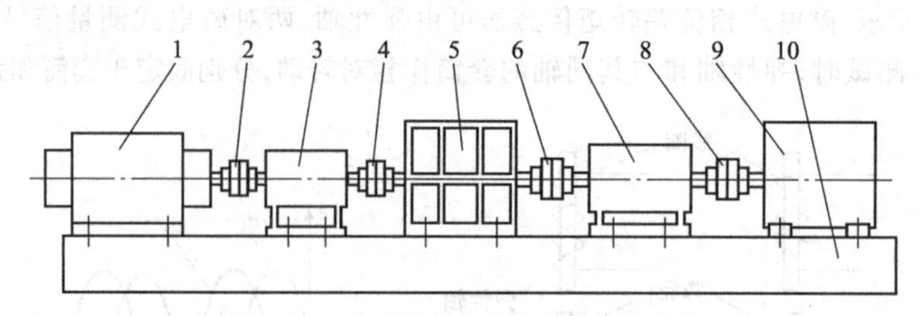

图 9-13 变速器转矩转、速测量试验台

测试时，两个相对转角式转矩传感器 3 和 7 同时测量输入转矩 M_{n_1} 和转速 n_1、输出转矩 M_{n_2} 和转速 n_2，然后可得到被测试减速器 5 的输入功率和输出功率，并计算出被测试件的传动效率和传动比。

思考题与练习题

9-1 剪应力或剪应变式转矩传感器与相对转角式转矩传感器测试工作原理的主要区别是什么?

9-2 磁电式相位差转矩传感器和光电式相位差转矩传感器在测量转矩的同时为何还能测量转速?

9-3 一截面为 20 mm×20 mm 正方形的柱式弹性元件的四壁上沿载荷方向贴有四片电阻应变片,电阻应变片的电阻值为 120 Ω,灵敏系数 $S=2.0$,四片电阻应变片串联接入电阻型电桥(直流电桥)的某臂。设弹性元件材料的弹性模量 $E=2\times10^{11}$ Pa,若作用于弹性元件的载荷为 4×10^{-2} N,求电桥激励电压为 5 V 时的输出电压,并讨论电阻应变片串联接入桥臂能否提高电桥的输出电压灵敏度。

9-4 一简单拉伸试件上贴有两片电阻应变片,一片沿轴向,另一片与之垂直,两片电阻应变片接入一电阻型电桥的相邻两臂。已知试件材料的弹性模量 $E=2\times10^{11}$ Pa,泊松比 $\mu=0.3$,电阻应变片的灵敏度 $S=2.0$,电桥的激励电压为 5 V。若测得电桥的输出电压为 826 mV,求试件上的轴向应力值。

9-5 两参数相同的电阻应变片贴于图 9-14a 所示的等截面梁上,电阻应变片按图 9-14b 所示接入电桥,未加载时,各桥臂电阻值相等,电桥处于平衡;加载后电桥输出为 7.60 mV,设梁材料的弹性模量 $E=2\times10^{11}$ Pa,泊松比$\mu=0.295$,电阻应变片的原始电阻值为 121.4 Ω,求电阻应变片的灵敏度。

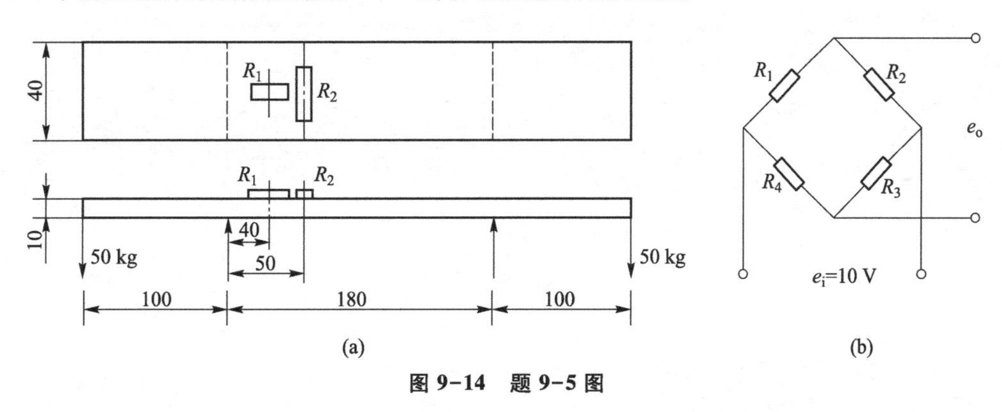

图 9-14 题 9-5 图

9-6 在一受拉弯综合作用的构件上贴有四片电阻应变片,如图 9-15 所示。试分析如何安排这四片电阻应变片在电桥电路中的位置,才能进行下述测试:(1) 只测弯矩,并进行温度补偿,消除拉力的影响;(2) 只测拉力,并进行温度补偿,消除弯矩的影响。

9-7 两电阻应变片如图 9-16 所示贴于一轴上,轴材料的弹性模量 $E=2\times10^{11}$ Pa,泊松比 $\mu=0.29$,电阻应变片接入电桥的相邻两臂,电桥的输出由示波器显示。已知电阻 $R_1=R_2=R_3=R_4=119$ Ω,电阻应变片的灵敏度 $S=1.23$,当在电阻应变片两侧并接一 250 kΩ 的电阻时,示波器指示变化为 3.4 cm;若该轴受扭转,观察到示波器的指示变化为 5.4 cm,忽略弯曲和轴向载荷的影响,求该轴所受的最大扭转剪应力。

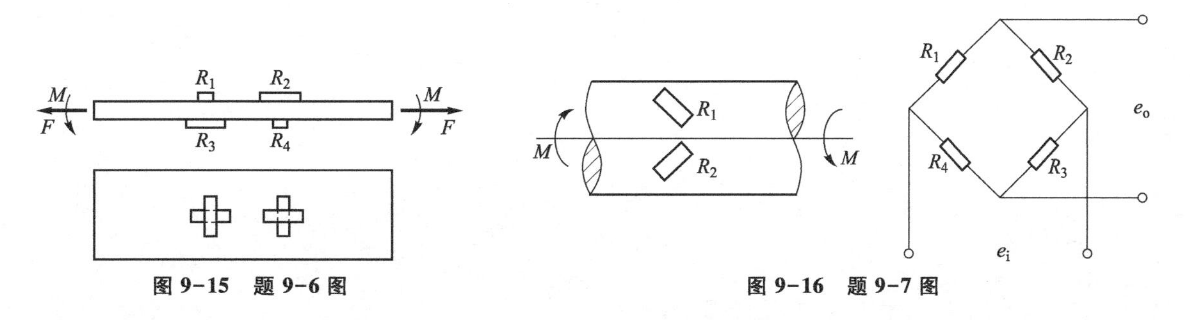

图 9-15 题 9-6 图　　**图 9-16 题 9-7 图**

9-8 如图 9-17 所示，为了测量某轴所承受的转矩，在其某截面的圆周上与周向成 45°和 135°的方向交替粘贴了四片电阻应变片，按全桥电路连接。已知该轴钢材料的剪切弹性模量 $G=8\times10^{10}$ Pa，抗扭转截面惯性矩 $W_n=28.5\ \mathrm{cm}^4$。由应变仪读得电阻应变片的应变值为 2 000$\mu\varepsilon$，求该轴所受转矩的大小。

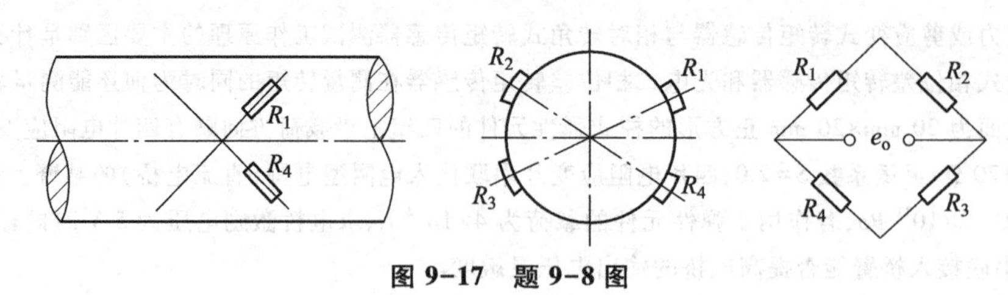

图 9-17　题 9-8 图

第 10 章　温度的测量

10.1　温度与温标

温度反映了物体内分子热运动的剧烈程度，是表征物体冷热程度的物理量，温度在生产和日常生活中都是一个重要的状态参数。

温度测量标准经历了一个漫长的发展过程，1742 年 Anders Celsius 基于水银温度计，定义水的冰点为 0 ℃、标准沸点为 100 ℃，提出摄氏温标；1924 年 Daniel Gabriel Fahrenheit 建立了类似的华氏温标，它与摄氏温标之间有确定的换算关系，摄氏温标和华氏温标都是温度单位的相对定义。1888 年 Pierre Chappuis 利用定容式气体温度计定标了热力学温度，1848 年开尔文（Lord Kelvin）提出了温度数值与可逆理想热机效率的联系，以此为基础，1954 年国际计量大会通过了根据热力学第二定律定义的开尔文（K）温度单位，即 1 K 为水三相点热力学温度的 1/273.16。

2019 年起温度的开尔文单位采用玻尔兹曼常数重新定义，即开尔文（K）是热力学温度的基本单位，通过确定玻尔兹曼常数 k，测量热平衡系统的平均内热能来确定。微观上平均速度 c 运动的自由运动分子的平均平动动能 E_K 与宏观温度 T 之间的关系为 $E_K=\frac{1}{2}m\,c^2=\frac{3}{2}kT$，$1k=1.380\,649\times10^{-23}\ \mathrm{J\cdot K^{-1}}$，即通过玻尔兹曼常数可利用热平衡系统平均内动能的变化确定对应的热力学温度变化。

实际温度测量主要依据始于 1927 年开始建立的协议性国际温标，这是基于温度标准的实用性，基于一些确定的物质相变点，采用铂电阻温度计等高精度温度计作为内插仪器实现较大温区的温度确定标准，一些材料相变点温度由温标建立时所认定的热力学温度测量结果进行赋值。国际实用温标历经多次修订，如 1948、1968 温标，目前各种物性数据表和温度测量分度沿用的是 1990 年建立的国际实用温标 ITS-90。

本章主要介绍基于实用性国际温标的常见温度测量技术。

从是否与被测物体接触上，温度测量可以分为接触测温和非接触测温。本章重点关注测量温度的传感器是热电传感器，即将温度信号转换成电信号的装置，根据其转换原理不同，热电式传感器可分为热电阻、热电偶、热辐射三大类。热电阻是能量控制型传感器，而热电偶是能量转换型传感器，它们又都属于接触式测温；辐射式测温为非接触式测温方式。

10.2 热电阻测量

热电阻属于电阻式传感器,可分为金属热电阻(简称热电阻)和半导体热敏电阻(简称热敏电阻)两大类。

10.2.1 金属热电阻

1. 金属热电阻的工作原理

一些金属导体电阻率随温度改变而变化,这种现象称为热电阻效应。基于电阻热效应的电阻测温传感器,将温度变化转化成电阻的变化,在一定温度范围内电阻与温度成线性关系:

$$R_t = R_0[1+\alpha(t-t_0)] = R_0(1+\alpha\Delta t) \tag{10-1}$$

式中:R_t为温度为 t 时的电阻;R_0为温度为 t_0时的电阻,工程上 t_0一般取 0 ℃;α 为电阻温度系数,$℃^{-1}$。

电阻温度系数 α 随不同的材料而异,一般金属导体都具有正的电阻温度系数,其电阻随温度升高而增加。这是因为温度升高时,金属导体里粒子的无规则运动加剧,这种无规则运动阻碍了电子的定向运动,使电阻增加。受电阻温度系数影响,不同的金属导体,其电阻增加程度不同。

2. 常用热电阻

虽然大多数金属导体的电阻值随温度变化而变化,作为测温热电阻的电阻材料还应具有如下特性:电阻温度系数大;电阻率要大,热容量小;在整个测温范围内应具有稳定的物理和化学性质,电阻与温度的关系最好接近于线性或为平滑曲线;容易加工,复现性强,价格低廉。要找到同时符合这些要求的热电阻材料是有困难的,目前应用最广泛的金属热电阻材料是铂和铜。

(1) 铂电阻

铂电阻的特点是精度高、稳定性好、性能可靠,但在还原性气体中,特别是在高温下,很容易被还原性气体所污染,使铂丝变脆。因此,常用保护套把电阻体与有还原性的气体隔开形成铠装温度计。

铂电阻被广泛应用于工业上和实验室中,通常在-200~850 ℃温度范围使用。在 0~850 ℃范围内,有

$$R_t = R_0(1+At+Bt^2) \tag{10-2}$$

在-200~0 ℃范围内,有

$$R_t = R_0[1+At+Bt^2+C(t-100)t^3] \tag{10-3}$$

式中:R_0为 0 ℃时的铂电阻的阻值;A、B、C 均为经验系数,由实验测得。

铂电阻在-200~0 ℃范围内,测量误差 $\Delta t=\pm(0.3+6\times10^{-3}t)$℃,在 0~850 ℃范围内 $\Delta t=\pm(0.3+4.5\times10^{-3}t)$℃。

铂电阻的电阻值也与 R_0有关,当 R_0不同时,在同样的温度下其 R_t值也不同。因此作为测量用的热电阻必须规定 R_0值,铂电阻的代号为 WZP,常见的铂电阻 R_0有 1 000 Ω、300 Ω、200 Ω、100 Ω、50 Ω、20 Ω 和 10 Ω 等,将电阻值 R_t与温度 t 的对应关系列成表格,称为铂电阻分类表,对应分度号分别为 Pt1000、Pt300、Pt200、Pt100、Pt50、Pt20 和 Pt10。

(2) 铜电阻

采用铜制成的测温电阻,称为铜电阻。测温范围为-50~150 ℃,铜电阻在这一范围内有很好的稳定性,电阻值与温度之间接近线性关系,温度系数比较大,而且材料容易提纯,价格低廉,只是测量精度较铂电阻稍低,电阻率小。

在-50~150 ℃温度范围内,铜电阻的阻值与温度之间的线性关系比较好,有

$$R_t = R_0(1+\alpha t) \tag{10-4}$$

测量误差 $\Delta t = \pm(0.3+6\times10^{-3}t)$ ℃。铜电阻的代号为 WZC,常见的分度号有 Cu100 和 Cu50。

(3) 热电阻的测量电路

热电阻随温度所产生电阻变化值是用电桥电路测量的,如图 10-1 所示。温度变化 Δt 转化为热电阻阻值变化 ΔR_t,然后通过测量电桥电路转化成电压或电流的变化 $\Delta U(\Delta I)$,并由显示仪表直接测量或经放大器输出自动测量和记录。典型的热电阻测温传感器结构中,引出导线有二线、三线甚至四线的形式,见图 10-2,因此测量电路的接线方式有图 10-3 所示的二线制、三线制以及四线制。

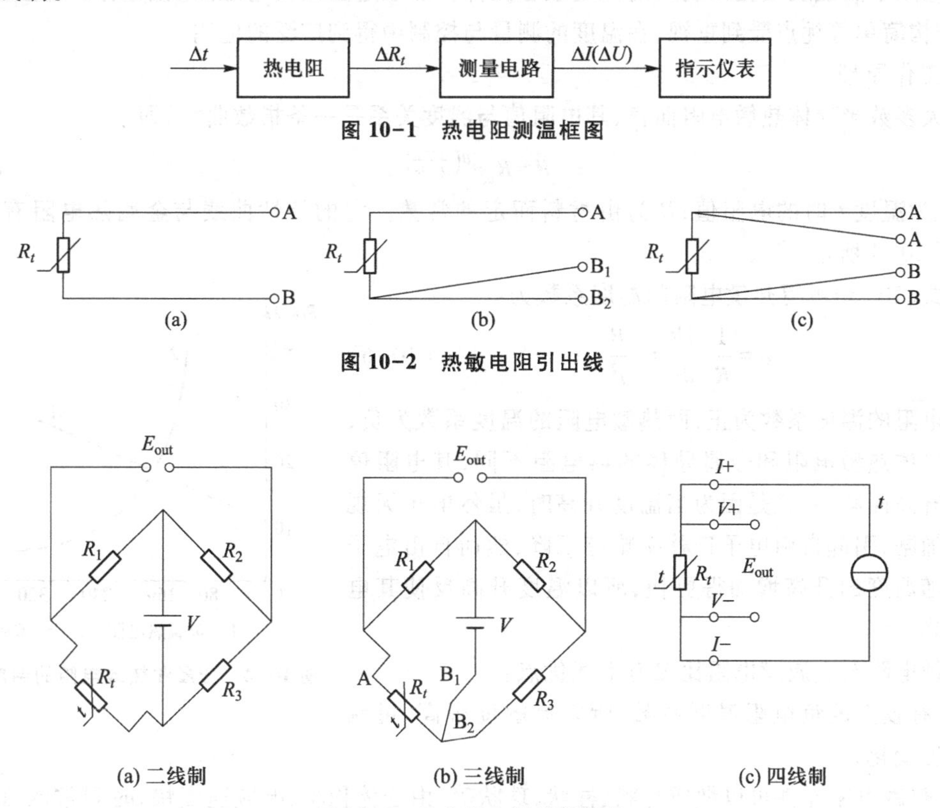

图 10-1 热电阻测温框图

图 10-2 热敏电阻引出线

图 10-3 铂电阻电桥线路接法

1) 二线制接线。如图 10-3a 所示,与热电阻 R_t 相连的引出导线有两根,被接于电桥的一个桥臂上,当环境温度引起导线温度变化,从而引起引线电阻值变化时,产生附加电阻若作为热电阻的一部分将引起测量误差。利用 Cu50 铜电阻元件测温,在室温条件下若铜引线的电阻为 5 Ω,环境温度变化 10 ℃,那么采用二线制接线给测量值带来的误差不可忽略。

2）三线制接线。如图 10-3b 所示，有三条引线 A、B_1、B_2，其中 B_1、B_2是并联关系，一般情况下，A、B_1、B_2的材料、直径、长度均相同。按二线制接线法，B_1、B_2是作为一条引线存在。在三线制接法中，A 与被测热电阻在测量电桥的一个桥臂上，B_2在其相邻桥臂上，图 10-3b 中 B_1在电桥的供电线路上，A 和 B_2所产生导线电阻影响因相邻桥臂连接得以抵消，而且环境温度变化将使相邻两桥臂阻值同增量变化，导线附加电阻引起的电桥输出将自行补偿，因此而产生的测量误差比二线制接线显著减小。

3）四线制接线。如图 10-3c 所示，在热电阻感温元件的两端各连两根引线的方式称为四线制，其电阻通过获得流过它的电流和两端的电压确定。在测量热电阻的电阻变化时，采用四线制测量电路，可消除外接引线电阻变化的影响，是测量电阻比较精确的方式。

10.2.2 半导体热敏电阻

热敏电阻是金属化合物（NiO_2、MnO_2、CuO、TiO_2）的粉末烧结而成的半导体，它是利用半导体材料的电阻率随温度变化而制成的温度敏感元件。热敏电阻因其电阻温度系数大、电阻率大、体积小、结构简单等优点受到重视，在温度的测量与控制中得到广泛的应用。

1. 工作原理

对大多数半导体热敏电阻而言，其电阻值与温度关系是一条指数曲线，即

$$R=R_0 e^{B\left(\frac{1}{t}-\frac{1}{t_0}\right)} \tag{10-5}$$

式中：R_0为温度 t_0时的电阻值；B 为由材料而定的常数。它的特性曲线与金属热电阻有明显差异，如图 10-4 所示。

由式（10-5）可得热敏电阻的温度系数为

$$\alpha=\frac{1}{R}\frac{\mathrm{d}R}{\mathrm{d}t}=-\frac{B}{t^2} \tag{10-6}$$

热电阻的温度系数为正，而热敏电阻的温度系数为负，所以半导体热敏电阻和金属导体的热电阻不同，其电阻值随温度升高而减小，这是因为当温度升高时，虽然电子无规则运动加剧，引起自由电子迁移率略有下降，然而自由电子的数量随温度的升高增加得更快，所以温度升高反使其电阻值下降。

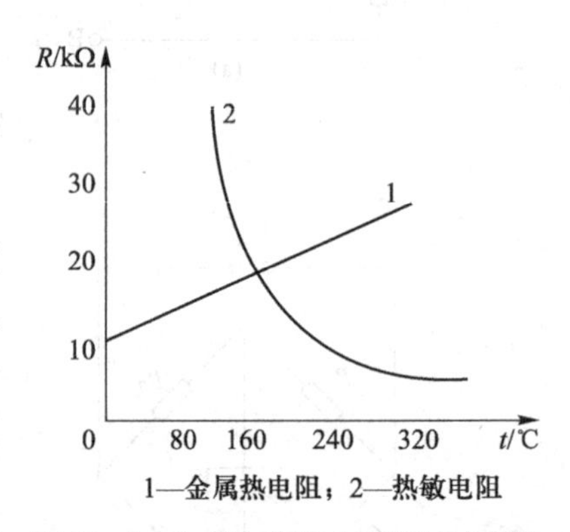

图 10-4 金属和热敏电阻的温度特性

热敏电阻与金属丝电阻比较有下述优点：

1）有较大的负电阻温度系数，所以灵敏度很高，可测微小温度变化；

2）热敏电阻元件可以做成片状、柱状、珠状等，由于体积小，响应速度快，时间常数可以小到毫秒级，可以作为点温度或表面温度以及快速变化温度的测量；

3）热敏电阻元件的电阻值高，通常在数千欧以上，当远距离测量时，导线电阻的影响可不考虑；

4）在-50～350 ℃温度范围内具有较好的稳定性。

热敏电阻的主要缺点是非线性大、老化较快和对环境温度敏感性大。

2. 基本类型

热敏电阻按其电阻温度特性可分为三类，如图 10-5 所示。

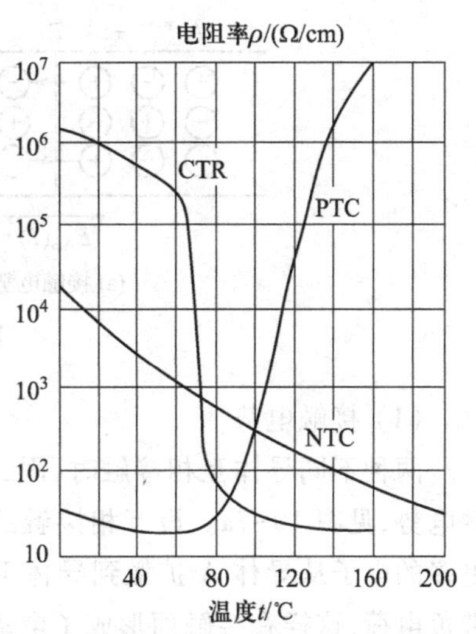

图 10-5 热敏电阻特性曲线

NTC 型：电阻率 ρ 随温度升高而缓慢减小，称为负温度系数缓变型热敏电阻。一定范围内有较好的线性度。

PTC 型：低温时，电阻率随温度变化很小，当达到一定温度临界值（120 ℃左右）时，电阻率急剧增加，这种类型为正温度系数剧变型热敏电阻。

CTR 型：当温度较低时，电阻率很大且变化很小，而温度达到某一临界值（约 68 ℃）时，电阻率急剧下降，随着温度升高达到另一临界值时，电阻率趋于不变，称为临界温度系数型热敏电阻。

PTC 型与 CTR 型热敏电阻都属于电阻率剧变的热敏元件，通常不用于温度测量，但它们具有良好的开关特性，即达到某一温度范围，阻值突然增加，因此它们特别适应于温度监控。

10.3 热电偶

热电偶是由两种不同导体（或半导体）A、B 组成的闭合回路，若两种材料的两个接触点存在温度差，则闭合回路中存在一个电动势差，也称热电势。

10.3.1 热电偶工作原理

利用热电偶测温的原理是基于热电效应。如图 10-6 所示，如果使两个节点处于不同的温度 T、T_0，回路中就产生电动势，这一现象称为塞贝克（Seebeck）效应，又称热电效应。此电动势称为热电势，用 $E(T,T_0)$ 表示，两导体 A、B 称为热电极。

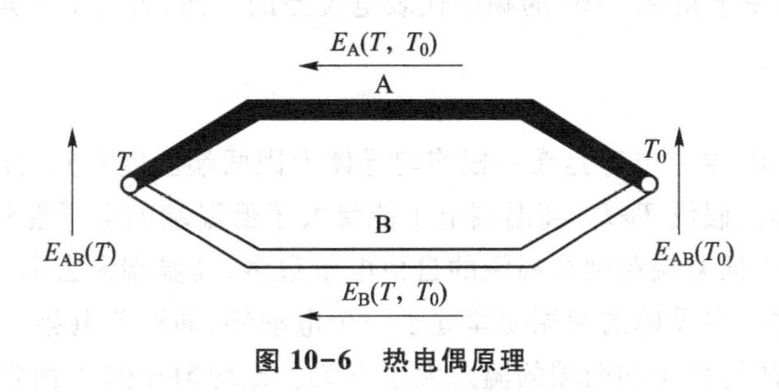

图 10-6 热电偶原理

热电偶所产生的热电势 $E(T,T_0)$ 只与被测温度有关，在实际测温时，使一端与被测介质接触进行测温，称为工作端、测量端或热端，另一端称为热电偶的自由端、参考端或冷端。在工程测试中通常把自由端保持在 0 ℃，这样热电势就只是与工作端温度有关。

由热电偶产生的热电势包括两部分：接触电势和温差电势，其原理示意图见图 10-7。

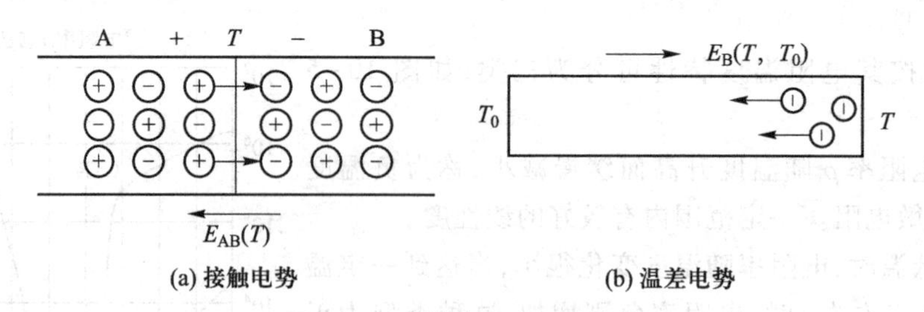

图 10-7　接触电势和温差电势

（1）接触电势

两种不同导体互相接触时，因二者内部的自由电子密度不同，在接触处的电子扩散形成了接触电势，见图 10-7a。设互相接触的 A、B 两种导体，两电子密度之间 $N_A>N_B$，那么在接触面上有更多的电子从导体 A 扩散到导体 B，结果导体 A 因失去电子而带正电荷，导体 B 因得到电子而带负电荷，这样在接触面形成了电动势差，并阻碍电子的继续扩散，当自由电子的扩散能力与相应的电动势差造成的阻力相等时，就达到了动平衡，此时导体 A、B 接触面上形成的电动势即为接触电势，用 $E_{AB}(T)$ 表示：

$$E_{AB}(T)=\frac{kT}{e}\ln\frac{N_A}{N_B} \tag{10-7}$$

式中：k 为玻尔兹曼常数，e 为电子电荷量，$e=1.6\times10^{-19}$ C。

同理，另一接触点 T_0 处的接触电势 $E_{AB}(T_0)$ 为

$$E_{AB}(T_0)=\frac{kT_0}{e}\ln\frac{N_A}{N_B} \tag{10-8}$$

回路中总的接触电势 $E_{AB}(T,T_0)$ 为

$$E_{AB}(T,T_0)=E_{AB}(T)-E_{AB}(T_0)=\frac{k}{e}(T-T_0)\ln\frac{N_A}{N_B} \tag{10-9}$$

可见，当 $T=T_0$ 或 $N_A=N_B$ 时，回路接触电势为零。

接触电势 E_{AB}(T) 中下角标“AB”的顺序代表电位差的方向，若改变下角标的顺序，电势 E 的符号应随之改变。

（2）温差电势

根据图 10-7b 所示，温差电势是在一根均匀导体上因两端温度不同而产生的电动势，当同一导体的两端温度不同时，假设 $T>T_0$，高温端电子能量大于低温端的电子能量，因此从高温端跑到低温端的自由电子数比低温端跑到高温端的自由电子数多，高温端失去电子带正电荷，低温端得到电子而带负电荷，这样在导体的两端便建立了一个电动势，即温差电势。

温差电势只与导体的性质和两端的温差大小有关。设均匀导体 A 两端温度为 T、T_0，则导体 A 两端的温差电势用 $E_A(T,T_0)$ 表示：

$$E_A(T,T_0)=\int_{T_0}^{T}\sigma_A\,\mathrm{d}T \tag{10-10}$$

式中：σ_A 为导体 A 的汤姆孙系数，与材料性质和温度有关。

同理可得导体 B 的温差电势为

$$E_{B}(T,T_0)=\int_{T_0}^{T}\sigma_{B}\mathrm{d}T \tag{10-11}$$

回路中总的温差电势为

$$E_{A}(T,T_0)-E_{B}(T,T_0)=\int_{T_0}^{T}(\sigma_{A}-\sigma_{B})\mathrm{d}T \tag{10-12}$$

(3) 热电偶回路总电势

可见,由导体 A、B 组成的热电偶回路,当两个节点温度分别为 T 和 T_0时,热电偶回路将产生温差电势和接触电势。回路的总电势 $E(T,T_0)$为两项之和,考虑电势的方向性,则

$$\begin{aligned}E(T,T_0)&=-(E_{A}(T,T_0)-E_{B}(T,T_0))+E_{AB}(T,T_0)\\&=-\int_{T_0}^{T}(\sigma_{A}-\sigma_{B})\mathrm{d}T+\frac{k}{e}(T-T_0)\ln\frac{N_{A}}{N_{B}}\\&=f(T)-f(T_0)\end{aligned} \tag{10-13}$$

由此可见:

1) 若热电偶是用同种均质导体组成,即 $\sigma_{A}=\sigma_{B}$,$N_{A}=N_{B}$,则热电势 $E(T,T_0)=0$;

2) 若热电偶的两接触点温度相等,则 $E(T,T_0)=0$;

3) 热电势的大小仅与组成热电偶的两导体材料及两接触点温度有关,而与热电偶的几何尺寸等其他因素无关。

当热电偶材料及冷端温度 T_0确定时,热电势仅是热端温度 T 的函数。

10.3.2 热电偶的种类

虽然两种任意不同的导体都可以组成热电极而构成热电偶,但它作为实用的测温元件,需要满足如下要求:应能产生较大的热电势和热电势变化率,以获得较高的测温精度;热电势和温度关系应为线性,以便显示仪表均匀刻度;能在较大的温度范围内使用。

工业上常用的热电偶分度表见表 10-1,分度表一般是在参考端温度保持 0 ℃时标定的数据。由于工业用热电偶的使用条件恶劣,故它应具有耐压、防腐蚀等性质。图 10-8 为一种带有保护管套的热电偶结构。

表 10-1 工业上常用的几种热电偶分度表 mV

温度	镍铬-镍硅	铁-康铜	铜-康铜	铂铑 13-铂	铂铑 10-铂	镍铬-康铜	镍铬硅-镍硅	铂铑 30-铂铑 6
℃	K	J	T	R	S	E	N	B
-100	-3.554	-4.633	-3.376			-5.237	-2.407	
-20	-0.778	-0.995	-0.757			-1.152	-0.518	
0	0	0	0	0	0	0	0	0
10	0.397	0.507	0.391	0.054	0.055	0.591	0.261	
20	0.798	1.019	0.79	0.111	0.113	1.192	0.525	
100	4.096	5.269	4.279	0.647	0.646	6.319	2.774	0.178
200	8.138	10.779	9.288	1.469	1.441	13.421	5.913	0.431

续表

温度	镍铬-镍硅	铁-康铜	铜-康铜	铂铑 13-铂	铂铑 10-铂	镍铬-康铜	镍铬硅-镍硅	铂铑 30-铂铑 6
℃	K	J	T	R	S	E	N	B
400	16.397	21.848	20.872	3.408	3.259	28.946	12.974	1.242
800	33.275	45.484		7.95	7.345	61.017	28.455	3.957
1 000	41.276			10.506	9.587	76.373	36.256	6.786

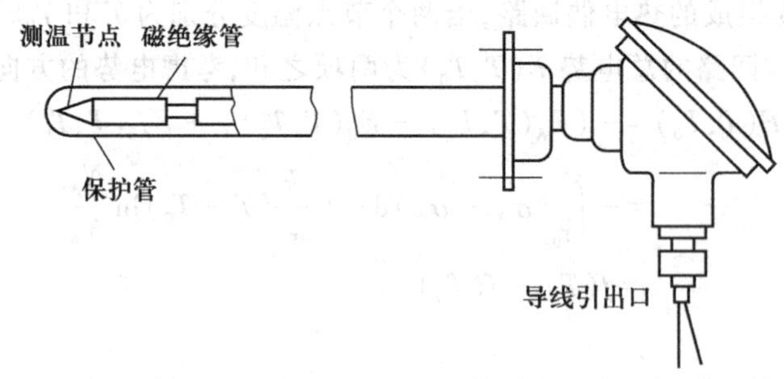

图 10-8 铠装热电偶结构

10.3.3 热电偶的性质

1. 中间导体定律

在热电偶实际测温回路中,热电偶是通过导线与显示仪表相连接的,而连接导线的材料往往与热电偶材料不同,只要连接导线的两端温度相同,它对回路的总热电势没有影响。

如图 10-9 所示,用连接导线 C 把导体 A、B 组成的热电偶与显示仪表相接,设热端温度为 T,两个冷端温度相同,均为 T_0,则导线 C 对原来总热电势没有影响,整个回路总热电势还是 $E(T,T_0)$不变。这一定律表明,当用热电偶测量温度时,只要保证导线两端的温度相同,通过导线接入仪表对测量结果没有影响。

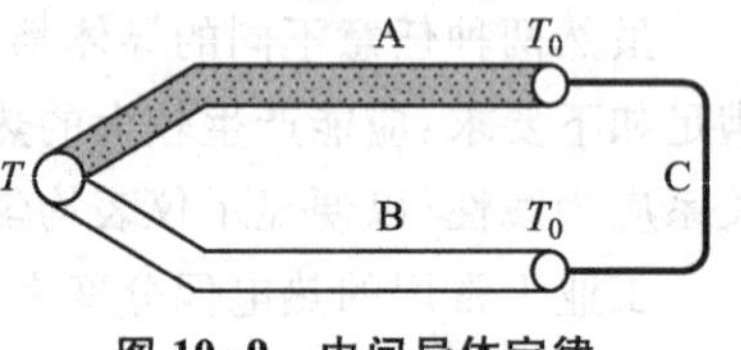

图 10-9 中间导体定律

2. 标准电极定律

由三种材料成分不同的热电极 A、B、C 各自互相组成三对热电偶回路,如果热电极 A 和 B 分别与热电极 C 组成的热电偶回路所产生的热电势已知。即 E_{AC}与 E_{BC}已知,那么由热电极 A 和 B 组成的热电偶回路的热电势 E_{AB}也可以确定。

如图 10-10 所示的 A 与 B、A 与 C、B 与 C,三对热电偶回路的热电偶测量端温度均为 T,冷端温度均为 T_0,那么

$$E_{AB}(T,\ T_0)=E_{AC}(T,\ T_0)-E_{BC}(T,\ T_0) \tag{10-14}$$

通常将热电极 C 定为标准热电极,上式称为标准电极定律。纯铂丝的物理化学性能稳定、熔点高、易提纯,故标准电极 C 常由纯铂丝制成。

例如,热端为 100 ℃,冷端为 0 ℃,镍铬-考铜热电偶的热电势为 6.95 mV,铜-考铜热电偶的热电势为 4.75 mV,可得镍铬-铜热电偶的热电势为 2.2 mV。

能够用作热电极的材料很多,可成组的热电偶的种类也很多。根据标准电极定律,如果把各

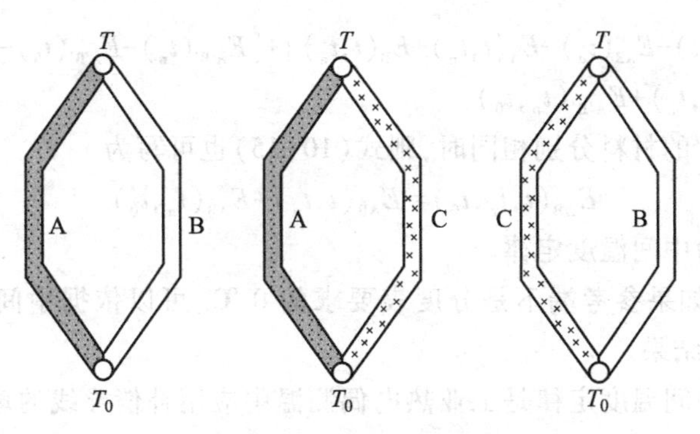

图 10-10　标准电极定律

种热电极材料相对于某一标准电极的热电势确定下来，就可以换算出各种材料组成的热电偶的热电势，从而方便了热电偶的选配。

3. 连接导体定律和中间温度定律

连接导体定律：如图 10-11 所示，在热电偶回路中，如果热电偶的电极材料 A 和 B 分别与连接导线 A′和 B′相连接，各有关节点温度为 t、t_n 和 t_0，那么回路的总热电势 $E_{ABB'A'}(t,t_n,t_0)$ 等于热电偶两端处于 t 和 t_n 温度条件下的热电势 $E_{AB}(t,t_n)$ 与连接导线 A′和 B′两端处于 t_n 和 t_0 温度条件的热电势 $E_{A'B'}(t_n,t_0)$ 的代数和，即

$$E_{ABB'A'}(t,t_n,t_0)=E_{AB}(t,t_n)+E_{A'B'}(t_n,t_0) \tag{10-15}$$

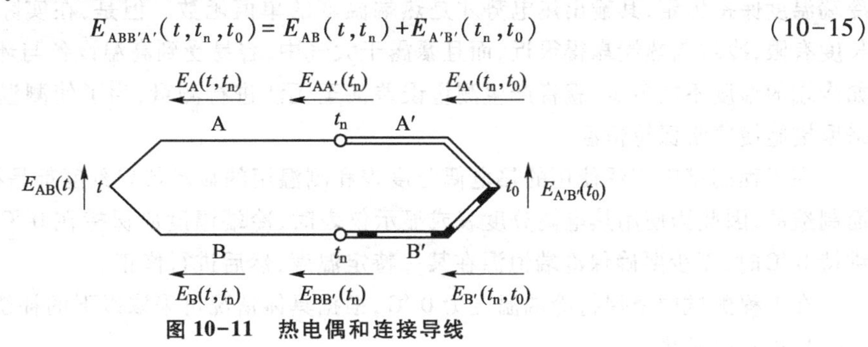

图 10-11　热电偶和连接导线

证明：由图 10-11 可知

$$E_{ABB'A'}(t,t_n,t_0)=E_{AB}(t)+E_B(t,t_n)+E_{BB'}(t_n)+E_{B'}(t_n,t_0)+E_{B'A'}(t_0)+E_{A'}(t_0,t_n)+E_{A'A}(t_n)+E_A(t_n,t)$$

令 $t=t_n=t_0$，则

$$E_{ABB'A'}(t_n,t_n,t_n)=E_{AB}(t_n)+E_B(t_n,t_n)+E_{BB'}(t_n)+E_{B'}(t_n,t_n)+E_{B'A'}(t_n)+E_{A'}(t_n,t_n)+E_{A'A}(t_n)+E_A(t_n,t_n)=0$$

因为 $$E_B(t_n,t_n)=E_{B'}(t_n,t_n)=E_{A'}(t_n,t_n)=E_A(t_n,t_n)=0$$

所以 $$E_{AB}(t_n)+E_{BB'}(t_n)+E_{B'A'}(t_n)+E_{A'A}(t_n)=0$$

即 $$E_{BB'}(t_n)+E_{A'A}(t_n)=-E_{AB}(t_n)-E_{B'A'}(t_n)=-E_{AB}(t_n)+E_{A'B'}(t_n)$$

$$\begin{aligned}E_{ABB'A'}(t,t_n,t_0)&=E_{AB}(t)+E_B(t,t_n)+E_{BB'}(t_n)+E_{B'}(t_n,t_0)+E_{B'A'}(t_0)+E_{A'}(t_0,t_n)+E_{A'A}(t_n)+E_A(t_n,t)\\&=E_{AB}(t)+E_B(t,t_n)+E_{B'}(t_n,t_0)+E_{B'A'}(t_0)+E_{A'}(t_0,t_n)+E_A(t_n,t)+E_{BB'}(t_n)+E_{A'A}(t_n)\\&=E_{AB}(t)+E_B(t,t_n)+E_B(t_n,t_0)+E_{B'A'}(t_0)+E_{A'}(t_0,t_n)+E_A(t_n,t)-E_{AB}(t_n)+E_{A'B'}(t_n)\end{aligned}$$

$$= [E_{AB}(t)-E_{AB}(t_n)-E_A(t,t_n)+E_B(t,t_n)]+[E_{A'B'}(t_n)-E_{A'B'}(t_0)-E_{A'}(t_n,t_0)+E_{B'}(t_n,t_0)]$$
$$=E_{AB}(t,t_n)+E_{A'B'}(t_n,t_0)$$

当导体 A 与 A′、B 与 B′的材料分别相同时,则式(10-15)也可写为

$$E_{AB}(t,t_n,t_0)=E_{AB}(t,t_n)+E_{AB}(t_n,t_0) \tag{10-16}$$

此方程所表达的关系为中间温度定律。

实际测量过程中,如果参考端不是分度表要求的 0 ℃,可以依据中间温度定律进行参考端(冷端)补偿,得到测量结果。

连接导体定律和中间温度定律是工业热电偶测温中应用补偿导线的理论依据。

例 10-1 用镍铬-镍硅(K 型)热电偶测量炉温,热电偶的冷端温度为 40 ℃,测得的热电势为 35.72 mV,问被测炉温为多少?

解:查表 10-1 可知,K 型热电偶的 $E_K(40,0)=1.618$ mV,测得 $E_K(t,40)=35.72$ mV,则 $E_K(t,0)=E_K(t,40)+E_K(40,0)=(35.72+1.618)$ mV$=37.34$ mV。

据此再查表 10-1 可知,37.34 mV 所对应的温度为 901.6 ℃,即得被测炉温。

10.3.4 热电偶的冷端补偿

热电偶的热电势大小由热电偶两端的温度差确定,热电偶用于温度测量时,必须使参考端或冷端温度保持恒定,其输出热电势才是热端温度的单值函数。但是,在实际测量时,由于热电偶长度有限,冷端与热端靠得很近,而且暴露于大气中,容易受到高温设备与环境温度波动的影响,如冷端的温度不能恒定,就将产生测量误差甚至无法进行测量,为了使测温工作正常进行,必须采取措施使冷端保持恒温。

在工程测试中广泛使用的热电偶分度表和测温用的显示仪表刻度都是根据冷端温度为 0 ℃而制造的,因此当使用热电偶分度表或显示仪表时,冷端温度应保持在 0 ℃,如因条件限制不能维持 0 ℃时,至少要确保冷端恒温在某一特定温度,然后进行修正。

在工程测试中要保持冷端温度为 0 ℃,根据具体情况可采取以下的补偿措施。

1. 0 ℃恒温法

把冰屑和水相混合,放在保温瓶中,并使水面略低于冰屑面,然后把热电偶的冷端置于其中,如图 10-12 所示,这时热电偶输出的热电势与分度表一致。

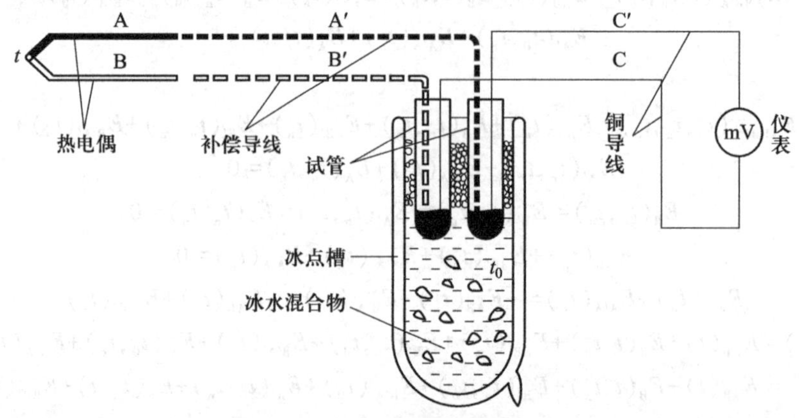

图 10-12 0 ℃恒温法系统示意图

2. 温度修正法

在实际使用中,如果使冷端保持 0 ℃不方便,也可使其保持在某一恒定温度 t_n,这时根据热电偶输出热电势确定分度表中对应的温度,即得到测量温度 t_z,则被测真实温度 t 为

$$t = t_z + Kt_n \tag{10-17}$$

式中:K 为热电偶修正系数,与电极材料及温度有关,不同热电偶的 K 值如表 10-2 所示。

表 10-2　五种常用热电偶 K 值表

测量端温度/℃	热电偶类别				
	铜-康铜	镍铬-考铜	铁-康铜	镍铬-镍铬	铂铑-铂
0	1.00	1.00	1.00	1.00	1.00
20	1.00	1.00	1.00	1.00	1.00
100	0.86	0.90	1.00	1.00	0.82
200	0.77	0.83	0.99	1.00	0.72
300	0.70	0.81	0.99	0.98	0.69
400	0.68	0.83	0.98	0.98	0.66
500	0.65	0.79	1.02	1.00	0.63
600	0.65	0.78	1.00	0.96	0.62
700	—	0.80	0.91	1.00	0.60
800	—	0.80	0.82	1.00	0.59
900	—	—	0.84	1.00	0.56
1 000	—	—	—	1.07	0.55
1 100	—	—	—	1.11	0.53
1 200	—	—	—	—	0.53
1 300	—	—	—	—	0.52
1 400	—	—	—	—	0.52
1 500	—	—	—	—	0.53
1 600	—	—	—	—	0.53

3. 电桥补偿法

如果冷端保持恒温有困难,可采用电桥补偿法。它的基本思想是:当冷端温度 T_0变化时,热电偶要产生一个附加热电势,若能用某种装置提供大小相等但符号相反的另一种附加电动势,将热电偶冷端产生的附加热电势抵消掉,就能保证输出热电势不变。电桥就是提供这种附加电动势的装置之一,称为冷端补偿器。

如图 10-13 所示,热电偶 1 与显示仪表 2 之间接入一直流不平衡电桥,它的输出与热电偶串联。电桥的三个臂由电阻温度系数很小的锰铜丝绕制,使其电阻值 R_1、R_2、R_3不随温度而变化。另一桥臂 R_H是由铜丝绕制,阻值随温度的升高而增大。在某一温度下,调整电桥平衡。当冷端

温度变化时,R_H随温度而改变,破坏了电桥平衡,使电桥输出 ΔE,可用 ΔE 来补偿由于温度变化而产生的热电势变化量。

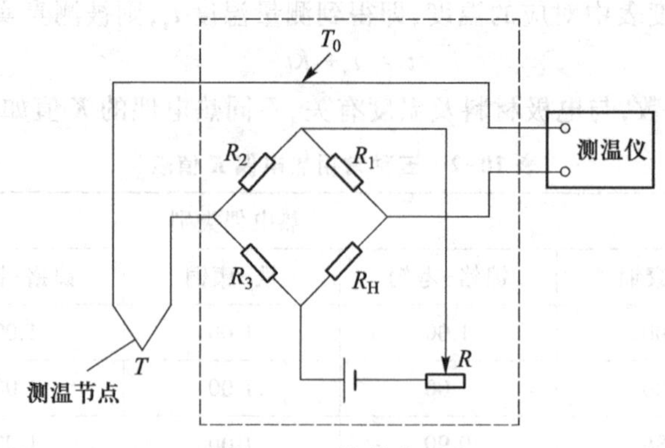

图 10-13 补偿电桥法

4. 补偿导线法

在实际应用中,热电偶的长度一般为几十厘米至数米,通常热电偶的输出信号要传至远离数十米的控制室里,简单地把热电偶电极延长会碰到以下问题:对贵金属热电偶,价格昂贵,不能拉线过长;有的非金属热电偶也不适宜拉线过长;特别是在工业装置上使用的热电偶,一般都有固定结构,所以也不能随意延长。解决上述问题最常用的方法是采用“补偿导线”。

在一定温度范围内,与配用热电偶的热电特性相近的一对带有绝缘层的廉价金属导线称为补偿导线。由带补偿导线的热电偶组成的测温电路如图 10-14 所示,其中 A′B′为补偿导线。补偿导线实际上是由两种不同的廉金属导体组成的热电偶,在温度变化不大的范围内(例如 0~50 ℃),它的热电特性与所配用热电偶 AB 的热电特性之间偏差可忽略,即

$$E_{A'B'}(T'_0, T_0) \approx E_{AB}(T'_0, T_0) \tag{10-18}$$

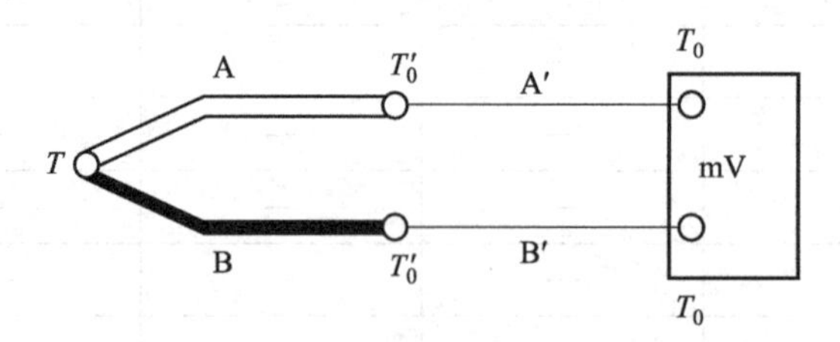

图 10-14 带补偿导线的热电偶测温原理图

所以 A′B′可视为 A、B 热电极的延长线,即热电偶的冷端从 T'_0 处移到 T_0 处。根据连接导线定律,带有补偿导线的热电偶回路的总热电势即仪表测得值为

$$E=E_{AB}(T,T'_0)+E_{A'B'}(T'_0,T_0) \approx E_{AB}(T,T_0) \tag{10-19}$$

这样热电势只与 T 和 T_0 有关。原冷端 T'_0 的变化不再影响其读数。

补偿导线的作用主要有:

1) 将热电偶的参考端延伸到远离热源或环境温度较恒定的地方,减少测量误差。

2) 在温差不大的 T'_0 和 T_0之间采用低成本的补偿导线,可降低传感器成本。

3) 改善热电偶测量线路的力学与物理性能。采用多股或小直径补偿导线可提高线路的柔

性，使接线方便，并可调节线路的电阻以及避免外界干扰。

10.4 热辐射式测温方法

热辐射式测温方法是一种非接触式测温方法，其理论依据为热辐射原理。常用类型有用于高温和可见光范围的热辐射式温度计、用于低温和红外线范围的红外测温仪等。

10.4.1 热辐射原理

任何受热物体都有一部分热能转变成辐射能，并以电磁波的形式向四周辐射。不同的物体是由不同的原子组成的，因此能发出不同波长的波。物体辐射波长的范围可以从 γ 射线一直到无线电波。热辐射由波长相差很大的红外线、可见光和紫外线组成。在可见光的波长范围内，不同波长会引起人眼不同的颜色感觉。发热物体放出辐射能的多少与其温度有一定的关系。

物体具有热辐射和吸收外界辐射热的能力。根据斯特藩-玻耳兹曼定律（全辐射定律），黑体的全辐射能量与其绝对温度的 4 次方成正比。绝对黑体能吸收落在该物体上的全部辐射能，黑体也具有全波长辐射能力，物体的辐射能力与其吸收能力成正比。工程中的材料都不是黑体，它们只能吸收和辐射部分波长范围的辐射能，但仍遵循全辐射定律。与黑体辐射能力比较，实际工程材料有一个折算系数，即黑度 $\varepsilon(\varepsilon<1)$，可用实验测定。

根据全辐射定律设计的测温仪表有测量高温和可见光范围的全辐射温度计，以及测量低温和红外线范围的红外线测温仪。

10.4.2 辐射式温度计

通过辐射定律，可以从入射到接收器表面上的辐射能量来计算辐射表面的温度。辐射接收器分为黑体接收器、灰体接收器和选择性接收器。

属于黑体和灰体接收器的有贴在发黑的金或铂薄片上的热电偶、电阻式温度计或热敏电阻。它们的灵敏度与波长无关且测量范围能从紫外区一直到红外区，特别适合于测量较低的温度，因为这种情况下所产生辐射的波长较大。

选择性接收器包括阻挡层光电池、光敏电阻、光敏二极管和光敏三极管等光辐射接收器，这些元件往往在一个狭窄的光谱范围内比较灵敏，而且受波长影响，其绝对灵敏度比热接收器的灵敏度高。

（1）光谱高温计

光谱高温计只在一个狭窄的波长范围 $\Delta\lambda$ 中才是灵敏的，甚至只对单一波长灵敏。该限制可在辐射过程中用专门的选频滤波器来达到。在光谱高温计中，被测物体的辐射可直接用辐射接收器来确定，也可以通过与一般辐射接收器做比较来测定，在这些仪器中，热灯丝高温计应用最广，且具有较高的测温精度。

（2）带通辐射温度计和全辐射温度计

全辐射温度计是根据斯特藩-玻耳兹曼定律设计的，在整个光谱范围内测量被测表面的辐射量。由于所有的透镜、窗口和辐射接收器均工作在有限的波长范围内，严格来说只是一定带宽的带通辐射温度计。通常约定，当由一定的温度所引起的辐射量至少有 90% 的能量被获取时，则称这种温度计为全辐射温度计。

透镜聚焦式全辐射温度计的工作原理见图 10-15。被测物体的辐射由物镜聚焦，经补偿光阑投射到热探测器的受热靶面上，受热靶面可将所接收的辐射能量转变为热能，而使本身的温度升高。热探测器是由许多正向串联热电偶构成的热电堆，用于产生与受热靶面温度相应的热电势 E，它与被测物体的温度 T 成四次方关系，即

$$E=K\varepsilon\sigma T^{4} \tag{10-20}$$

式中：K 为与温度计结构有关的常数；ε 为黑度；σ 为斯特藩-玻尔兹曼常数。

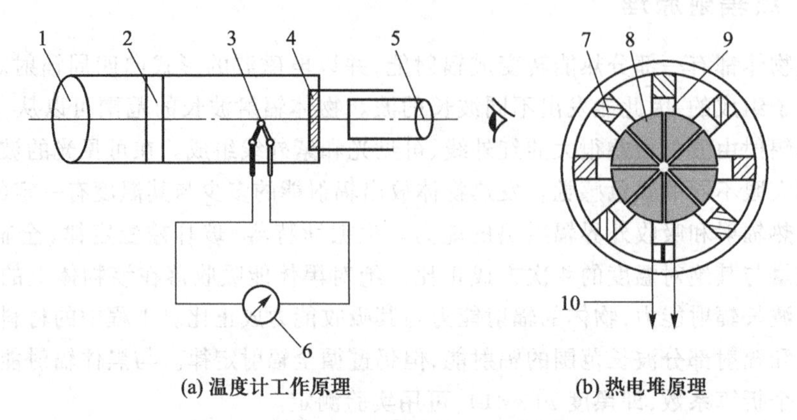

1—物镜；2—补偿光阑；3—热电堆；4—灰色滤光片；5—目镜；
6—显示仪表；7—冷端；8—受热靶面；9—热端；10—输出端

图 10-15　透镜聚焦式全辐射温度计

10.4.3　红外测温仪与红外热像仪

红外测温仪的原理与辐射温度计类同，其辐射感温器又称红外探测仪，能将红外辐射能转化为电能。探测器有热探测器和光子探测器。热探测器的感温元件有热电偶型、热敏电阻型和热释电型；光子探测器的感温元件是光敏电阻和光电池。由于红外测温仪具有光谱选择性，因此属于部分光谱辐射温度计。

红外测温仪一般由光学系统、红外探测器、测量电路、温度显示器等组成。典型的热敏电阻型红外探测器的工作原理如图 10-16 所示，被测物体的热辐射线由光学系统聚焦，经光栅盘调制后变为一定频率的光能聚于探测器上，探测器将接收到的辐射能量变换成微弱的电阻量值的变化输出，由测量电路系统中的电桥电路转换为交流电压信号，并经放大、线性化、辐射率调整、抑制噪声干扰等处理，供显示、记录以及计算机分析。该测温仪中的光栅盘由两片扇形光栅板组成，分别为定板和动板；动板受光栅调制电路控制按一定频率正反向转动，以实现开(透光)和关(阻止光通过)动作。这种红外测温仪可测 0~600 ℃范围的物体表面温度，时间常数为 4~10 ms。

红外热像仪是在红外测温仪技术的基础上发展起来的一种新型测温仪器，它将人眼看不见的红外温度梯度图形转变成人眼可见的图像，被测物体的表面温度分布被转换成可识别的二维热分布图像，其系统框图如图 10-17 所示。热像仪的红外探测器中增加了一对能进行竖直和水平扫描的光学机械扫描器，扫描器在平面内对被测物体进行逐点扫描和测温，信号经处理后送到视频显示器中显示出热分布图像。

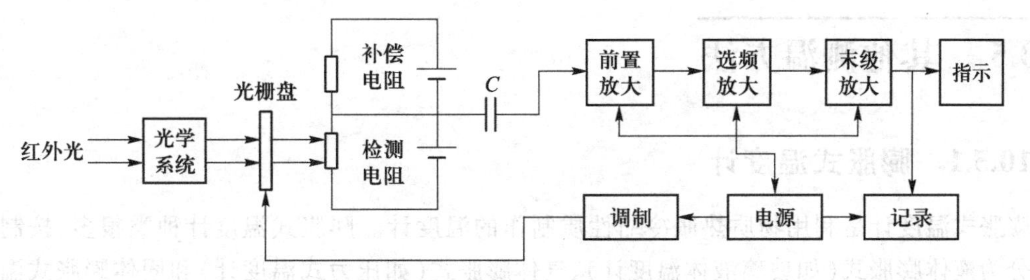

图 10-16 热敏电阻红外测温仪

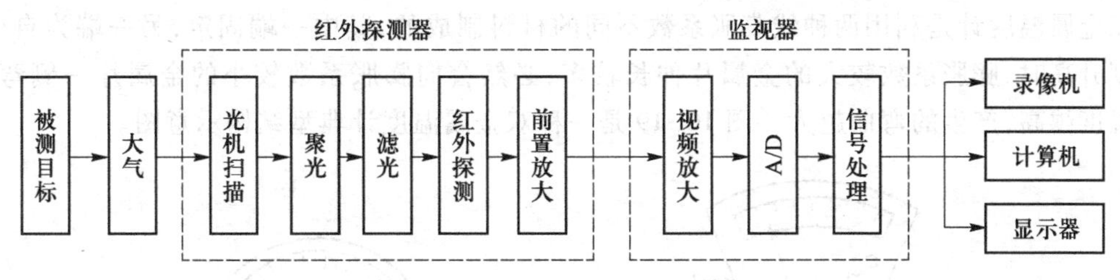

图 10-17 红外热像仪系统框图

红外热像仪的工作原理如图 10-18 所示，一般由光学系统、扫描器、探测器、信号处理器、显示器等组成。红外热像仪的光学系统将被测物体产生的红外辐射线聚集，并经过滤波处理由探测器接收；光学机械扫描器位于光学系统和探测器之间，包括一个水平扫描镜组和一个竖直扫描镜组，各扫描镜摆动达到对被测物体进行逐点扫描的目的，从而收集到被测物体温度的空间分布信息；该红外热能分布信息依次聚焦在探测器上，由探测器变换为按时序排列的电信号；再经过信号处理器处理后，即可在显示器上显示出图像并存储。

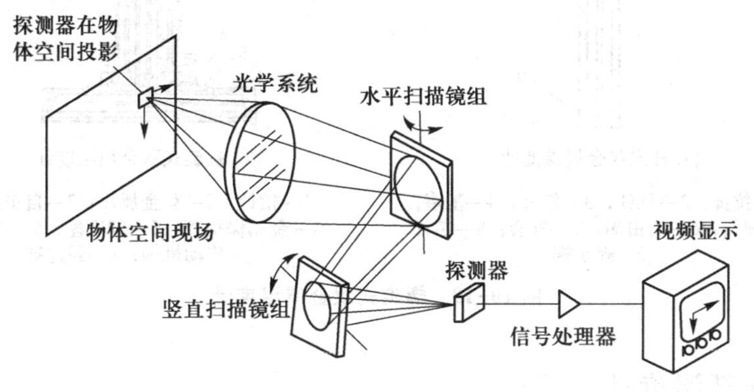

图 10-18 红外热像仪工作原理

红外测温仪和红外热像仪可在机械制造中用于金属切削机床热变形、切削刀具切削区域温度的测试、锻造机械热变形及锻件温度的测试，在汽车发动机研究中获得其温度场，在农业和林业上用于作物长势、收成预测和灾害分析等遥感遥测技术，在军事上用于卫星远距监测和近距夜视或红外识别等。

10.5 其他测温方法

10.5.1 膨胀式温度计

膨胀式温度计是利用物质热胀冷缩性质制作的温度计。膨胀式温度计种类很多,按制造材质可分为液体膨胀式(如玻璃液体温度计)、气体膨胀式(如压力式温度计)和固体膨胀式温度计(如双金属温度计)三大类。

双金属温度计是利用两种线膨胀系数不同的材料制成的,其中一端固定,另一端为自由端,当温度升高时,膨胀系数较大的金属片伸长较多,必然会向膨胀系数较小的金属片一侧弯曲变形。温度越高,产生的弯曲越大。图 10-19 是一种双金属温度计典型结构示意图。

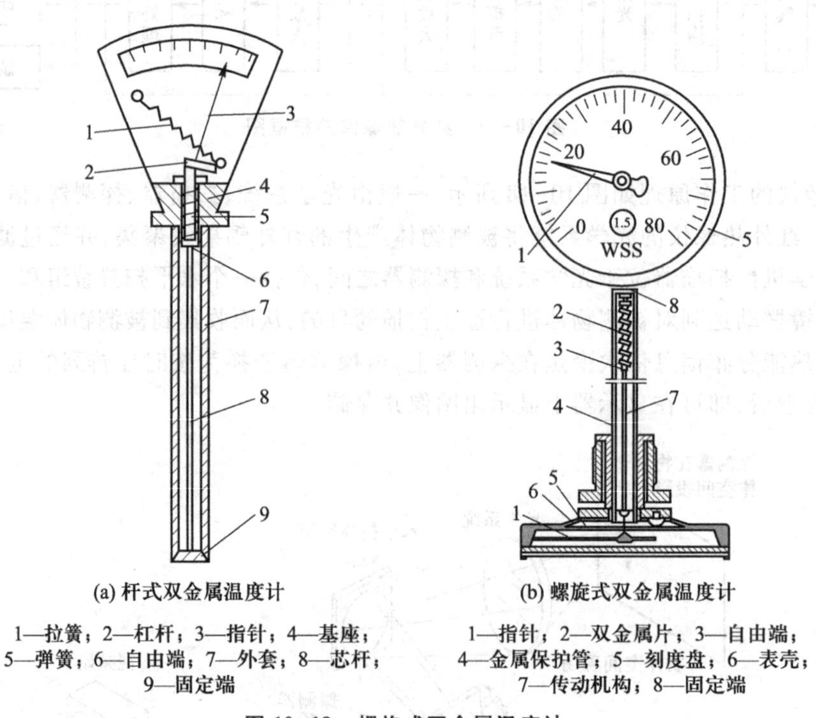

(a) 杆式双金属温度计

1—拉簧;2—杠杆;3—指针;4—基座;5—弹簧;6—自由端;7—外套;8—芯杆;9—固定端

(b) 螺旋式双金属温度计

1—指针;2—双金属片;3—自由端;4—金属保护管;5—刻度盘;6—表壳;7—传动机构;8—固定端

图 10-19 螺旋式双金属温度计

10.5.2 光纤温度计

光纤测温是对传统测温方法的扩展和改进。光纤温度计的特点有:

1) 电、磁绝缘性好。由于光纤中传输的是光信号,即使在高压大电流、强磁场、强辐射等恶劣环境也不易受干扰;此外,还有利于克服光路中介质气氛及背景辐射的影响,适用于一些特殊情况下的温度测量,测量方式安全可靠。

2) 灵敏度高。即使在被测对象很小的情况下,光路仍能接收较大立体角的辐射能量,具有较高测量灵敏度;因石英光纤的传输损耗低,还可实现小目标近距离测量和远距离传输。

3) 光纤传感器的结构简单,体积很小,重量轻,耗电少,不破坏被测温场。

4) 强度高,耐高温高压,抗化学腐蚀,物理和化学性能稳定。

5) 光纤柔软可挠曲,克服光路不能转弯的缺点,可在密闭狭窄空间等特殊环境下进行测温。

6) 光纤结构灵活,可制成单根、成束、Y 形、阵列等结构形式,可以在一般温度计难以应用的场合实现测温。

1. 光纤温度计的分类

光纤温度计的主要特征是有一个带光纤的测温探头,光纤长度从几米到几百米不等。根据光纤在传感器中的作用,可将其分为功能型和非功能型两大类。

1) 功能型光纤温度计。又称为全光纤型或传感器型光纤温度计。其特点是光纤既为感温元件,又起导光作用。这种光纤温度计性能优异,结构复杂,制作难度高。

2) 非功能型光纤温度计。又称为传光型光纤温度计。其特点是感温功能由非光纤型敏感元件完成,光纤仅起导光作用。这种光纤温度计性能稳定,结构简单,容易实现。目前实用的光纤温度计多为此类,采用的光纤多为多模石英光纤。

根据使用方法不同,光纤温度计又可分为:

1) 接触式光纤温度计。使用时光纤温度传感器与被测对象接触,如荧光光纤温度计、半导体吸收光纤温度计等。

2) 非接触式光纤温度计。使用时光纤温度传感器不与被测对象接触,而采用热辐射原理感温,由光纤接收并传输被测物体表面的热辐射,故又称为光纤辐射温度计。

2. 光纤辐射温度计

光纤辐射温度计的原理与相对应的辐射温度计相似,不同之处在于:光纤代替一般辐射温度计的空间传输光路,即透镜光路系统;耐高温光纤探头可靠近被测物体,以减小光路中灰尘、背景光等因素对测量的影响;光纤探头尺寸小,合理的探头聚光系统设计可测量温度场或点温度。

光纤温度计可克服一般辐射温度计因透镜直径大而不能用于狭小空间测温或目标被遮挡难以接近等场合测温的难题。由于物体的热辐射随温度的升高呈近似指数增长,因而高温下也具有很高的灵敏度,但难以用于低温区域。

3. 荧光光纤温度计

以荧光强度式光纤温度计为例,它是利用光致发光效应制成的,即稀土荧光物质在外加光波的激励下,原子处于受激励状态,产生能级跃迁。当受激原子恢复到初始状态时,发出荧光,且出现余晖,其强度与入射光能量及荧光材料的温度有关。若入射光能量恒定,则荧光强度 I (cd)只是温度的单值函数,且随时间 t 衰减的关系为

$$I=AI_0e^{-t/\tau} \tag{10-21}$$

式中;A 为常数;I_0为起始段荧光强度,cd;τ 为时间常数,s。

荧光强度式光纤温度传感器的结构如图 10-20 所示。它的一端固结着稀土磷化合物,并处于被测温度的环境下。从仪表中发出恒定的紫外线,经传送光纤束投射到磷化合物上,激励其发出荧光,此荧光强度随温度而变化,通过接收光纤束把荧光传送给光导探测器,后者输出温度信号。

图 10-21 是荧光强度式光纤温度计的原理框图。光源 2 在脉冲电源 1 的激励下发出紫外辐射作为激励光束,经透镜 3 校正为近似平行光,再由滤光器 4 去除可见光,经分光镜(半透半反射

镜)5 后,其透射部分用透镜 6 聚焦射入光纤 7,再经过光纤投射到荧光物质 12 上。从光纤返回的荧光,经透镜 6 校直为近似的平行光,再经过分光镜 5 分成两路,其反射部分通过滤光器 8 分出两路特定波长的谱线,然后通过透镜 9 聚焦到两个固体光电探测器 10 上。探测器输出的信号经放大处理电路 11 后实现相关运算。

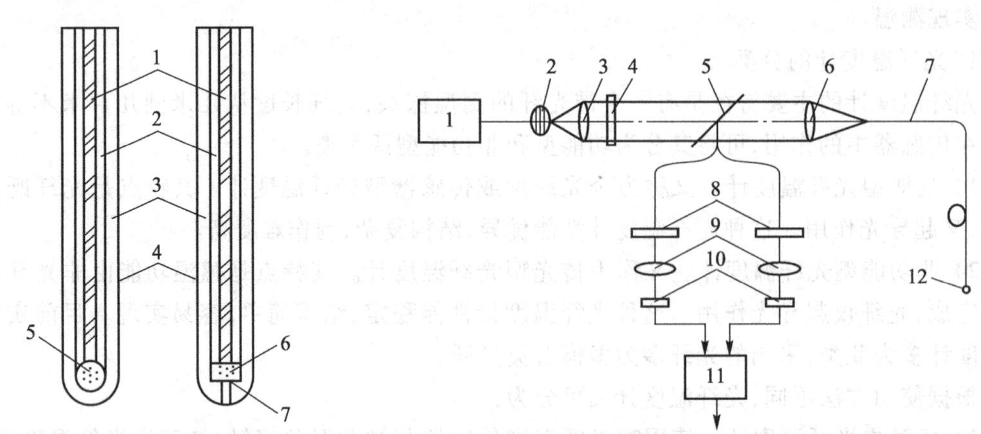

1—光纤;2—光纤包层;3—保护套管;4—光学胶层;5—掺入荧光粉的玻璃球;6—荧光物质;7—反射镜

图 10-20 荧光强度式光纤温度计

1—脉冲电源;2—光源;3、6、9—透镜;4、8—滤光器;5—分光镜;7—光纤;10—光电探测器;11—放大处理电路;12—荧光物质

图 10-21 荧光强度式光纤温度计原理框图

荧光强度式光纤温度计具有体积小、结构简单、测温范围宽、重复性好等优点,测温范围为 -30~250 ℃,一般测温误差为±0.5 ℃,高精度等级可达±0.1 ℃,响应时间为 0.25~4 s。

4. 热色效应光纤温度计

许多无机溶液的颜色随温度变化的特性被称为热色效应。根据热色效应设计的温度计被称为热色效应光纤温度计,又称为液晶光纤温度计。其中热色效应最显著的是钴盐溶液,其颜色通过光纤传导出来。这里的光纤不作为感温元件,而仅起导光作用。

图 10-22 是热色效应光纤温度计测温探头的结构。无机溶液 2 置于玻璃套管 1 的顶端,两束用聚乙烯套管 7 包裹起来的光导纤维束 4 插入内玻璃套管 3 中,一束用来导入由光源产生的窄频带红光脉冲,另一束用以接收无机溶液的反射光。测量温度时,把测温探头插入被测介质中,无机溶液感受被测介质的温度而改变颜色,从而导致无机溶液对入射单色光(红光)反射强弱的变化,反射光再经接收光纤束导出送给光探测器加以测量。

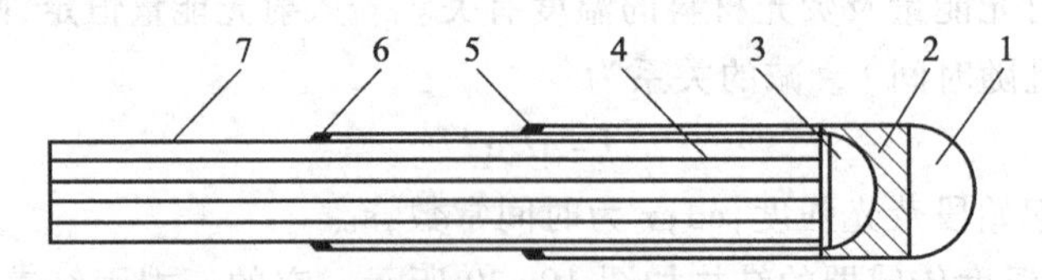

1—玻璃套管;2—无机溶液;3—内玻璃套管;4—光导纤维束;5、6—环氧树脂粘接点;7—聚乙烯套管

图 10-22 热色效应光纤温度计测温探头结构

其典型温度计的结构如图 10-23 所示。采用卤素灯泡作光源 1,并经过斩波器 2 把输入光变成一个频率稳定的光脉冲信号,然后通过透镜 3 把光脉冲导入光纤 5,并送到测温探头 4 之中,

无机溶液的反射光经接收光纤传至光纤耦合器 6。光纤耦合器把接收到的光信号分成两路，分别经波长为 655 nm 和 800 nm 的滤光器 7 进行选择，波长 655 nm 的光信号振幅是受温度调制的测量信号，波长 800 nm 的光信号与温度无关，作为参考信号。这两个光信号分别由光电探测器 8 转换成交流电信号，再经滤波放大器 9 送入微机系统 10 进行处理。由于温度计利用测温信号与参考信号的比值来表示测量结果，从而消除了电源的波动以及光纤中与温度无关的因素所引起的损耗对测量的影响，提高了测量准确度。这种温度计的测量范围为 5～75 ℃，分辨率优于 0.1 ℃，响应时间约为 2 s。

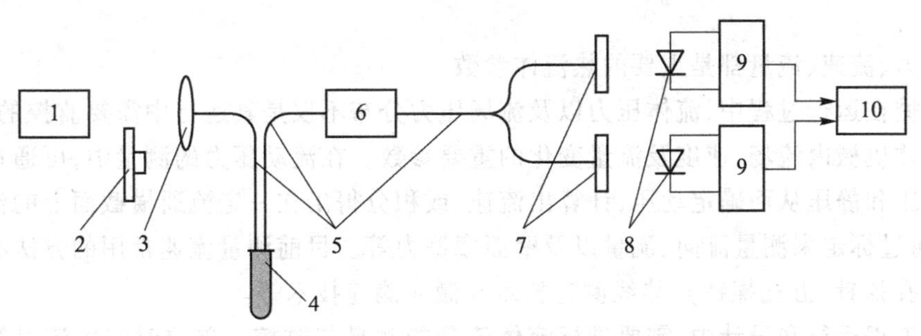

1—光源；2—斩波器；3—透镜；4—测温探头；5—光纤；6—光纤耦合器；
7—滤光器；8—光电探测器；9—滤波放大器；10—微机系统

图 10-23 热色效应光纤温度计

思考题与练习题

10-1 金属热电阻和半导体热敏电阻的转化原理有何区别？用于温度测量与控制时应如何选择？

10-2 热电阻有哪几种类型？各自的测量范围及测量误差为多少？

10-3 常用的半导体热敏电阻有哪几种类型？各能用于什么场合？

10-4 热电阻测温时，常采用哪种测量电路？有哪几种接法？各有何特点？

10-5 用铂铑 10-铂热电偶（分度号为 S）测炉温时，仪器指示温度为 800 ℃，而此时冷端温度为 20 ℃，计算炉内的真实温度。

10-6 热电偶参考端处理有哪些方法？各有何特点？

10-7 不同种类的热电偶是否能混用补偿导线？为什么？

10-8 采用补偿导线的热电偶测量时，参考端是哪个节点？采用中间导线连接进行热电偶测量时，参考端是哪个节点？为什么？

10-9 辐射式温度计的测量精度受哪些因素影响？

10-10 非接触测温技术能替代接触测温技术吗？

第 11 章　流速与流量测量

流体压力、流速、流量都是重要的热流体参数。

流体机械在运行过程中,流体压力以及流场压力分布不仅是其运行中需要监控的重要指标,也是反映流体机械内流场、速度及流量变化的重要参数。在流动压力的测量中,可通过测量流体流动中的总压和静压从而确定动压,计算出流速,或积分得出在一定流通横截面上的流量以及流体作用力;通过标定来测量流向、流量以及壁面摩擦力等。目前测量流速常用的方法有气动探针(毕托管、三孔探针、五孔探针)、热线测速技术和激光测速技术等。

在实际工程运行和设计中,需要进行流体流量的测量与监控。单位时间内流过管道某一截面的气体或液体的数量,称为流体的流量。按质量计算的流量称为质量流量,按体积计算的流量称为体积流量(或容积流量),质量流量等于体积流量与流体密度的乘积,因流体密度随其状态参数变化,在测出容积流量时,要标明流体的压力和温度。气体的容积常换算成标准状态下的容积,称为标准立方米 Nm^3,容积流量为 Nm^3/s 或 Nm^3/h。

11.1　气流压力的测量

气流压力的测量,主要是针对气流总压和静压的测量。常用的仪器是以空气动力测压法为基础的总压管和静压管。用总压管和静压管测压时,偏流角的存在可能对测量结果有很大影响。由于工艺误差和马赫数的影响,每支总压管和静压管在使用前应经过风洞校准。

用测压管测量气流的压力时,探头放在被测气流中,这将造成对气流流动的干扰,不可避免会带来测量误差。

11.1.1　总压测量

任何被流体绕流的物体上都有流体滞止点,即流速为零的位置,通常这些点也称为驻点,驻点压力称为滞止压力或总压。

测量总压时,测压管孔口轴线须对准气流方向,如图 11-1 所示;其管与压力指示器连通,孔内压力即为探头孔口局部处的流动总压。

在实际测量中,气流方向有时不能确定,或者随着工况变化,或者即使知道气流的方向,难以保证总压管轴线完全对准气流方向。因此,实际应用时希望总压管对气流的方向能有一定的不敏感性,即总压管孔口轴线对气流方向即使偏离了一定角度,还能够满足总压测量要求,这个角度称为不敏感角。

下面介绍几种典型总压管。

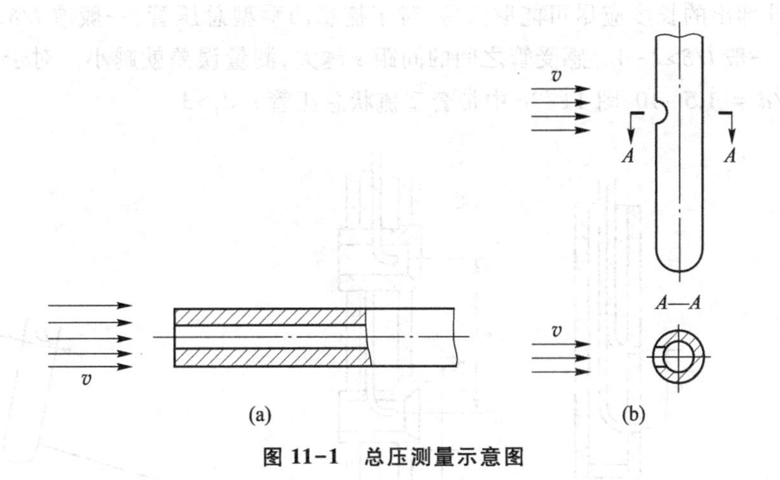

图 11-1　总压测量示意图

1. L 形总压管

图 11-2a 所示为 L 形总压管，孔径一般不小于 0.5 mm；$l/D \geqslant 3$，以减小支杆部分对孔口的干扰，孔口锥角 α 一般取 60°或 90°；无毛刺和凹凸不平等缺陷形成尖边；孔口轴线 $O—O$ 与支杆轴线 $a—a$ 垂直，以保证总压管安装时尽可能对准气流方向。其特点是制造方便，使用、安装简单，支杆对测量结果影响小。但其不敏感角 β 为±(10°~15°)，不敏感偏流角较小。

2. 带导流套型总压管

如图 11-2b 所示，即在 L 形总压管外增加一个导流套筒。套筒将偏离的气流收集后通过其内通道，这种总压管的不敏感角范围在±(30°~ 45°)，比 L 形总压管的不敏感角大。各种总压管的不敏感角不同程度上还受着马赫数的影响，偏流角不大时，马赫数的影响不显著；当偏流角增大时，随着马赫数的增大，总压的测量误差也明显变大。

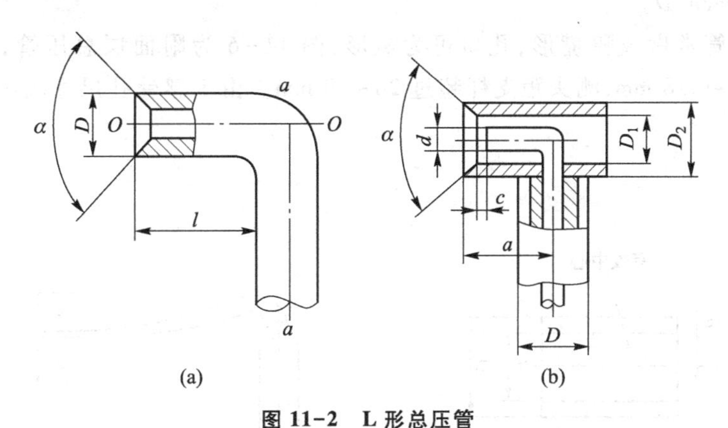

图 11-2　L 形总压管

3. 多点总压管

如果要在气流通道的一个截面上同时测取多点压力，就需要将单点总压管按一定的结构形式和分布规律组合起来，构成多点总压管。如果各个单点是沿着外套管（支杆）的轴线方向分布，则称为梳状总压管，如图 11-3 所示；如果是沿着垂直于外套管轴线方向分布，则称为耙状总压管，如图 11-4 所示。为了使感受管避开壳体在气流中产生的扰动区，提高它的不敏感性，感受管从壳体内向外伸出的长度应尽可能取大些，对于梳状凸嘴型总压管，一般取 $l/\delta>2.5$，δ 为总压管迎风面高度，一般 $l/\delta>2\sim4$。感受管之间的间距 s 越大，测量误差就越小。对于梳状凸嘴型总压管，一般取 $s/d=1.5\sim10$，图 11-3c 中带套型梳状总压管 $s/d_1>3$。

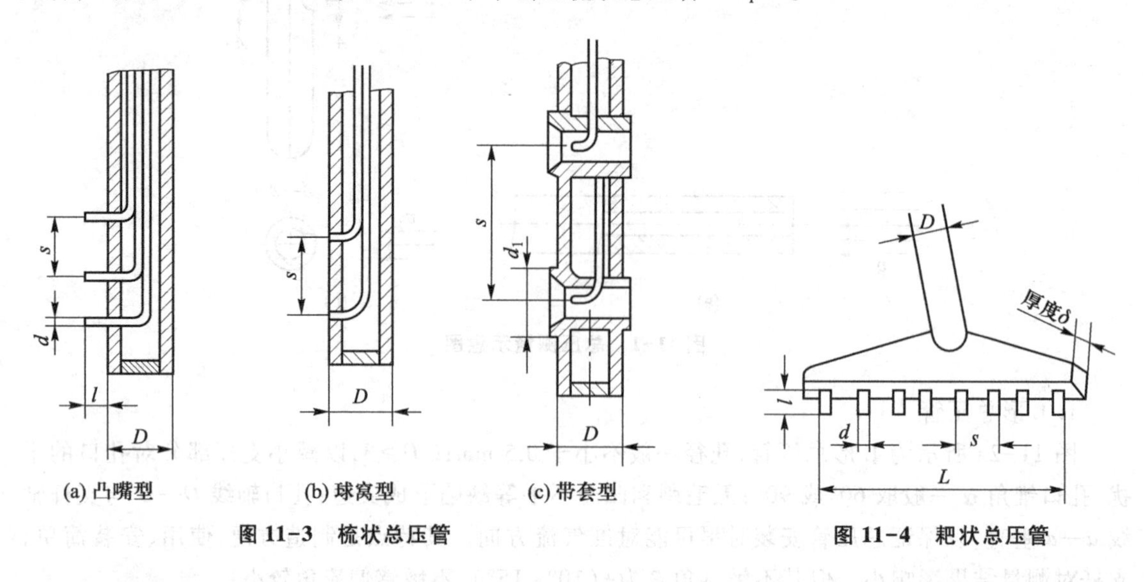

图 11-3 梳状总压管

图 11-4 耙状总压管

4. 附面层总压管

在固体壁面附近的流体边界层内，气体总压比主流小得多，对本身很薄边界层内的总压测量，是附面层总压管。

边界层中速度梯度很大，测压管内的总压平均值总是比测压孔几何中心处的总压高，如图 11-5所示，有效中心与几何中心的差值 δ 与测压管的内外径比 d/D 有关，对于亚声速气流 $\delta/D=0.131+0.082d/D$。

附面层总压管常做成鸭嘴形，孔口可为矩形，图 11-6 为附面层总压管，一般 $h=0.07\sim0.1$ mm，$H=0.12\sim0.18$ mm，测头距支杆超过 20～30 mm。由于感受孔尺寸较小，测量时有滞后现象。

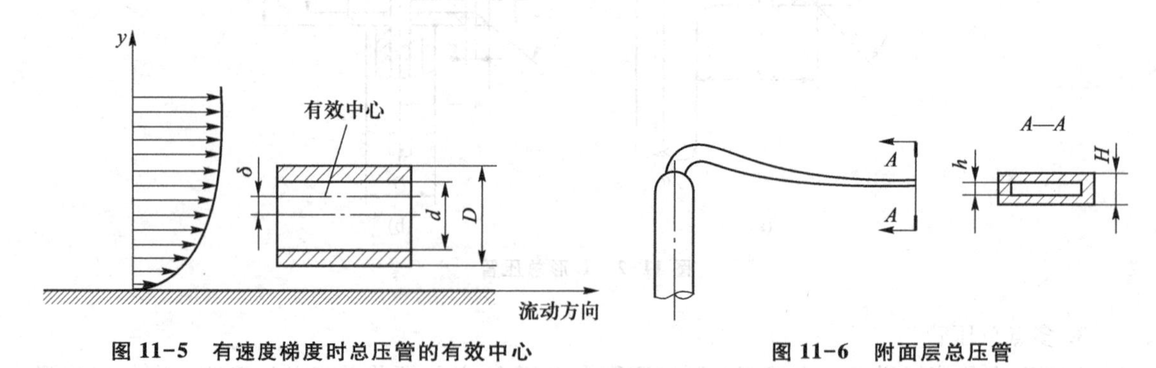

图 11-5 有速度梯度时总压管的有效中心

图 11-6 附面层总压管

11.1.2 静压测量

理论上流场中的感受管对液体无干扰，而流体速度和流线未受任何影响的情况下，才能正确测出静压。实际静压测量通常采用以下两种方法：

1. 壁面静压孔

在流体通道壁面上开孔的方法感受静压，理论上直管道内流体在横截面上各点的静压相等，壁面开口简单方便，对流体干扰小。

但壁面开孔后，流体流经孔口时，流线会向孔内弯曲，可能在孔内产生漩涡，从而引起静压测量的误差，孔径越大，误差也就越大，而且随马赫数的增大而增大，但孔径太小制造要求高，也容易被灰尘堵塞，一般孔径为 0.5~1.0 mm。静压孔深度与直径之比一般不小于 3。

2. 静压管

当必须测量气流中某一点的静压或需要测量流场中某截面的静压分布时可使用静压管。置于气流中的静压管对气流有干扰，在满足刚度要求的前提下应尽量减小几何尺寸。静压孔轴线应垂直于气流方向。下面是几种常用的静压管：

(1) L 形静压管

L 形静压管(图 11-7)结构简单，加工容易，性能可靠稳定；但是轴向尺寸较大。

气流流过静压管头部获得加速，静压降低；支杆对气流有阻碍作用，在 L 形静压管头部和支杆之间选择适当的位置设置静压孔，可以得到接近真实静压的测量值。气流方向与头部轴线的夹角为 L 形静压管的偏流角，它将影响管壁上的压力分布。为了减少此影响导致的误差，一般沿圆周方向等距离开 4~8 个孔径为 $d/10$ 的静压孔。

由于用静压管测量静压的方法从理论上就存在一定的误差，而且加工质量对其性能的影响很敏感，因此使用前需要对其进行校准。

(2) 带导流管的静压管

其结构如图 11-8 所示，一般静压管的不敏感偏流角都较小，在静压孔外加了导流管后，这种状况得到了明显的改善。这种静压管可用于三元气流中测量静压，但在小尺寸的流道中难以应用。

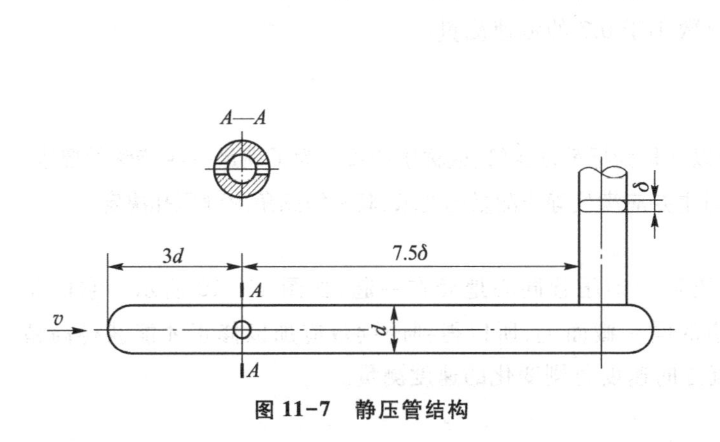

图 11-7　静压管结构

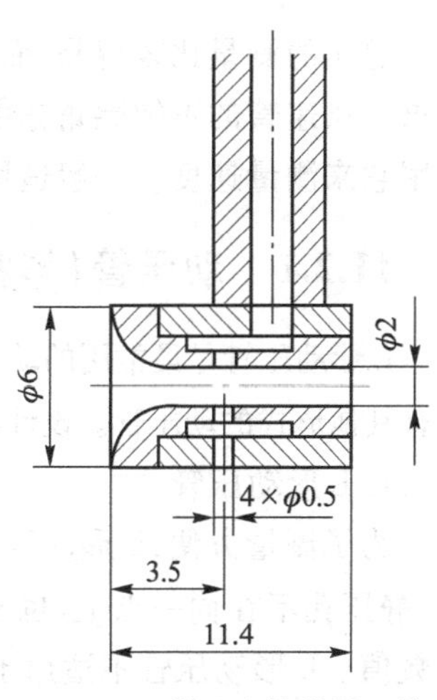

图 11-8　带导流管的静压管

11.2 气流速度的测量

当气流速度较小时,可不考虑气体的可压缩性,即其密度为常数,若忽略重力势能的影响,根据伯努利方程,有

$$p^{*}=p+\frac{1}{2}\rho v^{2} \tag{11-1}$$

$$v=\sqrt{\frac{2}{\rho}(p^{*}-p)} \tag{11-2}$$

式中:p^{*} 为流体总压,Pa;p 为流体的静压,Pa; ρ 为流体的密度,kg/m^3;v 为流体的速度,m/s。

总压与静压之差即为动压,常用动压管测量气流速率。此外,还可以采用风速管进行测量,如图 11-9 所示。

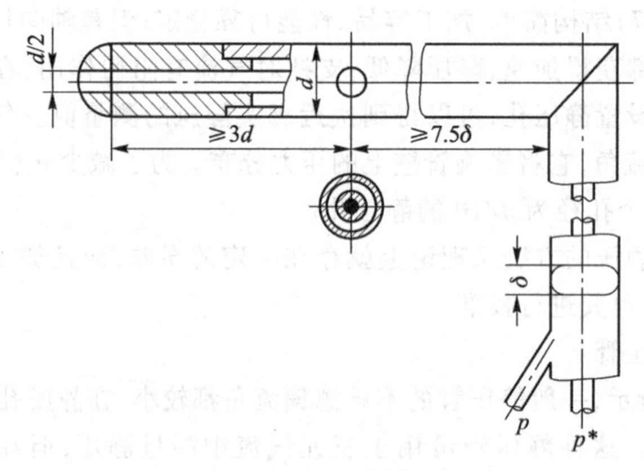

图 11-9 风速管

总压的测量比较容易,而静压测量要求较高。所以设计风速管时,主要应满足静压管的各种要求。风速管的不敏感角亦由静压管所决定。对于沿气流流动方向的速度变化急剧的地方,不能用它来测量速度。一般适用于马赫数小于 0.7 的流速测量。

11.2.1 动压管(毕托管)

L 形动压管是最常用的动压管,所以又称为标准动压管,或称毕托管。为了满足一些特殊的要求,还有其他形式的动压管。设计动压管时主要应满足静压测量的要求,其不敏感角由静压孔决定。

1. L 形动压管

为了测量方便,L 形动压管把静压管和动压管同心地套在一起,如图 11-10 所示。它的总压、静压孔不在同一点上,也不在流道的同一截面上,所以得到的读数应加以修正才能获得高精度数值。L 形动压管不适用于沿气流方向速度急剧变化的速度测量。

2. T 形动压管

图 11-11 为 T 形动压管。它由两根弯成 L 形的细管焊接而成。总压、静压分别由管口迎着气流方向和背着气流方向的管子引出。其优点是结构简单,制作容易,横截面积小;缺点是不敏

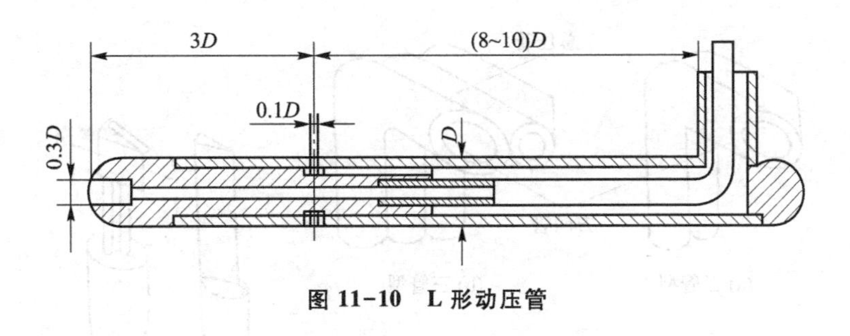

图 11-10　L 形动压管

感偏流角小,轴向尺寸大,不适于在轴向上速度变化较大的场合应用。

3. 笛形动压管

笛形动压管主要用于大尺寸流道内的平均动压测量。图 11-12 为其一种典型结构形式。按一定规律开孔的笛形动压管竖直安装在流道内,小孔迎着气流方向,得到气流的平均总压,静压孔开在流道壁面上。在保证刚度的前提下,笛形动压管的直径 d 要尽量小,常取 $d/D=0.04\sim0.09$。总压孔的总面积一般不应超过笛形管内截面积的 30%。

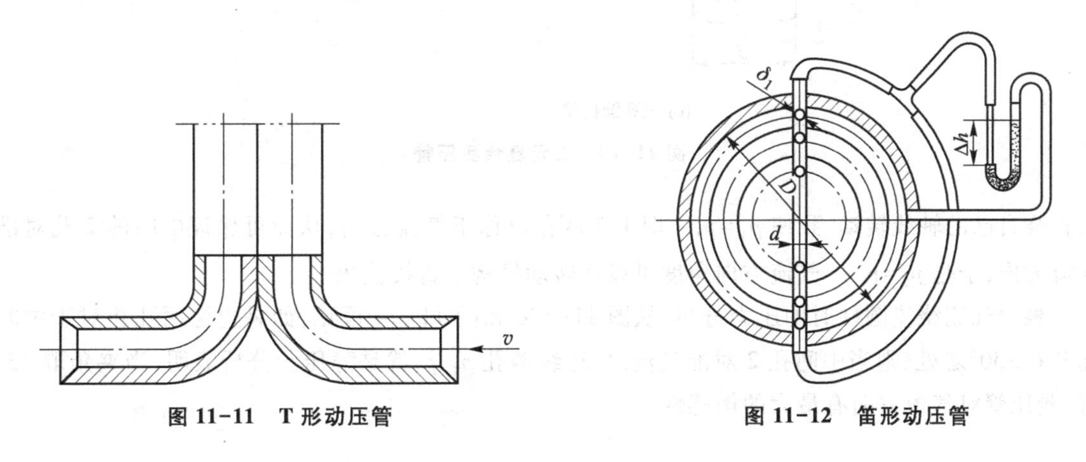

图 11-11　T 形动压管

图 11-12　笛形动压管

11.2.2　平面气流的测量

平面气流的测量包括气流方向的测量和气流速率的测量。常用的测压管有二元复合测压管和方向管。为了准确测出气流的方向,要求方向管或二元复合测压管对气流方向的变化尽量敏感。这恰恰与总压管、静压管的要求有一定差异。常用的方向管或二元复合测压管如图 11-13 所示。

三孔圆柱型测压管是在平面气流中测量 p、p^* 气流方向的,其典型结构如图 11-13c 所示。其构造为在一根圆管上钻三个小孔,各自焊三根小针管,以引出 p_1、p_2 和 p_3,针管内径一般为 0.5 mm,它们在同一垂直于圆管轴的平面圆周上,中间孔与两侧孔的夹角各为 45°。

用三孔圆柱型测压管测量气流的总压/静压和方向的方法有两种:

1. 转动法

就是转动三孔管以对准气流的方向。测量时将三孔管垂直插入气流所在坐标平面内,其方向位置是任意的,边缘的 1、3 两孔对气流方向不一定处于对称位置。若不对称,则 $p_1\neq p_3$。将三

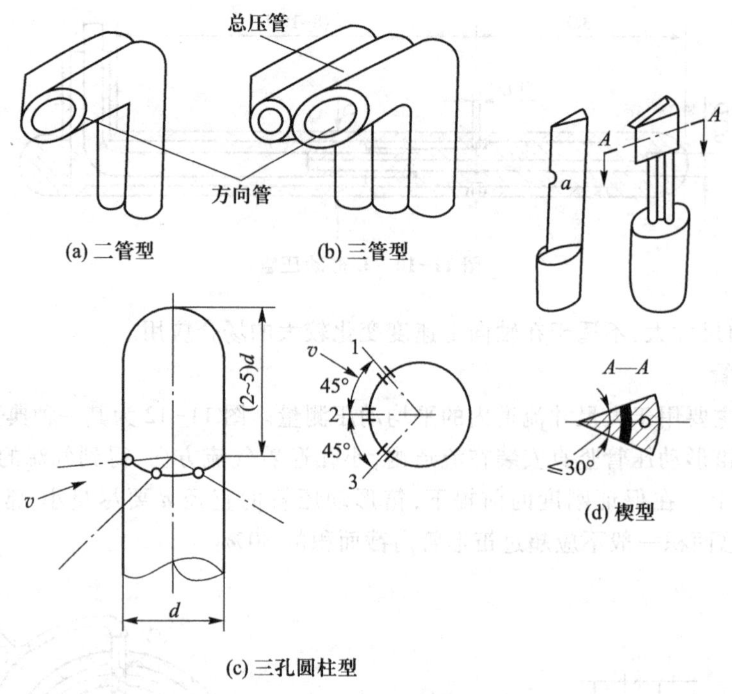

图 11-13　二元复合测压管

孔管绕自己的轴线转动，致使 $p_1=p_3$。即 1、3 两孔对称于气流方向，从而可保证中间的 2 孔对准气流方向，于是 $p_2=p^*$。气流方向角度可以从转动机构上直接读出。

根据气流绕流圆柱时的压力分布，从图 11-13c 和图 11-14 可见，如果边缘两孔相对于中间孔开在±30°之处，则当中间孔 2 对准气流时，边缘两孔 p_1、p_3就是静压。分析表明，当夹角取 45°时，测压管对气流方向有最大的敏感性。

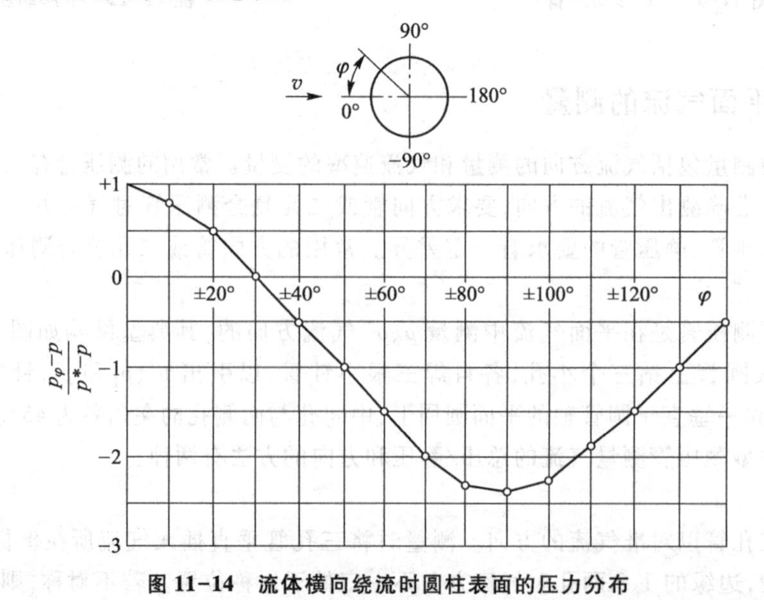

图 11-14　流体横向绕流时圆柱表面的压力分布

2. 不转动法

是将三孔管按定位基准装在试验段上固定不动。由于安装时不能保证对准气流方向，所以一般情况下 p_1 不等于 p_3，p_2 也不等于 p^*。但 p_1、p_2、p_3 与气流的偏角、总压、静压之间仍有一定的规律性联系。

采用不转动法测量的每根探针必须事先在校准风洞中进行过校准，在不同偏转角度下三个测量压力值与总压、静压得出关系曲线。这样在实际测量中，获得三个测量压力测量值后，根据事先校核得到的它们与偏转角、静压和总压间的相互关系，从而获得流速的方向。通常测量的对象中马赫数小于 0.6，在马赫数大于 0.3 后，就需要进行可压缩性修正。

三孔圆柱型测压管只适于测量平面气流。当气流方向不平行于和测压管轴线垂直的平面时，气流方向和这一平面形成的俯仰角对测量结果有影响，测量气流的总压和静压时，俯仰角大于 5°，测得的静压的误差将大于 1%。

11.2.3　空间气流的测量

空间气流速度的测量和平面气流速度的测量在原理上是一样的，所用的三元测压管实质上相当于两个组合在一起的二元复合测压管。三元测压管集中于一个探头的典型结构形式如图 11-15 所示。

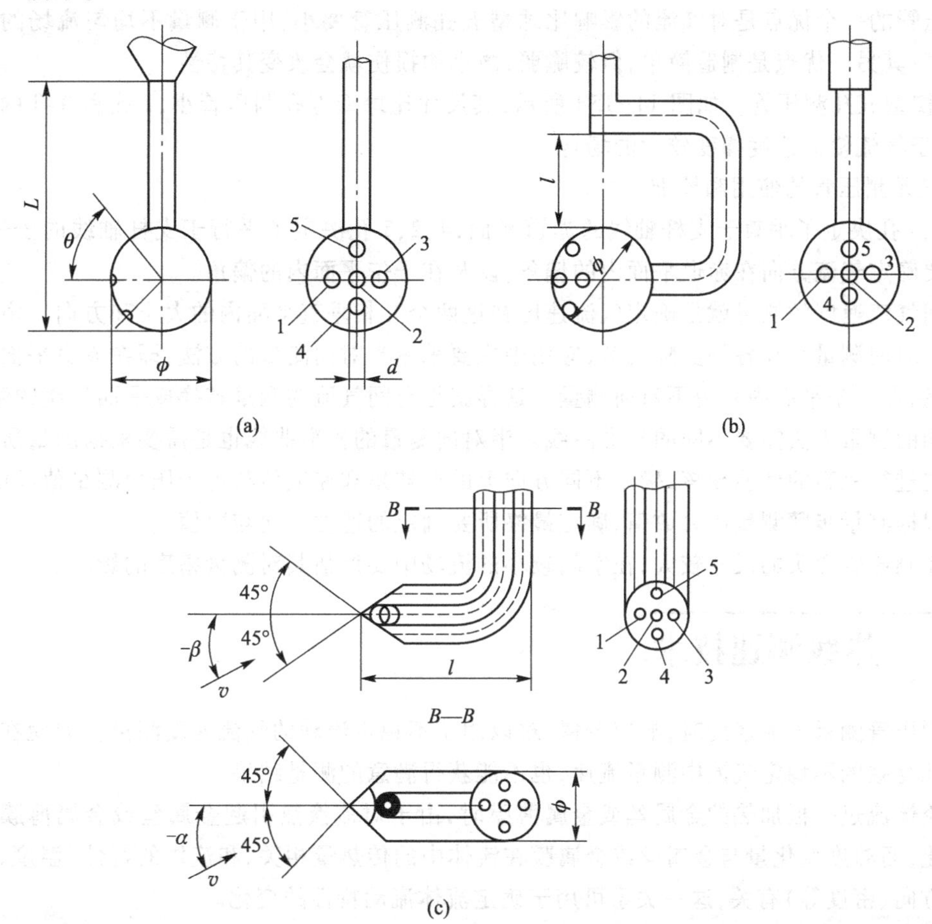

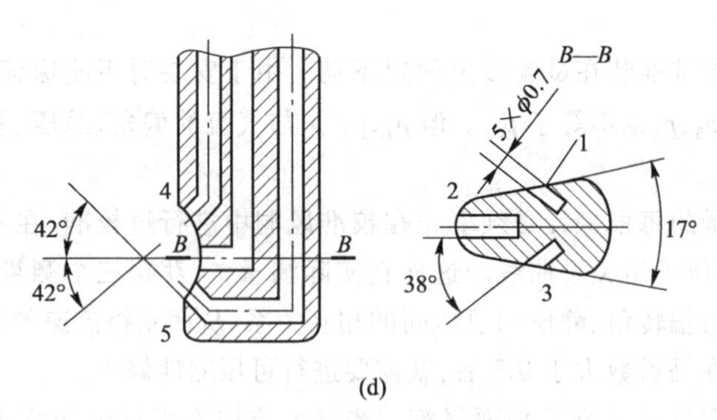

图 11-15　三元测压管结构图

1. 三元测压管

1）球型五孔测压管。如图 11-15a、b 所示，它的球部直径一般为 5~10 mm，测量孔的直径为 0.5~1.0 mm；中间孔轴线和侧孔轴线的夹角为 30°~50°，通常为 45°；支杆直径为 2.5~3 mm，支杆的轴线一般指向球心或向后偏斜。支杆和球的相对位置会明显影响测压管的方向特性，支杆越向球的后部偏移，方向特性曲线的不对称性越小。

2）五孔三元测压管。如图 11-15c 所示，其感受头的尺寸较小，支杆离感受头也较远。五孔三元测压管的一个优点是对气流的影响比球型五孔测压管要小，用于测量不均匀流场的参数时精度较高；其另一优点是制造简单，但较脆弱，微小的损伤就会改变其特性。

3）楔型五孔测压管。如图 11-15d 所示，其尺寸比球型五孔测压管小，1 孔和 3 孔的距离较小，适用于气流横向速度梯度较大的场合。

2. 三元测压管的使用和校准

1、2、3 孔决定了垂直于支杆轴线的赤道平面，4、2、5 孔决定了平行于支杆轴线的子午平面，校准需要确定气流方向在赤道平面内的偏角，以及在子午平面内的偏角。

空间气流速度的测量就是确定气流速度在这两个互相垂直平面内的大小和方向。由于对向测量和不对向测量存在各种实际问题，应用中主要采用半对向测量的方法，即在赤道平面内采用对向测量，在子午平面内采用不对向测量。这样就把空间气流的测量转换成平面气流的测量。

不同的测量方法需要不同的校准曲线。半对向测量的校准曲线也是需要根据测量所采用的方法事先进行完整的性能校核，确定不同方向上的偏转角和速度值与各个压力测量值间的关系；测量中根据测量步骤测量压力数值，确定最终所要确定的速度方向与数值。

三元测压管探头的尺寸较大，在空间较小的流场中要评估其对测量精度的影响。

11.3　热线测速技术

用测压管测量气流速度时，响应较慢，难以用于不稳定流动的气流速度测量。即使在脉动频率只有几赫兹的不稳定气流中测量流速，也不能获得满意的测量结果。

当流体流过一根加热的金属丝或金属薄膜时，由于对流换热引起金属丝或金属薄膜的温度发生变化，而温度变化量与金属丝或金属膜在流体中的传热量相关，和流体的特性（温度、速度的大小和方向、密度等）有关，这一关系可用于确定流体流动特性的变化。

热线风速仪由热线探头和伺服控制系统组成。热线风速仪探头尺寸小，响应速度快，其截止频率可达 100~400 kHz 或更高，主要用于动态测量，可在测压管难以安置的地方使用。若与数据处理系统联用，则可以简化数据处理工作，扩大热线风速仪的应用范围。

11.3.1 热线测速工作原理

热线风速仪的原理是建立在热平衡基础上的，即金属丝中由温度升高所产生的热量被气流通过对流换热所带走的热量平衡。在热平衡过程中，涉及流速、加热电流、丝温度（或丝电阻）三者之间的内在联系。

如果流过热线的电流为 I，热线的电阻为 R，则热线产生的热量为

$$Q_1 = I^2 R \tag{11-3}$$

当热线探头置于流场中时，流体对热线有冷却作用。散热量与下列因素有关：流动速度、金属丝和气体之间的温差、气体的物理性质、金属丝几何尺寸和物理性质。忽略热线的导热损失和辐射损失，根据牛顿冷却公式，热线散去的热量为

$$Q_2 = \alpha A(t - t_f) \tag{11-4}$$

式中：α 为热线在流场中的对流换热系数；A 为热线的换热表面积；t 为热线温度：t_f为流体的温度。

在热平衡状态下，$Q_1 = Q_2$，若热线探头和冷却流体确定，α 主要与流体速度有关，而在流体温度确定的条件下，流体速度只是电流和热线温度（或电阻）的函数，即

$$v = f(I, R) \tag{11-5}$$

只要固定 I 和 R 中的任何一个，都可以获得流速与另一参数的单值函数关系。

当热线轴线与流体速度的方向垂直时，流体热线的冷却能力最大，实际测量常通过这一点确定流体的方向。

当加热电流保持恒定时，可根据热线温度测量流速，称为恒流法；当热线的温度（或电阻）保持恒定时，可根据流经热线的电流测量流速，称为恒温法。根据上述原理构成的仪器，分别称为恒流式热线风速仪和恒温式热线风速仪。

假定热线为无限长、表面光滑的圆柱，流体流动方向垂直于热线。对流换热系数为

$$\alpha = \frac{Nu\lambda}{d} \tag{11-6}$$

式中，Nu 为努塞尔数；d 为金属丝直径；λ 为流体的导热系数。

通过热平衡分析，热线的基本方程为

$$I^2 R_0 [1 + \beta(t - t_0)] = (a' + b'v^n)(t - t_f) \tag{11-7}$$

式中：a'、b'为与流体参数和探头结构有关的常数；β 为热线的电阻温度系数。

可见流体速度只是流过热线的电流和热线电阻（热线温度）的函数，只要固定电流和电阻两参数中的任何一个，就可以获得流体速度与另一参数的单值函数关系。

在非稳定流动实验中，除了测量平均流速外，还要测量脉动速度以及这些量的关联量。当流体速度的脉动分量频率很高时，还要考虑热线的热惯性影响。它会导致输出信号的相位滞后和幅值衰减，有时甚至不能输出脉动信号。因此，热线风速仪除了采用尽可能细和短的热线之外，还要在电子线路上采用电补偿的方法。不同的工作方式有不同的补偿办法，目前广泛应用的恒温式热线风速仪的工作原理是利用反馈控制电路使热线电阻保持恒定。

11.3.2 测速系统的基本构成

热线(膜)测速系统由热敏(探头)、伺服测试系统和信号采集数据处理系统三大部分构成。

热敏探头的结构形式有热线和热膜两种。热线探针由热线、叉杆、支架、绝缘填料和输出引线等部分组成,图 11-16 为典型的热线探头。热线的直径很小,典型直径为 3.8~5 μm,甚至只有 3 μm,长度为 1~2 mm。为了减少气流绕流支杆的干扰,热线两端常镀有合金,作为敏感元件起作用的只有中间部分。其材料一般是钨丝、铂丝或镀铂钨丝,钨的机械强度高,耐气流冲击,铂的抗氧化能力更强,最高温度可达 800 ℃左右,镀铂钨丝是比较理想的材料。热线的长度由它的空间分辨率和端部散热损失两个因素决定。热线越长,端部由叉杆热损失的影响越小,信号输出越强,而机械强度越低。热线的几何尺寸比热膜小,因而动态响应更快,但热线的机械强度低,不适于在液体或带有颗粒的气流中工作。热线探头还可根据其用途分为测量一维流动速度的一元热线探头、测量平面流动速度的二元热线探头和测量空间流动速度的三元热线探头。

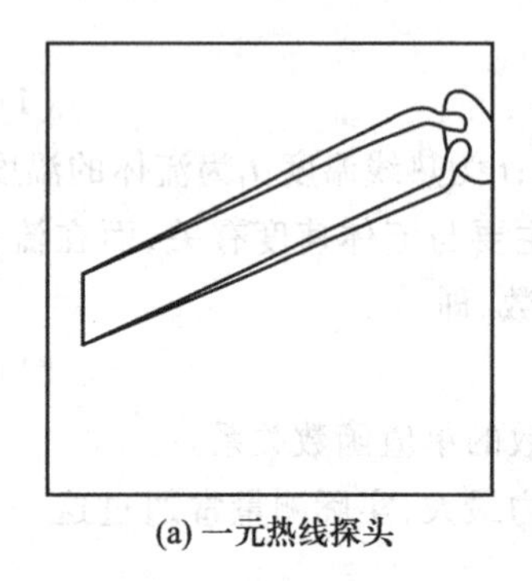
(a) 一元热线探头

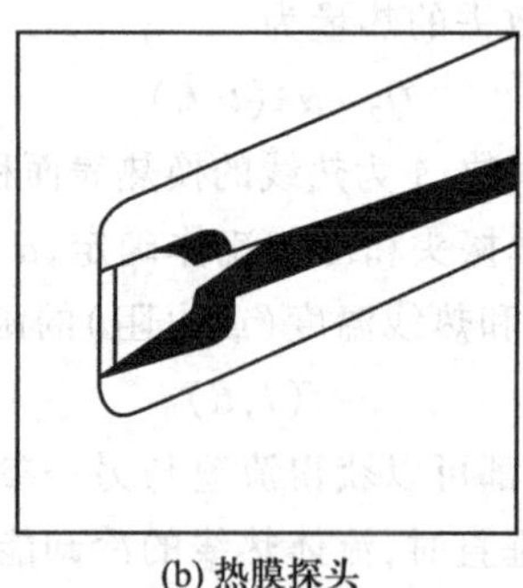
(b) 热膜探头

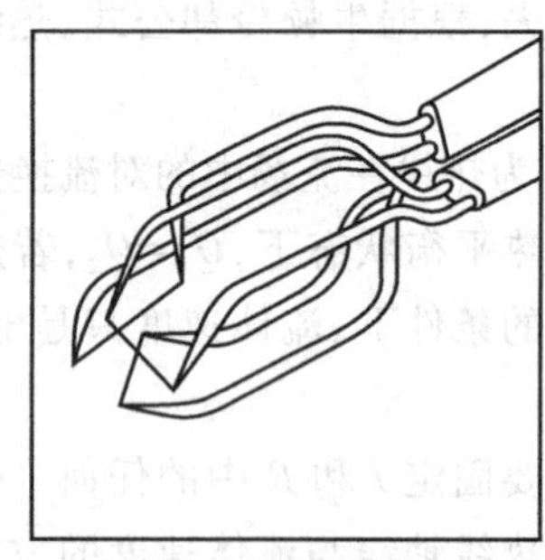
(c) 三元热线探头

图 11-16 典型热线探头结构

热膜探针也是一种热敏元件,由圆锥形或尖劈形的热敏头、支架及输出引线等部分组成。热膜是用铂或铬制成的金属薄膜,将它固定在楔形或圆柱形石英骨架上,外部是一层厚为 100~1 000 nm的铂镀膜,里面是衬底和绝缘层,铂镀膜由两根引线连接,经过支杆引出到探针外面。

11.3.3 影响热线测速的一些因素

减少热线风速仪测量误差,需要考虑以下一些因素。首先是被测流体介质温度的影响,需要确定流体温度,根据热平衡方程加以修正;其次是灰尘、油雾的污染,污染使热线探针的特性发生变化,在一些工程试验中,若污染不可避免,需要实时校准;最后是近壁效应,测量边界层时,由于热线靠近壁面,与壁面发生换热,会产生速度值偏高的假象;在湍流度很大的场合使用时,校准特性还受湍流度的影响。

11.4 激光测速技术

激光多普勒速度计 LDA (Laser Doppler Animometry)是利用激光多普勒效应测量流体流动速度。激光多普勒测量技术是一种非接触测量,测量仪器对流场无干扰,并且便于在有回流和有害环境中的流场测量使用。它的滞后效应小,测量范围大。此外,多普勒频移与速度严格保持线性，与流体种类及其他特性无关。

11.4.1 激光多普勒测速原理

1. 光学多普勒效应

19 世纪德国物理学家多普勒（Doppler）发现了一种声学效应，在声源和接收器之间存在着相对运动时，接收器收到的声音频率与声源发出声音频率有一个频率差，这一频率差称为多普勒频差或频移。光学多普勒效应就是：当光源与光接收器之间存在相对运动时，发射光波与接收光波之间会产生频率偏移，其大小与光源和光接收器之间的相对速度有关。

利用多普勒效应原理测量流速，可使光源和光接收器都固定，在流体中加入能够随流体一起流动的示踪粒子，微粒对入射光有散射作用，当它接收入射光的照射之后，会将这一入射光向四周散射。随流体一起运动着的微粒既作为入射光的接收器，又作为散射光的光源，向固定的光接收器发出散射光波。固定接收器所接收到的微粒散射光频率不同于光源发射出的光频率，两者之间会产生一定的多普勒频移，这个频率差与微粒的速度有关。

激光技术与多普勒效应的结合使光学多普勒效应得以广泛应用。

2. 激光特性

与普通光源相比，激光有如下特点：

1）方向性好。激光束发散角一般只有 2′~3′，一个在 20 km 以外的氦氖激光器，其光斑直径仅为 10 cm，可以将激光看作平行光。

2）亮度高。激光的方向性好，又是在激光器内将激活物质较长时间积聚的能量瞬时释放，其能量在时间和空间上都高度集中，形成了高亮度特性。

3）单色性好。激光器可以获得谱线宽度很小的光波，氦氖激光器的光波长为 632.8 nm，谱线宽度只有 10^{-18} nm。

4）相干性好。在激光谐振腔内受激辐射形成的链锁式放大，得到的是一些特征相同的光子。从谐振腔输出的光束几乎是平行光，辐射特性都相同，激光的时间相干性和空间相干性都很好。

11.4.2 激光多普勒测速系统

1. LDA 测速系统布置

图 11-17 是一种差动激光多普勒测速系统示意图，主要由激光器、入射光学单元、接收光学单元（包括光电检测器）、信号处理器和微机数据处理系统几个部分组成。

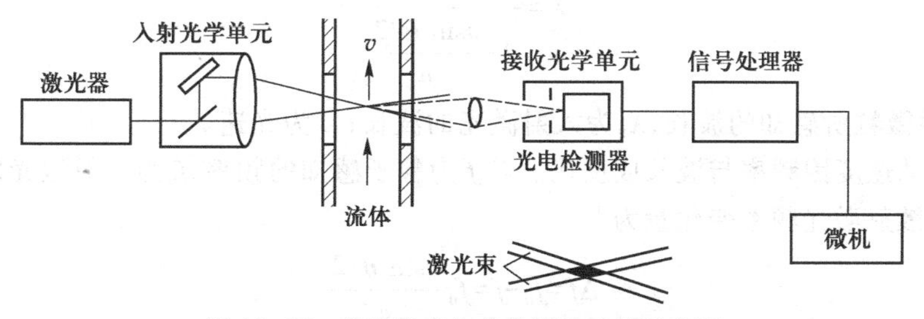

图 11-17 差动激光多普勒测速系统示意图

激光器按发光方式可分为连续激光器和脉冲激光器。激光多普勒测速仪通常使用连续激光器作光源,常用的有氩离子激光器和氦氖激光器。氩离子激光器发出的混合光激光束使用时须分光,分光后能分别得到绿光(波长 514.5 nm)、蓝光(波长 488.0 nm)和紫光(波长 476.5 nm)三种光束。氦氖激光器发出的是红光(波长 632.8 nm)。

接收光单元的功能是收集运动粒子通过测量体时发出的散射光,由透镜将收集的散射光会聚到光电检测器,经过光电转换得到多普勒频移的光电信号。光电检测器可以用光电倍增管或光电二极管。

多普勒信号处理器应根据所测流体或固体运动特征选择不同的信号处理器。

2. LDA 光学系统

LDA 的光学系统包括激光器、入射光学单元、接收光学单元、试验段、光电检测器及相应的机械调整机构。对光路的主要要求是能够获得高信噪比的多普勒频移,结构稳定可靠,测量快速方便。

图 11-18 为双光束双散射光束型 LDA 的光学系统。由光源产生的激光束经光束分离器和反射镜分成两束平行光,由聚焦透镜聚集到测量点处,两束激光都被运动微粒散射后由光电检测器接收。两束入射光的夹角影响散射光强度,尤其是影响两束光相交的体积(测量体)大小与体积内条纹数的重要因素。为了增大光检测器接收的微粒散射光强度,在光检测器前设置大口径接收透镜聚焦散射光束。两束散射光在光检测器内混频,输出频率等于多普勒频移的信号。

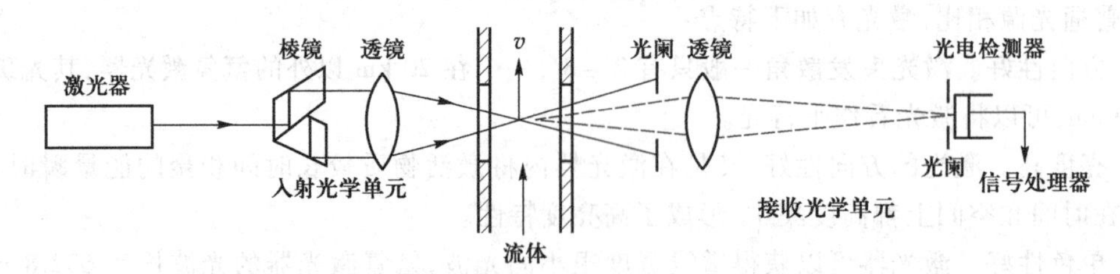

图 11-18　双光束双散射光束型 LDA 的光学系统

11.4.3　激光多普勒测速原理

1. 差动多普勒原理

若一粒子垂直穿过一束入射激光,粒子所感知的激光波长与激光本身的波长相等;当粒子速度在激光传播方向的投影与光速同向时,粒子感知的波长就偏长,反之则偏短。这一多普勒效应的关系为

$$\lambda=\frac{\lambda_0}{1-\dfrac{v\sin\theta/2}{c}} \tag{11-8}$$

式中:λ 为运动微粒所感知的波长;λ_0为入射激光的波长; c 为光速。

微粒的运动速度因频率与波长成反比。若 f 为粒子感知的频率,f_0为入射激光的频率。粒子所感知的频率散射激光频率变化量为

$$\Delta f=f_0-f=f_0\,\frac{v\sin\theta/2}{c} \tag{11-9}$$

对于一对夹角为 θ 的两束相交的激光,如图 11-19 所示,粒子对两束同色光的感知频率分别为$f_1=f_0-\Delta f$和 $f_2=f_0+\Delta f$。粒子散射光中包含两种频率,两者之差产生的多普勒频差为

$$\Delta f = f_2 - f_1 = 2f_0 \frac{v\sin \theta/2}{c} = 2\frac{v\sin \theta/2}{\lambda_0} \tag{11-10}$$

用散射光接收系统接收粒子的散射光，测出此频差就可求出微粒的速度 v。若粒子的速度等于流体的速度，则 v 就是流速。两束激光只能形成一维的测试系统。要测量二维速度，须用两色四束激光。要测三维速度则用三色六束激光，如图 11-20 所示。从光学探头 1 射出四束激光，两束绿光在水平面上，用以测 x 方向速度；两束蓝光在铅垂面中，用以测 y 方向速度。从光学探头 2 射出两束紫光，光学探头 2 光轴常与光学探头 1 光轴成 90°，用紫光可测出 z 方向的速度；两光学探头的光轴不成 90°，理论上也可以根据测量结果推算出 z 方向速度。

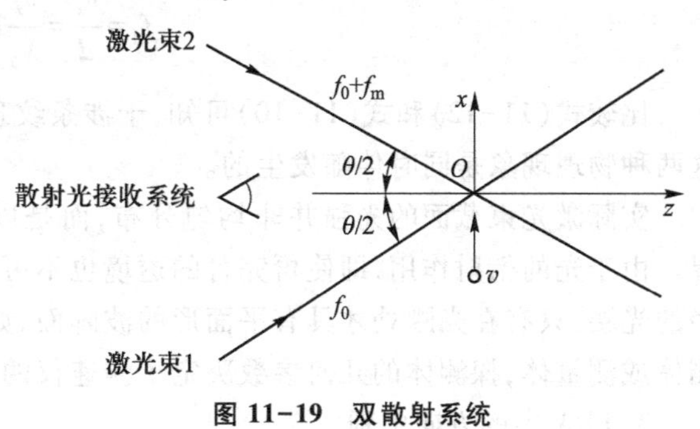

图 11-19　双散射系统

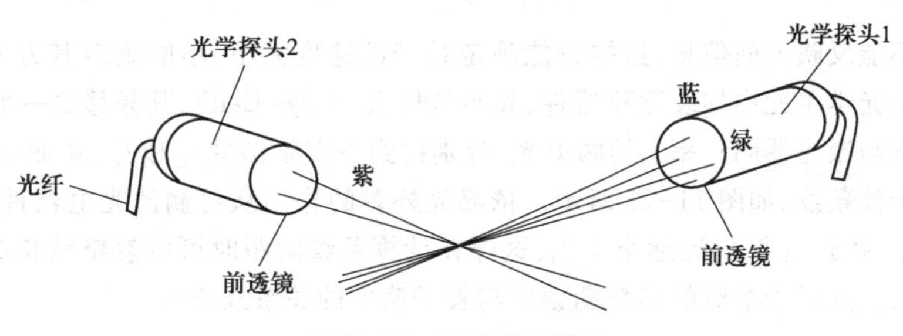

图 11-20　三维激光测速

典型光学系统都可分为前向散射和后向散射。入射光和光检测器分别位于试验段的两侧称为前向散射式，前向散射式的粒子散射光强度大，信号的信噪比高。采用前向散射时，要求测量区域完全透明。若把入射光和光检测器放在试验段同一侧，即构成后向散射式，后向散射式光学系统结构紧凑，使用方便。后向散射式的光强比前向散射式小，若采用后向散射式测量，必须考虑增大光源功率。

2. LDA 的干涉条纹理论

两束相干光波在相交的体积内必将产生一组干涉条纹，条纹方向与这两束光的角平分线平行，如图 11-21 所示。以速度 u 穿过相交体积的微粒将交替遮挡明暗条纹。从某一方向观察时，微粒上的光强产生正弦变化，其频率与条纹的间隔及垂直于条纹的速度分量成正比。

设两光束夹角为 θ，选择 x 方向垂直于该角的平分线，相邻干涉条纹间距为

$$d_n = \frac{\lambda_0}{2\sin \theta/2} \tag{11-11}$$

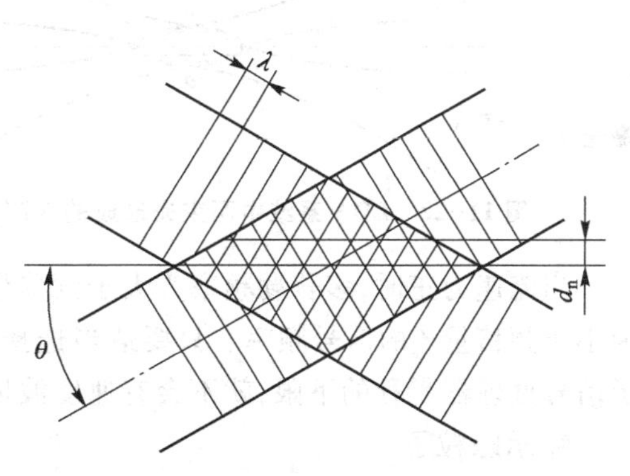

图 11-21　两束相交光形成的干涉条纹

令粒子以速度 v_x 垂直于这组干涉面穿过时，会产生一亮一暗的光脉冲，微粒光强变化频率为

$$f_d=\frac{v_x}{d}=\frac{v_x}{\lambda_0}2\sin\frac{\theta}{2} \tag{11-12}$$

比较式(11-12)和式(11-10)可知，干涉条纹理论确定的散射光脉动频率等于多普勒频移。这两种物理现象是同时伴随发生的。

实际激光束截面的光强并非均匀分布，而是以高斯型分布，所以光束并没有尖锐明确的边界。由于光的衍射作用，即使再完善的透境也不可能将平行光聚集成一点，而只能聚成有一定直径的光腰，只有在光腰处才具有平面形的波阵面，如图 11-22 所示。图中的椭球干涉区也称为探测体或测量体，探测体的几何参数决定了测速仪的灵敏度和空间分辨率。

3. LDA 中的方向鉴别

当粒子通过测量体时，在光电检测器中得到的光电流频率与粒子速度应有下列关系：

$$f_D=\frac{2\sin\theta/2}{\lambda}|v| \tag{11-13}$$

因为频率不能反映方向信息，这样只能确定粒子的速度大小，不能确定其方向。因此，通常在激光束的入射光学单元中加装频移器件，如布拉格盒(Bragg Cell)，其频移量一般在 40 MHz 以上。它可使原来与激光器同频率 f_0 的两束光，分别得到一定频移量 f_{s1} 和 f_{s2}，从而在测量体中得到一组移动着的干涉条纹，如图 11-23 所示。依靠光外差的作用从检测的光电器件得到它们的频差 f_s，$f_s=f_{s1}+f_{s2}$。由于 f_{s1} 和 f_{s2} 远远小于 f_0，这样在计算条纹间距时可以忽略波长的变化，而采用激光光源的波长。这时光电流的多普勒频率与粒子速度的关系式变为

$$f_D=\left|f_s+\frac{2\sin\theta/2}{\lambda}v\right| \tag{11-14}$$

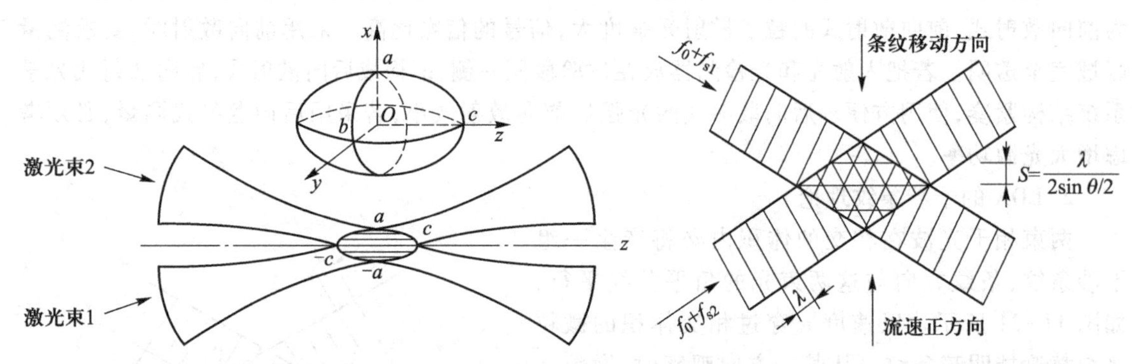

图 11-22　LDA 系统中两束光形成的探测体　　**图 11-23　有移动干涉条纹的测量体**

当流速为正时，多普勒频率为大于频移量 f_s 的信号频率；反之，当流速为反向时，多普勒频率为小于频移量 f_s 的信号频率。只要适当选择 f_s，使最大可能的反向流速所对应的多普勒频率大于信号处理器量程的下限，就不会有速度波形失真问题。

4. 示踪粒子

在流场激光测试中采用的示踪粒子应具有无毒、无腐蚀、无磨蚀、化学性质稳定、清洁等特性，此外还要求可见度高，具有良好的光散射性。典型的示踪粒子有提高粒子光辐射效应的荧光

粒子、表面镀银的空心玻璃球粒子、乳化泡粒子、液晶粒子,适用于气体的极轻的粉末粒子、氦气泡粒子、T_iO_2粒子以及雾化油滴等。

激光多普勒测速包括的粒子图像测速技术实质上是测量流体内示踪粒子的速度,只有当这些粒子完全跟随流体一起运动时,测出的结果才代表流速。粒子直径决定了它对流速动态变化的跟随性,要求的频率响应愈高,许用最大粒径就愈小;但粒径也不能太小,若粒径小于 0.1 μm,则粒子易受布朗运动影响,很难反映湍流特征。

5. 多普勒信号处理

当一个粒子单独穿过探测体时,散射出的多普勒脉冲信号是持续时间有限的猝发性群信号。脉冲群中各脉冲的幅值不同;信号的平均值不等于零,有一基底,且幅值与粒子有关,大粒子的脉冲值比小粒子的要大得多。

实际上,流体中有许多粒子,它们大小不等,并且在空间随机分布。它们同时穿越探测体,各自散射出自己的脉冲群闪烁信号,这些脉冲群的相位关系是随机的,幅值也不尽相同;激光束在它所经过的一切光学器件上、试验件观察窗以及试验器壁面上也会被散射或反射,散射光及反射光也会成为噪声信号;另外,光电器件本身也会产生噪声。

激光多普勒风速仪的信号处理器一般都先对信号进行高通和低通滤波,去除基底及一部分噪声,然后剔除大粒子和小粒子的信号。太大的粒子跟随性太差不能反映流速,其信号幅值特别高,可鉴别剔除;小粒子的信号太弱,信噪比太低,被淹没在噪声中,将与噪声一起滤除。

滤波后的信号仍有一定的噪声,常用两种方法分析多普勒频率,一是频谱分析法(硬件快速傅里叶变换),通过对上述信号作频谱分析求出频率;二是波群自相关分析法,通过对上述信号作自相关计算,两个方法都可以降低对信号信噪比的要求。

11.4.4 其他激光测速技术

1. 相位多普勒测速技术

激光照射到运动粒子上会产生散射光,相位多普勒 PDA (Phase Doppler Anemometry)是通过分析接收光的多普勒频移以计算出粒子速度,由相位变化可以求得球形粒子的直径。

PDA 原理如图 11-24、图 11-25 所示。随着两个光探测器位置的改变,两束相交光束的反射光光程也不同。当粒子穿过测量体时,两个光探测器接收同频率的多普勒信号,但是由于探测器的位置不同,接收的信号具有一定相位差。因此,几个圆周方向光探测器接收信号有相位差,通过这个相位差可获得粒子直径。利用 PDA 技术可测 0.1 μm 至毫米量级大小的粒子。

LDA 和 PDA 都大多是逐点测量流场速度,在某些瞬变流场的研究上,粒子图像测速技术则可以在瞬间获得整个流场内某一截面的流速分布。

2. 粒子图像测速技术(PIV)

广义上讲,凡是在流体中添加粒子,利用粒子的成像来测量流体速度的方法均称为粒子图像测速技术。流场显示的主要目的是将流场的某些特性进行可视化。

粒子图像测速技术分三步进行:第一步是用两次或多次曝光方法摄取流场的粒子图像;第二步是分析图像并提取速度信息;第三步是显示速度矢量场。

图 11-26 是 PIV 测试系统示意图。激光束经柱面透镜扩展成厚度为 1 mm 至几毫米的片光源,再经球面透镜准直,照射流场的待测区域。用 CCD 摄像机将视场对准待测区域,记录下两次

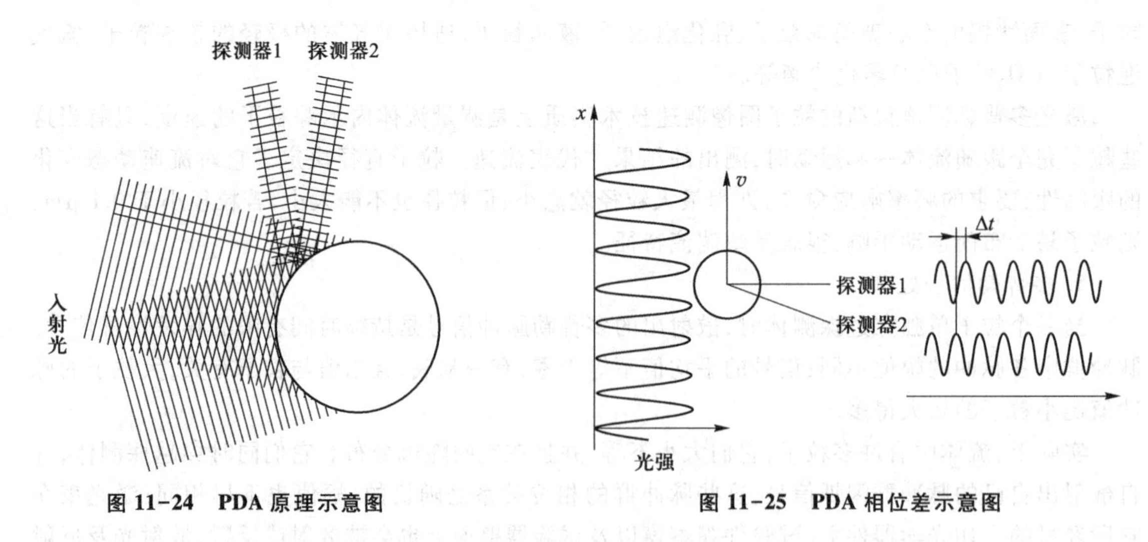

图 11-24　PDA 原理示意图　　　图 11-25　PDA 相位差示意图

脉冲激光曝光时粒子的图像,形成 PIV 图像,再用光学杨氏条纹法或粒子图像等方法处理整个待测区域的 PIV 图像。用计算机图像处理技术先将图像分成许多很小查问区,然后判定该区域中每个粒子的前后位置,以确定粒子的位移和方向。脉冲间隔时间是确定的,每个图像在查问区中包含了大量的小粒子,基于二维自相关或互相关的分析技术,对查问区的粒子数据进行统计,可得测点的速度矢量。对所有区域进行上述判定和统计,就得出整个二维速度场,如图 11-27 所示。

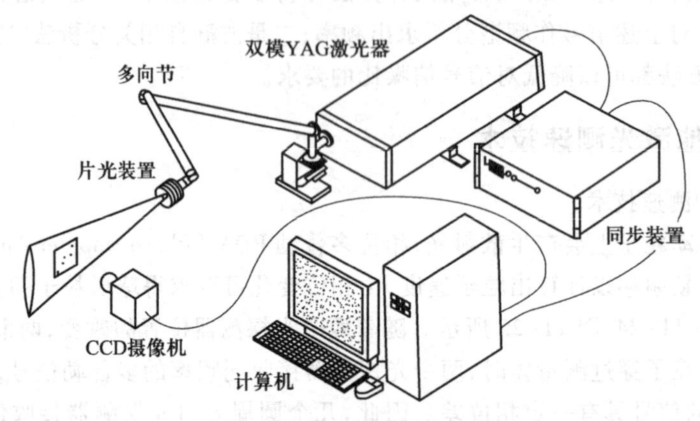

图 11-26　PIV 测试系统示意图

图像测速的技术手段还有激光散斑法、激光诱导荧光法、激光层析干涉法、核磁共振成像和粒子图像测速等。图像测速技术可以在瞬间获得二维乃至三维速度场的信息。

上述内容偏重流速的测量介绍,工程实践中局部流速与流体的流量关系密切,流量包含了更多的宏观特征。

由于被测流体性质和状态的多样性,如流体黏度、密度、温度、压力等参数不同,流体可压缩和不可压缩,流体层流和湍流,管道充满流和非充满流,旋转流与脉动流,以及流体管路条件不同等,因此流量计针对特定的流体及其流动状态和管路的特征,利用许多物理特性(力、电、磁、声、压差等)进行相关的流量测量。目前常用的流量计有利用伯努利方程原理的压差式流量计(如孔板流量计),利用流体流速测量流体流量的速度式流量计(如涡轮流量计)及容

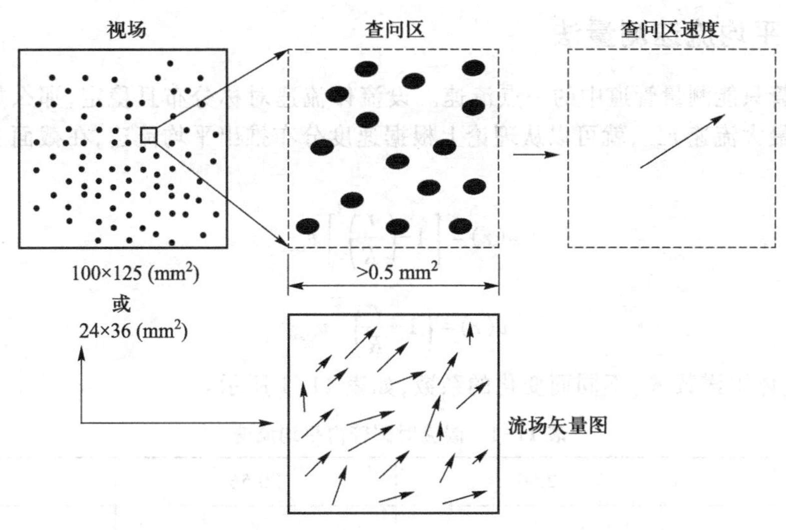

图 11-27　PIV 典型的图像处理过程示意图

积式流量计等。

11.5　流速法测流量

若已知管道截面积 A、流体密度 ρ，只要测出流体在管道截面上的平均速度$\bar{v}$，则流体的体积流量和质量流量为

$$\begin{cases} Q_V = A\,\bar{v} \\ Q_m = A\,\bar{v}\rho \end{cases} \tag{11-15}$$

因此，测速法测流量的关键是怎样求出管道截面上的平均速度$\bar{v}$。

11.5.1　管道流体的速度分布

流体在管道内流动时，由于边界层的影响，靠近管壁流速较低，管中心流速较高。流体的流动状态不同，也将呈现不同的速度分布。图 11-28 为流体稳定流动时平直圆管中层流和湍流时的速度分布，其特点是速度分布对称于管道中心。对于通过测量平均流速而求得流量的方法，稳定的速度分布是得到准确测量值的必要条件。所以安装流量计时，其上、下游需要保证一定长度的直管段。

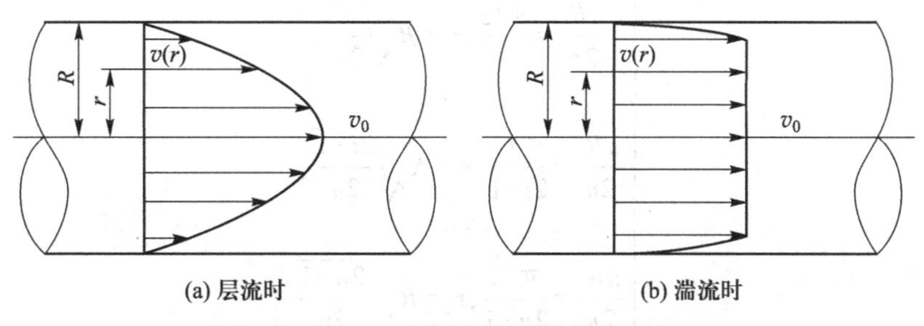

图 11-28　沿圆管径向的速度分布

11.5.2 平均流速测量法

一支毕托管只能测量管道中的一点流速。设流体流速对称分布且稳定,那么如果设法测出管道截面上的最大流速 v_{max},就可以从理论上根据速度分布推出平均流速,在截面上不同位置的速度为

对于层流
$$v(r)=\left[1-\left(\frac{r}{R}\right)^{2}\right]v_{max} \tag{11-16}$$

对于湍流
$$v(r)=\left(1-\frac{r}{R}\right)^{\frac{1}{m}}v_{max} \tag{11-17}$$

式中:m 为随流体雷诺数 Re_d 不同而变化的系数,如表 11-1 所示。

表 11-1 湍流时圆管内平均流速

$Re_d\times10^{-4}$	2.56	20.56	70.00
m	7	8	9

11.5.3 多点平均流速测量中选取特征点的几种方法

在实际场合中,由于种种原因和限制,管道流速分布不对称、不稳定,如发动机进气道前、后就不会有很长的直管段,其截面流动分布不均匀。测量中往往将流通截面均分为几个单元,假定每个部分内流速均一,分别在每个单元测量流速,计算并累积所有单元的流量,可得到整个管道截面的体积流量:

$$Q_V=\frac{A}{n}\sum_{i=1}^{n}v_i \tag{11-18}$$

式中:n 为管道截面划分个数;v_i 为第 i 个特征点处的流速。

测量中需要考虑如何根据流速分布正确地选择特征点的位置,使测量各特征点的流速分布更能接近于实际的流速分布。目前常用的选点方法有等环面法、切比雪夫积分法和对数线性法等。

图 11-29 所示的等环面法是将半径为 R 的圆管分成几个面积相等、半径为 $R_1,R_2,\cdots,R_n$ 的同心圆环(最中间为圆)。在每一个同心圆环的面积等分处设置测点,即特征点的位置。以该点所测的速度值代表整个圆环的平均速度。从圆管中心开始,各特征点离圆心的距离 $r_1,r_2,\cdots,r_n$ 可按下式计算:

$$\begin{cases}\dfrac{\pi R^2}{n}=2\pi r_1^2,r_1=R\sqrt{\dfrac{1}{2n}},\\ \dfrac{\pi R^2}{2n}=\dfrac{\pi r_2^2}{3},r_2=R\sqrt{\dfrac{3}{2n}},\\ \cdots\cdots\\ \dfrac{\pi R^2}{2n}=\dfrac{\pi r_i^2}{2i-1},r_i=R\sqrt{\dfrac{2i-1}{2n}},\\ \cdots\cdots\\ \dfrac{\pi R^2}{2n}=\dfrac{\pi r_n^2}{2n-1},r_n=R\sqrt{\dfrac{2n-1}{2n}}\end{cases} \tag{11-19}$$

等分圆环数 n 要考虑管道直径，管道直径越大，n 也相应越大。如果流速分布是对称和稳定的，那么只要在半径方向以 r_1，r_2，…，r_n 布置测量点。如果是小管径，则在直径上布置测量点，每个圆环就分成 2 个半环面积，整个管道截面共 $2n$ 个特征点。如果是大管径，应该在管道截面互相垂直的直径上布置特征点，即每个圆环上布置 4 个特征点，圆环面积则被分成 4 块小面积，整个管道截面布置 $4n$ 个特征点。

切比雪夫数值积分式是积分的一种近似计算。

用切比雪夫积分法布置测点求流量时，同样将圆环通道等面积分割成 n 等份，但特征点不是取在圆环中点，而是在切比雪夫插值点（表 11-2）。插值点半径为 r_i，则

$$r_i=\sqrt{\frac{R_{外}^2+R_{内}^2}{2}+\frac{R_{外}^2-R_{内}^2}{2}t_i} \tag{11-20}$$

式中：$R_{内}$ 为圆环内径；$R_{外}$ 为圆环外径。（对圆管，$R_{内}=0$。）

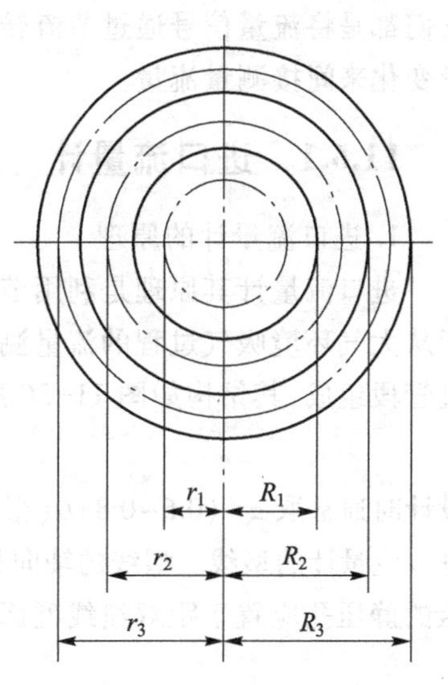

图 11-29 圆形通道等环面布测点

表 11-2 切比雪夫插值点 t_i 值

n	t_1	t_2	t_3	t_4	t_5	t_6	t_7
2	0.577 350	−0.577 350					
3	0.707 107	0	−0.707 107				
4	0.794 654	0.187 592	−0.187 592	−0.794 654			
5	0.832 497	0.374 541	0	−0.374 541	−0.832 497		
6	0.866 247	0.422 519	0.266 635	−0.266 635	−0.422 519	−0.866 247	
7	0.883 862	0.529 657	0.323 919	0	−0.323 919	−0.529 657	−0.883 862

体积流量与各个圆环单元流量有关：

$$Q_V=\frac{A}{n}\sum_{i=1}v(r_i) \tag{11-21}$$

对数线性法也是将管道截面分成 n 个等面积环（中间为圆）。选择特征点的原则是把各个环面上的平均速度看作是该环面上各特征点处测得速度的算术平均值。而整个截面上的平均速度就等于各环面平均速度的算术平均值。在半径方向的特征点位置是以对数间距分布，近管壁处有边界层，速度梯度大，所以近壁面测量间距小，近管道中心间距大。

选取特征点是场测量的概念，不仅可用于测流量，还可以用来测量截面上其他平均参数，如温度、压力等。

11.6 压差法测流量

压差式流量测量方法是一种广泛应用的方法。这类流量计有进口流量计、节流式流量计等。

它们都是将流量信号通过节流转变成压差信号,通过测量差压,或测量由于压差引起的某些物理量变化来间接测量流量。

11.6.1 进口流量计

1. 进口流量计的原理

进口流量计其原理是利用节流压差与流量的关系进行测量。其结构简单、压力损失小,适用于从大气环境吸气过程的流量测量。该流量计进口通常由一段双纽线曲面形成的喇叭口和一段直管段组成,其结构如图 11-30 所示。双纽线极坐标方程为

$$r=a\sqrt{\cos 2\theta} \tag{11-22}$$

设计时通常取 $a=(0.6\sim0.8)D$(根据被测流量及所控制的压差通过计算决定),$\theta=0\sim45°$这段曲线为进口流量计的型线。型线的轴向长度 $L=(0.7\sim0.9)D$,型线的最大外径 $D'=(1.85\sim2.13)D$,测量静压的静压孔应置于距双纽线型面段出口 0.25D 处,总压即当地大气压。

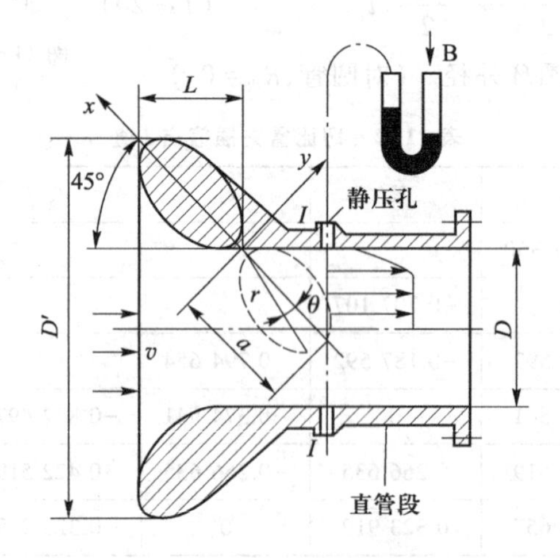

图 11-30 双纽线进口流量计

空气从大气被吸入进口流量计,由于流体黏性作用而在壁面出现边界层,在型面段出口处形成了如图 11-30 所示的速度分布,即在通道截面的中心有一个核心区,核心区中气流的速度均匀分布;而在靠近壁面的边界层中,则气流的速度急剧降低。

如果不考虑边界层,有效流通截面近似等于通道几何截面,因为气流的滞止压力 p_0就是大气压,气流的滞止温度就是大气温度,截面积为已知,再在直管段 I - I 截面开孔测出静压 p,若忽略温度对密度的影响,从动压可求出平均流速 $\bar{v}$,则体积流量为

$$Q_V=A\bar{v}=A\sqrt{2(p_0-p)/\rho} \tag{11-23}$$

2. 流量计算的修正

由于边界层的存在,精确流量测量需要对此进行修正,即对直管段有效流通直径作修正,相当于流通管径由 D 减小为$(D-2\delta^*)$,δ^*为边界层厚度,修正后的直管段截面积为

$$A_c=\frac{\pi}{4}(D-2\delta^*)^2=\frac{\pi}{4}D^2\left(1-\frac{2\delta^*}{D}\right)^2 \tag{11-24}$$

令流量系数 $a=\left(1-\frac{2\delta^*}{D}\right)^2$，质量流量为

$$Q_m=aA\rho\bar{v} \tag{11-25}$$

边界层厚度 δ^* 越小，流量系数也就越接近于1。边界层厚度 δ^* 可以通过理论计算，也可通过试验确定。

11.6.2 节流式流量计

节流式流量计通常由节流装置和显示流量的压差计组成，节流装置能将流体流量转换成差压信号。其特点是结构简单、安装方便、工作可靠，具有满足工程测量的准确度。节流流量计在工程测量中应用广泛，具有丰富、可靠的参考数据，设计加工已经标准化。只要按标准设计加工的节流式流量计，不需要进行实际标定，也能在已知的不确定度范围内进行流量测量。

使用标准节流装置时，流体的性质和状态必须满足以下条件：流体必须连续地流经以及充满管道和节流装置，流体流经节流元件时不发生相变，流体流量不随时间变化或变化缓慢，流经节流元件的流体流束是平行于管道轴线的无旋流，节流元件前、后要有足够长的直管段。

1. 节流装置

节流装置包括改变流束截面的节流元件，取压装置和前、后过渡管道，是当流体流经节流元件时在节流元件前后产生一压力差，通过取压装置将压差信号传送到压差计确定流量。

节流装置中所用的节流元件形式很多。其中标准孔板、标准喷嘴、文丘里喷嘴、文丘里管是最常见的几种形式，如图11-31所示。

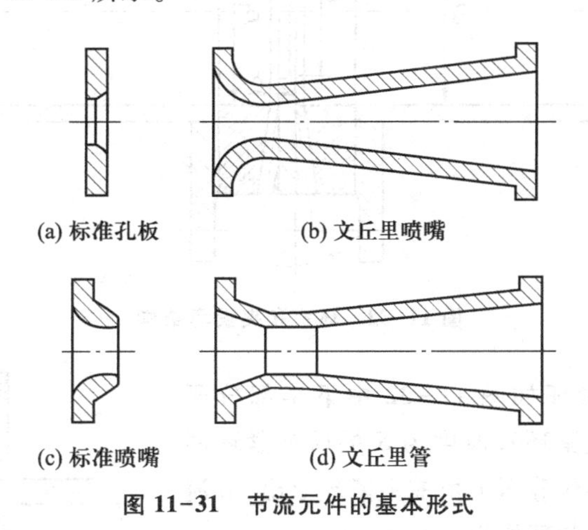

图11-31 节流元件的基本形式

标准孔板是具有圆形开孔、与管道同心、直角入口边缘锐利的薄圆板。用于不同管道内径的标准孔板，结构形式基本相同。

标准喷嘴由两个圆弧曲面阀构成的入口收缩部分和与之相接的圆筒形喉部组成。它是一个以管道喉部开孔轴线为中心线的旋转对称体。用于不同管道内径的标准喷嘴，其结构形式是几何相似的。

文丘里喷嘴由廓形修圆的收敛部分、喉部及扩散段组成。

文丘里管一般由圆锥收敛段、喉部及扩散段组成。

四种节流元件各有特点：标准孔板构造最简单，安装容易，但压力损失大，精度稍差；标准喷嘴流量系数较大，压力损失比标准孔板小，精度比标准孔板高，可测量温度和压力较高的气体流量，但价格较标准孔板高，制造较复杂，仅限于中等口径；文丘里管流体阻力最小，但结构、加工和安装都较复杂；文丘里喷嘴是介于标准喷嘴和文丘里管之间的节流元件，压力损失比标准喷嘴低。

节流元件各部分尺寸有严格的要求，尺寸误差将给流量测量带来明显的误差。

标准节流元件不适用于脉动流和临界流的测量。

2. 取压装置

国家标准中规定了两种取压装置，即角接取压装置和法兰取压装置，角接取压装置适用于标准孔板和标准喷嘴，法兰取压仅用于标准孔板。

角接取压装置可以采用环室或夹紧环（单独钻孔）取得节流元件前、后的压差，如图 11-32 所示。环室取压的环室结构如图 11-32 中上半部分所示，由前、后环室两部分组成。孔板上游侧静压力由前环室取出，孔板下游侧静压力由后环室取出。环室通常是沿圆周连续的，也可以是断续并均匀分布不少于四个断续缝隙与管道相通，每个断续环隙面积不小于 12 mm^2。

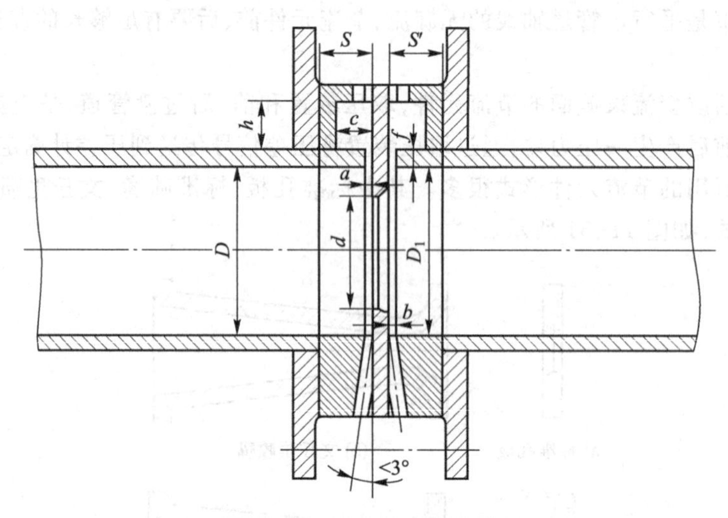

图 11-32 环室和夹紧环结构

单独钻孔取压的夹紧环如图 11-32 中下半部分所示。它有厚度为 S 的前夹紧环和厚度为 S' 的后夹紧环两部分组成。节流元件上游侧静压力由前夹紧环取出，节流元件下游侧静压力由后夹紧环取出。

以上两种取压方式对部分尺寸有严格要求。法兰取压装置由两个带取压孔的取压法兰组成，如图 11-33 所示。两个取压孔垂直于管道轴线，而且 $S=S'=(25.4\pm0.8)$ mm。上、下游取压孔直径 b 相同，且 $b\leqslant0.08D$，实际尺寸应为 6~12 mm。

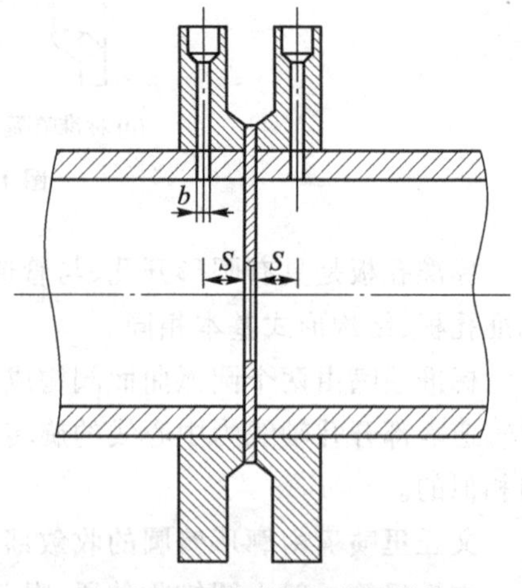

图 11-33 法兰取压装置结构

3. 节流原理

被测介质流经各种节流装置时，其流速和压力分布特性是类似的。以图 11-34 所示为例，图中 Ⅰ-Ⅰ 截面是流束收缩前的截面，Ⅱ-Ⅱ 截面是流束收缩至最小的截面，Ⅲ-Ⅲ 截面是流束充分恢复后的截面。

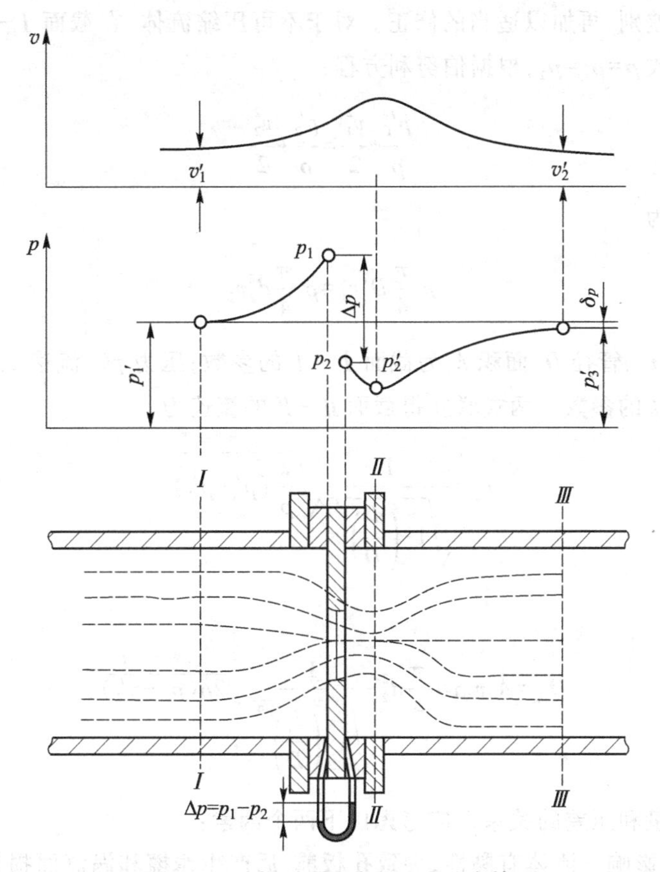

图 11-34　孔板附近流束及压力分布情况

当连续流动的流体流经 Ⅰ-Ⅰ 截面时，流体的压力为 p_1、流速为 v_1，流体在流经管道截面积小的节流元件时，流速升高，但由于节流元件的阻挡导致部分动压转换为静压，节流元件入口端面近管壁的流体静压力 p_1 反而升高，明显高于管道中心处的静压力，$p_1>p'_2$，形成节流元件入口端面处的径向压差，这一径向压差使节流处湍动和过程不可逆性加强。孔板出口端面处因流速升高，静压降低为 p_2。此外，由于流体运动的惯性，流束收缩最厉害（即流束最小截面）的位置不在节流孔中，而是位于节流孔之后的 Ⅱ-Ⅱ 截面，这个截面的位置随流体的性质及流量的大小变化而变化，由于流体是保持连续流动状态，因此在流束最小截面处，流体流速最大，而静压力最低。

综合上述特征，孔板前、后端面存在静压差 $\Delta p=p_2-p_1$。流量与 Δp 有对应的关系，流量越大，Δp 越大，可以通过测量压差来确定流量的大小。

流体流过 Ⅱ-Ⅱ 截面后，流束开始扩张，流速逐渐降低，静压逐渐恢复。由于克服摩擦阻力和消耗于节流元件区域形成的旋涡等能量损失，压力不能恢复到原来的压力值 p'_1，在 Ⅲ-Ⅲ 截面压力为 p'_3，存在压力损失 $\delta_p=p'_1-p'_3$。δ_p 受节流程度影响，随 $\beta=d/D$ 的减小而增大；δ_p 也与节流元件形成过程特性相关，同等条件下，孔板的 δ_p 大于喷嘴的 δ_p，文丘里管的 δ_p 较小。δ_p 可由实验方法求得，也可按经验公式估算。

4. 流量基本方程

首先假定节流流动的是不可压缩的无黏性流体，分析其流量基本方程式，然后考虑实际流动与理想流动之间的差别，再加以适当的修正。对于不可压缩流体，在截面 $I-I$ 和截面 $II-II$ 密度 ρ 可认为是一常数 $\rho=\rho_1=\rho_2$，根据伯努利方程：

$$\frac{p'_1}{\rho}+\frac{v_1^2}{2}=\frac{p'_2}{\rho}+\frac{v_2^2}{2} \tag{11-26}$$

流体连续流动方程为

$$\rho\frac{\pi}{4}D^2v_1=\rho\frac{\pi}{4}d_2^2v_2 \tag{11-27}$$

式中：压力 p'_1、流速 v_1、管径 D、面积 A_1为截面 $I-I$ 的参数；压力 p'_2、流速 v_2、最小流束直径 d_2、面积 A_2为截面 $II-II$ 的参数。两式联立得截面 $II-II$ 的流速为

$$v_2=\frac{1}{\sqrt{1-\left(\frac{d_2}{D}\right)^4}}\sqrt{\frac{2}{\rho}(p'_1-p'_2)} \tag{11-28}$$

质量流量为

$$Q_m=A_2v_2\rho=\frac{\pi}{4}d_2^2\frac{1}{\sqrt{1-\left(\frac{d_2}{D}\right)^4}}\sqrt{2\rho(p'_1-p'_2)} \tag{11-29}$$

实际流动中流量和压差的关系还应考虑以下两个因素：

1）流体黏性的影响　流体有黏性，导致孔板前、后产生摩擦和涡流而损失一部分动能，因而实际 v_2 低于理想值。

2）取压位置的影响　最小流束截面 $II-II$ 的位置与流体物性及节流口即孔板喉部尺寸有关，测量难以准确得到最小截面压力 p'_2，只能得到固定取压位置处的压力差 $\Delta p=p_1-p_2$。

在对式(11-29)修正时，用节流元件开孔面积 A_0和直径 d 代替 A_2、d_2，令收缩系数 $\mu=\frac{A_2}{A_0}=\frac{d_2^2}{d^2}$，就有

$$Q_m=\frac{\pi}{4}\mu d^2\frac{1}{\sqrt{1-\mu^2\left(\frac{d}{D}\right)^4}}\sqrt{2\rho(p'_1-p'_2)} \tag{11-30}$$

令 $\beta=d/D$ 为节流孔与管道的直径比，压力修正系数 $\xi(p_1-p_2)=(p'_1-p'_2)$，则有

$$Q_m=A_0\frac{\mu\sqrt{\xi}}{\sqrt{1-\mu^2\beta^4}}\sqrt{2\rho(p_1-p_2)}=A_0\alpha\sqrt{2\rho(p_1-p_2)} \tag{11-31}$$

式中：$\frac{\mu\sqrt{\xi}}{\sqrt{1-\mu^2\beta^4}}=\alpha$，为流量系数。

对可压缩流体，密度 $\rho_1\neq\rho_2$，若选定节流元件前的流体密度 ρ_1 作为特征参数，计算中引入一个流束的膨胀系数 ε，对不可压缩流体，$\varepsilon=1$。

$$Q_m=A_0\alpha\varepsilon\sqrt{2\rho_1(p_1-p_2)} \tag{11-32}$$

5. 流量方程中 α、β 的确定

在流量方程中，α、β 通常由实验确定，确定之后即可用于算得流量。例如 α 与节流元件的形式、取压方式、节流装置开孔直径和管道直径以及流体的流动状态因素有关，通常通过实验求得。校核实验中，用密度为 ρ 的不可压缩流体流过开孔直径为 d 的节流元件，实测流量 Q_m 和 Δp 后求得

$$\alpha=\frac{Q_m}{\frac{\pi}{4}d^2\sqrt{2\rho\Delta p}} \tag{11-33}$$

对于一定类型的节流元件和一定的取压方式，实验是用光滑管道，因此国家标准将 α 分解成光滑管道流量系数 α_0 和管道粗糙度修正系数 γ_{Ra} 的乘积（法兰取压外），即

$$\alpha=\alpha_0\gamma_{Ra} \tag{11-34}$$

对于一定的节流装置，α_0 是孔径比 β 和雷诺数的函数，可以通过专业手册查取。此外，可压缩流体流束膨胀系数 $\varepsilon=f\left(\frac{\Delta p}{p_1},\beta,\kappa\right)$，这里 κ 是绝热指数。

11.6.3 转子流量计

转子流量计又称浮子流量计，其结构示意如图 11-35 所示，由一个自下向上扩大的竖直锥管和一个置于锥形管中并可沿锥管的轴向自由移动的浮子组成，可以直接从刻度上读出被测流量值。转子流量计结构简单，使用维护方便，测量范围大，可用于气体和液体的流量测量，准确度受流体黏度、密度及安装垂直度等因素的影响。

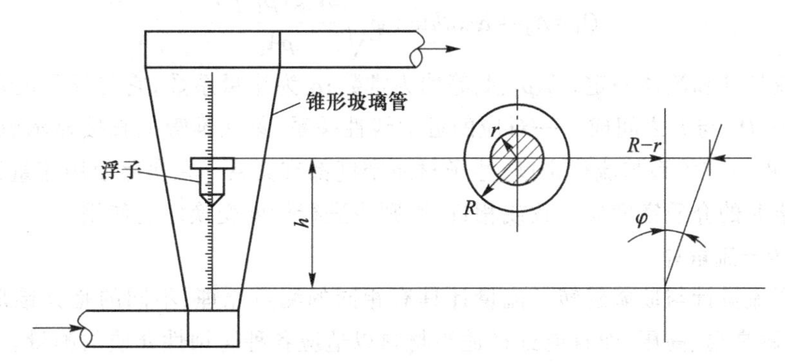

图 11-35 转子流量计示意图

按锥管制造材料不同，转子流量计可分为玻璃管转子流量计和金属管转子流量计两大类。

1. 测量原理

当被测流体自下而上地流过流量计时,浮子上、下由于节流作用产生压差,该压差也提供了浮子的上升力,当压差影响大于浮子的重力与流体浮力的差值时,浮子开始上升。随着浮子的上升,浮子最大外径与锥管之间的环形面积(流通面积)的增大,作用在浮子上的上升力减小,直至浮子平衡在某一高度上,流量越大,浮子的平衡位置越高,即浮子在锥管内的平衡位置与被测介质流量对应。所以浮子流量计就可以利用浮子平衡位置的高低直接在锥形管上刻画流量值刻度。

当流体在某一位置平衡时,作用在浮子上的两个力 F_1、F_2 平衡。流体作用在浮子上的力 F_1 为压差 Δp 与浮子最大截面积 A_f 的乘积,即

$$F_1 = \Delta p A_f = \frac{\rho v^2}{2} A_f \tag{11-35}$$

浮子本身重力作用产生向下的力 F_2 为浮子重力与被测流体对浮子的浮力之差:

$$F_2 = \rho_f g V_f - \rho g V_f = V_f g(\rho_f - \rho) \tag{11-36}$$

式中:V_f 为浮子体积;ρ_f 为浮子材料密度;ρ 为被测流体密度。

浮子在某一位置平衡时,有

$$v = \sqrt{\frac{2V_f g(\rho_f - \rho)}{\rho A_f}} \tag{11-37}$$

可见不论浮子停留在什么位置,流体流过 A_0 的平均速度是一常数,所以这里的体积流量与流通环形面积成正比,即

$$\begin{aligned} A_0 &= \pi(R^2 - r^2) = \pi(R+r)(R-r) = \pi(2r + h\tan\varphi)h\tan\varphi \\ &= \pi(dh\tan\varphi + h^2\tan^2\varphi) \\ &= \pi dh\tan\varphi \quad (\text{忽略 } \tan^2\varphi) \end{aligned} \tag{11-38}$$

式中:R 为锥形管半径;r 为浮子最大半径;d 为浮子最大直径;φ 为锥管锥角;h 为浮子上升的位置高度。则体积流量方程:

$$Q_V = A_0 v = \alpha \pi dh\tan\varphi \sqrt{\frac{2V_f g(\rho_f - \rho)}{\rho A_f}} \tag{11-39}$$

只要转子流量计和流体一定,V_f、ρ_f、A_0 等均为常数;α 为流量系数,它与浮子的形状以及被测介质的黏度有关,Q_V 与 h 之间成一一对应的近似线性关系,刻在锥管上直接显示流量。显然,流量 Q_V 与高度 h 的对应关系与流体密度、浮子材质密度都有关系。在实际使用流量计时所测量的介质密度与标定时的介质密度应一致或相近,否则应进行标度变换才能使用。

2. 金属管转子流量计

金属管转子流量计与玻璃管转子流量计具有相同的测量原理,不同的是其锥形管由金属制成,这样不仅能耐高温、高压,而且能选择适当材料以适应各种腐蚀性介质的测量。

由于金属管不透明,不能直观地确定浮子的位置,一般靠磁耦合方式把浮子的位置信号传递出去。

金属管转子流量计可分为就地指示、电远传和气远传三种形式。气远传转子流量计是用 0.2~1.0 MPa 的气压信号作为远传信号,由于输出为标准气压信号,所以适用易爆的工艺流程,

并可与气动单元组合仪表配套进行流量控制和测量。

11.7 涡轮流量计

涡轮流量计由磁电式涡轮流量传感器和接收电脉冲信号的流量积算仪组成,可实现瞬时流量和累积流量的测量。涡轮流量计用于测量封闭式管道中低黏度流体(液体和气体)的体积流量或累积量,准确度可达0.2%~1%。由于磁电式传感器输出信号较弱,为了使用方便和避免信号传输过程中失真,常把前置放大器和传感器组件装在一起成为一体式结构,实现信号可靠远传。

1. 涡轮流量计的工作原理

如图11-36所示,涡轮流量计是一种速度式流量计。壳体中装有由导磁不锈钢制成的涡轮,与涡轮外壳上绕有线圈的永久磁铁组成磁电传感器,磁电传感器输出的信号经前置放大器输出到显示仪表。

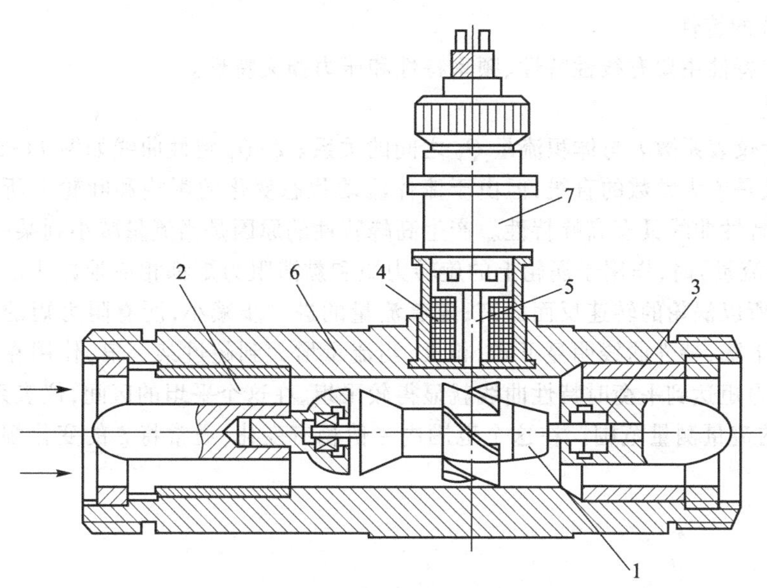

1—涡轮;2—导流器;3—轴承;4—感应线圈;5—永久磁铁;6—壳体;7—前置放大器

图11-36 涡轮流量计结构图

当被测流体进入流量计后,流经导流器后到达涡轮,涡轮受流体作用而旋转。当涡轮叶片处在永久磁铁下方时,磁电传感器中磁路的磁阻最小,因而线圈的磁通量会发生周期性的变化,感应电动势的频率与涡轮转速成正比,涡轮的转速与流过流体的流量成正比。累计一段时间的总脉冲数即可得到积算流量或某时段的平均流量。

2. 流量关系式

推动涡轮转动的主动力矩M_d来自流动的被测介质,而作用于涡轮的阻力矩有轴承中的机械摩擦力矩M_f、磁电感应传感器的电磁阻力矩M_g以及流体黏性对叶片的摩擦力矩M_j,即

$$M_d = M_f + M_g + M_j \tag{11-40}$$

根据图 11-37，叶轮的圆周速度 u 与流体平均流速 v，以及叶轮平均半径处叶片与叶轮轴线的夹角 β 的关系：

$$v=\frac{u}{\tan\beta} \tag{11-41}$$

叶轮的圆周速度 u 与测量的涡轮转速 n 相关，它与脉冲频率 f 存在如下关系：

$$f=nz \tag{11-42}$$

式中：z 为涡轮叶片数，若 A 为涡轮通道的流通面积，经过流量计的体积流量为

$$Q_V=vA=\frac{2\pi rA}{z\tan\beta}f \tag{11-43}$$

令仪表系数 $\xi=\frac{z\tan\beta}{2\pi rA}$，其物理意义是流体流过涡轮传感器时单位体积流量所对应的脉冲数，可通过校核确定。则有

$$Q_V=\frac{f}{\xi} \tag{11-44}$$

3. 涡轮流量计的特性

涡轮流量计的特性主要有线性特性、频率特性和压力损失特性。

（1）线性特性

线性特性表示仪表系数 ξ 与体积流量 Q_V 之间的关系。$\xi-Q_V$ 特性曲线如图 11-38 所示。理想的线性特性曲线是 ξ 为常数的直线，但由于流体流动状态变化的影响和叶轮上所受阻力矩作用的结果，实际的特性曲线具有高峰特性。产生高峰特性的原因是当流量减小到某一数值（通常为 20%～30%上限流量）时，作用于涡轮上的旋转力矩和黏滞阻力矩都相应地减小。但因黏滞阻力矩减小更显著，所以涡轮的转速反而提高；随着流量的进一步减小，所有阻力矩的影响相对突出，涡轮转速快速下降，特性曲线明显下降；相反，当流量增大到超过某一值，作用在涡轮上的旋转力矩增大，与阻力矩达到平衡时特性曲线就显得较平坦，在这个平坦的区间，仪表系数为常数，也就是该流量计的流量测量范围。在这个范围内 ξ 值稍有变化，通常将 ξ 的变化幅度作为流量计的测量准确度。

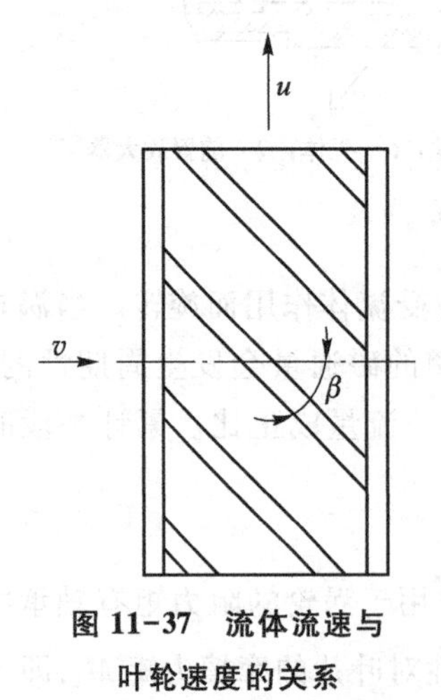

图 11-37　流体流速与叶轮速度的关系

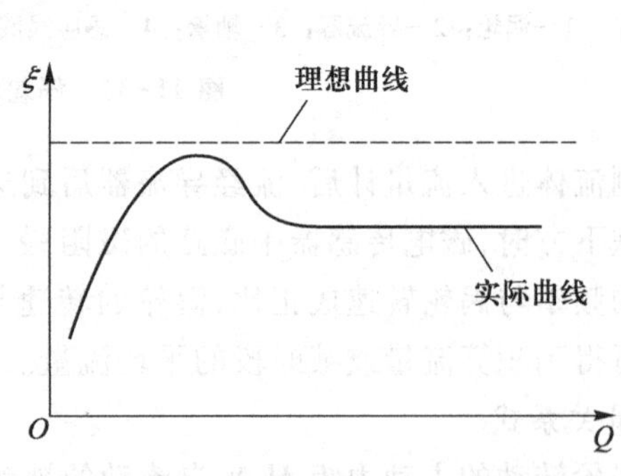

图 11-38　涡轮流量计 ξ-Q 特性曲线

(2) 频率特性

理想的输出信号频率f与体积流量Q_V之间的曲线应是通过坐标原点的一条直线。但实际的仪表系数ξ随流量大小有所变化,故由实测得到的脉冲f与体积流量Q_V的拟合曲线偏离理想的f-Q_V曲线。在小流量时,作用在涡轮的阻力矩突出,如轴承摩擦阻力矩,电磁阻力矩等,对频率特性线性度影响明显。

(3) 压力损失特性

涡轮流量计的压力损失随流量的增加而增大,涡轮流量计的压力损失主要来自机械摩擦损耗和流体黏性耗散。涡轮本体对流体动能产生的机械阻力将引起一部分压力损失,流量越大,涡轮的转速就越高,产生的机械阻力和压力损失就越大;另外,流体的黏滞阻力也会引起压力的损失,流体的黏度越大,速度越高,产生的黏滞阻力越大;仪表的几何尺寸和局部结构也与压力损失有关。

11.8 电磁流量计

电磁流量计由变送器和转换器组成,用来测量导电流体的流量,广泛应用于各种导电流体如酸、碱、盐等腐蚀液体、工业污水、纸浆、泥浆等流量测量。

1. 测量原理

根据法拉第电磁感应定律,导体在磁场中运动切割磁力线时,在导体的两端即产生感生电动势e,其方向由右手定则确定,其大小与磁场的磁感应强度B、导体在磁场内的长度L及导体的运动速度成正比。

如图11-39所示,在磁感应强度为B的均匀磁场中,垂直于磁场方向放置一个内径为D的不导磁管道,管道一截面垂直于磁场直径D的两端安装一对电极,当导电液体在管道中以流速v流动时,导电流体就像导体一样切割磁力线。只要管道内流速分布为轴对称分布,两电极之间也将产生感生电动势,为

$$e=BD\bar{v} \tag{11-45}$$

式中:$\bar{v}$为管道截面上流体的平均流速。

由此可得流过管道的体积流量为

$$Q_V=\frac{\pi D^2}{4}\bar{v}=\frac{\pi D}{4}\frac{e}{B} \tag{11-46}$$

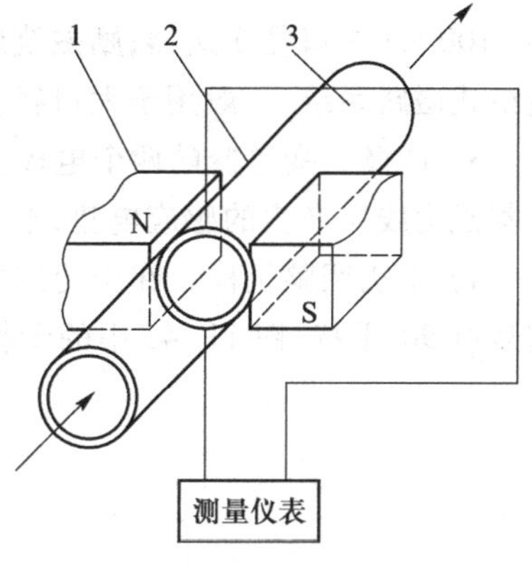

1—磁极;2—电极;3—管道

图11-39 电磁流量计原理图

体积流量Q_V与感生电动势e和管道内径D成线性关系,与磁感应强度B成反比。要使式(11-46)严格成立,测量必须满足下列条件:磁场是均匀分布的恒定磁场;被测流体的流速轴对称分布;被测流体是非磁性的;被测液体的电导率均匀且各向同性。

2. 励磁方式

根据测量原理须有一个均匀恒定的磁场,其中磁场的产生方式有三种:直流励磁、交流励磁和低频方波励磁。

1）直流励磁。直流励磁方式是用直流电或永久磁铁产生一个恒定的均匀磁场。其最大优点是受交流电磁场干扰影响小，液体中自感影响可以忽略不计，但直流励磁易使管内的电解质液体被极化，导致电极被异向离子包围，电极间内阻增大，影响仪表测量准确度。

2）交流励磁。交流励磁一般采用工频正弦交变电流产生一个交变磁场。其优点是能消除电极表面极化作用，降低传感器内阻，输出信号是交流信号，放大和转换比直流容易。但也会带来例如90°干扰、同相干扰等问题。交流磁场的励磁电流的角频率ω，磁感应强度$B=B_m\sin\omega t$，被测体积流量为

$$Q_V=\frac{\pi}{4}D\frac{e}{B_m\sin\omega t}\tag{11-47}$$

3）低频方波励磁。直流励磁方式和交流励磁方式各有优缺点，低频方波励磁方式可一定程度兼顾它们的优点，励磁波形如图11-40所示，其频率通常为工频的1/4～1/10。在半个周期内，磁场是恒定的直流磁场，受电磁干扰影响小；交变励磁信号能克服直流励磁易产生的极化现象。因此，低频方波励磁方式目前在电磁流量计上广泛应用。

3. 电磁流量计结构和特点

结构上，电磁流量计包含了电磁流量变送器和转换器，变送器由以下几部分组成：

1）测量管。测量管处于变送器的中心位置，是由非导磁材料制成（如不锈钢、铝合金等）的直管。为了减小涡电流，一般选用高电阻率材料。在管壁上有一层完整的绝缘衬里，衬里材料具有耐腐蚀、耐磨损、耐高温等性能，如聚四氟乙烯、耐酸橡胶等。

2）励磁系统。交变磁场的励磁绕组一般有三种磁路结构：由硅钢片叠成的铁心和励磁绕组组成的变压器式磁路系统，常用于15 mm以下小口径变送器；励磁线圈制成两只无骨架的马鞍形线圈，夹持在变送器测量导管上下，绕组外围加有若干层硅钢片叠成的磁轭，一般用于25～100 mm中口径变送器；励磁绕组分成多段，每段按余弦函数分布于测量导管表面，组成分段绕组式磁路系统，一般用于大口径变送器。

3）电极。变送器的两个电极安装在与磁场垂直的测量管的相对两侧管壁上，引出被测介质切割磁力线所产生的感应电势，电极用不导磁、耐磨、耐腐蚀的金属材料制成。

4）干扰调整机构。在交变磁场中，测量回路感应电动势e与流量信号同步，而相位与流量信号有90°干扰，图11-41中的干扰调整机构可以通过调节电位器消减这种干扰影响。

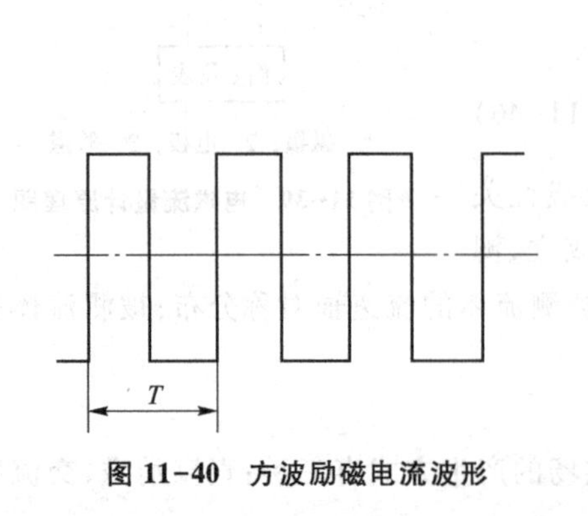

图11-40 方波励磁电流波形

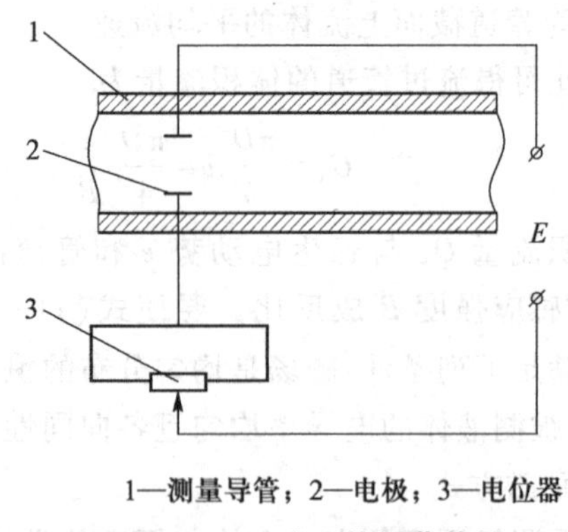

1—测量导管；2—电极；3—电位器

图11-41 正交干扰调节装置

转换器是将从变送器来的与体积流量成正比的微弱交流毫伏信号转换为电动单元组合仪表统一的 0~10 mA 直流信号或 0~10 kHz 频率信号，供指示、记录、调节、控制和积算仪表使用。

电磁流量计的压力损失小，使用寿命长，管内没有阻碍流体流动的节流部件；不受被测介质的温度、黏度、密度等参数影响，不需对不同流体进行参数修正；电磁流量计是一种体积流量测量仪表，量程范围宽，线性好，无机械惯性，反应灵敏，可转换成标准信号，可就地指示，也可远传。但是电磁流量计不能测气体、蒸汽和磁导率低的液体介质，对石油制品或有机溶液等还无能为力；受衬里材料影响，不能测高温高压流体的流量。

11.9 流量计的校准和标定

为了保证流量计测量精度，流量计出厂前需要按规定进行标定，给出流量系数或标定曲线；使用过程中，流量计除了严格按操作规程进行操作并注意正确安装、加强维护管理外，还需要定期进行标定。

流量计的标定根据国家计量局颁布的各种流量计检定规程进行。

1. 流量计标定周期

流量计使用过程中，一般每年需要重新标定调整一次，或按使用说明书确定标定周期。如遇下列情况亦应重新进行标定：长期搁置的流量计重新投入使用；对测量值产生怀疑；流量计经过拆卸检修；需要重新调整以获得较高测量精度；被测介质的物性发生重大变化。

2. 流量计的标定方法

液体流量计标定方法有容积法、质量法以及标准流量计法。

容积法是通过计量一段时间内稳定流过的液体体积，以求得平均流量。标定时用泵从贮液容器中抽出的试验流体通过被校流量计后，进入标准容量器，通过容积刻度得到一定时间内进入标准容器的流体体积，从而获得平均体积流量，将其与被校流量计的示值进行对比，可校准流量计。

质量法与容积法类似，不同之处是通过称量在一段测量时间内流入容器的流体质量以求得平均质量流量，同时测定流体的温度值，用于计算在该温度下的流体密度，计量的平均制冷流量可换算为体积流量，用于同被校流量计的示值进行对比校准。

标准流量计对比法是将被校流量计和标准流量计串联在试验的管道上，通过比较二者的测量值得到偏差。标准流量计的精度需比被校流量计的精度高 2~3 倍。

气体流量计标定方法主要是声速喷嘴法。

声速文丘里喷嘴作为气体标准件，有如下优点：结构简单，使用方便，精度高，可信度高；能标定各种气体流量计，既可高压进行，又可常压进行，甚至可以负压进行；可用于流速高的气体流量标定。

声速文丘里喷嘴是一种缩放喷管结构，前部是孔径逐渐缩小的喷嘴。最小孔径的流通部分称为喷嘴的喉部。喉部后面是孔径逐渐扩大的圆锥形通道，称为扩压管。

当气流处于亚声速时，喉部的气流速度（流量）将随节流压力比（即出口压力 p_2与上游滞止压力 p_0之比）的减小而增大。当节流压力比小到临界压力比时，喉部流速达到当地声速，当地声速与喉部的温度等状态有关。此时，如果 p_0不变，再减小 p_2，只要出口气流的压力比低于临界压力比，流速（流量）将保持不变，即喉部流速达到当地声速。根据热力学关系以及边界层理论，可导出声速文丘里喷嘴流量公式。

声速文丘里喷嘴气体标定装置分高压法和常压法两种。

以常压法标定装置标定气体流量计为例，常压法标定装置以稳定的环境大气为压力源，整个装置由前直管段、被标定气体流量计、声速文丘里喷嘴、流量选择阀、稳压容器和真空泵组成，再配上温度计、压力计、大气压力计、相对湿度计和数据采集系统等。

标定气体流量计时，设定好流量标定点，及其每个标定点的流量大小、标定次数和标定时间，然后起动真空泵，气流流入被标定气体流量计，经声速文丘里喷嘴和稳压容器，由真空泵再入大气。匹配流量选择阀和声速文丘里喷嘴，调整该标定点的标准流量，进行逐点标定。

思考题与练习题

11-1 在节流元件前、后流体压差测量中，采用图 11-42 所示的 U 形管测量，气体流过节流元件后的压力降 h 为 500 mmH_2O，相当于多少 Pa？U 形管内的流体如果是水银，其液柱高度为多少 mm？若被测流体是水，而 U 形管中不允许使用水银，请给出一种压差测量方案。

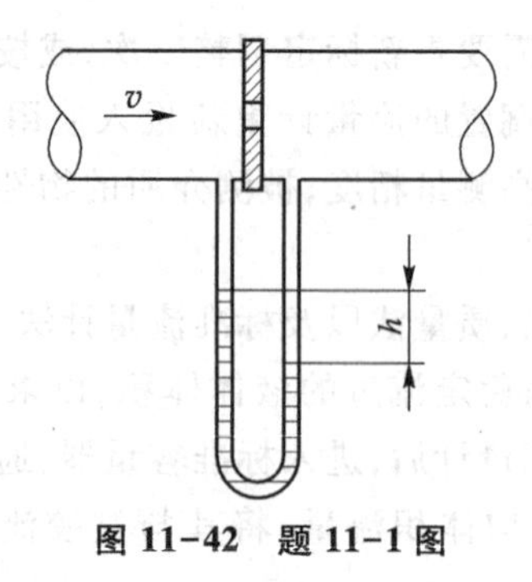

图 11-42 题 11-1 图

11-2 水以 1.47 m/s 的速度流动，用毕托管和装有密度为 1.25 g/cm^3 液体的 U 形管压力计来测量，估算压力计中液体的高度差。

11-3 在一次风洞实验中，已知环境温度和气流温度为 28 ℃，环境大气压强为 121.2 kPa，动压头为 200 mm H_2O。试计算风洞中的气流速度。

11-4 由毕托管和 U 形管组成的测试装置在风洞实验中测得动压为 19.72 kPa，绝对静压为 100 kPa，空气流的温度为 15.1 ℃。设空气为不可压缩，试估算其速度。

11-5 如何对三孔探针进行标定？

11-6 热线风速仪有哪些工作方式？影响热线风速测量精度的因素有哪些？

11-7 激光测速技术中，示踪粒子的作用是什么？如何选择示踪粒子？

11-8 激光多普勒测速仪（LDA）和相位多普勒测速仪（PDA）各自的主要特点和主要区别是什么？

11-9 粒子图像测速仪（PIV）的主要特点是什么？它与激光多普勒测速仪在应用上有哪些主要区别？

11-10 为什么测量流量时，一般都要求在流量计的上、下游两侧设置一定长度的直管段？采用测速法测流量时，为什么要了解截面的速度分布？

11-11 用毕托管测量直径为 600 mm 管道内的空气流速时，假定将管道截面分成五个等截面环（$n=5$），则测点到管壁的距离是多少？

11-12 节流装置的取压方式共有几种？各有哪些特点？

11-13 试述玻璃管转子流量计的工作原理。转子流量计为什么必须垂直安装？

11-14 某台转子流量计的测量范围为 50~150 L/h，经检定，该流量计最大绝对示值误差为 0.6 L/h，试确定这台流量计的量程允许基本误差和准确度等级。

11-15 涡轮流量计为什么要规定最小使用流量值？

11-16 使用电磁流量计测量时为什么要求被测流体有导电性？如果流体导磁会有什么后果？

第 12 章　噪声测量

12.1　噪声及其物理度量

12.1.1　声波与噪声

声波是在连续介质中传递的机械波,在流体介质中声波表现为压缩波即纵波的特征;在固体介质中,因为存在切应力,声波兼具纵波和横波的特征。声波具有波动特性,传播过程中遇到物体会发生反射、折射、衍射和干涉等,两个同频声波称为相干波。声波也是观察和测量的重要手段,例如声波在水中传播就更加高效,相比光波和电磁波在水中会快速衰减,声波特别是低频声波可在水中传播很远。

噪声是物理上规则、间歇或随机振动导致的声波,也可以看作是不和谐的声音或干扰,以及在检测频带内出现的不需要的干扰声波信号。从人的主观感觉出发,人们不希望接触噪声,工程中按噪声起源将其分为空气动力噪声、机械噪声、燃烧噪声、电磁噪声等。

噪声是设备质量评价的依据之一,噪声测试可为噪声控制提供依据,实现对设备工况和故障的检测和诊断,也可以对环境是否满足工业、卫生和环境要求进行评价,世界上许多国家都制订了相关标准以控制噪声。

12.1.2　噪声的物理度量

声学的基本量有声压、声功率、声强、声速、质点速度和声吸收系数,其中声压使用最常见,声强和声功率也广泛使用。噪声与声音的描述一致,也常用声压、声强和声功率等参量来作为对噪声的物理度量。

1. 声压、声压级

声波传输时导致空气质点振动,声波使局部压力的在原来稳定压力的基础上产生起伏变化,大气环境中这起伏变化的部分,即与大气静压的压差值就是声压。声压一般随时间变化,声场中有多个声源时,某点的瞬时声压等于各声波单独作用时该处的瞬时声压之和。

声压 p 一般指的是有效声压,即在一段时间内瞬时均方根声压值:

$$p = \sqrt{\frac{1}{T}\int_{\tau}^{T+\tau} p^2(t)\,\mathrm{d}t} \tag{12-1}$$

一般正常人双耳能捕捉到的最小纯音声压大约为 20 μPa,称为听阈声压,此值常用作基准声压,而使人耳刚刚产生疼痛感觉的声压,则称为痛阈声压,其值为 20 Pa。

痛阈声压与听阈声压的比值为 10^6,直接用声压值来表示声音的强弱不方便;另外,由于人耳对声音强弱的感受接近于对数规律,因此声音的强弱常用倍比关系的对数"级"来表示,即声压级,声压级的单位为 dB(分贝)。声压级常记为 L_p:

$$L_p = 10\lg \frac{p^2}{p_0^2} = 20\lg \frac{p}{p_0} \tag{12-2}$$

式中:p_0为基准声压,在空气中取 $p_0 = 20\ \mu Pa$。

声压是一个标量,只有大小无方向。

2. 声强、声强级

声强为与指定方向相垂直的单位面积上平均每单位时间内传过的声能,若声场介质密度为 ρ,该介质中声波的传播速度为 c,则声强 I 为

$$I = \frac{p^2}{\rho c} \tag{12-3}$$

声强单位为 W/m^2,声强是一个矢量。空气中听阈声压的声强为基准声强 I_0,其数值为 10^{-12} W/m^2,而相应于痛阈声压的声强值为 1 W/m^2。相较于基准声强,声强级记为 L_I,

$$L_I = 10\lg \frac{I}{I_0} \tag{12-4}$$

通常从听阈到痛阈相应的声强级变化范围也为 0~120 dB。常温下,在空气中现场测量和噪声控制中可以认为 $L_p = L_I$。

3. 声功率、声功率级

声功率为声源在一段时间内平均每单位时间发射的声能,常记为 W,单位为 W(瓦),并通常在空气中取 10^{-12} W 作为基准功率。

若一声源为点声源,其噪声呈半球面作均匀发射,即在半自由场条件下,则其总声功率 W 与分布在半球面(测量表面)$2\pi r^2$上的声强 I_r之间有如下关系:

$$W = 2\pi r^2 I_r \tag{12-5}$$

式中:r 为测量点至声源中心的距离,即半球面的半径。

若声源在自由场中作球面波辐射,则

$$W = 4\pi r^2 I_r \tag{12-6}$$

对半自由场与自由场传播而言,某点的声强值与该点至声源的距离 r 的平方成反比,即

$$\frac{I_1}{I_2} = \frac{r_1^2}{r_2^2} \tag{12-7}$$

式中:I_1、I_2分别为同一声场中同一方向上与声源距离为 r_1和 r_2的点上的声强。如果测得周围声源的某封闭面上各点法向声强 I_i,那么声功率与各法向声强的关系为

$$W = \sum_{i=1}^{n} I_i \Delta A_i \tag{12-8}$$

式中:I_i是面积元 ΔA_i上的法向声强。

声功率则与距离 r 无关,声功率级 L_W为

$$L_W = 10\lg \frac{W}{W_0} \tag{12-9}$$

式中：W 为声功率；W_0为基准声功率，空气中取 $W_0=10^{-12}$ W。

12.1.3 级的合成、分解与平均

声压级、声强级、声功率级在用数值描述时均采用了相对量，表示被度量的量与基准量之比或其平方比的常用对数，这个对数值称为被度量的级。

1. 级的合成

实际应用场合中，要确定两个或两个以上声源同时作用下总声压级或声功率级，或者当确定声源的各频带声压级或频带声功率级后，欲获得声源在整个频带范围内的总声压级或声功级，需要进行级的合成。

用声压级来表示测量结果时，所测该点瞬时声压是来自各个声源的集成效果。以两个同频声源共同作用为例，某空间位置的有效声压值为

$$p_{\text{tot}}=\sqrt{\frac{1}{T}\int_0^T[p_1(t)+p_2(t)]^2\mathrm{d}t}=\sqrt{p_1^2(t)+p_2^2(t)+2\frac{1}{T}\int_0^T p_1(t)\,p_2(t)\,\mathrm{d}t}\quad(12-10)$$

若多个声源间频率不同，则某空间位置处的有效声压值为

$$p_{\text{tot}}=\sqrt{\sum_{i=1}^{n}p_i^2}\quad(12-11)$$

不相干声波产生的总的声压级为

$$L_{p_{\text{tot}}}=10\lg\frac{p_{\text{tot}}^2}{p_0^2}=10\lg\left(\sum_{i=1}^{n}\frac{p_i^2}{p_0^2}\right)=10\lg\left(\sum_{i=1}^{n}10^{\frac{L_{p_i}}{10}}\right)\quad(12-12)$$

式中：$L_{p_i}=10\lg\frac{p_i^2}{p_0^2}$。

类似的，总声功率级为

$$L_{W_{\text{tot}}}=10\lg\left(\sum_{i=1}^{n}10^{\frac{L_{W_i}}{10}}\right)\quad(12-13)$$

当两个声源在同一位置引起的声压级相等时，即 $L_{p_1}=L_{p_2}=L_p$，该处合成的声压级为

$$L_{p_{\text{tot}}}=10\lg\left(\sum_{i=1}^{2}10^{\frac{L_{p_i}}{10}}\right)=10\lg\left(2\times10^{\frac{L_p}{10}}\right)=3+L_p\ (\text{dB})\quad(12-14)$$

可见，声压级的合成并非线性叠加；或者说，若要将来自某声源的声压级降低 3dB，需要声源的声功率降低一半。

如果 $L_{p_1}\neq L_{p_2}$，且 $L_{p_1}>L_{p_2}$，工程上常将中声压级表示成

$$L_{p_{\text{tot}}}=L_{p_1}+\Delta L\quad(12-15)$$

式中，ΔL 称为分贝增值：

$$\Delta L=10\lg\left(1+10^{-\frac{L_{p_1}-L_{p_2}}{10}}\right)\quad(12-16)$$

其分贝增值关系也可参考图 12-1。

2. 级的扣除

声音测量过程中，即使被测声源关闭，也存在一定的环境噪声，即背景噪声或本底噪声。因

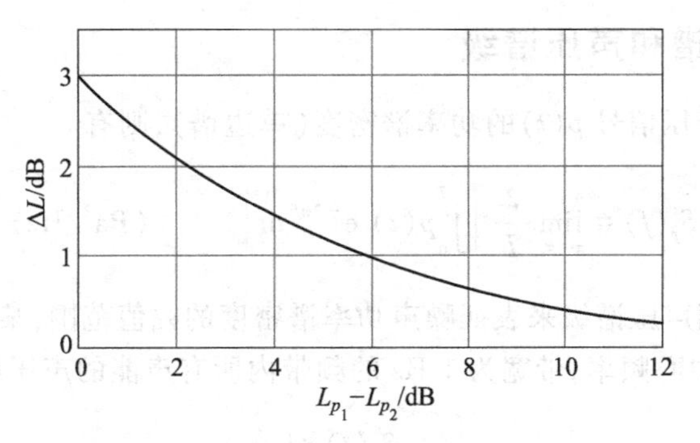

图 12-1 分贝增值图

测量结果是被测声音信号与背景噪声的合成结果，扣除背景噪声后，才能得到被测信号。处理测量背景噪声问题需要进行噪声级的扣除。

如果被测信号的声压级 L_{p_s} 与环境的背景噪声声压级 L_{p_e} 共同合成在测量获得的声压级 $L_{p_{tot}}$ 中，$L_{p_{tot}}$ 和 L_{p_s} 之差 ΔL、$L_{p_{tot}}$ 和 L_{p_e} 之差 $\Delta L'$，二者之间有

$$\Delta L = 10\lg\left(1+\frac{1}{10^{\frac{\Delta L'}{10}}-1}\right) \tag{12-17}$$

背景噪声的级差值也可以通过表 12-1 查得。实际测量中，通过分析背景噪声声压级 L_{p_e} 和实测总声压级 $L_{p_{tot}}$，可以获得级差 $\Delta L'$，通过计算或查表可以得到 ΔL，再从实测总声压级中扣除该值，即可得到被测声音的声压级 L_{p_s}。

表 12-1 背景噪声级影响的扣除

级差 $\Delta L'$	1	2	3	4	5	6	7	8	9	10
扣除值 ΔL	6.90	4.40	3.00	2.30	1.70	1.25	0.95	0.75	0.60	0.45

3. 级的平均

当要通过测量声压级来确定声源的声功率，或者需要确定声场的平均声压级，级的平均值可由级合成的方法导出，声场中 N 个测点的平均声压级为

$$\overline{L}_p = 10\lg\left(\frac{1}{N}\sum_{i=1}^{N} 10^{\frac{L_{p_i}}{10}}\right) \tag{12-18}$$

12.2 噪声的频谱

频率是声波信号的重要特征，通常声音（尤其是噪声）的频率成分比较复杂，通过频谱分析可以对其相关信号特征进行一定的分析。

噪声频谱图（幅值谱）是以频率为横坐标，以噪声中的相应物理量，例如声压、声压级、声强级或声功率级等，为纵坐标而绘制的图形，简称噪声谱。它反映了噪声的频率结构，即噪声中包含的频率成分，以及各频率分量的强弱、各频率分量对噪声所起作用等。通过噪声频谱图并结合具体的测量对象，有助于分析产生噪声的主要原因和相关噪声源。

12.2.1 窄带频谱和声压谱级

若 $S_p(f)$ 表示瞬时声压信号 $p(t)$ 的功率谱密度（单边谱），则有

$$S_p(f)=\lim_{n\to\infty}\frac{2}{T}\left|\int_0^T p(t)\ \mathrm{e}^{-\mathrm{j}2\pi ft}\mathrm{d}t\right|^2 \qquad (\mathrm{Pa}^2/\mathrm{Hz}) \tag{12-19}$$

在噪声测量中，常用声压谱级来表征噪声功率谱密度的幅值范围，某一频率处噪声的声压谱级 $L_{p_s}(f)$ 是以该频率为中心频率，带宽为 1 Hz 的频带内所有声能的声压级：

$$L_{p_s}(f)=10\lg\frac{S_p(f)\times 1}{p_0^2} \qquad (\mathrm{Pa}^2) \tag{12-20}$$

这一声压谱级计算只适用于噪声具有连续频谱的情形。在对噪声作窄带谱分析时，相比对幅值绝对值的关注，工程中往往更关心频谱的分布特征和各分量幅值的相对大小。

12.2.2 频带声压级与倍频程频谱

可听声频带范围为 20 Hz~20 kHz，有 1 000 倍的变化范围。为了噪声测量和分析的方便，把这一频带范围分为若干连续频段，即频带，每一个频带 i 都有自己的上限频率f_h^i和下限频率f_l^i，上、下限频率之间的频率跨度为频带宽度B^i，它们通常有以下倍频程关系：

$$f_\mathrm{h}^i=2^m f_\mathrm{l}^i \tag{12-21}$$

式中：m 为倍频程数，常用的倍频程数有 $m=1$、1/3、1/12 等。

若一频带的上限频率和相邻的下一个频带的下限频率相等，即$f_\mathrm{h}^i=f_\mathrm{l}^{i+1}$，称为频带邻接。各频带的中心频率用$f_0^i$来表示，它是该频带上、下限频率的几何平均值，即

$$f_0^i=\sqrt{f_\mathrm{l}^i f_\mathrm{h}^i} \tag{12-22}$$

就有

$$f_0^{i+1}=2^m f_0^i \tag{12-23}$$

可见，各频带的中心频率也满足倍频程关系。在噪声测量中，最常用的频带宽度是 1 倍频程和 1/3 倍频程的频带宽度。

若噪声在所关注的频率范围内具有连续的频谱，则使用声压谱级对不同频带声压级进行比较。声压谱级是指以某一频率为中心频率，宽度为 1 Hz 的频带中噪声的有效声压级。带宽为 Δf 的频带声压级$L_{p_\mathrm{b}}(f)$，其声压谱级$L_{p_s}(f)$可通过下式来计算：

$$L_{p_s}(f)=L_{p_\mathrm{b}}(f)-10\lg\ \Delta f \tag{12-24}$$

12.3 噪声的主观评价

对噪声的评价，既要考虑噪声的客观物理参数，也要考虑人的主观感受。而人耳对声音的感觉，不仅与声压有关，还与声音的频率有关。一般来说，人对高频声音更加敏感。即声压相等而频率不同的声音，听起来响亮程度会不一样。为了使测量结果能与人的主观感觉一致，需要确定对声音强弱进行主观评价的方法。

12.3.1 声音的主观评价

1. 响度 N

响度用于描述声音的响亮程度,表示人耳对声音的主观感受,其大小与声音强度有关。响度的单位为 sone(宋),1 sone 为声压级大于听阈值 40 dB、频率为 1 000 Hz 的纯音的响度。如果人耳判断某声音的响度为 1 sone 的 n 倍,则该声音的响度 N 就是 n sone。声波的振幅、持续时间和频谱特性都能影响人耳对声音响度大小的主观感知,在用响度评价声音强弱时,强度相等而频率不同的两个纯音听起来并不一样响,两个频率和声压级都不同的声音,却可能会一样响。例如,声压级为 72 dB、频率为 50 Hz 的纯音与声压级为 50 dB、频率为 1 kHz 的纯音的主观感受是同样响。

响度是心理声学重要的参量,可通过目前已发展的一些响度理论和计算模型进行分析,例如被 ISO 532B 引用的目前广泛使用的由 Zwicker 提出的响度算法。

2. 响度级L_{p_n}

响度级用于评价不同频率、不同声压级的声音响度间大小关系。通过将声音与选定的 1 kHz 的纯音进行比较,二者听起来一样响时,该声音的响度级L_{p_n}等于频率 1 000 Hz 声音的声压级值。响度级的单位为 phon(方)。

响度和响度级都是人们对纯音的主观反应,是声音的主观评价指标之一。它们主要取决于声压,但也和频率有关。两者之间存在某种特定关系(图 12-2):

$$L_{p_n}=\begin{cases}40+\dfrac{10}{\lg 2}\lg N & N\geqslant 1\ \text{sone}\\ 40\ (N+0.000\ 5)^{0.35} & N<1\ \text{sone}\end{cases} \tag{12-25}$$

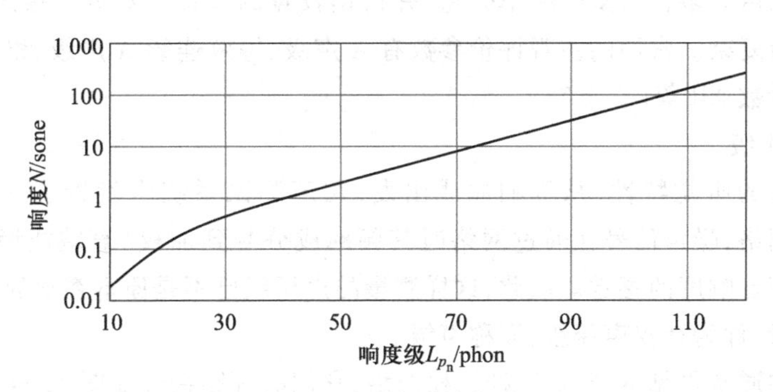

图 12-2 响度与响度级关系

3. 纯音等响曲线

某纯音的响度虽然主要决定于声压,但也和频率有关,通过与基准声音比较,可获得人耳听觉频率范围内一系列响度相等的声压级与频率的关系,可以看到响度相同的纯音的声压级与频率的关系。同样响而频率不同的纯音具有不同的声压级,随频率变化也非单调增加或减少。

"等响曲线"将频率和声压对响度的影响进行了综合,并为国际标准化组织所采用,又称 ISO 等响曲线,如图 12-3 所示。

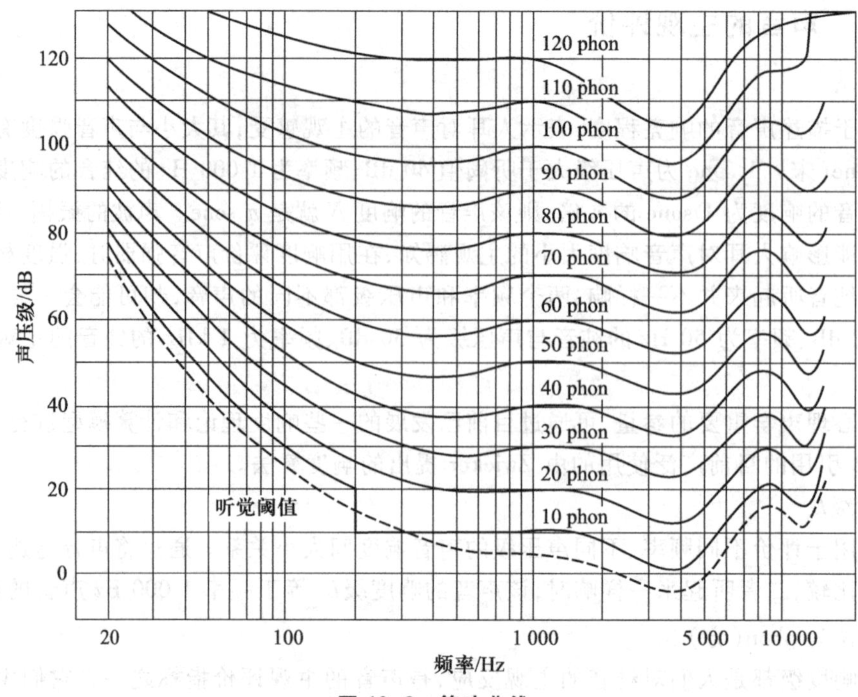

图 12-3 等响曲线

12.3.2 宽带噪声的主观评价

机械和环境噪声大多含有多个频率分量,并占据较宽的频带。对宽带噪声的主观评价要比对纯音的主观评价复杂。常用的主观评价参数有 A 声级、等效连续 A 声级、累积百分声级、噪声污染级和噪声评价数 NR 等。

1. 声级和 A 声级

为了模拟人耳的听觉特性,从等响曲线出发,在声测试系统中设置了一种特殊的滤波网络——频率计权网络,噪声信号在通过网络时其频率成分受到加权(衰减或增强),使得测量输出能接近人耳对声音响度的感觉。因此,这样测量的声压级已不是原本客观的物理量,而是具有人为主观评价的量,称为计权声压级,简称声级。

声测试系统中通常可见 A、B、C 三种计权网络,它们的幅频特性如图 12-4 所示,三种计权网络分别模拟人对 40 phon、70 phon 和 100 phon 的等响曲线的倒置,噪声信号经它们计权后测量得出的声压级分别称为 A 声级、B 声级和 C 声级,分别用 L_a、L_b 和 L_c 表示,单位分别是 dB(A)、dB(B)、dB(C)。其中 A 声级模拟人耳对 40 phon 的纯音响应,对高频比较敏感,对 1 000 Hz 以下低频不敏感,B 声级对 500 Hz 以下的频率衰减较快,C 声级模拟的是人的听觉对 100 phon 的声音响应,在整个可听频率范围内都有较好的响应。A 声级能更好地反映人耳对噪声的主观感觉,在主观评价宽带噪声时使用最为广泛。

2. 等效连续 A 声级

噪声对人的影响,除了与响度有关外,还与噪声作用时长有关。等效连续 A 声级是以一个

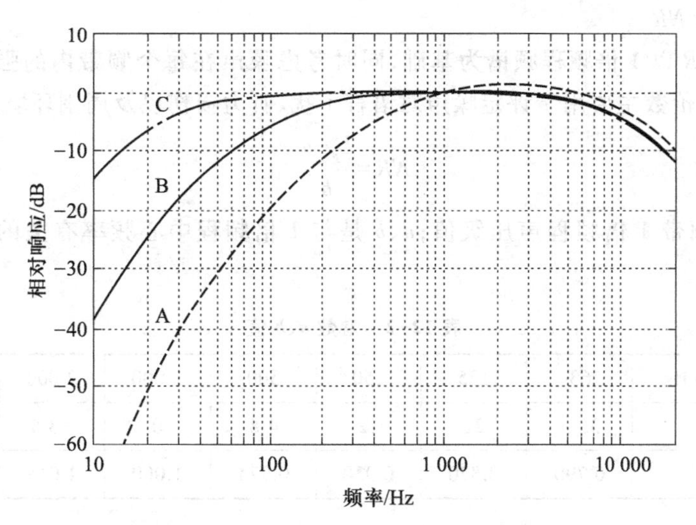

图 12-4　A、B、C 三种计权网络的幅频特性

稳定连续的 A 声级对相同一段时间内出现的若干个不同声级声波的评价方法，记为L_{eq}，其数值为这段时间内这些任意特征的声波在 A 声级的声能的时间平均值，单位为 dB(A)，即

$$L_{eq} = 10\lg\left[\frac{1}{T}\int_0^T\left(\frac{p_A(t)}{p_0}\right)^2 dt\right] \quad 或 \quad L_{eq} = 10\lg\left[\frac{1}{T}\int_0^T 10^{L_A(t)/10} dt\right] \tag{12-26}$$

式中：$p_A(t)$是 T 时段内 A 计权瞬时声压；p_0是基准声压；$L_A(t)$是噪声的瞬时 A 声级。

3. 累积百分声级

通常瞬时噪声级具有随机变化的特征，等效连续 A 声级难以描述这些起伏和变化，需要用到统计的方法。统计声级又称为累积分布声级或百分声级，通过多次采样，取其累积概率分布的分位值对噪声进行评价，然后对测得的各个数值不同的噪声级做统计分析。用 L_N 表示，如 L_{10}、L_{50}、L_{90}，L_{10}是在测试时域信号中，10%的噪声超过了的噪声级，相当于噪声的平均峰值；同理，噪声级 L_{50} 相当于噪声的平均中值，噪声级 L_{90} 相当于噪声的平均本底值。

如果噪声信号符合正态分布，可用近似公式表示：

$$L_{eq} \approx L_{50} + \frac{d^2}{60} \tag{12-27}$$

式中：$d = L_{10} - L_{90}$，反映了噪声的起伏程度。

4. 噪声污染级

高低变化的噪声相比同样能量的稳态噪声，给人的不舒适感会更强，并且与噪声的变化率和平均强度有关。噪声污染级 L_{NP} 是以等效连续声级为基础，加入噪声变化幅度的表征，即综合能量平均值与涨落特性的影响，以评价不稳定的噪声，反映噪声污染的程度。

$$L_{NP} = L_{eq} + K\sigma \tag{12-28}$$

式中：K 是经验常数，对于飞机等交通工具的噪声，取值 2.56；σ 为测定过程中瞬时声压声级的标准偏差。对于一些公共场合的噪声，$K\sigma$ 的影响也可以用$(L_{10} - L_{90})$替代：

$$L_{NP} = L_{50} + \frac{(L_{10} - L_{90})^2}{60} + (L_{10} - L_{90}) \tag{12-29}$$

5. 噪声评价数 NR

噪声评价数 NR 以 1 倍频程频谱为基础，同时考虑噪声在每个频带内的强度和频率对噪声进行评价。噪声评价数主要用于评定噪声对语言干扰、听力损伤以及周围环境的影响。

$$NR=\frac{L_p^i-a}{b} \tag{12-30}$$

式中：L_p^i 是第 i 个频带 1 倍频程声压级值；a、b 是与 1 倍频程中心频率有关的常数，如表 12-2 所示。

表 12-2 常数 a、b 值

1 倍频程中心频率/Hz	63	125	250	500	1 000	2 000	4 000	8 000
a	35.5	22	12	4.8	0	-3.5	-6.1	-8.0
b	0.790	0.870	0.930	0.974	1.000	1.015	1.025	1.030

宽频带噪声的 NR 数，是每个频带声压级对应的 NR 数中最大的噪声评价数。在实际应用中，通常也采用以下经验公式近似表示噪声评价数 NR 与 A 声级的关系：

$$L_A \approx \begin{cases} NR+5 & L_A \geqslant 75\ \mathrm{dB(A)} \\ 0.8NR+18 & L_A<75\ \mathrm{dB(A)} \end{cases} \tag{12-31}$$

12.4 噪声测量的基本原理和常用仪器

噪声测量有两类系统，分别以声级计和声强计为核心。常用的是以声级计为核心的声测试系统，其主要是由传声器、声级计、信号分析仪、校准器、记录仪、示波器等组成。

12.4.1 传声器

传声器是把声信号转换为相应电信号的传感器。常用的声测量传感器运行原理有动圈式、压电式和电容式等。

动圈式传声器主要基于磁电式传感器原理进行工作，声波冲击振膜而引起线圈在永磁场中作轴向振动，从而产生与振动速度成正比的电压。压电式传声器是利用压电晶体和压电陶瓷产生的压电效应进行工作的，当声波作用在传感器中的压电材料上，使其受到一定方向机械应力时，产生的电压或电荷信号与作用应力有一一对应的关系。电容式传声器通常按极板间距变化型电容传感器的原理工作，即声波使话筒内的驻极体薄膜振动，导致电容的变化，而产生与之对应的电信号，经过 A/D 转换被数据采集器接收。

传声器的灵敏度会随时间发生变化，传声器一般需要用校准器进行标定，以确定其灵敏度和准确度，以保证声压值的测量精度。一般校准器的发声频率为 1 kHz，声压级为 114 dB。

12.4.2 声级计

声级计是用于测量声压级、倍频程声压级和声级的仪器。

根据国际电工委员会（IEC）有关声级计的标准，按照测量精度和稳定性，声级计可分为 0、1、

2、3 等四种类型，其主要技术指标如表 12-3 所示。其中，0 型声级计用作标准声级计，1 型声级计作为实验室用精密声级计，2 型声级计作为一般用途的普通声级计，3 型声级计作为噪声监测用声级计。

表 12-3　声级计及其主要技术参数

声级计级别		0	1	2	3
工作 1 h 读数最大变化(不含预热)/dB		0.2	0.3	0.5	0.5
测量精确度/dB		±0.4	±0.7	±1.0	±1.5
不同范围声级准确度容许偏差/dB	31.5~8 000 Hz	±0.3	±0.5	±0.7	±1.5
	20~12 500 Hz	±0.5	±1.0		

各种类型的声级计的工作原理基本相同，通常是由传声器、放大器、衰减器、计权网络、检波器、指示器和电源等部分组成。图 12-5 是典型的声级计工作原理示意图。工作中被测声压信号由传声器接收，被转换为电压信号，并经阻抗变换后输入衰减/放大器对信号作幅值调节，然后由前置放大器输出低阻电压信号送入计权网络，计权网络通常有 A、B、C、线性(20 Hz~20 kHz)及全通(10 Hz~50 kHz)五种选择，经计权后的信号再经输出衰减/放大器处理后进入均方根检波器，完成对信号的均方根运算，求得噪声的均方根声压值，最后输出噪声声压级或声级。

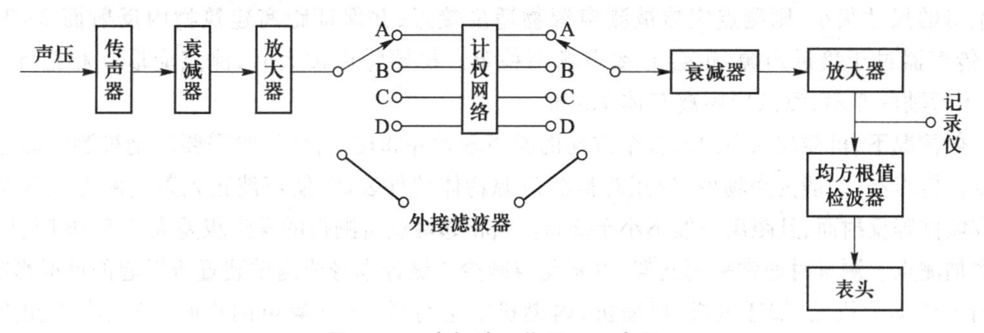

图 12-5　声级计工作原理示意图

为确保测量结果的准确度和可靠性，声测试系统应当定期校准。常用的校准方法有活塞发声器校准法、声级校准器校准法、静电激振器校准法、高声强校准器校准法、互易校准法和置换法等。

12.5　工业噪声测量

噪声测量环境可分为室内和室外两大类。专业室内环境即声学实验室，有消声室、混响室和半混响室。消声室又分为半消声室和全消声室，消声室内的声场只有直达声而没有反射声，为自由声场，室外空旷场可近似为自由声场。全消声室的空间六个面全铺设吸声层；六个面中只在五个面或者四个面铺吸声层的空间称为半消声室。混响室内的声场为扩散场，混响室吸音级小，声波经多次反射，各点声压级几乎恒定且相同。半混响室为半扩散场，大多数工业环境都是如此，既不完全反射声波，也不完全吸收。

工业噪声测量，根据对象的不同内容亦有所不同。若是为了评价机器设备或产品的噪声，则应对机器设备或产品进行噪声测量;若是为了分析噪声导致的干扰和危害,对噪声污染进行防治,则关注的是环境噪声测量。

大多数测量中,应注意避免背景噪声对测量噪声的影响。一般来说,如果被测噪声源的A声级以及各频带的声压级分别高于背景噪声的A声级和各频带的声压级10 dB,则可略去背景噪声的影响;若测得噪声级(包括背景噪声在内)与背景噪声级相差3~10 dB,则应按表12-1的数据扣除背景噪声对测量的影响值;若两者相差小于3 dB,则测量结果一般不接受。

室外进行测量时不宜在风速高于5.3 m/s(相当于四级风)的条件下进行,因为风噪影响太大。在四级以下风的场地进行测量时,应在传声器上加装风罩,以降低风噪影响。

环境温度、湿度及大气压力变化时,传声器和声级计的灵敏度可能会发生变化,测量时应根据相关规定和测试要求,采取必要的措施。

工程中最常遇到的机械设备噪声测量需考虑现场测量的条件和声强测试。

12.5.1 一般现场测量

测量噪声时,相同的声源在不同的测量环境中所形成的声场差异很大。

现场中由于声源多、空间大小有限,且有许多反射面,为了减小来自非被测噪声和反射声波的干扰,传声器应当接近被测物体的声辐射面,以保证传声器接收到的声波主要是来自被测目标。一般多采用近声场的测量法,将传声器置于距被测产品1 m,距地面1.5 m的位置。若被测声源本身的尺寸很小,则测点应与被测声源物适度接近,并保证距离建筑物内反射面2~3 m以上;若传声器过于接近声源,也会导致声场不稳定。机器噪声过大时,测点应取在相距5~10 m处,对于行驶的车辆,测点应距离车体7.5 m。

一般情况下,机器或噪声源向各个方向的噪声辐射并非均匀,测量时需要围绕被测声源选取若干测点。传声器(一般为声场型)应正对被测声源物体的外表面,使声波正入射。测点应远离其他设备或墙体等反射面,且距离一般不小于2 m。当相邻两点所测得的噪声级差大于5 dB时,应在二者间增加测点。测量时通常采用支架,以避免或减少声级计本身或测试装置所引起的反射影响。

对气体动力机械,如通风机、压缩机、内燃机等进行进、排气噪声测量时,进气噪声测点应在进气口轴向,距管口平面最小距离为1倍管口直径,通常选在距离管口平面0.5 m或1 m处。排气噪声测点则应取在与排气管轴线成45°方向或管口平面上,距管口中心0.5 m、1 m或2 m处,如图12-6所示。为减少干扰信号,可根据条件在传声器前安置风罩、防风锥等。

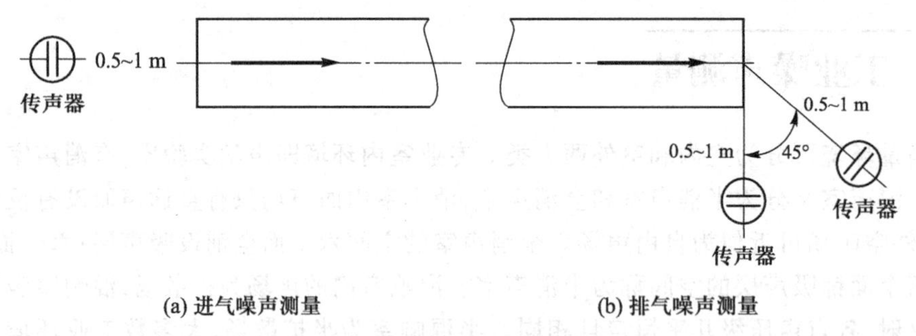

图12-6 进、排气噪声测量测点位置

12.5.2 声强测量

声强是声压和质点速度的时间平均积：

$$\text{声强}=\frac{\text{声功率}}{\text{面积}}=\frac{\text{声功量}}{\text{面积}\times\text{时间}}=\frac{\text{力}\times\text{距离}}{\text{面积}\times\text{时间}}=\text{压力}\times\text{速度} \tag{12-32}$$

和声压测量相比，声强的测量几乎不受环境噪声的影响，而且声强是矢量，在噪声源定位监测上更有优势。

1. 声强测量的基本原理

声强具有单位面积声功率的概念，可通过声压和质点速度的测量获得：

$$I=\overline{p(t)v(t)} \tag{12-33}$$

若表示 r 方向上某点处的声强I_r，则

$$I_r=\overline{p(t)v_r(t)} \tag{12-34}$$

式中：$p(t)$是 r 方向上同一点处的瞬时声压，$v_r(t)$是同一点处介质质点瞬时速度在 r 方向上的分量。质点速度v_r与声波传递过程中的压力梯度有关：

$$v_r=-\frac{1}{\rho}\int\frac{\partial p}{\partial r}\mathrm{d}t \tag{12-35}$$

式中：ρ 为介质密度；$\frac{\partial p}{\partial r}$为瞬时声压在 r 方向上的压力梯度。

两个相距很近的 A、B 两点的瞬时声压p_A、p_B可近似用线性变化的声压变化率表示，即

$$\frac{\partial p}{\partial r}\approx\frac{\Delta p}{\Delta r}=\frac{p_B-p_A}{\Delta r}(\Delta r\ll\lambda_{\min}) \tag{12-36}$$

因此，质点速度可通过声压测量获得：

$$v_r=-\frac{1}{\rho\Delta r}\int(p_B-p_A)\,\mathrm{d}t \tag{12-37}$$

A、B 两点间的声压 p 可近似表示为

$$p=\frac{P_A+P_B}{2} \tag{12-38}$$

从而有

$$I_r=\frac{-(p_A+p_B)}{2\rho\Delta r}\int(p_B-p_A)\mathrm{d}t \tag{12-39}$$

声强测量误差主要取决于两个传声器的间距 Δr 及一致性，以及测试系统的误差。

2. 声强仪及声强测试系统

根据声强测量原理，在测量 A、B 两点的声压p_A、p_B时，可采用两只性能相同的，按面对面、背靠背或并排布置的传声器组成的声强探头来完成，如图 12-7 所示。

目前常用的声强仪有三种类型。

1）声强计　这是一种应用模拟计算技术求声强级的便携式仪器，图 12-8 所示为其典型工作原理图，它能给出线性、A 计权及其他计权的声强级。

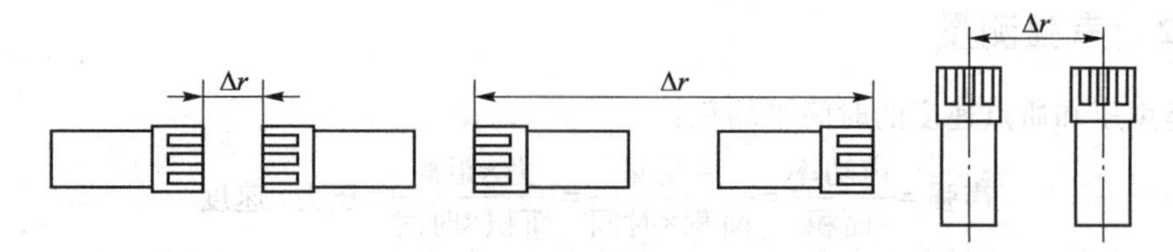

图 12-7 声强测量时传声器的面对面、背对背布置及并排布置

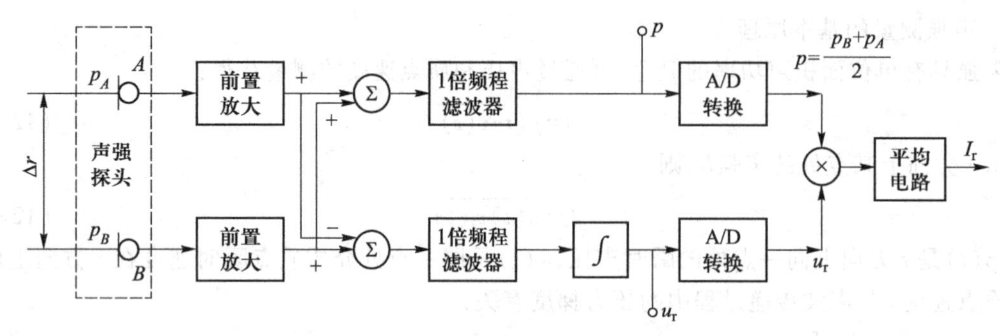

图 12-8 模拟式声强计工作原理图

2）数字式声强计　又称实时声强分析仪。如图 12-9 所示，它结合数字滤波技术，通过两个 1/3 倍频程滤波的数字滤波器，组成实时声强分析仪。图中两传声器获取声信号，经前置放大、A/D 转换及滤波后，相加得到平均声压；相减并积分，得到质点速度；然后将二者相乘并对时间求平均即得瞬时声强。

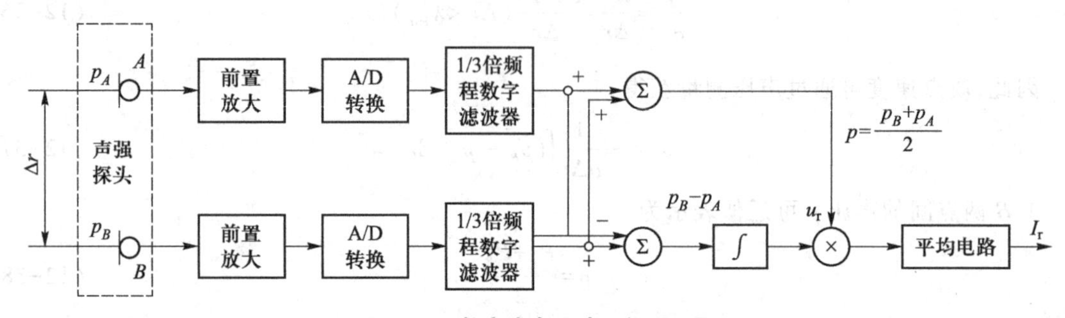

图 12-9 数字式声强计工作原理图

3）声强分析仪　是通过测量声场中 A、B 两点的声压 p_A、p_B 的互功率谱来获得声强，对式(12-34)作傅里叶变换，得到其对应的频域表达式，即声强频谱 $I_r(\omega)$：

$$I_r(\omega)=\frac{-\text{Im}[G_{AB}]}{\rho\omega\Delta r} \tag{12-40}$$

式中：$\text{Im}[G_{AB}]$ 是 p_A、p_B 互功率谱的虚部；ω 是中心频率对应的角频率。

声强分析仪的测量精度受两传声器间距 Δr、两传声器及相应测量通道的相位失配等因素的影响。声强分析仪可作近场测量，以及在任何声场中使用；可进行声功率测量，并排除无关声源的影响；可用作寻找声源的发声定位测量。

3. 声强测量的应用

(1) 声功率测量

声功率的获得来自声强的测量,确定对被测声源的声强信号采集包络面,并将包络面用框架和细线分割成若干面积元 ΔA,将声强探头分别置于各面积元中心,且与面积元平面垂直。图 12-10所示为针对较小尺寸声源的半球包络面,即通过半球空间声场强度测量获得声功率。半球测量表面半径应不小于被测体特性距离的 2 倍,探头放置在物体周围半球上,其间相对位置通常有一定规范要求,以获取物体在所有方向上发出的声音。测量得到各声强I_A信号作为该面积元的平均声强,最后累加获得声功率 W。

如果被测物体比较大,特性距离大于 1 m,则通常选择矩形六面体测量包络表面。

$$W = \sum I_A \Delta A \tag{12-41}$$

(2) 噪声源定位

在进行噪声控制时,需要确定机器上不同部位,以及不同位置的机器对噪声的贡献,以找出各声源影响。对机器进行近场噪声的声强测量,可以获得包络面上的等声强线,根据等声强线的分布规律,即可确定最大噪声源部位。

噪声识别中如果需要对声源进行准确定位,例如城市中对违规鸣笛车辆的确定,则在对传声器整列进行信号采集的同时,还需要结合传声器排布的阵列方式配合一定算法和数据库最终确定声源位置。声源定位算法有基于到达时间差算法、基于谱估计算法和基于波束形成算法等。在图 12-11 中,传感器信号通过分析互相关函数的最大值确定声波在两个传感器间的时延值,声音时间延迟是指从声源发出的声波到达传声器阵列中不同的传声器时因先后差异而带来的时间差,这一时间差与相关的空间布置与位置密切相关。

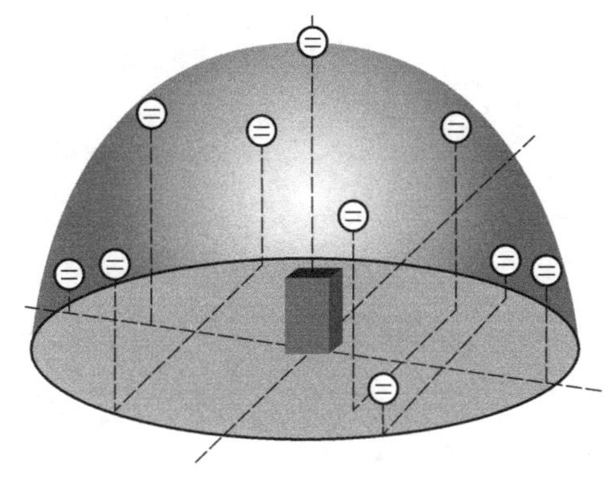

图 12-10　声功率测量示意图

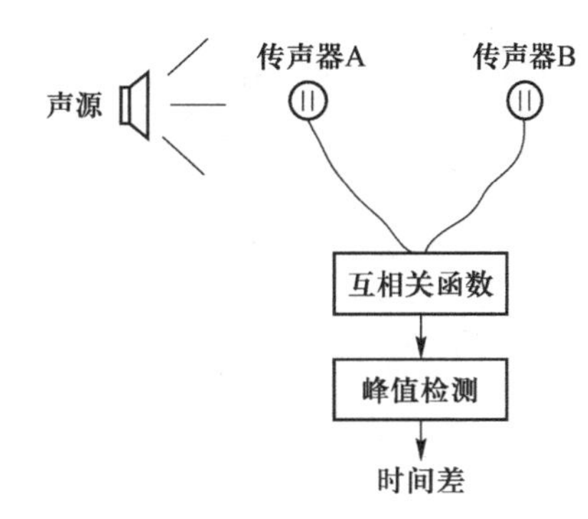

图 12-11　声源位置确定的时延估计方法示意图

思考题与练习题

12-1　对某交通路口进行噪声监测,监测时间为白天从 7 : 00 到 22 : 00,每小时记录一次 A 声级噪声分贝数,分别为 68、67、69、71、73、75、76、70、72、74、75、69、68、67、66(单位为 dB),夜晚从 22 : 00 至次日 7 : 00,每小时记录噪声分贝数,分别为 65、63、61、60、58、58、60、65、67(单位为 dB)。白天和夜晚的等效连续 A 声级分别是多少?

12-2 声级测量为什么要采用频率计权网络？测量时如何选择计权网络？

12-3 在车间中同一位置，获得三台机器所产生的声压级分别是 85 dB、93 dB 和 95 dB，如果三台机器同时工作，在这一位置产生的中声压级有多少？

12-4 某相同型号的机床，单独测一台的声压级为 65 dB，现在监测得到声压为 72 dB，估算一下有几台车床在工作。

12-5 某车间设备运行时测得总噪声级为 100 dB(A)，其在停机时测得环境的背景噪声为 93 dB(A)，此设备运行时实际噪声为多少？

参考文献

[1] 熊诗波. 机械工程测试技术基础[M]. 4 版. 北京：机械工业出版社，2018.
[2] 黄长艺，卢文祥，熊诗波. 机械工程测量与试验技术[M]. 北京：机械工业出版社，2000.
[3] 卢文祥，杜润生. 工程测试与信息处理[M]. 2 版. 武汉：华中科技大学出版社，2002.
[4] 洪水棕. 现代测试技术[M]. 上海：上海交通大学出版社，2002.
[5] 金篆芷，王明时. 现代传感技术[M]. 北京：电子工业出版社，1995.
[6] 机械工程手册、电机工程手册编辑委员会. 机械工程手册：第 10 卷　检测、控制与仪器仪表[M]. 2 版. 北京：机械工业出版社，1997.
[7] 机电一体化技术手册编委会. 机电一体化技术手册：第 1 卷　上册[M]. 2 版. 北京：机械工业出版社，1999.
[8] 张如一. 实验应力分析[M]. 北京：机械工业出版社，1981.
[9] 丁汉哲. 试验技术[M]. 北京：机械工业出版社，1982.
[10] 杨作良，肖定国. 机械工程测试技术基础习题集[M]. 北京：机械工业出版社，1993.
[11] 余成波. 传感器与自动检测技术[M]. 北京：高等教育出版社，2010.
[12] 金庆发. 传感器技术及应用[M]. 北京：机械工业出版社，2004.
[13] 罗次申. 动力机械测试技术[M]. 上海：上海交通大学出版社，2001.
[14] 吕崇德. 热工参数测量与处理[M]. 2 版. 北京：清华大学出版社，2001.
[15] 张华，赵文柱. 热工测量仪表[M]. 2 版. 北京：冶金工业出版社，2015.
[16] 朱小良，方可人. 热工测量及仪表[M]. 3 版. 北京：中国电力出版社，2011.
[17] 贾伯年，俞朴，宋爱国. 传感器技术[M]. 3 版. 北京：东南大学出版社，2014.
[18] 施文康，余晓芬. 检测技术[M]. 3 版. 北京：机械工业出版社，2011.
[19] 方修睦，姜永成，张建利. 建筑环境测试技术[M]. 北京：中国建筑工业出版社，2002.
[20] 阎石. 数字电子技术[M]. 6 版. 北京:高等教育出版社,2016.